安徽省高等学校“十三五”规划教材
煤炭高等教育“十三五”规划教材
北大社·“十四五”普通高等教育本科规划教材
高等院校机械类专业“互联网+”创新规划教材

应用创造学

(第2版)

王成军　沈豫浙　编著

北京大学出版社
PEKING UNIVERSITY PRESS

内容简介

本书以推广和应用创造学为第一要务，运用简单通俗的语言介绍有关创造学的基本概念、基本原理、常用方法和工具。全书共七章，包括创造学概论、创造性思维及其训练、创造方法及其应用、创造力及其开发、发明创造的过程及模式、发明创造成果及其保护、TRIZ 理论。

本书运用大量的案例来具体地说明创造性思维、方法和原理的应用，旨在消除读者对创造的神秘感，并使读者懂得“创造力是人人皆有的自然属性，通过科学的教育和训练，人的创造力是能够被提高的”“普通人也能从事发明创造”。同时，更希望读者通过学习本书内容，开阔视野，获得思维的启发和创造的技巧，充分发掘自身的创造潜能，并将其应用于自身的学习、生活和工作实践中，以获得更大的收益。

本书可作为高等院校本科生或研究生的创造学教材和辅导读物，也可作为企事业单位职工的培训或自学教材。

图书在版编目（CIP）数据

应用创造学 / 王成军，沈豫浙编著. -- 2 版. -- 北京：北京大学出版社，2024. 7.
（高等院校机械类专业“互联网+”创新规划教材）. -- ISBN 978-7-301-35492-6
Ⅰ. G305
中国国家版本馆 CIP 数据核字第 2024NJ6020 号

书　　名　应用创造学（第 2 版）
YINGYONG CHUANGZAOXUE（DI-ER BAN）
著作责任者　王成军　沈豫浙　编著
策划编辑　童君鑫
责任编辑　郭秋雨　童君鑫
数字编辑　蒙俞材
标准书号　ISBN 978-7-301-35492-6
出版发行　北京大学出版社
地　　址　北京市海淀区成府路 205 号　100871
网　　址　http://www.pup.cn　新浪微博：@北京大学出版社
电子邮箱　编辑部 pup6@pup.cn　总编室 zpup@pup.cn
电　　话　邮购部 010-62752015　发行部 010-62750672　编辑部 010-62750667
印 刷 者　三河市北燕印装有限公司
经 销 者　新华书店
787 毫米×1092 毫米　16 开本　18 印张　422 千字
2010 年 7 月第 1 版
2024 年 7 月第 2 版　2024 年 7 月第 1 次印刷
定　　价　49.80 元

第 2 版前言

创新是改革开放的生命，是国家发展战略的核心，是提高综合国力的关键。“创新是引领发展的第一动力。抓创新就是抓发展，谋创新就是谋未来”，习近平总书记始终高度重视科技创新，把创新摆在国家发展全局的核心位置，我国已成功进入了创新型国家行列。党的二十大报告强调，坚持创新在我国现代化建设全局中的核心地位，加快实施创新驱动发展战略。人才是实现中华民族伟大复兴、赢得国际竞争主动的宝贵战略资源。人才是衡量一个国家综合国力的重要指标，综合国力竞争说到底是人才竞争，特别是创新人才的竞争。而教育是培养创新人才的基本途径，也是创新人才成长的奠基工程。培养创新人才首先就要培养学生的创新思维习惯，逐步培养学生的创新意识、创新勇气，使其学习和理解创新理论，掌握创新方法、工具，最终形成创新素养，具备创新思维和创造能力。

应用创造学是创造学的细分学科，旨在探索创造的机制、规律和方法，推广应用各种创新思维、创造方法和创新工具，开发人的创造力，形成具有显示度的创造能力。在人才培养过程中引入应用创造学，对开展创造教育，培养创新人才，提升人才的创造能力具有非常重要的现实意义。

《应用创造学》（第 2 版）是在 2010 年出版的《应用创造学》基础上修订和完善的。经过了 14 年的应用与实践，在超过 50 所高校中使用，书中相关内容作为安徽区域创新工程师培训与认证的必备内容，为超过 2000 名企业及科研院所的创新工程师提供理论指导和学习参考，取得了很好的教学效果。本次修订不仅吸收了应用创造学课程组全体教师在授课过程中总结的经验和学生反馈情况，还对照了工程专业认证的要求，修订和更新了部分知识点，增补了产品（技术）开发过程、选题流程、专利电子申请、专利非正常申请及处理、发明成果的等级及评价、TRIZ 理论的基本概念、TRIZ 理论解决问题的方法和步骤、TRIZ 理论常用创新思维方法、系统的功能分析、因果链分析、系统裁剪等相关内容，同时补充和更新了部分案例。

全书共分为七章，其中第 1、3、4、6 章由王成军编著，第 2、5、7 章由沈豫浙编著，课程组汤强老师参与了第 2、3、4 章的修订，赵艳秋老师参与了第 6、7 章的修订。本书可作为普通高等院校本科生或研究生的创造学教材和辅导读物，也可作为创新工程师、创新培训师的培训与认证考试用参考教材，还可作为企事业单位职工的培训或自学教材。

在本书的修订过程中，受到了中国创造学会联合创始人李嘉曾教授，中国创造学会副理事长、中国创造学会创新创业创造专业委员会主任、国际注册首席创新官冷护基教授，浙江大学中国科教战略研究院工程教育研究所副所长姚威等专家的关心与指导，特别是安徽省创新方法推广应用与示范基地的全体工作人员的大力支持，使得本书的内容更加丰富和完善。安徽理工大学人工智能学院机器人工程系甘雷老师、王智慧老师、程彪博士等承担了部分图表制作和文献检索与校对等工作，在此一并对大家的热忱帮助和辛勤劳动表示衷心的感谢！编者参阅了许多创新、创造学及创新方法研究的成果，大部分已在书后参考文献中列出，在此向有关作者表示谢意！

由于编者的水平有限，加上创造学的未知领域甚广，不妥之处在所难免，敬请读者批评指正，以利修订。

编著者

2024 年 5 月

［资源索引］

目　　录

第1章 创造学概论

创新是一个民族进步的灵魂，是国家兴旺发达的不竭动力！党的二十大报告指出，必须坚持科技是第一生产力、人才是第一资源、创新是第一动力，深入实施科教兴国战略、人才强国战略、创新驱动发展战略，开辟发展新领域新赛道，不断塑造发展新动能新优势。一个没有创新能力的民族，难以屹立于世界民族之林。21 世纪是个创新的时代，社会急需具有创新精神和创新能力的高素质创造性人才，这种创造性人才是未来社会的一种稀缺资源，更是中华民族伟大复兴的关键所在！为了鼓励创新，早在 2010 年，国家就出台了《国家中长期人才发展规划纲要（2010—2020 年）》，把增强自主创新能力作为国家战略，动员全党全社会坚持走中国特色自主创新道路，为建设创新型国家而努力奋斗，并强调把增强自主创新能力摆在全部科技工作的首位。2016 年，中共中央、国务院印发了《国家创新驱动发展战略纲要》，提出到 2020 年进入创新型国家行列、2030 年跻身创新型国家前列、2050 年建成世界科技创新强国“三步走”目标，强调要改革创新治理体系，完善突出创新导向的评价制度，增强原始创新能力，壮大创新主体，引领创新发展。

那么，何谓创新？何谓创造？何谓创造学？人的创造力能够通过训练来提高吗？创造性人才又如何培养？如何有效地保护自己的创造成果并加以推广应用呢？本书将针对上述问题进行详细论述。

1.1 创造学的诞生

创造活动贯穿于人类历史发展的全过程。从直立行走到简单劳动、从旧石器时代到新石器时代、从茹毛饮血到钻木取火、从洞穴群居到搭建住房，再到象形文字，人类逐步从猿类进化发展为现在高智商的文明群体。纵观整个人类历史，不难看出它就是一部发明史、创造史。没有创造就没有发展，没有创造就没有进步，没有创造就没有高度文明的今天。

“创造”一词最早源于我国，在我国古代《汉书·叙传下》中，就有“创，始造之也”一说；英文中的“创造”为“creation”，由拉丁语“createc”一词派生而来，意为“创造、创建、生产、造成”等；《辞海》对“创造”的定义是“做出前所未有的事情”，在解释中特别强调创造具有“独特性”和“首创性”。但是，最早把创造问题作为科学进行研究的国家是美国，创造学在国外一般称创造力研究（creativity research）。

1906 年，专利审查人员普林德尔向美国电气工程师协会提交了一篇题为《发明的艺术》的论文，阐明可利用专利制度来传授发明家们富于创意的技巧，并建议对工程师进行这方面的训练，该论文是最早明确提出对科技人员进行创造力开发训练的文章。20 世纪 20 年代末，专利审查人员罗斯曼从积存的专利资料中选出 700 多位多产的发明家进行问卷调查和统计分析，并于 1931 年出版《发明家的心理学》一书，专门探讨了对技术发明者进行创造力开发训练的可能性及训练的有效方法。

1936 年，美国通用电气公司首先对其职工开设了创造工程课程。1941 年，美国 BBDO 广告公司经理奥斯本出版《思考的方法》一书，提出了一种后来颇具影响的重要创造技法“智力激励法”（brain storming，也有文献直译为“头脑风暴法”），这成为创造学诞生的标志。奥斯本本人也因此被公认为创造学的创始人，并享有美国“创造工程之父”的美称。1953 年，奥斯本在总结推广、训练和组织实施“智力激励法”经验的基础上，出版了畅销书《应用性想象》，并于 1954 年创办了“创造教育基金会”，举办一年一度的“创造性问题解决讲习班”。他在进行创造力训练的同时，还深入地进行了创造力专门研究，并大力推进创造教育。

1950 年，现代创造心理学奠基人、美国心理学家吉尔福特在其就任美国心理学会主席时发表了题为《论创造力》的就职演说。在他的影响下，许多心理学家进行了创造力开发研究，并开辟了一个新的应用心理学分支——创造心理学，这标志着具有较完整意义的创造学诞生了。

1.2 创造学基本内容

1.2.1 创造学的含义

创造学是研究人类的创造能力、创造发明过程及其规律的科学（《辞海》1999 年版）。它是一门独立的新学科，从提出到现今的实践应用只有几十年时间，正处于不断发展和充实完善之中，许多创造学者为之作出了重大贡献。创造学与其他学科一样，并非某个天才人物的即兴之作，而是许多创造学研究者长期实践的结晶。1995 年，我国著名创造学研究者庄寿强在其主编出版的《创造学理论研究与实践探索——首届全国高等学校创造教育及创造学研讨会文集》上首次创造并使用了目前字典上尚未见到的“creatology”一词，现已基本被认作“创造学”的英译词。

创造学中所说的创造发明，不仅包括“大人物”的重大发明和创造，也包括普通人的一般发明和创造。判断一个事物是否为发明和创造，关键在于它是否具有“独创性”“首创性”和“新颖性”。

1.2.2 创造学的基本原理

创造学的第一条基本原理：创造力是人人皆有的一种潜在的自然属性。普通人（包括中小学生和普通大学生）都具有这种属性。因此，一个人除非患了严重的脑部疾病，否则他就一定具有创造力。这一结论已经被大量的实践证明是正确的。

创造学的第二条基本原理：人们的创造力可以通过科学的教育训练而不断地被激发，并转化成为显性的创造力，逐步得到提高。这里所谓的“教育训练”并非传统应试教育中、课堂教学里纯粹意义上的“教”。因为创造力是不能“教”的，只能通过“训练”来提高。当然，“训练”既包括创造者受到外界的科学“训练”，也包括创造者本人的自我“训练”。

以上两条创造学的基本原理是由我国行为创造学派的创始人、著名的创造学研究者庄寿强教授于1990年正式提出的，并成为支撑整个创造学科的理论基础。

上述两条基本原理主要是从创造主体的角度提出的，明确了人的创造力的潜在性、可开发性和无限性。国家税务总局扬州税务进修学院的沈明焕在创造学的两条基本原理基础上提出了创造学三条基本原理，编者对新增内容进行了改进与优化：一是任何人类创造物都不是十全十美的，都可通过再创造变得更好，还可创造出当前不存在的更好的新事物；二是实现同样的创造目的，其方法是多元的，越简单的方法越便于推广和应用。这两条优化后的新原理分别从创造活动与成果、创造方法两个维度对创造活动提供指导方向，是对两条基本原理的补充与完善，与两条基本原理之间既相对独立又相互联系、相辅相成。

1.2.3 有关创造学的基本概念

1. 创造

有关创造的严格定义，至今没有得到统一。《辞海》中对于创造的解释：“做出前所未有的事情”，这是关于创造最普遍的阐述。但大多数学者认为，“创造”必须是在破坏旧事物的基础上产生新的事物，创造突出“造”，要有个“结果”。目标必须是实现开发前所未有的创造性成果，其创造活动所获得的这个“结果”，既可以是一种新的概念、新的设想、新的方案、新的理论，又可以是一项新的技术、新的工艺、新的产品、新的服务、新的模式或新的业态；还要求这个“结果”新颖、独特，具有社会价值或个人价值。

2. 创新

创新是指新设想或新概念等发展到实际成功应用的阶段。因为一般意义上“创造”强调的是新颖性和独特性；而创新是创造的过程和目的性结果，强调的是创造的某种价值的社会实现。例如：汽车的出现，是创造，而将它应用于工业生产，才是创新。创新更注重经济性和社会性。因此，有的学者认为“只有把创造成果引入经济系统，产生效益，才是创新”。创新这个词在日常生产与生活中使用频率很高，在实际使用中很多人容易错误地把创造与创新两个词混淆或等同，看成同义词，而事实上它们最多只能看作近义词。

3. 发明

发明属于科技成果在某领域的新创造。《中华人民共和国专利法》（以下简称《专利法》）明确规定，专利法所称的发明，是指对产品、方法或者其改进所提出的新的技术方案。发明通常指人们做出前所未有的重大成果。这种成果包括有形的物品和无形的原理、配方和方法等，其特征是这些物品或方法在发明前客观上是不存在的。发明具有明显的新颖性，更注重首创性。从“范畴”上讲，发明比创造小，创造包括所有的发明，即“发明⊂创造”。

4. 发现

发现是对客观规律、事物的首先正确认知。发现的结果本身是客观存在的，只是后来才被人们所正确认知。发现与发明的区别在于以下几点。

发现是认识世界，发明是改造世界。

发现要回答“是什么”“为什么”“能不能”的问题，主要属于非物质形态财富，即意识形态财富。

发明要回答“做什么”“怎么做”“做出什么事”“有什么用”等问题，主要是知识的物化，能直接创造物质财富。

5. 创造学

创造学是研究人类的创造能力、创造发明过程及其规律的科学。它作为一门独立的新科学，主要研究人们在科学、技术、管理、艺术和其他领域的创造发明活动，探索创造的过程、特点、规律和方法。作为一门学科，创造学与其他类型的学科大大不同。创造学是一门智慧学、聪明学和能力学，它并不是“教授”大家有关创造学的“基本概念”和“基本知识”，而是侧重于“学以致用”；它是一门教大家如何去创造性地学习、创造性地工作及如何取得创造性成果的科学。

6. 创造教育

所谓创造教育，就是在学校教育中运用创造学的原理，采用现代教育观念和手段，培养学生的创造意识、创造性思维，开发学生的创造潜能，发展学生的创新（创造）素质的教育。创造教育是较高层次的素质教育，对学生实施创造教育是达到素质教育目标的有效途径和方法。有的学者将创造教育称为创新教育，两者只是说法不同，内涵基本相同。

7. 国家创新体系

国家创新体系是提高国家自主创新能力的网络体系，主要由企业、高校、科研机构和政府部门组成。在该体系中企业是创新活动的主体，高校和科研机构是重要的科技创新源，政府是整个创新体系的领导者和组织者。美国和日本建立了自己独特的国家创新体系。目前我国已逐渐形成以科技型企业、科研机构和高校为主体的协同创新体系。

1.2.4 创造学的学科特性及学科结构

1. 创造学的学科特性

创造学是在哲学、自然科学、社会科学、思维科学、数学科学和系统科学六大学科交叉点上，形成的一门具有普遍性、边缘性、综合性和横断性特征的交叉科学。作为一门很“年轻”的学科，关于创造学的学科性质，创造学界一直存在争论，到目前为止仍没有能被大部分学者所接受的确定性结论，主要有行为科学说、综合性科学说、边缘性学科说、横断性学科说和形成层型学科说五种说法。

虽然创造学被公认为交叉学科的一种，但是在现有交叉学科的六大类别，即比较学科、边缘学科、软学科（也称软科学）、综合学科、横断学科和超学科中没有一类学科完全符合创造学的学科特性。因此，更多的研究者更希望能够把创造学作为一个专门的一级学科或类目列入《中国图书馆分类法》和国家标准《学科分类与代码》。毕竟，它在经过几十年扩散性地传播和发展，特别是在进入中国和日本以后，获得了前所未有的发展速度，已演化成为一个包含众多分支学科和边缘分支学科的学科门类。创造学作为一个新兴的学科门类，在整个科学知识体系中占据极为重要而又特殊的地位。

2. 创造学的学科结构

创造学（也称创造科学）包括很多分支学科和边缘分支学科，并且随着创造学及相关学科研究的不断深入，创造学的学科结构也在不断地充实和完善。关于创造学的学科结构，不同的创造学研究者有不同的观点，如行为学派的庄寿强教授主张把广义创造学分为行为创造学、生理创造学、环境创造学和评价创造学四大类；创造学（狭义创造学）又分为普通创造学和学科创造学；学科创造学又细分为地质创造学、生物创造学、管理创造学和医学创造学等。而大连理工大学的王续琨教授则把创造学分为普通创造学、理论创造学、边缘创造学、应用创造学、分域创造学、隶属创造学六个学科群组，每个学科群组再细分为若干个子学科。

编者对创造学的众多学科进行了系统的分析和研究，并在借鉴王续琨教授等学者的研究结果的基础上，提出如图 1.1 所示的分类法，将广义的创造学分为创造学基础学科、理论创造学科、学科创造学、边缘创造学科、应用创造学科和其他附属学科六大类。把与创造学自身研究和发展密切相关的学科分为创造基础学科和理论创造学科两大类，尽管这两类从更大的范围来看都属于广义的创造学基础学科，但其中创造哲学、创造思维学、创造方法学、创造工程学、创造美学、创造伦理学、创造系统学和创造控制论等学科带有明显的理论性，故而单独作为理论创造学科列出。它们的研究和发展对其他创造学科的研究和发展具有一定的导向和引领作用，同时它们也能从其他创造学科的研究成果中得到启发。

在图 1.1 所示的创造学的学科结构中没有出现比较创造学和计量创造学，编者认为这两个分支应该分别归入创造方法学和评价创造学的范畴。在边缘创造学科里列入了以创造权益的本质、创造权益的保护制度、创造权益的分配和转让等为研究内容的创造权益学。在应用创造学科里增加了应用创造学、工程师实用创造学和儿童创造学三个研究分支。其中，前两个分支在国内已有很多的研究并有著作出版。而儿童创造学在国外受到很多的关注，有很多学者专门研究儿童创造心理、习惯等创造行为，并获得了很多的研究成果；在国内也有学者一直在从事儿童和青少年创造力的开发和研究工作。如我国著名的人民教育家陶行知早在 20 世纪 20 年代就提出儿童创造教育的思想。陶行知在他的《创造的儿童教育》和《创造宣言》两篇文章中，充分论证了对儿童创造力的认识、解放和培养问题，并在《创造的儿童教育》文章中提出了著名的儿童教育的“六大解放”论点。

最后，编者将国家创新体系、技术创新学、制度创新学、管理创新学等不含“创造”字样，但是从其研究对象上看也应属于人类社会的某些创造活动的学科，作为其他附属创造学科列入创造学的学科结构体系中。

- 创造学(广义)
  - 创造学基础学科
    - 创造历史学
    - 创造生理学(脑科学)
    - 创造心理学
    - 创造行为学
    - 创造环境学
    - 创造人才学
    - 创造教育学
    - 创造产物学
    - 创造评价学
    - ……
  - 理论创造学科
    - 创造哲学
    - 创造思维学
    - 创造方法学
    - 创造工程学
    - 创造美学
    - 创造伦理学
    - 创造系统学
    - 创造控制论
    - ……
  - 学科创造学
    - 地质创造学
    - 生物创造学
    - 医学创造学
    - 材料创造学
    - 机械创造学
    - 公安创造学
    - 文艺创造学
    - 管理创造学
    - 营销创造学
    - ……
  - 边缘创造学科
    - 创造社会学
    - 创造经济学
    - 创造艺术学
    - 创造权益学
    - 创造管理学
    - 创造生态学
    - 创造法学
    - 创造活动营养学
    - ……
  - 应用创造学科
    - 应用创造学
    - 工程师实用创造学
    - 儿童创造学
    - 青年创造学
    - 中年创造学
    - 老年创造学
    - 妇女创造学
    - 大学生创造学
    - ……
  - 其他附属学科
    - 国家创新体系
    - 技术创新学
    - 制度创新学
    - 管理创新学
    - ……

图 1.1　创造学的学科结构

1.2.5 创造学的研究内容

从上述有关创造学的学科结构可知，广义创造学的研究范围十分广泛，涉及很多交叉领域。本书中所述的创造学主要指以应用为主的狭义创造学。其研究内容主要包括创造活动、创造过程、创造者的创造性人格和创造心理、创造力、创造性思维、创造环境、创造性人才培养和创造评价等。概括起来可以分为四大部分，即创造理论、创造心理、创造机制和创造教育。创造学不同于其他学科，它不研究具体创造成果的原理、技术和结构，而是去探讨创造成果的孕育、萌发、产生和完善的全过程。通过剖析、研究这些创造成果是如何被发明出来的，有何规律，试图找出其所包含的本质内容。创造学对科学的研究思考，具有普遍的理论和方法上的指导意义。

1. 创造理论

创造理论介绍创造学的基本理论知识，包括有关创造学的基本概念、创造原理、发明方法和创造性思维、创造思路或过程等。

2. 创造心理

创造心理主要是从心理学的角度研究创造者创造实践、直觉、想象、意志、创造性思维等心理要素，从而为创造性人才的培养提供可借鉴的经验。

3. 创造机制

创造机制主要研究创造活动的内在规律和创造发明的方法等。

4. 创造教育

创造教育主要研究如何将创造学原理运用到教育实践中，如何培养创造性人才和有效开发人的创造力。创造性人才是创造活动的主体。学习和研究创造学的目的是发展创造教育，培养大批创造性人才，为国家的经济和社会的发展服务。

1.2.6 创造学的研究方法

由于创造学学科具有交叉性、复杂性和特殊性，因此它目前尚缺乏自己特有的研究方法，现用研究方法大多取自其他学科，主要研究方法有如下几种。

1. 观察法

观察法，是指通过观察人们在创造活动过程中的言行举止，剖析创造者的创造性思维和心理机制，找出其内在规律（创造原理）和可操作的技术方法（创造方法）。

2. 实验法

实验法，是指借助仪器进行测定或观察，研究人的创造心理，激发人的创造潜能的方法。其主要特点是对某些实验条件进行必要的人为控制和改革，并借助各种各样的手段对研究对象进行观察和分析，以找到事物的特征和内在规律。

3. 传记法

传记法，是指通过对人物传记（特别是自传）的研究，进而研究科学家、发明家、文学家和艺术家的具体思维过程、创造过程、成长历程、创造性人格特征及所处环境等。

4. 科学史法

科学史法，是指通过研究某一学科（技术）内部新旧知识的产生、变化、发展和消亡的过程，从而揭示该科学自身发展规律的研究方法。

5. 比较研究法

比较研究法，是指通过对不同创造过程和不同创造者在人格、素质等方面的比较，深入研究有关创造问题的方法。例如，通过比较爱迪生和斯旺发明碳丝电灯的过程，揭示他们在创造过程中的不同表现。

6. 调查征询法

调查征询法，是指把创造学要研究的问题分解为纲目，拟成简明易答的问题即《征询表》，分发给征询对象征求答复，然后回收《征询表》，并利用各种数学方法（包括采用有关计算机分析软件）进行统计、研究而得出结果的一种研究方法。

7. 测验统计法

在创造学研究中，经常需要测试创造力，以便对同一对象或不同对象在不同时期中的创造性做出直观的定量评价，从而探索创造学的某些规律。然而，由于对创造能力量度测试的理论性研究尚未完善，因此，这方面的测试结果具有一定的局限性，往往只能表示一定的倾向，难以完全定论。

需要特别指出的是，随着哲学、心理学、逻辑学、脑科学、思维科学、社会科学，特别是自然科学等相关学科的发展和完善，创造学也需要不断地发展和完善，创造学的研究方法自然也应当不断地创新和发展，而非一成不变地套用现有方法，因此需要在研究和应用实践中不断总结和归纳出更加科学和系统的研究方法。

1.3 创造学的理论基础

1.3.1 脑科学理论

1. 脑科学

狭义的脑科学就是神经科学，是为了了解神经系统内分子水平、细胞水平、细胞间的变化过程，以及这些过程在中枢神经系统内的整合作用而进行的研究。而广义的脑科学是研究脑的结构和功能的科学，以及认知神经科学等。神经科学的最终目的在于阐明人类大脑的结构与功能，以及人类行为与心理活动的物质基础，在各个水平（层次）上阐明其机制，增进人类神经活动的效率，提高对神经系统疾患的预防、诊断和治疗服务水平。

自 20 世纪中叶以来，脑科学和思维科学的研究成果，揭示了人脑潜能的丰富性和可开发性，为创造学研究提供了坚实的生理和心理基础，也为创造力的开发指明了方向和途径。脑科学的研究表明，大脑是学习和创造的生理基础。哈佛大学心理研究所在一份研究报告中提出“用脑能彻底改变被动的自己”，人的成功（发现与创造）主要是脑（主观）与机遇（客观）的结合。脑科学的新发展包括大脑功能定位、神经元和突触、脑的发育和关键期、脑的结构和功能的可塑性、内隐记忆等，这些将对创造学研究有重要的启示和帮助。脑科学是创造学研究的重要基础之一。

脑科学研究和实验结果表明，当大脑皮质基本激活水平低时，特别是前额叶的激活水平低时，是产生创造性思维的最佳状态。维斯皮安斯基等人通过实验发现，高创造性人的皮质激活水平较低。马丁·阿达尔和哈桑对创造性不同的个人的脑前后部位的脑电波进行研究的结果也显示，在灵感阶段，高创造性人的皮质激活水平低于低创造性的人。这个试验结果从另一方面证明了有的学者所提出的前额叶是“创造力源泉”的说法。

1990年，美国推出了“脑的十年”计划，推动了欧洲脑研究及欧美之间的研究合作与交流。1992年，中国提出了“脑功能及其细胞和分子基础”的研究项目，并列入了国家的“攀登计划”。1997年，日本推出了为期20年的“脑科学时代”计划，包括认识脑、保护脑、创造脑三方面，并制定了战略目标，力图达到世界先进水平。2014年，中国发布了“中国脑计划”，即“脑科学与类脑研究”国家重大科技专项。2021年9月，科技部正式实施中国脑计划，即科技创新2030——“脑科学与类脑研究”重大项目，主要包含脑疾病诊治、脑认知功能的神经基础、脑机智能技术等方面的研究。

2. 大脑的结构与功能

人类的大脑是所有器官中最复杂的一部分，是所有神经系统的中枢。人类的大脑可以划分为脑核、脑缘系统、大脑皮质三部分。人的大脑纵裂为左右两侧，每侧的形状像半球形，故称两半球。左右两半球之间由两亿根神经组成的束——胼胝体连接沟通，并保证了它们在功能上的高度统一。大脑皮质是大脑表面的灰质层，故也叫大脑皮层，它是人类神经细胞分布最密集的地方，数量达140亿之多，是脑的最高级部位，也是人的心理活动最重要的器官。大脑皮质有无数的皱纹，使其表面得以延展，展开面积约为2200cm^2，其中皱纹凸起的部分称为回，凹下的部分称为沟或裂。大脑半球的表面形态还包括中央沟、外侧沟和顶枕沟三条沟裂。图1.2所示为大脑半球外侧面。

脑核掌管人类日常的基本活动，包括呼吸、心跳、觉醒、运动、睡眠、平衡、早期感觉等。而脑缘系统负责行动、情绪、记忆处理等功能，另外，它还负责体温、血压、血糖及其他居家活动等。

大脑皮质负责人脑较高级的认知和情绪功能，它区分为左脑和右脑，各块均包含四部分——额叶脑、顶叶脑、枕叶脑、颞叶脑。根据功能的不同，大脑皮质还分为许多区（如布鲁德曼的52个分区法），可概括为感觉区、运动区、言语区和联合区四大机能区域。

[拓展视频]

3. 左右脑与创造性思维

生理解剖发现，人的大脑由左右两个半球组成，且大小不尽相同。左右半球的质量占人脑全部质量的60%，体积占人脑全部体积的1/3。美国神经生理学家斯佩里教授采用先进的PET诊断仪对脑活动进行研究发现，人脑左右半球通过数十亿根神经纤维联系着，

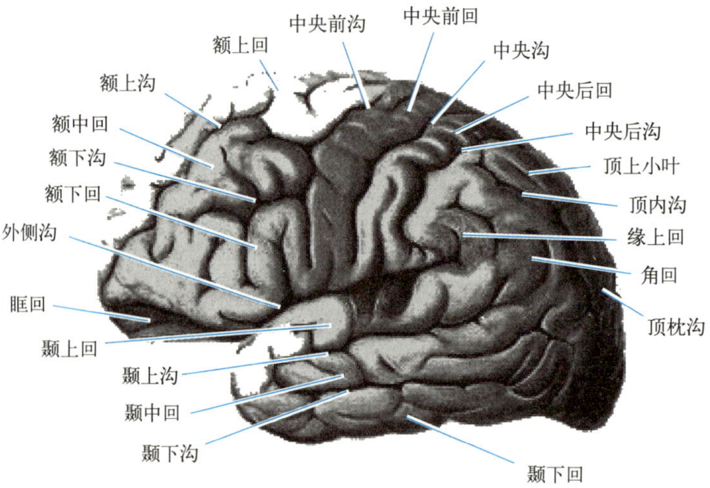

图 1.2　大脑半球外侧面

在正常运转时每秒可由一侧向另一侧传达约 400 亿次脉动信息，从而构成了一个相辅相成、紧密配合、功能互补并具有转移机能效应的统一控制系统。他的研究纠正了前人对于右脑功能的低估，证实了大脑是具有形象思维、空间感知辨识的系统，其不但能感知外界作用，而且能通过想象力、直觉等非逻辑思维进行创造性思维，这给创造潜力的开发带来了极其重要的生理学依据和指导。1981 年，斯佩里因发现了右脑具有意识的功能而获得了诺贝尔生理学或医学奖。

基于 1961 年斯佩里和加扎尼加等学者所做的著名的“裂脑”实验，有人提出了片面的“大脑两半球分工学说”（又称“脑功能定位说”）。该学说认为：大脑左右两半球完全以不同的方式进行思考，左脑是语言的脑，负责阅读、记忆、书写和逻辑思考，演绎推理、抽象思维、数学运算、形成概念的能力较强；而右脑有许多高级功能，如形象的学习和记忆、图形识别、几何学方面的空间知觉，是音乐、美术空间知觉的辨别系统。因此，左脑也称理性的脑和知识的脑，右脑也称感性的脑和创造的脑。该学说曾在包括中国和美国在内的很多国家掀起了开发右脑的热潮。20 世纪 80 年代以后，由加扎尼加和福尔德等科学家建立和完善的“脑认知功能模块论”逐步取代了“大脑两半球分工学说”。

尽管左右脑在功能上的确有侧重，但是到目前为止，科学家还很难断定哪一部分的脑明确地实施某一种特定的功能。然而，通过正电子发射断层扫描（PET）、功能性磁共振成像（MRI）和脑磁图描记术（MEG）等技术，人们对脑内的情况越来越清楚。它们能使科学家清楚地看到：“当一个人在进行创造性思维时，他的左右半球同时都在积极地活动着。”这是对创造性思维脑机制的专门的、直接的研究，它有力地证实了创造性乃是大脑两半球功能整合的结果。研究进一步发现，在一个特定作业期间，几个不同的脑区是同时工作的，并非仅有一个脑区实施一种功能，而是不同的脑区以某种方式结合起来，携手在不同的功能中起作用。正如斯佩里后来所说，在正常条件下，两半球“是紧密地结合得如同一个单位进行工作的，而不是一个开动着，另一个闲置着”。因此不宜盲目地进行“右脑开发”，而应该科学用脑，进行“全脑开发”。

1998年，玛丽·巴尼奇等人通过研究发现大脑两个半球的功能是整合的，两个半球之间的大多数相互作用是由一个非常大的神经纤维束——胼胝体发生的。他们通过实验发现任务难度越大，两个半球之间的相互作用越能促进任务的有效完成。创造性思维（活动）是一种高层次的整体思维（活动）过程，需要借助于抽象和形象、分析与综合、发散与聚合等多种思维的结合和发挥。创造性思维最重要的是脑的左右两半球功能之间的互补性和贯通性。创造性思维能力的发展是逻辑思维和直觉思维相结合的产物，是理性思维和非理性思维的有机统一。因此，进行创造力开发和教育必须从促进两个脑半球之间有效的交流与整合出发，研制出有利于全脑开发的训练和培养体系，科学地培养创造者的创造性思维，有效地开发其创造力。

1.3.2 创造心理学理论

创造心理是推动创造者进行创造性活动的内在原因，是维持和发动创造性心理活动的心理倾向，它对产品或技术的研发有着始动性、指向性和调节性的功能。特别是创造心理中的直觉与灵感、创造动机及创造胆识，对于创造者的创造积极性及创造性思维的展开都有极其重要的意义。而创造心理学是研究创造心理活动及其规律的一门科学，其研究范围包括人的意向活动、认识活动，以及半主观半客观的人的行动及行为动作。因此，要唤起创造者对创造发明的强大的心理力量，充分发挥其内在创造潜能，有效地培养创造者的创造品质，提高其创造能力，以促进产品和技术研发的快速发展，就必须对人类的创造过程的心理实质和内在规律进行深入的研究，

1. 创造者的创造心理学层面的基本要求

从创造心理学层面上看，创造者从事创造活动需要满足以下几个方面的要求。

（1）要有良好的生理和心理基础。创造者不仅要具备健全的大脑，还要具有高尚的创造品格和良好的心理状态。

（2）要有较高的创造技能。包括观察能力、想象能力、探索能力、描述造型能力、灵感顿悟能力、分析推理能力、预测评价能力、论证能力和实验能力等。

（3）要有突出的创造个性特征。如具有主动性、独创性、疑问性、变通性、严密性、自信心和幽默感，从事创造活动有一定的毅力、勇气和坚持到底的决心等。

（4）要掌握创造思维的规律。不仅需要掌握已有的规律，而且要学会通过创造性地思考，归纳整理出新的规律。

（5）创造者要接受过良好的创造教育和系统的创造训练，从而掌握创造的基本理论、基础知识和创造方法，并具备一定的创造能力。

2. 创造心理过程

创造心理过程是指个体从开始创造到产品落实时的整个心智历程。人类的创造活动是一个复杂的心理过程。1891年，著名的德国生理学家赫尔姆霍兹最早提出了创造性工作的三个阶段：①最初的努力，直到无法进展为止；②停顿和徘徊时期；③突然的发现和意外的解决。1926年，英国心理学家华莱士在赫尔姆霍兹、庞加莱及阿达玛的研究基础上，将创造活动的过程划分为准备阶段（preparation）、酝酿阶段（incubation）、明朗阶段和

验证阶段这四个相互区别又相互联系的阶段。这种分法有利于人们对创造过程的分析和把握，有利于人们更好地组织创造活动，开发创造力，从而产生创造性成果。后来从创造过程的心理学角度来进行的研究都是以此为基础的。美国创造学家奥斯本便在此基础上把创造心理过程归纳为定向、准备、分析、设想、孕育、综合和评判七个阶段。

加拿大内分泌专家、应力学说创立者塞利尔把创造过程与生殖过程进行类比，提出了七阶段模式，如图 1.3 所示。

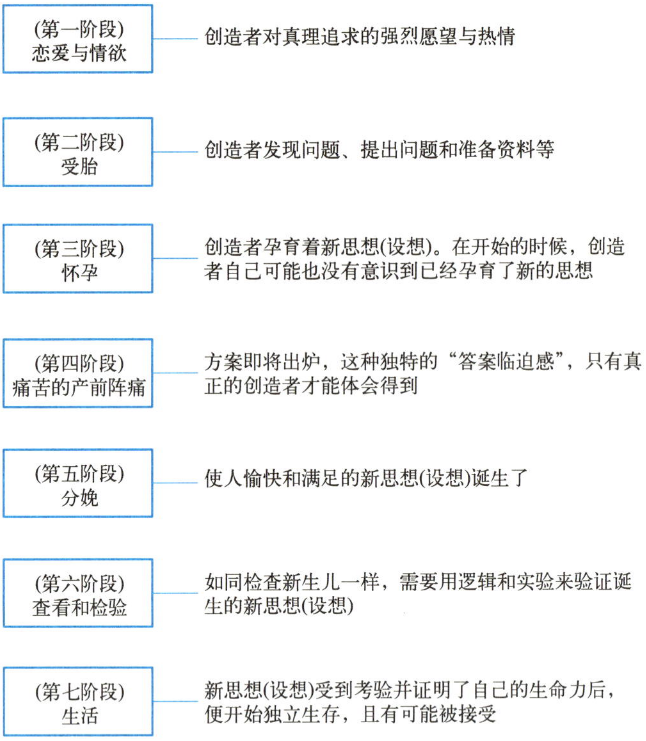

图 1.3 塞利尔的七阶段模式

3. 创造心理品质及其与创造的关系

创造心理是指人们在认识过程、情感过程和意志过程中所表现出来的创造性因素，包括人们的需要、动机、信念、性格、气质、能力等心理倾向性和心理特征中的创造性因素，这些因素对人们的创造活动影响巨大，其中，创造动机、创造情感、创造意志和创造性格是开展创造活动的四个必不可少的前提条件。

（1）动机与创造。

创造活动和人类其他所有活动一样需要动机来激发和维持。因为动机是各种创造行为、创造活动的直接推动力，是创造活动的起点，也是创造活动获得成功的关键。正如弗洛姆所描述的那样，创造者具有“着迷的能力，集中注意的能力，承受紧张和冲突的能力及每时每刻都要诞生的欲望”。人们的好奇心、求知欲和兴趣爱好构成了有利于创造的内部动机，社会责任感则构成了有利于创造的外部动机。由于创造动机在创造活动中具有指向、激发、强化等作用，因此有了创造动机，就会产生创造欲望，进而产生创造活动。研究发现，内在动机使创造者更喜欢具有挑战性的、有乐趣的工作，在工作中表现出更大的创造性；而外在动机则使创造者倾向于简单的、容易的工作，使工作体现出刻板与常规性。具有内部动机的创造者易于创造性地解决问题。

创造动机也是支撑主体的最主要的精神因素，在很大程度上还会影响主体的其他方面，如创造的远见、创造的胆识、创新意识和创造的注意力。创造心理学中有一组关于创造动机与其他创造心理因素在自然科学的科技创造中作用的相关系数，见表1-1。

表1-1 创造动机与其他创造心理因素在自然科学的科技创造中作用的相关系数

项目	创造的远见	创造的胆识	创造的意识	创造的注意力
创造动机	0.433	0.479	0.470	0.416

(2) 情感与创造。

情感是科学创造活动的动力，情感对创造力的影响主要通过理智感、道德感和美感表现出来。创造性情感品质常表现为：具有积极向上的强烈情感，对事业充满热情、追求真理、富有同情心；具有高尚的道德情感和正确的审美情感；情感丰富而深刻、稳定而持久，并善于调节和控制自己的情绪。富于美感，善于直觉与幻想的创造者才能善于创造美好的东西，而激情、追求、好奇、兴趣等能使创造者在创造活动中最大限度地发掘其潜能，从而取得更好的成果。如果说知识能力结构构成创造者的研究和开发能力的核心，情感倾向则构成创造活动的直接动机和动力。

(3) 意志与创造。

创造是一种艰难、复杂的实践探索。对创造者而言，创造过程也是一个意志磨炼的过程。在创造的过程中，创新者可能随时面临失败的打击和考验。这种风险来自外部环境的市场、管理、资金和政策，也来自技术创新前景的不确定性。因此，进行创造活动要求创造者必须具有非凡的勇气和坚强的意志。爱因斯坦曾说过，钢铁般的意志甚至比智慧和博学更加重要。创造的成败在很大程度上取决于是否有这种意志，心理健康的人意志坚强，能够坚决、勇敢、主动地去克服困难和障碍，从而实现预定目标，这种意志能够使人长期专注和控制行动去完成艰巨的创造任务。

(4) 性格与创造。

性格是个性的核心，它是一个人本质的个性特征结合。现代认知心理学在研究中承认性格在创造中的作用，并将创造者的性格因素视为创造的重要心理成分。心理学家把性格分为对事物的态度特征、意志特征、情绪特征和智慧特征四方面。克德罗夫认为创造者最重要的个性特征是：坚决果断地不停止前进的步伐，勇敢自信地构思新的思想，坚韧不拔地反潮流，向多数人已经“偶像化”了的东西提出挑战。这与实际创造活动是相吻合的。一般地，富有创造特征的人通常能准确地意识到他们可能遇到的困难，并渴望向所面临的困难挑战。

在创造心理的诸多因素中，个性品质起着举足轻重的作用，它被看作创造者创造心理活动的指南针。

1.4 国内外创造学研究概况

1.4.1 国外创造学研究概况

1. 创造学在美国的兴起及发展

（1）创造学在美国兴起。

最早将创造问题作为科学进行研究及提出创造教育概念的是美国。专利审查人罗斯曼调查了700多名高产的发明家，将结果整理成为1931年出版的《发明家的心理学》一书，强调通过激励来提高创造力。由于当时存在第二次世界大战的威胁，迫切需要开发人的创造力。1933年，美国电气与电子工程师协会高级会员H·奥肯写成了发明讲义，并向相关部门申请在波士顿开办发明训练班。从1935年起，美国通用电气公司和麻省理工学院开设针对工程师进行创造发明训练的课程。1936年，美国通用电气公司首先对其职工开设“创造工程”课程，使职工的发明、创造能力显著提高。1938年，奥斯本将自由联想、畅所欲言的方法整理为智力激励法，他还根据目的对象的不同，制订了短期只有16学时、长期达18个月共100学时的培训计划。此后，掀起了一场开发创造力的群众运动，使人们开始相信发明创造能力同其他技能一样是可以学会的。1941年，奥斯本出版了《思考的方法》一书，首创“智力激励法”。1943年9月底，德国心理学家马克斯·韦特海默完成了他唯一的专著《创造性思维》，遗著于1945年在美国出版，这是世界上第一部研究创造性思维的专著，迄今仍然是研究创造性思维的经典著作。

（2）创造学在美国的推广及应用。

1948年，美国麻省理工学院首先开设“创造性开发”课程。此后不久，哈佛大学、布法罗大学等许多高校也相继开设有关创造性训练的课程。为促进创造教育的开展，奥斯本在1953年又出版了《创造性想象》一书，对创造性思维进行了有益探索，并先后被译成20多种文字在世界上广为传播，因此成为了创造学创始人。1953年，他还和帕内斯教授在布法罗大学创办了世界上第一个创造学系，开始招收创造学专业的本科生和硕士研究生。1954年，奥斯本在美国发起设立了“创造性教育基金会”。梅多与帕内斯等人在布法罗大学，通过对330名大学生的观察与研究发现，受过创造性思维教育的学生，在产生有效创意方面，比没有受过创造性思维教育的学生平均高94%。1955年，在布法罗大学等几所大学召开了关于创造工程的代表大会。

到20世纪80年代，美国已有创造学研究机构10余所，50余所大学设立了类似的研究机构。1979年，美国总统的科学顾问在一次演讲中强调：“我们正跨入一个新的时代——急需一种新的创造精神的时代。”目前美国几乎每个大学都开设了关于创造的课程。除大学外，工业界许多公司也纷纷应用创造技法和教材进行创造性人才培训。克莱斯勒、福特公司常年开办创造工程班，IBM公司、无线电公司、道氏化学公司、通用汽车公司等大公司也都设立了自己的创造力训练部门，有的公司还专为管理人员开办创造性想象班。

美国军方也非常重视创造性想象之类的训练。美国海军部一向重视创造教育和创造力研究。吉尔福特在南加利福尼亚大学领导进行的研究工作，前后达20年都是由美国海军研究部的科研基金资助。同时，该研究部也自设了专门机构进行创造力研究和开发训练。例如，关于想象能力对军事指挥的影响的专题研究，他们是从1951年开始到1960年才得到确认。确认后便将创造性想象能力的训练，直接列为海军军官的必修课程。自1982年起，每年由美国海军发布SBIR项目，通过联邦基金资助和鼓励小型商业领域的研发和创新。美国空军也有类似的训练课，而且空军还在美国各地设立大约200个培训点，以便对预备役军官进行训练。创建于1992年的美国陆军研究实验室（ARL）作为美国陆军企业研究实验室，其使命是发现、创新并转变科学和技术。该实验室发现，创新与过渡性科技可确保陆军力量占战略性主导地位。

至于各类咨询、广告公司，在创意方面的竞争更是激烈。许多创造问题研究机构的产生，从学校到各个企业、公司创造教育的开展，各种关于创造问题的咨询公司的出现与竞争，标志着美国创造问题的研究与发明创造活动的普及在20世纪80年代就已经掀起热潮。

2. 苏联创造学的研究概况

早在1910年俄罗斯帝国工程师格里迈尔就开始研究创造理论并提出要建立“创造学”。第二次世界大战结束，随着国际竞争的全面加剧，从1946年起苏联就有一批学者开始通过分析大量专利而寻找有关发明创造的规律，同时整理出一套在技术发明中行之有效的基本措施，并开办了讲习班，取得了丰硕成果。

(1) 政府重视国民创造力开发，群众性发明创造活动得到发展。苏联政府十分重视国民创造力开发，并将其载入宪法。在国家发明和发现委员会统领下，1932年成立的“全苏发明家志愿者协会”（后改为“全苏发明家与合理化建议者协会”）拥有1300万名会员，每年经费达2000万卢布，有按地区划分的基层组织10万个，专司普及宣传创造学知识。苏联还曾拥有社会设计局2万个，有20万名经验丰富的工程工艺专家在这里工作，专门为那些已有创造性设想但缺少必要技术的组织和个人提供帮助。此外，在工矿企业曾有30万个综合革新队伍在积极活动。苏联的法律规定国家的最高技术革新奖金为2万卢布，最高合理化建议奖金为5000卢布，这对鼓励发明创造起到了推动作用。

(2) 重视创造学理论研究，出版大批著作。在创造学理论研究方面，苏联的创造学家和研究者作出了大量的贡献。1956年，苏联海军部队专利评审员根里奇·阿奇舒勒在《心理学问题》杂志发表了《发明创造心理学》一文，一石激起千层浪，轰动了苏联的科技界，为发明创造开辟了新的天地。根里奇·阿奇舒勒经过研究发现，有15000对技术矛盾可通过运用基本原理解决。如他所说：“你可以等待100年获得顿悟，也可以利用这些原理用15分钟解决问题。”此后他出版了大量的关于TRIZ（Theory of Inventive Problem Solving，发明问题解决理论）的图书，TRIZ学校也开始蓬勃发展。1969年，根里奇·阿奇舒勒出版了他的《发明大全》一书，将自己的40条发明理论全面地阐述给读者，这是第一套解决复杂发明问题的完整理论。

到20世纪70年代末和80年代初，苏联又陆续出版布什的《发明家用创造学原理》和《技术创造算法》，波洛文金主编的《寻求新技术方案的一些技法》，以及《创造学是一门精密的科学》《技术创造原理》等一批学术专著。这些专著都曾作为苏联许多发明学校的教材，而《技术创造原理》一书被选作为乌克兰各高校技术专业通用教材。

在理论研究方面，以维果斯基、列昂捷夫、鲁利亚为代表的“维列鲁”学派最为典型，也取得了很多研究成果。他们提出了采用“双重刺激法”作为思维创造性的判断方法，他们认为，教学的决定作用不仅表现在智力发展的内容、水平和智力活动的特点上，也表现在智力发展的速度上，可采用“双重刺激法”作为思维创造性的判断方法。这些理论成果的形成和创造学研究著作的出版都有效地促进和推动了创造学的发展。

（3）重视创造教育，侧重于学生创造力的开发。苏联在大专院校普遍开设“创造学”“创造技法”必修课，在大学创设“大学生设计局”及各种专业化大学生科技联合组织，为大学生开发创造力提供有利条件和必要帮助，培养高层次创新人才。还在全国建立各种形式的少儿创造教育组织机构，如在基辅建立的少年科学院下设儿童俱乐部，专司少年儿童创造发明教育。

20 世纪 60 年代，苏联结合当代心理学成就和对美国创造工程的批判吸收，形成了以激发创造性思维为特点的方法体系，编制了《物理效应和现象应用指南》，制定了《发明解题程序大纲》，建立发明创造教育体制。在莫斯科、圣彼得堡、巴库等 80 多个城市建立了约 700 所发明创造院校，其中最突出的是 1971 年在阿塞拜疆创立的世界上第一所创造发明大学，并在全国 40 多个城市建立了分校，培养了大批创造型人才，促进了经济、社会快速发展。从 20 世纪 70 年代起，苏联把偏重知识传授，采用“处方”式的人才培养方法，重点转移到培养学生的思维能力上来，推行“智力加速器计划”。发明创造教育对苏联发明成果影响很大，据统计，1979 年苏联专利申请量和批准量均跃居世界第二。

3. 创造学在日本的发展

（1）政府高度重视创造学的研究，倡导创造发明活动。20 世纪 30 年代，日本开始从美国引进创造学方面的研究成果，并翻译了一批创造学研究著作。1944 年，市川龟久弥发表了《创造性研究的方法论》一书，并开发了一批具有日本特点的创造技法。丰泽丰雄创办了发明协会、星期日发明学校和发明研习所。

1955 年从美国引入创造工程后，日本政府对创造学研究和应用开始高度重视，明确指出：“我国技术的进步，过去经常是依赖于引进外国技术。今后，绝不能只停留在这种消化、吸收外国技术的地步。”在政府的高度重视下，日本对创造学进行了可开发性研究和应用。日本教育心理学会以城户幡太郎为首，开展了“生产力与创造力关系综合研究”。先是成立了日本创造学会，然后社会各界先后成立了发明协会、创造力研究所、创造工程研究所、未来工程研究所、综合经营研究所、现代能力研究所等。日本的创造学研究者在研究和传播美国创造技法的同时，结合本国实际，进行了创造学理论探索和创造实践研究，提出了许多创造技法，使创造学在日本得到了极大的丰富和发展。他们还在 1963 年创办了《创造》，1971 年创办了《创造世界》，1976 年发行了《创造研究》《创造的理论与方法》《创造的模式》等。

1981 年，日本东京电视台从 10 月起开设《发明设想》专题节目。他们还把每年的 4 月 18 日定为“发明节”，在全国各地表彰、纪念成绩卓著的发明家的活动。1981 年日本政府作出“科技立国”的决策，其核心就是把发展创造性的科学技术提到国家经济发展战略的高度，并把这一年称为“科学技术创造之元年”。同年日本首相福田赳夫亲自主持内阁会议，作出专项决议，确认创造力开发是日本通向21世纪的保证。日本生产性本部的创造力开发委员会和日本创造力研究所提出了具体方针：“举国上下，立足国内，开发创造力，创造高技术，发展新产业，确保竞争优势。”

在日本的科技白皮书和政府文件中，开发创造力和自主技术已成为必不可少的部分。20世纪80年代初，日本科学技术厅制定了创造科学技术推进制度，并在20～50岁的科研人员中寻找并推选有创造能力的项目负责人。日本政府还积极支持开展全民创造力开发活动，在各城市开办星期日发明学校。日本从政府各部门到工贸企业均建立了多方位、立体型发明创造体系。

(2) 创造学在日本的推广和应用。1953年，日本在东京品川创办了“星期日发明集合会”，还在全国各地建立了发明协会分会，各分会也都建立了发明学校，这些学校面向社会与企业，结合发明观察来讲发明创造知识和技法，配合以发明咨询、指导和代办专利、专利转让等业务。20世纪60年代起，日本创造教育的开展就相当普及了。20世纪70年代，日本在创造学的研究和应用方面超过了美国；不仅在大学开设有关创造的课程，企业普遍开展创造教育，而且在社会上先后建立创造性研究会、创造工程研究所和创造学会等组织。

日本丰田汽车公司的总公司设立“创造发明委员会”，下属部门设立创造发明小组，广泛开展“设想活动”，取得巨大的经济效益。1975年该公司收到来自员工的创造发明设想和建议共计381438件，采用率高达83%，支付奖金3.3亿日元。当年仅其中的一个制造部门就因此获得160亿日元的效益。

20世纪80年代，日本的创造发明活动又掀起了高潮。日本的小发明、小创造非常多，这使日本成为发明大国，其专利申请雄居世界第一。如日立公司7万名员工，仅在1983年申请的专利和小发明就多达25000件。日本发明大王中松义郎，在近50年中共获得2360项专利，远远超过美国爱迪生1320项的专利记录。在1982年世界发明比赛中，他荣获“对世界作出了巨大贡献的第一发明家”奖。因此，很多人认为，这正是战后日本经济快速腾飞的奥秘所在。

1984年以后，日本实行新的大学教育改革方案，其目的就是培养创造力，日本学校的创造教育开始得到较顺利的发展；一方面重视对教师创造力的培养，另一方面重视和鼓励学生在学习过程中参与科研活动，特别重视学生搞小发明、小创造；并制定了《日本知识产权基本法》《专利法》《实用新案法》（又叫《实用新型法》）《商标法》《外观设计法》和《反不正当竞争法》等。

4. 创造学在其他国家的发展

英国、加拿大、匈牙利、波兰、保加利亚、委内瑞拉等40个国家也都先后开展了创造问题的研究，普及发明创造活动，在各类学校和企业开展创造教育。如英国侧重于从设计方法入手探讨发明创造技巧，迪博诺还设计了一整套创造力训练课程。其中，被称为CORT的思维技巧课在中小学开展教学，甚至在美国也得到了传播和推广。委内瑞拉政府设置了“智力开发部”（与教育部并级），使用了该思维训练教材进行创造力开发。

据统计，在1950年之前的65～70年这段时间，科学文献中只出现过屈指可数的几篇关于创造力的研究论文。然而 1955 年后，创造研究开始得到重视和拓展。从 20 世纪 30 年代到 1981 年，全世界发表有关创造问题研究的文献 62000 余篇。自 20 世纪 80 年代以来，仅关于创造问题的中文文献就超过了 22 万篇，其中有关创新思维的研究占比约 50%，更是成为了学术界的研究热点，各种关于创造学的著作大量涌现，形成了一股热潮席卷全球，由发达国家扩展到发展中国家，成为现代科技革命的重要内容。

1.4.2 国内创造学研究概况

我国的创造学研究比美国晚了近 40 年，我国把创造与发明作为一门学问进行专门研究，是从 20 世纪 80 年代开始的。20 世纪 60 年代，我国台湾地区开始从西方引进创造学理念思想，翻译介绍国外一些创造学书籍。1968 年，现代企业经营管理公司出版了纪经绍等编写的《创造力启发及价值工程讲座》；1969 年，中华企业管理发展中心出版了陈树励编著的《创造力发展方法论》；1977 年，台北协志出版社出版了李清熙翻译的《发明的启示》一书。上海交通大学的许立言教授是最早把创造学理论系统引进中国大陆的学者。在 1980 年 11 月与 12 月的《科学画报》上，他两次发表了文章《发明的艺术——创造工程初探》，首次向国内读者介绍创造工程，并引起了其他学者的关注。1982 年 1 月《科学画报》增辟“创造技法 100 种选载”专栏，陆续登载创造技法。专栏以许立言的《创造学与创造技法》开篇，第一次向人们介绍了“创造学”这门学问。该专栏一直持续到 1984 年，这一时期《科学画报》成为宣传、推广创造学理论的主要阵地。

1983 年，我国在广西南宁召开全国第一次创造学学术讨论会。为鼓励广大群众的发明创造，推动科技发展，先后制定、颁布《发明奖励条例》和《自然科学奖励条例》。创造的核心问题是创造性思维。从 20 世纪 80 年代初开始，钱学森教授倡导思维科学，创造性思维作为思维科学的重要方面，越来越引起人们的重视，研究的广度和深度都有较大的拓展。经过 40 余年的发展，创造学的研究与普及，发明与创造实践活动的开展，正在我国蓬勃发展。

1. 各种学会的成立及早期刊物的发行

1985 年 3 月，中国工业产权研究会（现中国知识产权研究会）在北京成立；1985 年 4 月，我国实施专利制度；1985 年 10 月，中国发明协会在北京成立，并举办首届全国发明展览会，以后每年举办一次。1988 年和 1992 年还先后举办两次北京国际发明展览会。同时，多次组织人员参加国际发明展览会。在 1985—1995 年的 10 年间先后参加国际发明展览会 25 届，参展发明 679 项，有 405 项获奖，其中金奖 86 项。中国发明协会组织召开各种研讨会和经验交流会，创办《发明与革新》杂志。1986 年，上海成立创造工程研究所。1987 年，《工业产权》杂志创刊。中国创造学会筹建成立后，各省（自治区、直辖市）、市、厂矿院校相继成立地方创造学会（协会、研究会）。至 1990 年，全国大部分省（自治区、直辖市）、市成立了创造学会，地方发明协会发展到 40 多个。1988 年，深圳科技工业园创办民间科技创业中心，资助非职务发明创造实现商品化，帮助发明创造者创办企业。1991 年，沈阳市成立创造力开发协会。1992 年，江苏省青少年科技辅导员协会成立发明创造委员会。

1986 年，中国发明创造基金会等组织，翻译、编写了一套 32 册约 500 万字的《发明创造》丛书。1987 年，东北工学院（现东北大学）出版了近 10 本《人与创造》丛书。上海科学普及出版社出版了《创造技术手册》等 10 多本丛书。湖北科学技术出版社出版了 10 多本《发明与革新》丛书。中国专利文献出版社出版了《世界发明全书》。另外，中国青年出版社等 20 多个出版社也出版了有关创造发明的书，据不完全统计有 200 多种。

中国创造学会于 1994 年 6 月在上海成立，创办会刊《创造天地》。每两年召开一次全国性学术研讨会，编辑、出版研讨会文集《智慧之光》。目前已有 10 多个省市及一些高校和企业单位相继成立创造（发明）学会。中国创新方法研究会于 2008 年 11 月在北京成立，归口科学技术部主管，其宗旨是搭建创新方法领域管理部门、企业、高校和科研院所交流平台，强化创新方法工作，强化民众的创新思维与创新精神，促进社会各界对科学方法、科学工具的研究与应用，增强企业的创新能力，从源头上推进我国的自主创新。研究会主要从事创新方法战略研究工作，开展创新方法培训与认证，举办创新方法高层论坛，出版创新方法相关刊物，推动创新方法国际合作，从科学思维、科学方法、科学工具三个层面全面推进创新方法。同时在全国共设有 18 个省级创新方法研究会（台湾地区为中华萃思学会），各地市还设有分会。

海峡两岸创新方法（TRIZ）研讨会每年举办一次，首届海峡两岸创新方法（TRIZ）研讨会于 2008 年 11 月 22 日在台湾新竹中华大学召开。

中国发明协会是在党和国家领导人、中科院院士及社会活动家等 134 人联合倡议下，经中央批准于 1985 年在北京成立的，业务主管单位是科学技术部。协会的工作职责是推动和支持群众性的发明创造活动；协助各部门、各地区更好地贯彻国务院颁布的《发明奖励条例》，促进发明创造的实施和推广应用；交流发明经验，研究和探索发明规律；维护发明者正当权益，开展多种形式的发明宣传、展览、竞赛活动；参加有关发明创造的国际交流活动。协会主办《创新时代》和《中国发明与专利》两本期刊，并建有会员成果数据库和中国发明网。

2. 关于创造性思维研究的论著越来越多

创造性思维是创造学研究的重要内容。1984 年之前，论及创造性思维的论文较少，1984 年之后，具有较高水平的论文数量呈明显上升趋势，自 1988 年以来每年至少有 20 篇，而且质量越来越高。以往没有人涉及直觉、灵感等问题，到 1985 年后，直觉与灵感成为了创造性思维研究的热点。学术专著方面，20 世纪 80 年代除了一些思维科学、科学方法论著作等不同程度地探讨创造性思维外，重点是探讨科学发现的模式、创造性思维及其心理、社会环境问题，以及对直觉、灵感及其在创造性思维中的作用进行深入研究。20 世纪 90 年代以后，关于创造性思维的普及性、通俗性和实用性著作明显增多，特别是近几年来，各种创意学、创意闪电、创意脑筋急转弯、成功学等不断出现，令人应接不暇。仅 2020 年有关创新方法和创新思维方面的研究文献超过 11000 篇，其中有关创新思维方面的研究占比达到 60%；出版了诸如《创新思维》《创新思维训练与创造力开发》《创新思维训练与 TRIZ 创新方法》《创新思维的培养》《艺术创造学》《创造学与创新实践》《创造学与创新方法》《创造学与创造工程》《发明创造学》等 30 多部专著或教材，同时翻译了一批国外创造学教材。

3. 创造教育在中国的普及与发展

在国内的众多高校中，最先引进创造学的是上海交通大学，后来创造学在其他高校也陆续得到发展，主要是以选修课或第二课堂的形式出现。20 世纪 80 年代，谢燮正等学者与国外建立广泛联系，陆续翻译了几百万字的创造学研究资料，为我国创造学研究与发展奠定了基础。20 世纪 90 年代初，开设创造学选修课的高校约有 20 所。近几年来发展势头很猛，更是有成倍增长的趋势。2004 年，中国医科大学的孙景芬、于淼发表的《高校创造学课及创造教育的现状调查与研究》报告显示：在被调查的 30 所高校中，已经开设创造学课 6 年以上的学校有 6 所，开课 4～6 年的学校有 5 所，开课 1～3 年的学校有 5 所，仅有两所学校开课时间不足一年。部分高校已给创造学课程制定了明确的课程规划、教学大纲、教学日历、教学总结等教学文件，创造学课程已日益规范化、制度化。创造教育已经向专业化、高层次发展。有的高校已招收创造学方向的硕士研究生、博士研究生，如中国矿业大学和中国科学技术大学。近年来，随着工程教育专业认证的推广和普及，国内高校工科专业普遍重视创造教育，很多高校都开设了“创新创业教育”和“创造学”课程。2021 年 7 月，教育部高等学校创新方法教学指导分委员会组织专家编写了《创新工程学课程教学基本要求》，该文件将作为指导高等学校开设创新工程学系列课程的官方指导性文件。

全国高校创造教育与创造学研讨会，自 1993 年在中国矿业大学召开首届会议后，每两年召开一次。三十多年，高校创造学的研究与教育取得了一系列成果，承担国家级课题 3 项，获国家级教学成果奖 1 项，省部级教学成果奖 10 项，出版创造学著作近百种，发表论文数篇。其中，中国矿业大学把普通创造学作为各个本科专业的共同基础必修课，创办了创造学本科专业，对创造学的研究与普及作出了重要贡献。安徽理工大学在省内高校中较早地开设了“创造学”“产品创新设计”和“应用创造学”等系列创新课程，获省部级教学成果特等奖 4 项、一等奖 5 项；在 2003 年成立了省内高校中的首个“创造学教研室”，在全校开设创造学课程；在武书连《2015 中国大学评价》中名列“中国大学专利技术转让 100 强”第 3 名；2017 年，入选全国首批深化创新创业教育改革示范高校；2019 年，学校启动“三创融合”课程建设项目，包括创新方法融入专业课程、创新思维融入专业课程、创业思维融入专业课程和创新创业教育在线开放课程四大类专创融合课程，同时发布了相关建设标准。

2002 年，著名创造学家李嘉曾教授发起了包括东南大学等六所高校联合举办的创新作品竞赛，2017 年开始发展形成全国大学生创新体验赛，至 2024 年已成功举办七届。全国大学生创新体验竞赛，是面向全体大学生的群众性创新活动，其创办目的在于激发创新灵感，培养创新思维习惯，提高创新实践能力，孕育创新成果雏形，推进开展学生课外研学活动。大赛已成为全国大学生优秀创新作品的展示舞台和传递创新意识的重要载体，也是创造学教育普及成果的重要展示平台。

4. 厂矿企业在普及、推广创造学方面初见成效

近些年来，厂矿企业对创造学知识的需求也越来越高。全国总工会始终把创造学在厂矿企业的普及、推广作为一项重要工作。1985 年，中国机械冶金工会首先做出推广运用创造学的决议，之后在上海、大连正式开办创造学培训班。1987—1990 年，先后在 14 个

省 24 个大中城市开办创造学培训班 50 多个，开展创造学讲座 70 多次，培养创造学骨干 5000 多人，并于 1988 年成立全国机械工业系统创造学研究推广协会。全国总工会职工技术协会为普及、推广创造学做了大量工作，组织编写《创造学基本知识》教材，拍摄创造学电视录像；1994 年颁发《关于继续加强推广普及创造学的通知》，进一步动员其 400 万名会员，深入开展普及创造学的活动，涌现出中国第一汽车集团有限公司、东风汽车集团有限公司、浙江金温铁路开发有限公司、大同矿务局中央机厂、中铝河南分公司工程公司等推广、普及创造学的先进企业。

2008 年 4 月，科学技术部、国家发展和改革委员会、教育部、中国科学技术协会联合下发了《关于加强创新方法工作的若干意见》，要求面向企业、科研机构、教育系统，大力推进科学思维、科学方法、科学工具的发展。2009 年 10 月 22 日上午，创新方法高层论坛在北京开幕，论坛主题是“推广创新方法、促进自主创新、服务经济振兴”。中国科学技术协会自 2007 年底开始全面开展企业技术创新方法应用推广工作，已经从早期的宣讲向增强企业自主创新能力、破解企业技术难题的纵深方向转变。2018 年 11 月 21 日—11 月 23 日，由中国科学技术协会、科学技术部、湖南省人民政府联合主办的首届中国创新方法大赛总决赛在长沙举行，现已发展成为重要的全国性赛事。

5. 创造学群的形成和创造学学派的产生

自中国创造学会筹备委员会成立以来，涌现了一批在推广和应用创造学、推进创造教育方面取得突出成果的先进单位和学校，如中国第一汽车集团有限公司、东风汽车集团有限公司、上海第二钢铁厂、正泰橡胶厂、铁道部株洲车辆厂、上海和田路小学、株洲二中、湖南轻工业高等专科学校、中国矿业大学、北京航空航天大学等。中国创造学界在涌现一大批知名创造学家的同时，在独立研究创造学方面初步形成了一些创造学学派，如创造哲学学派、创造工程学学派、创造教育学学派、行为创造学学派等。

以上这些事实充分表明，创造学的研究、普及热潮正在我国掀起。虽然起步比西方晚了许多，但发展速度很快。这正显示出我国广大人民群众已不满足于引进、吸收和消化国外的先进科技，而是结合本国实际开拓创造，这也是加速我国现代化建设步伐的迫切需要。

1.5 创造学的基本功能及在实践中的应用

1.5.1 创造学的基本功能

1. 创造导航功能

创造学的研究能够揭示创造活动的基本规律，为人们从事发明创造提供了理论依据和可借鉴的有效方法。它不仅使普通人从事发明创造活动成为可能，而且对创造者的发明创造活动起到一个很好的导航作用，能有效地帮助创造者从被动转向主动、从盲目转向明确、从模糊转向清晰。

2. 激智增效功能

学习运用创造学，虽然不能像“灵丹妙药”那样“立竿见影”，一用就灵，但它能使创造者在潜移默化中开拓思路、提速思维或少走弯路，以便更快地接近目标。在生产实践中许多久攻不下的难题，往往并非因为其技术难度太大，而是因为人们的思维方式不对，缺少创造性思维。

3. 优化环境功能

创造学的推广应用还可以起到优化创新环境的作用。在支持、激励创新的环境中，创造者如鱼得水，他们可以无拘无束地解放思想、大胆创新，从而激发创造潜能。创造学对环境问题进行了专门的研究，揭示了创造主体、客体与创造环境的关系，并对如何优化创造环境提出了原则性的建议。因此，学习创造学，不仅在理论上了解和认识创造环境的作用和重要性，还从实践上增强了优化创造环境的自觉性。

1.5.2 创造学在实践中的应用

1. 开发群体创造力

这里的群体是指在校学生、企业职工、社会团体、政府机关和部队等。众所周知，创造学的诞生源于企业开发职工创造力的需要。关于群体创造力的开发，现实中的成功案例很多，如中国矿大的工业自动化 95 班（全国首个创造学试点班）、安徽理工大学机械设计 99 级 1 班和 3 班、南通的测绘院等。

案例 1-1 挂“牌子”的猪

如东县生猪特别好销，其原因是当地农民在猪的耳朵上挂了一块说明其生长情况的牌子，顾客看后有一种“安全感”，因此销路很好。这一创意，得益于“牛戴耳环增加产奶量”的创造学案例讲座的启示。

2. 促进科技工作发展

发明创造理论与科技工作之间是理论与实践的关系，也是辩证统一、互存互动的关系，要根据时代变化和实践的发展，不断深化认识、总结经验，实现理论创新和实践创新的良性互动。通过总结发明创造实践丰富和完善了创造学理论，同时创造学理论也在持续指导包括发明创造在内的科技活动。学习和研究创造学成为促进科技工作发展的一个重要途径。

案例 1-2 中国“天眼”的建造

大国重器“中国天眼”是具有自主知识产权、世界最大单口径、最灵敏的射电望远镜，能够接收 137 亿光年以外的电磁信号，观测范围可达宇宙边缘。“天眼”源于南仁东 1994 年主持的国家重大科技基础设施项目——500m 口径球面射电望远镜。建造时关键技术无先例可循、关键材料急需攻关、核心技术遭遇封锁……从预研到建成的 22 年时间里，南仁东带领科技工作者克服了难以想象的困难，实现了从跟踪模仿到集成创新的跨越。

3. 推动创新创业活动

学习和推广应用创造学理论与方法，调动人民群众的发明创新创业积极性，引导和推动群众性发明创新创业活动，发现和支持发明创新创业人才，促进发明成果转化实施，推动创新驱动发展战略、知识产权强国战略，发展创客经济，增强全社会的创新活力，提高自主创新能力，助力创新型国家建设。

案例 1－3　热衷发明与创业的科技团队

安徽理工大学机器人协会是在本书编者指导下于 2005 年创建的大学生科技协会，主要从事机器人创新制作、机械装置发明。学习创造学后，协会骨干成员人均拥有专利 10 项以上，最多者拥有专利 57 项，培育创业公司超过 20 家，多人荣获中国青少年科技创新奖。2014 年该科技团队被团中央命名为“小平科技团队”。

4. 生产创造性成果

积极推广和应用创造学研究成果，对开展创造活动，生产创造性成果，激发创造潜能，促进成果转化，提高创造效率，缩短创造周期，生产具有自主知识产权的成果，创造性解题，获得竞争优势，等等，都有着举足轻重的作用。

案例 1－4　山区铁路通信难题的解决

2009 年，浙江金温铁路开发有限公司开始在职工中组织学习、推广、应用创造学。职工将所学的创造性思维和创造技法与工作实践相结合，开阔了思路，在设备大中修、技术改造和问题整治中解决了一些生产关键问题。例如，为解决山区铁路通信不畅的问题，他们采用了“逆向思维”和“侧向思维”技法，借用其他通信运营商的设备为己服务，建立了可靠的“立体通信网”，使金温铁路通信从单一脆弱的线路，变为能与移动、联通、铁通互通，有线和无线互通的线路，低成本实现了手机直拨铁路自动电话的功能，还实现了机车与机车、机车与车站、机车与调度的长途无线通信。

5. 其他领域的应用

随着创造学的进一步推广和普及，创造学除了被应用于教育、科研和企业外，还广泛应用于商业、农业生产、人事管理、军事、中医、刑事侦查、报刊编辑出版等工作领域中，同时也取得了丰硕的成果。例如：中国铝业股份有限公司河南分公司应用创造技法，开发员工潜在创造能力，公司员工在三年内提出合理化建议 2892 条，创经济效益 618 万元，完成重点技改攻关项目 298 项，实现技术创新成果 187 件。汕头橘子罐头厂的罐头产量大，而作为副产品的橘子皮却成为企业的负担，企业运用逆向思维，变废为宝，将橘子皮制成“珍珠陈皮果”，在亚运会期间获单项商品销售冠军。曾经濒临倒闭的安溪县电冶厂通过管理创新实现起死回生，扭亏为盈，焕发勃勃生机。画家门秀敏在创作中坚持创新，针对传统绘画的显著特点运用求异思维进行创作，改留白为满构图，打破重墨轻色的惯例，实现色墨交融。2020 年 2 月 11 日，门秀敏在法国巴黎大皇宫国际艺术沙龙展上荣获水介质绘画沙龙特别大奖。公安部物证鉴定中心和鉴知技术运用“移植法”，将生物医疗领域的 OCT 技术移植到油漆物证的鉴定中，开发了世界首台 OCT 物证鉴定检验仪，并在 2016 年应用于刑侦鉴定，该设备也是完全自主研发的世界首台用于刑侦现场的物证断层影像识别系统，可用于现场快速实时对物证进行原位、无损、高分辨的三维成像鉴定，并取得了可喜的成绩。

总之，创造学是一门智慧学、聪明学和能力学，不仅是人们从事创造、发明活动的理论基础和实践指南，也是进行创造性工作、取得创造性成果的法宝！

思考题

（1）创造学诞生的标志是什么？

（2）普通人能进行发明创造吗？其理论依据是什么？

（3）创造、创新和发明三者之间有何异同？

（4）创造学研究的主要方法有哪些？

（5）创造者从事创造发明活动应具备哪些心理学方面的要求？你在哪些方面还需要加强训练和提高？

（6）创造心理过程一般可分为哪几个阶段？

（7）影响创造者从事创造发明活动的心理品质因素主要有哪些？

（8）国外创造学的研究情况对你从事创造发明活动有何启示？

（9）中国创造学主要包括哪几个学派？

（10）创造学有哪些基本功能？

第2章 创造性思维及其训练

人类最强大的力量并非来自人的肢体，而是人所特有的思维能力。正如巴尔扎克所说："思维，是打开一切宝库的钥匙。"创造性思维（creative thinking）是整个创新活动结构体系的中流砥柱，是创新能力的核心。实践证明，创造性思维能力是可以通过专业训练得到提高的。

2.1 创造性思维

引例2-1 人字形铁路的设计

1905年，清政府决定自建我国第一条铁路——京张铁路。北京至张家口，山势险峻、地形复杂，即使是外国专家也认为筑路极其困难，更没有人相信中国人能够仅靠自己的力量完成这项工程。外国媒体甚至说："能在北京至张家口建造铁路的中国工程师，恐怕现在还没有出世呢！"在关键时刻，詹天佑毫不犹豫地接下了这个艰巨的任务，全权负责京张铁路的修筑。同年8月，京张铁路正式开工。难度最大的关沟路段，层峦叠嶂、沟壑纵横，地形最为险恶，铁路要在此越过八达岭，而南口和八达岭高度相差近60m。火车不可能顺着陡峭的山坡直着"爬"上去，只能采用延长路程的方法以减缓线路的坡度，以"距离"换取"高度"。最后，詹天佑巧妙地运用折返线原理修建了一条"人"字形线路，使线路坡度降低很多，并创造性地使用"双机牵引"，即火车前后各挂一个火车头，以提升爬坡能力，解决了京张铁路的运输动力难题。

詹天佑采用的"人"字形线路和"双机牵引"设计思路，使八达岭隧道长度缩短了近一半，工程费用只有外国人估价的1/5，工期比外国人估算的时间缩短了两年。他这种以新颖、独特的方式解决铁路修建中坡度和动力难题的思维就属于创造性思维。

［拓展视频］

2.1.1 思维及其分类

1. 思维

思维，简单地说，就是有顺序地想与思考。辩证唯物主义认为，思维就是人们对客观事物的理性认识。即在感性认识的基础上，大脑将感觉到的信息加以整理、改造，逐渐把握住事物的本质、规律，产生认识过程的飞跃，进而构成判断和推理的过程。

思维是人类最本质的特征，思维可以通过学习、研究和操作来完成，思维也是一种能力和技能。

2. 思维的分类

由于思维所涉及的范围极其广泛，思维的分类方法不是唯一的。根据不同的目的，适应不同的需要，可以从不同角度出发，按照不同的标准，对思维进行不同的分类。

（1）按所接收信息的类型划分。

① 形象思维。形象思维是指对在认识过程中始终伴随着形象信息的一种思维方式，其思维主体是图形、声音、模型等形象信息，输出时既可以是形象信息，也可以是抽象信息。

② 抽象思维。抽象思维是指对抽象信息的接收、存储和加工的思维活动过程。输出时既可以是抽象信息，也可以是形象信息。

（2）按加工信息的方式划分。

① 逻辑思维。逻辑思维是通过比较、判断、归纳、综合已知的概念和某种特定的思考方式来认识事物。它具有有序性、递推性和根据性，是一种严密的思维方式，也是人们思考问题时最常用的一种思维方式。

② 非逻辑思维。非逻辑思维是指逻辑思维以外的各种思维方式，包括发散思维、灵感思维等。其特点是思维具有随意性和跳跃性，不受任何规矩或框框的约束。因此，非逻辑思维易于获得创造性成果。

（3）按思维的结果划分。

① 常规思维。常规思维（又称可再现性思维）指思维的结果不具有创造性，是利用已有的知识、方案或程序进行的重复性思维。

② 创造性思维。创造性思维指思维的结果具有明显的创造性特征，它被认为是多种思维类型的复合体。

2.1.2 创造性思维的概念及内涵

创造性思维一直是思维科学、创造学、教育学、人才学等许多学科研究的重点，也是难点和热点之一，而学术界关于创造性思维的概念至今还没有统一的阐述。创造学研究者分别从侧重创造性思维的功能、内容、过程、特点和结果等方面对创造性思维的定义做过阐述，但也有一些共性，就是都强调创造性思维不同于非创造性思维的特点和结果。本书以 2003 年出版的《大辞海·哲学卷》关于创造性思维的阐述作为创造性思维定义，即为能突破常规和传统，不拘于既有的结论，以新颖、独特的方式解决新的问题的思维活动，也就是能产生新思想的思维活动。

也有学者认为，凡是运用非重复性思维方式思考问题，提出具有独特性、先进性、新颖性等创造性的方法、理论或其他技术方案等的思维活动过程就是创造性思维。

案例 2-1 关于自行车防盗问题的讨论

在一次创造性思维讨论会上，主持人提出了一个“关于自行车防盗”的主题。与会者运用所学的各种创造性思维给出多种解决思路和方向，具体如下。

(1) 强化防盗法。如发明难以被破坏的锁、加强车库安保或者监控、加大盗窃自行车处罚力度、增设自行车安全存放点等。

(2) 电子化防盗法。如为自行车增加电子报警装置，安装GPS或GSM模块，将自行车信息与手机或网络连接等。

(3) 主动防盗法。提供自行车租赁服务，取消买方市场，即现在全国各地普遍实施的共享单车计划。使用者无须购买自行车，没有了买方市场，自行车的盗窃行为也就不存在了。

(4) 利用还原法思想防盗。如改进自行车设计，将某一关键上锁部件设计成破坏即毁型，一旦遇到强行破坏或拆除将无法修复，而该部件内置有交通运输部门设置的唯一的序列编码，且该部件的购买实行严格实名配额认购制度。由于被盗窃的自行车修复困难，转售难度和风险大，因此就失去了买方市场。

案例 2-2 火箭发射难题

1964年6月29日，我国在试射第一枚自己设计的中近程火箭时，出现火箭射程不够的问题。当时，许多专家提出应该通过向火箭“肚子”里添加推进剂的方法来增加射程。然而，当时还只是中尉（刚毕业的大学生）的青年王永志却提出了相反的观点，认为只要从火箭体内卸出一部分燃料，就能提高火箭的射程，命中目标。果然，按照他的办法，从火箭体内卸出一些推进剂后射程反而变远了，并连续三发三中。后来，这位青年中尉便成长为赫赫有名的中国载人航天工程总设计师。他的这种大胆的思维方式就是创造性思维。从上述事例还可以看出，一个人的创新能力除了取决于他的知识水平、知识结构和技能外，还与他的创造性思维能力有关。

[拓展视频]

大量实践证明，创造性思维是可以通过学习逐渐“领悟”并得到深化的。由于创造性思维本身具有“试探”和“探索”的特性，因此决定了这种学习不可能按一种固定的方式来进行。但是人们可以从大量的成功案例中总结出可以学习、借鉴的原理和方法，来提高创造性思维能力。

2.1.3 创造性思维的特点

关于创造性思维的特点，创造学界尚无定论，众说纷纭。有的学者认为创造性思维具有独立性、求异性、想象性、灵感性、潜在性、敏锐性等特点；有的学者认为创造性思维具有创造性、新颖性、非重复性、超越性和价值性等特点；有的学者提出创造性思维的特点表现为思维过程的求异性、思维结果的新颖性和思维主体的主动进取性三个方面。但归根结底，创造性思维在思考过程中必须采取非常规思维的方式，且产生具有创造性的结果。

2.1.4 创造性思维的主要形式

关于创造性思维的形式和分类，学术界暂无定论，不同的学者说法不一。但概括起来主要有以下几种形式：发散思维、收敛思维、求异思维、直观思维、旁通思维、联想思维、灵感思维等。

2.2 创造性思维的障碍

引例 2-2　特殊的实验

社会心理学家所罗门·阿希做过这样一个实验。他找来七名大学生并安排他们坐在一起，给每位大学生两张卡片。一张卡片上画着一条线段 A，另一张卡片上画着三条线段，其中只有一条线段与线段 A 长度相等。阿希要求大学生们找出其余卡片上与线段 A 长度相等的线段，并按照座位顺序说出自己的答案。其实那七位大学生中，只有倒数第二位是被蒙在鼓里的受试者，其他六位事先已经“串通”好了，他们中的几位答案保持一致，但 2/3 都是错误的。以此来测试那位受试者能在多大程度上不受周围人的影响，坚持自己正确的答案。实验的结果是，有 33%的受试者屈服于群体的压力而说出了错误答案。

[拓展视频]

在上述实验中，给出错误答案的受试者屈服于群体压力的现象正是一种常见的从众心理，这种从众心理属于创造性思维障碍的一种。

2.2.1 创造性思维的障碍及其影响因素

创造性思维的障碍，是指在创造活动中受发明者自身主观条件或外界客观条件的制约或影响而产生的心理性、认识性和习惯性等思维障碍。这种障碍主要体现在人们在进行创造性活动时思维方式的某种趋向性、习惯性、局限性和否定性，而缺乏独创性、多样性、新颖性和灵活性。因此，很多时候人们常常把创造性思维的这些障碍笼统地称为思维定式。这种在常规思维中能起到积极作用的思维定式，对于人们的创造性活动却是一种很大的障碍，它禁锢了人的思想，抑制了思维的创造性和灵活性，容易把人的思维限制在已有的模式或框框中，难以产生飞跃或取得突破。

阻碍创造性思维发挥的因素有很多，如习惯性思维、书本定式、畏惧权威、从众心理、自卑心理、害怕失败、经验主义、思维惰性、社会环境及其他来自创造者个人性格品质的影响因素等。

2.2.2 创造性思维障碍的类别

按照不同的分类方法可将创造性思维的障碍分为不同的类别。如美国密歇根理工大学工程系主任爱德华·拉姆斯戴恩教授认为，对于工程技术人员而言，其创造性思维存在七大障碍：①对创造性做出错误的假设，如认为自己没有创造性等；②相信只有一个正确的答案；③孤立地考察问题，没有整体地、全面地看问题；④遵循规律，事实上这些规律可能不存在或者已不再有效；⑤逃避风险，害怕失败；⑥消极思想；⑦不喜欢从多种情况通盘考虑问题，没有注意那些需要假设或从多个不同角度会出现矛盾的情况。也有学者将创造性思维障碍分为思维观念障碍、思维时空障碍和思维方式障碍。

若按创造性思维障碍的来源进行分类，则可以把创造性思维的障碍划分为五大类，即心理性障碍、认识性障碍、观念性障碍、个性品质性障碍和环境性障碍。

1. 心理性障碍

心理性障碍主要是指那些来自心理层面的思维障碍，如从众心理、迷信权威、迷信传统文化、畏惧心理、自卑心理、自满心理等。

2. 认识性障碍

认识性障碍主要是指创造者对知识、事物和现象等的认知水平和能力差异而导致的思维障碍；认识性障碍与创造者的教育背景、个人阅历和职业经验等有关。认识性障碍常体现为创造者会把一些问题常识化、规则化、简单化或复杂化及经验主义化。

3. 观念性障碍

观念性障碍主要是指创造者受自身的人生观、价值观、事业观和世界观等观念的影响而导致的思维障碍，如表现为思维惰性、保守主义、无作为主义、循规蹈矩和缺乏冒险精神等。

4. 个性品质性障碍

个性品质性障碍主要是指创造者受自身个性品质的影响而导致的思维障碍，如懒惰、自私、懦弱等个性必然影响创造性思维的发挥。

5. 环境性障碍

环境性障碍主要是指受外界环境的制约和影响而导致的思维障碍。不同的自然、家庭、社会、政治、经济、教育等环境因素对创造者的思维必然产生不同的制约和影响，这种制约和影响自然包括一些不利的障碍性因素，阻碍创造性思维的产生；而那些活泼轻松、幸福愉快的环境则有利于促进创造性思维的产生。

2.2.3 克服创造性思维障碍的训练

根据上述创造性思维障碍的主要来源，可以从以下几个方面进行相应的克服训练，以避免或减少这些障碍对创造性活动的阻碍和制约。

(1) 加强学习，扩大知识面，积累经验，并树立正确的观念。具备相关知识是进行发明创造的前提条件，知识贫乏，创造性思维能力就低，产生新设想的可能性就小。故创造者应该不断地学习新知识，特别是交叉学科和相关学科的知识，并在实践中不断地积累经验。

(2) 进行克服心理和个性缺陷的专项训练。心理和个性方面的缺陷是可以通过相应的科学训练来弥补和克服的。通过训练，克服自卑、固执或自满，增强自信，使自己变得更勤奋、勇敢和刚毅，具体的训练方法应因人而异。

(3) 加强想象能力训练，做到独立思考。要在日常的工作和生活中多观察、多思考，尽量自己去独立思考，避免盲目地被别人（包括权威）的想法或观点左右，对他人的想法和观点要加以甄别，有判断性地借鉴，这是提高创造性思维能力的一条有效途径。

(4) 打破习惯性思维定式。要想运用创造性思维进行创造发明活动，就必须打破传统的习惯性思维定式，避免陷入思维框框，造成思路阻塞，难以实现飞跃或突破。正如美国著名的贝尔实验室里竖立的贝尔雕像的下方写着贝尔留给后人的警句：“有时，需要离开常走的大道，潜入森林，你就肯定会发现前所未见的东西。”法国作家莫泊桑也说过，应时时刻刻躲避那走熟了的路，去另寻一条新的路，这是“制造生命的唯一法门”。这里“常走的大道”和“走熟了的路”都是指传统的习惯性思维方式。

(5) 培养问题意识，提高创造敏感性。问题是创造性思维的前提和起点，一切发明创造的设想都是从问题开始的，并总是针对某一具体的问题。陶行知先生在一首诗中曾写道：“发明千千万，起点是一问”，用十分简练的语言概括了问题意识的作用。

诺贝尔奖获得者美籍华人朱棣文教授认为，虽然有的学生学习成绩不如其他学生，但如果他们有创新精神，往往能创造出一些惊人的成就。一些西方国家的校长在评价国际学生时谈到很多学生最大的缺点是不会提问，不会提问就不会创造，因为任何创造都是从问题开始的。事实上，是因为很多学生家长更多关注的是成绩。许多国家推行“发现学习”“问题解决”等教学模式和方法，都很重视学生在学习过程中的发现、探究、交流等活动，注重培养学生的问题意识，提高学生的素质。

能否发现或提出问题，受多种因素制约，如情境、学养、眼光及其他客观条件等。但是，众多实验与观察结果证实，在很多情况下，它往往取决于创造者的创造敏感性。

(6) 养成寻找多种答案的习惯。传统教育的弊端之一，就是让受教育者养成了凡是问题都只有一个标准答案的思维定式。而实际上，解决问题的可行办法有很多种，比较理想的答案也可能不止一种。因此，要养成寻找多种答案的习惯，努力尝试新的解决方案，需要从多种情况通盘考虑问题。

2.2.4 突破创造性思维障碍的典型案例

案例 2-3 “刀架＋刀片”价格组合盈利模式

“吉列剃须刀之父”金·吉列在年近 40 岁时还是一名一事无成的软木塞瓶推销员。在一次为一家瓶塞公司推销时，从瓶塞公司老板那里获得了“用完即扔”的产品设计思想，突破常规地将刀片和刀架分开，薄刀片可以一次性使用，刀架可以反复使用，由此发明了吉列剃须刀。吉列同时破解了客户支付的心理障碍，靠低价出售刀架和搭售大量刀片建立了一个庞大的企业。

［拓展视频］

吉列发明的“刀架＋刀片”的价格组合成为了许多产业选择的盈利模式。这种模式的成功之处在于帮消费者突破了初始购买金额过高的心理障碍，也有人称其为“饵与钩”模式，其秘诀在于通过对产品总拥有成本进行分解和重组，以相对低廉的“饵”产品价格，比如用剃须刀刀架等来消除消费者的价格敏感，降低他们的购买门槛，然后从必须持续更换的耗材上赚钱，在保持总拥有成本不变甚至更高的前提下扩大用户群。

案例 2-4 打破传统，给农耕机穿上橡胶鞋

美国燧石轮胎公司老板菲利斯通二世有过一次特殊驾驶经历，他的汽车轮胎被一群顽皮的儿童放了气，在“无气驾驶”过程中，瘪瘪的轮胎行驶在坚硬不平的泥土路上，颠动得非常厉害，最后车轴都被振断了。他受此启发决定打破传统，给农耕机的铁轮子装上橡胶轮胎，以减少颠动。这一突破性的发现，为燧石公司的业务开辟了一条广阔的道路。不久，燧石公司成立了一个攻关小组，专门研究一种适用于农耕机的低压力轮胎。结果使当时全美国的100万辆农耕机都穿上了新的“橡胶鞋”。紧接着，菲利斯通二世又提出“农场橡胶化运动”。凡是农用工具，该用橡胶轮子的地方，都替它装上一个橡胶轮子。新开辟的市场使燧石公司的业绩得到了大幅提升。不到三年时间，燧石公司便成为国际著名的大公司。

案例 2-5 增亮膜的发明

20世纪80年代的一个冬天，在加拿大魁北克的一个地下室，3M公司的一位研究员正在做实验。由于地处北半球高纬度，冬日的太阳整日低低地挂在地平线上方，于是他发明了一种带棱镜的玻璃导管，解决了地下室光照问题。后来，3M公司采用薄膜技术生产这种玻璃导管，但其应用一直局限在建筑物的照明或装饰上。

20世纪90年代，笔记本电脑和液晶显示技术开始飞速发展。但是液晶板对光的利用率很低，如何增加液晶显示的亮度一直是困扰科研人员的难题。

偶然的一个奇思妙想让3M公司的科学家尝试着剪开这种带棱镜的玻璃导管，平铺在LCD背光源上。令人意想不到的事情发生了，由于棱镜的聚光作用，这个新颖的尝试方法让液晶显示屏正向的亮度大为提高。3M公司的科学家又把它和之前发明的3M多层光学膜技术合二为一，发明了可使增亮效果更加显著的增亮膜。随后，增亮膜广泛应用于手机、计算机显示器、液晶电视等各种液晶显示产品中。

案例 2-6 遮蔽胶带和玻璃布胶带的发明

并不是所有点子都来自实验室和对日常生活的细心观察，有时候，客户的抱怨和要求也是发明的宝贵源泉。

20世纪30年代，美国流行双色车身的汽车，而在对车身涂漆之前，需要用强力胶带和牛皮纸把一部分车身遮住，待油漆干了以后再把“胶纸”撕掉。但是在撕掉“胶纸”的同时往往会带下车身上的一部分新漆，这既增加了工人的工作量，又提升了生产成本。3M公司的一名科研人员迪克·德鲁从圣保罗市一家汽车车身修理厂工人的抱怨中偶然得知了上述情况。当时，3M公司还只生产研磨产品，但敏感的迪克却因此发现了顾客（车修厂）对一种特殊胶带的强烈需求。因此，他利用业余时间进行了深入细致的研究，经过

无数次的尝试，最终利用将砂纸背基的生产工艺与胶水涂布工艺相结合，成功地研发出了黏性适中、操作简便、易剥除的遮蔽胶带。之后，为解决客户不断地抱怨和多样的需求，在此基础上又发明了绝缘包装胶带和第一卷 Scotch™ 玻璃布胶带。

而今，3M 遮蔽胶带已形成了高品质全方位的系列产品，广泛供给汽车、飞机、轮船及其他交通工具的原装厂、配件供应商及修理厂，印刷造纸业及各类电子电器生产厂等使用。而且 Scotch™ 玻璃布胶带也成为 3M 公司历史上最著名并被广泛使用的产品之一。

2.3 发散思维

引例 2-3　会变的小手套

小学美术课中有一节设计应用课程“会变的小手套”。一位老师以小手套作为课堂讨论的主题，引导学生大胆地进行想象和创作，通过对手套进行简单的添加，创作出某种新形象。课堂实验结果产生了许多意想不到的效果。

(1) 直接观察，获得手套的丰富想象物。老师带来一些颜色丰富的小手套，问学生想到了什么？有的学生说黑白相间的手套像斑马；有的学生说五颜六色的手套像热带鱼，又像蝴蝶；有的学生说半圆形的手套像瓢虫；还有的学生说手套像小鸟；手套五指分开时，又像大树的树杈，像兔子……

(2) 简单变化，得到手套更多想象物。接下来，老师模仿魔术师藏了手套的几个指头，问学生手套又像什么？当手套只剩下一根手指时，学生说像斧头，像酒杯……当只露出手套的两根手指时，学生又说像兔子；当露出手套的三根手指时，学生说像茶壶，像蝴蝶……当老师把手套的五根手指分别朝右、朝上和朝下指时，学生说手指朝右时像金鱼，朝上像人，朝下像章鱼，像鳄鱼……

(3) 通过添加与组合，获得意外的新形象。学生还学会了用手套组合变化出树林、树上的小鸟、展开翅膀的小鸟、螃蟹和牛等。在老师的引导和启发下，他们还学会了对手套进行“添一添”，以拓展手套的有趣变形。他们在手套里面塞一些棉花，再把两根手指分别系上丝带，马上变成了小女孩的辫子，他们还用纽扣给小女孩贴眼睛，用小辣椒贴嘴巴，用彩纸做小裙子，再贴一朵小花。这样，一个漂亮的小女孩诞生了。

引例中美术老师组织的课堂讨论正是一种发散思维的训练，其讨论的主题“小手套”便是“发散源”。学生们分别从基本形象、色彩类似、变化结构、组合想象和添加想象等不同角度和方面进行了发散思考，从而获得了丰富的发散思维结果。同时，从案例中也可以看出在进行发散思维时往往需要丰富的想象，才能产生多样、灵活和新颖的结果。

2.3.1 发散思维的概念

发散思维又称“辐射思维”“放射思维”“多向思维”或“扩散思维”，是指思考者从一个目标（发散源）出发，根据问题提供的基本信息，不依常规而沿着非传统的方向、角度和层次，从多方面寻求问题的多种可能答案的一种思维形式，如图 2.1 所示。发散思维被心理学家认为是创造性思维的最主要的特点，是测定创造力的主要标志之一。

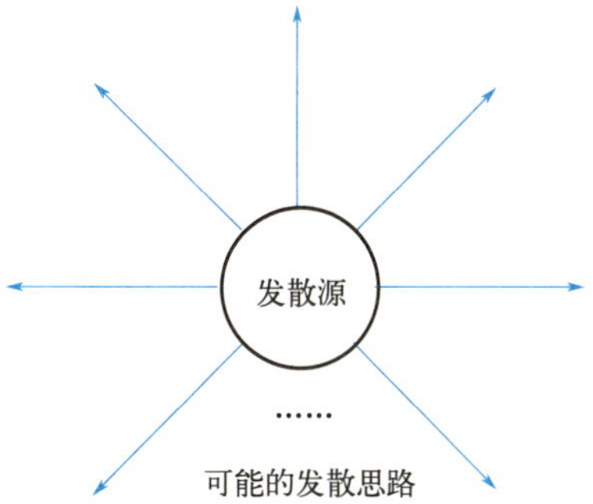

图 2.1 发散思维

2.3.2 发散思维的特点

发散思维是大脑在思考时呈现的一种扩散状态的思维模式，比较常见，它表现为思维视野广阔，思维呈现出多维发散状。发散思维具有多维性、灵活性和新颖性等特点。所谓多维性，是指发散思维的发散思路和角度呈现多维性；灵活性是指运用发散思维时要求能根据具体的、客观的情况的变化而灵活地变化，反应要敏捷快速；新颖性不仅要求发散思维的思路新颖，更重要的是要求发散思维的结果要新颖不俗，它往往需要突破常规和经验的束缚。

美国心理学家吉尔福特认为流畅性、变通性和独特性是发散思维最明显的特点。运用发散思维，反应敏捷，创造者能在较短的时间内想出多种答案，且在思维过程中，不受心理定式的消极影响，能打破常规，提出具有创造性的构想和观念等。根据吉尔福特的观点，训练人的发散思维能力是培养创造力的一种方法。

2.3.3 发散思维的运用及案例

运用发散思维，需要从问题的要求出发，沿不同的方向去寻求多种解决方案的思维形式。当问题存在多种答案时，才能产生发散思维。发散思维是人们进行发明创造活动的主要思维方式，如依据最新科学原理，多侧面、多角度、多领域、多场合地探索其物化途径和开发新技术原理、新发明成果等。它对新产品开发具有特别重要的意义。例如，对超声波技术的应用进行开发。人们从超声波原理出发联想到利用该原理进行各种各样有关超声波的发明创造，如超声波切削、溶解、烧结、研磨、探伤（即无损检测技术），锅炉超声除垢，超声洗衣机等。

进行发散思维的关键是寻找和选择“发散源”。如超声波原理就是发散源（也称辐射点），有关超声波原理的各种实际应用就是发散的思路。发散思维的发散途径有很多，如可以分别从材料、功能、结构、形态、方法、影响因素等方面进行发散思考。

案例 2-7 关于水泥的发散思维

以水泥为发散源，通过采用不同的原料成分，改变配比，添加不同成分或采用不同制作工艺等方法可获得具有不同性能和可应用于不同场所的水泥制品。

(1) 弹力水泥。由英国牛津大学研制成功的弹力水泥，通过在生产过程中减少水泥的含水量，并加入一种聚合物，其强度比普通水泥高 10 倍，且具有柔韧性。它可像面团一样被随意拉长、卷叠、挤压，可用于制备弹簧、棒、管、盘和唱片等。

(2) 防水水泥。防水水泥是日本为防止地铁隧道壁面渗漏地下水而开发的，是在普通水泥中掺入沥青乳化剂，并加入用于纸尿布吸水的聚合物制成的。它最适合用作砌筑隧道壁的增强材料兼防水材料，固化后具有人类指甲般的弹性，不易产生裂缝，而且在水中也能进行不变形的硬化，不会对地下水造成污染。

(3) 导电水泥。国外的一家钢筋水泥研究所发明了一种廉价而通用的屏蔽材料——炭水泥。它是在水泥中添加了有导电性能的无烟煤或焦炭粉末，比金属屏障更加安全可靠。俄罗斯混凝土和钢筋混凝土科学研究所发明了更理想的导电水泥，既能很好地吸收电磁波辐射，又具有很低的反射系数，不仅可用来建造新型厂房，也可用作防护涂层。由于导电水泥在有电流通过时会发热，这样的发热既安全又不会引起燃烧。因此，可用其建造热交换器，干燥室，不结冰的机场跑道、人行道和楼梯，以及建造带有暖墙的住房。

(4) 球粒水泥。日本研究人员将普通水泥送到高速气流中，任水泥微粒相互撞击、摩擦，磨掉棱角而制得球粒水泥。用球粒水泥制备混凝土，其微粒像轴承一样易旋转，流动性强，不仅节约用水，而且强度要比普通水泥高 30%～50%。

(5) 陶瓷水泥。由日本东京工业大学研制成功的陶瓷水泥，原料取自于大自然中的铝酸钡、二氧化硅和水，三者的比例为 2∶4∶1，成本十分低廉。陶瓷水泥在室温下仍能保持原有的理化性能。

(6) 碳纤水泥。日本的 TIASET 公司与东邦人造纤维公司共同研制了一种新型碳纤维补强水泥。这种水泥由两种成分组成。一种是超细的水泥，其颗粒达微米级；另一种是聚丙烯腈碳纤维，用作补强剂，组合后水泥强度极高，还具有质量轻、耐高温、阻燃性好等特点。

(7) 木质水泥。瑞典人在水泥中加入粒径为 300μm 的聚合物制成了木质水泥。木质水泥在使用时除有普通水泥的特点外，其制品还能像木材一样可锯切、钉割和开螺孔，并具有良好的隔音和防火性能。

(8) 长效水泥。研究证实，有机填料能大大减少水泥结构的裂纹，其中乙二醇的衍生物和氨基醇的效果最好。含乙二醇的水泥可防止产生气泡；而在水泥中掺加氨基醇则能生成防锈的吸收层。使用这种填料水泥的建筑物，至少能使用 500 年，比使用一般水泥的建筑物的使用时间高出 4～5 倍。

(9) 变色水泥。在白色水泥中加入二氧化钴，制成一种能随空气含水量变化而变色的水泥。由于它可预报天气、湿度的变化，故又称之为“气象水泥”。

(10) 夜光水泥。国外研究出一种夜光水泥，这种水泥多用于在公路上标划车道、人行道线和各种路面标志等。它可储存白天的日光及来往车辆的灯光，并在夜晚时闪闪发光，构成“夜光公路”，给城市夜色增添光彩，方便夜行车辆出行。

(11) 储热水泥。这是一种多孔泡沫水泥，具有重量特轻、密度小于水、强度很高等特点。在高层建筑中使用它时无须打桩，利于加快建设进度，可在白天储存太阳光的热量，晚上再慢慢地放出热量，因此是一种建造太阳能房屋的材料。

(12) 可塑水泥。美国开发的一种可塑水泥，其强度是标准水泥的 4 倍，弹性是标准水泥的 100 倍。它可用于需弯曲却不易断的地方，如经常发生地震地区的桥梁和建筑物等。

(13) 加糖水泥。加糖水泥是苏联建筑科学院研制成功的新奇水泥，在水泥原料中掺入榨糖的下脚料和蔗糖一同烧结而成。它的强度特别高，是普通水泥的 5 倍，非常适用于承受大质量的混凝土。

(14) 自愈防水水泥。清华大学某研究团队开发了一种新型自愈防水水泥，含有微胶囊或其他自愈材料，能够在水泥出现裂缝并接触到水时释放化学物质，与水泥中其他成分反应生成不溶于水的晶体或凝胶，填充裂缝，阻止水渗透，可显著延长混凝土使用寿命。该自愈防水水泥在北京冬奥会主场馆和南水北调工程等多个大型工程项目中均有应用。

(15) 硫矿渣水泥。法国开发出的这种水泥是以低品质的硫磺矿渣或以含硫土为主要原料，经过研磨加热后制成的，由于只需加热到 120℃，因此可节约很多能源。这种硫矿渣水泥的强度和其他技术指标与普通硅酸盐水泥差不多。这项成果为在没有石灰石矿的地区开辟水泥的原料来源提供了一个新方向。

(16) 米糖水泥。美国一水泥厂利用米糖作原料，经过自然炉加温→生成非晶态硅灰→气灰分离→硅灰分离→硅灰粉碎→加入高炉矿渣、沸石→混合设备加工→制成产品等工艺过程，将米糖中所含 20% 的灰分提炼出来，制成硅灰水泥。这种高级耐酸水泥强度高、凝固速度快，在 10% 盐酸溶液中浸泡一年也不会变质。

(17) 耐海水水泥。它由日本研制的，是在混有二氧化硅细粉的硅酸盐水泥中加入酸性磷酸铝制成的。这种水泥混有一定比率的二氧化硅细粉和酸性磷酸铝，将这种水泥与砂、水混合均匀，经成型硬化为试块，在海中浸泡八周后，其尺寸变化只相当于用硅酸盐水泥与砂、水混合均匀制成试块的 1/4。

(18) 防弹水泥。2002 年，洛阳某研究所 28 岁的吴飚成功研发出一种特种水泥，通过加入钢纤维，显著改善混凝土的力学特性，赋予其更高的弹性，硬度是普通水泥的十几倍，用其建造军事工事遮弹层，不仅能抵挡导弹攻击，还可弹飞导弹。

(19) 自找平水泥。这种水泥是将一种由烯类不饱和单体与酸加成物共聚合而成的共聚物乳液与水泥及水混合而成的，具有流动性好、凝固快、涂层柔软等优点，可用喷涂方法喷涂在混凝土楼板上，涂层能自找平，形成平整的地面涂层。

此外，还有导磁性水泥、张贴水泥、釉面水泥、铜渣水泥、复合粉体气硬性耐酸水泥、发泡水泥等。

案例 2-8　点滴报警器的发明

2008 年，福州教育学院附中的黄荻同学运用发散思维发明了一种智能输液器保姆(点滴报警器)，能在点滴快结束时及时发出警报，还能监控输液速度，减轻护理人员和病人家属的负担。

在指导老师和同学的帮助下，黄荻同学对普通的弹簧秤进行了改装，把液体重力的变化转化为简单的电信号，以起到提醒的功能。当输液瓶挂在弹簧秤上时，液体的体积（质量）的改变在弹簧秤上显示不同的位置。在弹簧秤上设定一定的信息点，通过导电装置，将信息点上的信息转化为声信号、光信号或无线电信号。指针处于特殊位置时，智能输液器保姆发出提示信息，以提醒医护人员。

除了及时报警外，智能输液器保姆还能对输液速度进行监控，输液速度过快、过慢或出现其他异常情况都会发出提示，大大减轻了医护人员的负担。

2.3.4 发散思维训练

1. 发散思维训练的要点

（1）进行发散思维时，需要向四面八方任意地展开想象，并且应尽量摆脱逻辑思维的束缚，大胆想象，而不必考虑其结果是否合理，是否有实用价值。

（2）在训练中要尽量追求独特性，思维越别出心裁、越新奇绝妙、越独特越好。

（3）注意跳出逻辑思维的圈子。

（4）在规定时间内，尽可能多地追求新观点或设想的数量。

（5）尽可能从不同的类别属性提出新的观点，可以从不同的结构、方法、原理、因果关系、来源等角度或思路进行发散思考。有时还需要对某一发散方向进行二阶或三阶发散思考。

2. 限时训练

（1）说出石块的用途，越多越好，限时5min。

（2）尽可能多地列举飞行器的种类，限时5min，数量至少10种。

（3）列举鱼的种类，时间5min，数量至少20种。

（4）采用哑剧方式，用一张A4纸（可以将纸制成各种形状）和肢体语言，表示出生活中某一具体实物，限时5min，数量至少25种。

（5）说出太阳能的用途，越多越好，限时5min，数量至少15种。

（6）说出竹子的新用途，限时5min，数量至少20种。

（7）说出可以做成彩色的食品，限时3min，数量至少10种。

（8）分别列举出含有“子”的动词、名词、形容词词组，限时5min，数量至少20个。再列举出“子”的同音字10个，限时3min。

（9）尽可能多地说出领带的用途，限时3min，数量至少10种。为解决很多人不会给领带打结的问题，除了采用拉链结构外，还有什么解决办法？

（10）分别说出牙膏和牙刷的用途，各限时3min，数量至少10种。

3. 列举训练

（1）房间里飘出一股焦味，可能是什么原因？

（2）怎样才能查阅某条文献信息？

（3）计算机的功能和用途有哪些？

(4) 订书针有哪些用途？并根据所列举出的新用途，提出相关的发明设想。

(5) 用哪些办法可以将衣服洗干净？

(6) 如果在郊外迷路了怎么办？

(7) 机器人可以用在哪些领域？机器人可以帮助人们做哪些事情？

(8) 运用发散思维，以生活垃圾为原材料开发新的产品，并达到节能减排和保护环境的目的。

(9) 行人独自在马路上行走时，为应对突然的抢夺或违规行驶的车辆，有哪些方法可以用来自我防卫和保护？并以此为出发点尽可能多地提出相关产品的研发设想。

(10) 尝试运用发散思维，开发新型凳子或者椅子，使其可在野外或旅行时使用。可分别从材料、可折叠程度、与其他物品相组合方式及多功能性等角度出发寻求可能的思路。

(11) 自行车能改装成哪些用具？

(12) 建筑垃圾有哪些新的用途？如何有效地利用建筑垃圾？

(13) 请以圆珠笔为对象，设计出10种新功能，并为现有圆珠笔的某种结构原理找到5种以上新用途。

(14) 对付老鼠的办法有哪些？老鼠有什么新的利用价值？

(15) 袜子有什么新功能或用途？(提示：允许和其他物体组合)

(16) 废纸的用途有哪些？废纸箱的用途又有哪些？

(17) 骑自行车时打伞很不方便，有何解决办法？

(18) 不倒翁的原理在生活或生产中有何新用途？能解决什么问题？并以此为出发点尽可能多地提出相关产品的研发设想。

(19) 在冬季，如何防止竹子因冰雪负荷过重而折断？并以此为出发点尽可能多地提出相关产品的研发设想。

(20) 请以“伞”为发散源，提出10个发明设想。

2.4 收敛思维

引例2-4 东方快车窃取邮包案

冷战时期，法国间谍大师勒鲁瓦策划的东方快车窃取邮包案，成为广为流传的谍报传奇。当时，为应对西方的谍报活动，苏联邮件的严密防范堪称世界之最。每天，两名苏联信使乘坐东方快车离开巴黎，经斯特拉斯堡和巴尔干等，直达瓦尔纳和伊斯坦布尔。由于两名训练有素的信使始终把自己锁在房间里，从不离开房间，藏有机密邮件的公文包更是随身携带。这使勒鲁瓦和他手下的谍报人员一直无处下手，想了很多种方法都没有成功。

勒鲁瓦对各种可能的方案进行对比分析和反复思考，终于想出了一个绝妙的办法。首先，他预订东方快车上与苏联信使紧邻的包厢。然后，趁列车通过一条长长的隧道时，在巨大的噪声掩护下在隔墙上钻一个洞。通过这个小洞，用注射器向苏联信使的包厢喷射麻醉剂，使信使昏迷。最后，打开房门，趁信使醒来之前拍摄好文件。

为确保行动万无一失，勒鲁瓦领导第七处谍报人员对每一道程序都进行了周密细致的研究，仔细计算了运行时间，甚至还想到如何使那两个信使从沉睡中醒来后不会对自己的昏然入睡产生怀疑……经过反复演练，最后实施行动，并一举获得成功。

在上述案例中，勒鲁瓦巧妙窃取邮包的思维方法就属于收敛思维。窃取邮包就是他们的确定目标（收敛点），需要解决的是要考虑能够实现这个目标的各种可能途径，并确定一个可行的方案。

［拓展视频］

2.4.1 收敛思维的概念及特征

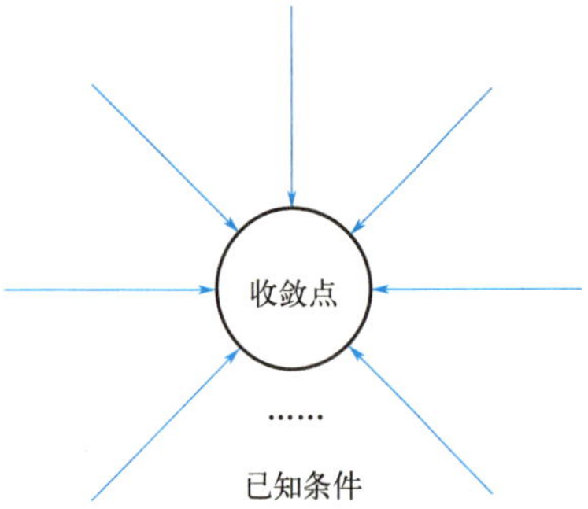

图 2.2 收敛思维

收敛思维（图 2.2）也叫“集中思维”或“辐辏思维”，是相对发散思维而言的，也是创造性思维的一种重要形式。它是指在解决问题的过程中，针对某一确定的目标，考虑实现该目标的多种可能途径。

收敛思维的特点：来自四面八方的知识和信息都指向同一目标（问题）。其目的在于通过对各种相关知识和不同方案的分析、比较、综合、推理，进而从中找出最佳答案，它更多地依赖于逻辑方法，但也有许多创造性思考的成分。

2.4.2 收敛思维与发散思维

收敛思维与发散思维之间既有区别，又有联系，两者之间存在一种辩证关系。其区别有以下两个方面。

1. 思维方向相反

收敛思维是由四面八方指向问题中心（收敛点），即由多到一；而发散思维是由问题（发散源）指向四面八方，即由一到多。

2. 性质与作用不同

收敛思维是一种“求同”式思维，是为了解决某一问题，对所获取的众多的现象、线索、信息进行梳理、筛选、综合和分析归纳，并吸取各种思路的精华，对问题进行系统而全面的考察，以获得一种最有实际应用价值的结果。而发散思维是一种“求异”式思维，在广泛的范围内搜索，要尽可能地放开联想，设想各种不同的可能性，想到的办法、途径越多越好，总是在追求更多更好的办法，并不需要侧重考虑这些办法是否真的有效。

收敛思维与发散思维是互补关系，收敛思维依赖发散思维去广泛搜索信息和线索，以获得更多的解决思路；同时，发散思维的结果又必须依赖收敛思维去认真梳理和再加工，以形成有用的创新结果。只有两者协同作用，交替运用，才能圆满完成一个创新过程。一般情况下，在解决问题的早期，发散思维起到更主要的作用，而在解决问题的后期，收敛思维则扮演着重要的角色。

2.4.3 收敛思维的运用及案例

进行收敛思维的前提是要有一个明确的目标（收敛点），也就是将要解决的目标问题。

进行收敛思维前还可以先进行发散思维，越充分越好，在发散思维的基础上再进行集中，从若干种方案中选出一种最佳方案，同时注意将其他方案中的优点补充进来，加以完善，围绕这个最佳方案进行创造，效果自然会好。如洗衣机的发明就是如此，先围绕“洗”这个关键问题，列出各种各样的洗涤方法，如用洗衣板搓洗、用刷子刷洗、用棒槌敲打、在河中漂洗、用流水冲洗、用脚踩洗等，再进行收敛思维，对各种洗涤方法进行分析和综合，充分吸收各种方法的优点，结合现有的技术条件，制订出设计方案，然后不断改进，结果就成功了。

案例 2-9 煤矿产量问题

现有6个煤矿，分别是A、B、C、D、E、F，它们的年产煤量关系是A比B多、C比D少、B比D多、A比E少、F比E多。

试问这6个煤矿中产煤量最多的是哪个？最少的是哪个？

分析：问题的关键是年产煤量多少。只需运用逻辑推理，分析便可找出正确答案。但更直接的方法是运用图形法，如图2.3所示。

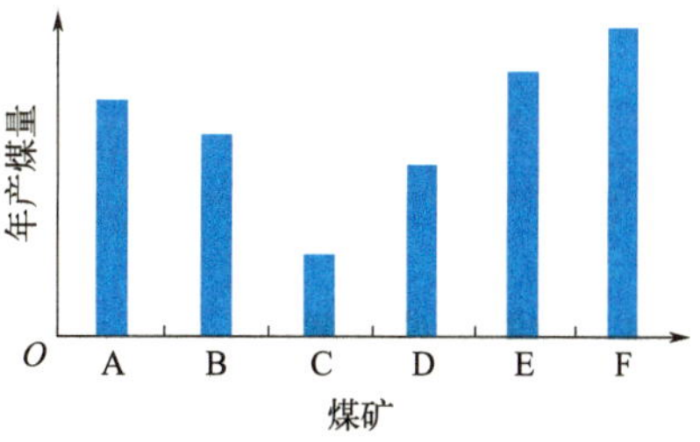

图 2.3 年产煤量示意图

案例 2-10 “不用洗衣粉”的洗衣机

收敛点：“不用洗衣粉”。能实现这个收敛点的途径有以下几种。

(1) 超声波洗衣机。它是通过超声波生发的微小气泡破裂时的作用来除垢的。超声波由插入电极的两个陶瓷振动元件产生。振动头的前端以极快的速度在微小的范围内上下振动。振动头前端部分与衣物之间不断形成真空，并在此产生真空泡。在真空泡破裂之际，会产生冲击波，冲击波去除衣物上的污垢。2016年，重庆都漫科技有限公司研发的Mr.Q女性专用洗衣机在苏宁众筹平台正式启动众筹，该产品只有电饭煲的大小，采用超声清洗、负氧离子净化除异味的原理。

(2) 活性氧去污洗衣机。这类洗衣机利用电解水产生的活性氧来分解衣服上的污垢。2001年，日本三洋公司推出“无洗涤剂程序”的ASW-ZR型系列洗衣机。2020年8月，博世家电推出了全新活氧系列洗衣机，升级了活氧技术，通过在洗涤过程中注入活性氧去污，同时消灭细菌和各种病原体。

(3) 电磁去污洗衣机。科研人员在洗衣机里安装了四个洗涤头，每个洗涤头上都有一个夹子，在洗衣时将衣服夹住，每个洗涤头上还都装有电磁圈，当通电后，电磁圈就发出微振，振动频率可达2500次/秒。在快速振动下，衣服上的污垢及附着在衣服上的皮脂迅速与衣服分离，从而达到洗净衣服的目的。

(4) 臭氧洗衣机。用臭氧发生器将臭氧泵入洗衣机内的水中，臭氧分子可以分解衣服上的尘埃和污垢中的有机物分子，并将其溶入水中，将衣服洗净。这种洗衣机的污水经过过滤后，可多次循环使用，因此是一种既节能又不会造成污染的洗衣机。

（5）离子洗衣机。在洗衣机内安装离子水发生器，将普通水转化为离子水。离子水的高渗透性及离子独有的对污迹、灰尘的分解作用和吸附作用，可以将衣物洗净，还具有省电、节约水的特点。2020年7月，海信正式发布行业首项“离子蒸烫洗”技术，同时推出海信S60离子蒸烫洗衣机。该洗衣机突破了行业技术壁垒，在洗衣、烘衣的基础上实现熨烫衣物、清新祛味的效果，实现了一机多效。

现在，研究人员并没有放弃这个“不用洗衣粉”的目标，仍然在寻找其他可能实现的途径和方法。

[拓展视频]　　[拓展视频]

2.4.4 收敛思维训练

（1）尽可能列举出形状与锯齿相似的东西。

（2）“即时贴”使用起来很方便，想一想它是否还有其他的用途？

（3）邮票四周打上的锯齿状的小孔及食品包装袋上预留的缺口都是为了方便撕下，想一想该方法是否还有其他的用途？

（4）如何解决黑板的擦拭麻烦及粉尘问题？

（5）为解决部分男士“脚臭”问题，请设计一款鞋。

（6）假如你站在坚硬的大理石地板上，给你一个生鸡蛋，你如何使鸡蛋下落而不破碎？

（7）请尽可能多地列举出过滤茶叶的方法。

（8）请列举出预防煤气泄漏的方法或措施。

（9）请设计一种工具，将梨或柑橘等水果从树上采摘下来，该采摘工具“摘”的动作如何实现？有几种方法？

（10）厨房的下水道很容易被菜叶等堵塞，请设计一种简易的防堵或疏通清理装置，并尝试用多种途径解决。

（11）请设计一款用于清理立墙灰尘的家用除尘装置，给出两种以上设计方案。

（12）请列举出日常生活中见到的能发光、发热的东西，找出它们的共同点。

（13）火车、汽车、飞机与轮船有什么相同之处？

（14）帽子的作用有哪些？还有没有其他用途？并根据其用途设计新的帽子。

（15）有哪些方法可以鼓励人们自觉地将垃圾分类存放？

（16）有哪些方法可以治理被称为城市“牛皮癣”的小广告？

（17）有哪些方法可以预防手机被盗？

（18）如何安全清洗高楼的玻璃幕墙？其技术难点有哪些？除了现有方法外，还有没有更简单实用的方法？

（19）如何方便地把2B铅笔削成所需要的扁平形状？能否设计一款专门削2B铅笔的自动工具？

（20）如何把衬衫的衣领洗干净？除了使用洗衣粉和洗衣液外，是否还有别的方法？

2.5 求异思维

引例2－5　司马光砸缸

司马光砸缸的故事流传已久。有一次，司马光跟小伙伴们在后院里玩耍。院子里有一口大水缸，有个小孩爬到缸沿上玩，一不小心，掉到缸里。缸水太深，眼看那孩子快没救了。别的孩子看到缸大、水深，不能从缸里把人救出来，就边跑边喊，跑到外面向大人求救。司马光急中生智，从地上捡起一块大石头，使劲向水缸砸去，“砰!”水缸破了，缸里的水流了出来，被淹的小孩得救了。

引例2－6　“丑陋玩具”

儿童玩具一般都以“漂亮”“美丽”“天真”“可爱”为设计制作标准，商场里销售的各种玩具也都很漂亮。美国的艾士隆公司从完全相反的方向思考，反其道而行之，推出一批丑陋玩具，并迅速投放市场。这些丑陋玩具的售价甚至比漂亮玩具的售价还要高，并且一直很畅销，丑陋玩具就此风靡于全世界，给艾士隆公司带来了巨大的经济效益。

司马光和艾士隆公司的这种另辟蹊径，从不同的甚至是完全相反的角度去解决问题的思维方式，就是本节所说的求异思维。

2.5.1 求异思维的概念

异，就是不同，所谓求异思维（图2.4）就是人们在思考问题时，能够突破或跳出传统观念或习惯势力的约束，从新的角度、方向去认识问题，以新的思路、新的方式创造人类前所未有的或者比已有物品更美好的东西的一种思维方式。求异思维包括逆向思维。换用不同的角度、方向时也包括从完全相反的角度或方向去思考，寻求解决途径。

2.5.2 求异思维的特征

求异思维具有逆众性、开拓性、多维性、全面性、灵敏性、新颖性和探索性等特征。求异思维提倡不从众、另辟蹊径，故具有一定的“逆众性”和“开拓性”；求异思维需要沿着不同方向、不同角度扩散，以获得不同一般的结论，故具有一定的“多维性”和“全

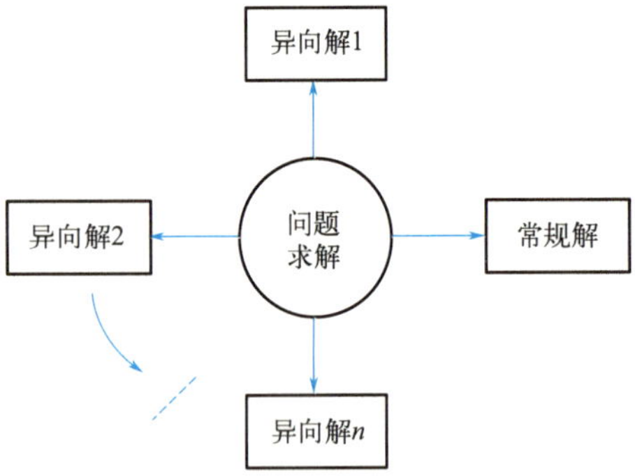

图 2.4　求异思维

面性”；运用求异思维思考问题时，能及时抓住那些不引人注意的或人们意想不到的要素，善于根据具体的时间、地点、对象和条件，灵活地选择不同的思考点，故具有一定的“灵敏性”；求异思维追求思维的创新和独到，不满足于一般思维所研究的已知领域，更注意探求未知的天地，故具有一定的“新颖性”和“探索性”。在实际的训练和运用中，创造者应该充分认识这些特征，培养自己正确考虑和运用求异思维特征的能力。

2.5.3　求异思维的运用及案例

运用求异思维的关键在于创造者不受任何框架、任何模式的约束，随机应变地变换思维的目标点，不能将思考的着眼点死死地盯在某一处，应多考虑与其相关的种种事物或联系，从不同角度（如出发点、立场、需求、目的、观念、知识、经验、前景等），不同方向，不同层次去认识问题、分析问题。在运用求异思维过程中还必须根据具体问题具体对待，及时调整思维方向或顺序。

运用求异思维必须注意，求异思维并不等于离奇的幻想，幻想可以超越现实，而求异思维必须遵循客观规律，否则难以成功。求异思维的起点和归宿都是社会需要。因此求异思维必须从社会需要出发，针对现有落后的技术、观念、习惯势力、约定俗成的“规矩”而求异。求异思维中最典型的是逆向法，如由大到小，由透明到不透明，由导体到非导体等。

案例 2-11　反向走刀切削法

[拓展视频]

某机械厂工人运用求异思维，发明了一种“反向走刀切削法”，解决了细长轴切削变形难题。该工人摆脱传统的车削方式即从右向左的切削方式，在精车和光刀时把走刀方向改为从左到右，使未加工的轴段处于自由状态，不会产生弯曲变形。这一方法不仅解决了细长轴切削变形难题，而且提高了加工效率。

案例 2-12　青霉素的发现

1928 年的一天，英国科学家费莱明在做实验时发现用来培养葡萄球菌的培养器皿里混入了杂菌，按惯例这个实验是失败的，这个培养器皿应处理掉。但费莱明却对此十分关注，经进一步的观察，发现杂菌附近的葡萄球菌消失了。这又一“正常现象”再次吸引了这位科学家的注意，经过多次试验和研究后，他终于从这些杂菌中分离出了一种能抑制葡萄球菌生长的抗菌素——青霉素。1945 年，费莱明凭此获得了诺贝尔医学生物学奖。

[拓展视频]

但与此相反的是，早在费莱明之前，有一日本科学家也发现了同样的现象，但他却受到所谓“常识”的阻碍而与这重大的科学发现失之交臂。这个案例同时也告诫人们，阻碍人们用新的思维模式、思路、方法和观念去认识、解决问题而产生创造性成果的，正是人们头脑中现存的“常识”和“惯例”。因此，要有所发明创造，首先要能够打破框框和惯例。

案例 2-13 吸墨水纸的发明

德国某造纸厂技师由于疏忽大意，在生产中少放了浆糊，制成了大量不合格的纸，用墨水笔一写，字迹就化开来，如果这批纸全部报废就会给公司带来重大的损失。技师拼命地想：“有没有什么好的补救办法呢?”有一天，有个工人不小心把墨水洒在桌子上，他慌慌张张地用边上的那张不合格纸来擦，结果墨水被吸得干干净净。为了不被解雇，该技师在一位朋友的帮助下，想出一个办法，即利用废纸吸水的特性，开发出一种新的产品——吸墨水纸，就这样这批纸被当作吸墨水纸全部卖了出去，他还为这种纸的制造方法申请了专利。

案例 2-14 先赔后赚生意火

美国有一家名为“蓝吉”的化妆品公司，为了在激烈的市场竞争中占有一席之地，并迅速在同行业中居于领先地位，20 世纪 80 年代，他们提出了“高质量、低价格、多品种”的市场营销策略，即先做不赚钱的赔本生意。结果第一年公司就亏掉了 100 万美元，但是它为企业树立了良好的信誉。一年以后，蓝吉公司在市场上的声誉日益高涨，顾客纷纷慕名而来，大量求购该公司的产品，使得公司的业务量大增。这一年，公司便获利 200 多万美元。

古人云：“欲将取之，必先予之。”美国蓝吉公司这种先赔后赚的营销策略取得了成功，近年来这种营销策略被我国企业家和营销商广泛应用。例如，《企业改革与管理》2013 年第 4 期中讲述了一个类似的故事。河南省某主营烙饼和小菜的小饭店为招揽生意，店主王师傅特别说明：凡是来饭店就餐的顾客，除了小菜收费，啤酒按进价供应，烙饼一律免费。这个规矩看似赔钱，实质赚钱。因为本地顾客喜欢吃烙饼，而吃烙饼的特点就是要卷着小菜吃。店里备有 20 多种小菜供选择，因此小菜卖得特别快。另外，喝啤酒的顾客往往要点几个下酒菜，各种下酒菜也特别好卖。

案例 2-15 高明的测试

第二次世界大战后期，盟军攻入比利时。一天，部队抓到一名疑似德国间谍人员，平托上校对他进行了审问，他决定从语言入手，寻找破绽，因为这个地区的比利时人都讲法语，但嫌疑人的回答毫无破绽，三次语言测试都失败了。

第二天，上校改变了审问策略，当嫌疑人被带进上校的办公室时，他装作在看一份文件，看完后拿起笔在文件上签了字。然后，上校用德语平静地对嫌疑人说：“好了，一切都清楚了，你现在自由了。”这时嫌疑人长长舒了一口气，像卸下了沉重的包袱，仰起脸露出了愉快的神色，然后开始往外走。但他立刻又警觉到自己犯了一个致命的错误，可是一切都晚了。平托上校在一系列失败之后，终于在最后关头用看似“惊喜”的消息使嫌疑人露出了破绽。

2.5.4 求异思维训练

（1）新概念算术。在以下各题中：用“+”表示除，用“－”表示乘，用“×”表示加，用“÷”表示减。（时间：60s）

8+4	6÷4	15+3	11×2	10－4	6+2	9－1	13－2
5×2	9÷3	12－4	21+7	21÷3	26+13	4+1	7×2
15－1	4×6	20+10	20－10	6×5	15－3	16÷8	15÷5
5÷5	10+2	7×5	9×2	10－5	5÷1	10+10	8÷2
4×2	8－3	10－2	4－2	15－3	9÷3	16×4	8×4

（2）有一钟表的字盘是用玻璃制成的，不小心掉在石头上，摔碎了，碎片分别散落在6块石头上，恰巧落在每块石头上的碎片上的数字之和正好都是10，那么你能用画线的方法表示出表盘的散落情况吗？钟表字盘如图2.5所示。

提示：共6组。

（3）给你一张A4打印纸，你能从纸上剪一个洞，并使自己从这洞钻进钻出吗？

提示：所谓结论都是在一定的条件下和范围内才是正确的，尝试改变一下条件或变换一下范围，如可以将“面”变成“线”。

（4）仔细观察图2.6，哪些人能看到小孩的左耳？

图2.5 钟表字盘

图2.6 哪些人能看见小孩的左耳

（5）用4根火柴摆出5个正方形，限时1min。

（6）根据下列事物及括号内注明的主要原理，运用求异思维方法，开发新的发明。每题限时2min。

① 压力锅（加压提高沸点）。

② 热气艇（由于热空气比冷空气比重小而上升）。

③ 微波炉（微波使食品中的分子振动）。

④ 电炉（电能转换为热能）。

⑤ 机器的损坏（由于振动而使某些部件损坏）。

（7）请列举出曲别针的新用途，越多越好。

（8）请根据不同食品包装的要求，发明食品包装的新方法。

（9）某超市洗衣粉库存过多，请为其设计一个促销方案。

（10）分别以厨房用品和卧室用品为对象，运用求异思维标新立异地提出 6 种以上发明设想。

（11）分别对下列事物进行求异思维。

①圆珠笔；②方便面；③空调扇；④纸尿裤；⑤黑板擦；⑥光盘；⑦插座；⑧听诊器；⑨化粪池。

（12）工作人员在塔机或电网塔架进行高空作业时，需要使用螺钉旋具（俗称扳手）拧螺栓，但是高空作业实施困难，而且具有一定的危险性，对此你有何建议？

（13）冬天睡觉时常因为被子没掖好，使肩部着凉，引发肩周炎，对此你有何解决办法？

（14）由于工作和学习需要，很多人长时间坐在计算机前，这容易引发颈椎病、前列腺增生、痔疮等疾病，对此你有何解决办法？

（15）坐便器的水密封结构设计具有隔气、防臭、防爬虫等作用，但是一旦有片状异物不慎落入，容易堵塞，而且很难取出异物，对此你有何设想？

（16）能否找到一种可利用的废物，并利用求异思维产生一个新的概念？

（17）手机或电子信箱经常会收到一些垃圾信息，能否运用求异思维找到一种好的解决办法？

（18）根据公安部交通管理局的要求，自 2020 年 6 月 1 日起，骑行电动车需要佩戴头盔，符合“一盔一带”要求。仅靠公安部交通管理局的严管重罚不是最佳选择。在非监测点及内部道路等监管盲区，骑乘人员不佩戴安全头盔和逆向行驶现象仍较为普遍。请运用求异思维提出合理的解决方案。

（19）请运用求异思维设计一种下水道防堵装置或疏通工具。

（20）日本一家手表厂新生产的一款手表上市以后一直无人问津，做了许多正面宣传也没起到作用，于是该厂打出一则贬低新产品的广告：“此种手表走得不太准确，24 小时会慢两秒，请购买时三思！”该手表厂为何要采用此明贬实褒的促销方式来宣传新产品？

2.6 直观思维

引例 2－7　双人伞

无论是遮阳还是挡雨，在使用伞时常会遇到两人共用一把伞的情况。但是限于传统伞的造型，且单人伞的遮挡面积太小，很容易淋湿衣服。为此，有人发明了双人伞，如图 2.7 所示。它克服了传统伞的缺点，可以提供相当于两把伞的遮挡面积。因此，双人伞很受青年人的欢迎，在国外售价达 20 美元。当情侣或亲密的友人一起在雨中行走时，一方再也不会为发扬绅士精神而导致自己后背变成“沼泽”了。

图 2.7　双人伞

还有人对双人伞进行了改进，使得伞收起时看起来就像是一把普通的伞，打开之后却变成了两把连体的伞。双人伞的设计思路就相当于把两把单人伞合二为一，这种直观的由单到双的解决问题的思维就属于直观思维。

2.6.1　直观思维的概念

直观思维（又称直达思维）是指在解决问题时，不经过逐步分析，而采用直接的方法，不离开问题的情境和要求进行思考的思维形式。

2.6.2　直观思维的运用及案例

早在 20 世纪 80 年代初期，著名科学家钱学森就曾明确指出，人类的思维分为三类：抽象（逻辑）思维、形象（直观）思维和灵感（顿悟）思维。他还强调，在科学技术的研究中，绝不能局限于逻辑思维的归纳推理，还必须重用形象思维，甚至要得助于顿悟思维。我国的传统教育偏重分析、计算、推理等逻辑思维，这严重阻碍了人们直观思维能力的发展，也制约了逻辑思维水平的提高，不利于人们创造力的早期开发。

直观思维的优点是直接面对问题情境，可以跳跃式思考，直接提出合理的设想方案，快速解决问题。这种思维方式对解决简单问题特别有效，但这种思维方式对人的思维敏捷性、知识储备能力有一定的要求，否则无法实现思维的“快进”或跳跃。

案例 2-16　灯泡容积的测量

[拓展视频]

这是个关于直观思维的经典案例。爱迪生曾让他的助手，青年数学家阿普顿测量一个灯泡的容积。阿普顿采用数学方法去计算，久而未果，而爱迪生建议他先向灯泡里灌水，再用量杯直接测水的体积，即可测得灯泡的容积。爱迪生所说的这种方法便运用了直观思维。

案例 2-17 “海水宝”的发明

沿海某盐场以生产精盐为经营方向，而生产精盐需晾干、提纯、粗加工、精加工等20多道工序，成本高，企业处于亏损状态。经人指点后，运用直观思维的方法：只将海盐晾干，装入小袋，取名“海水宝”并大量投入市场。这种海盐深受酒店经营者的欢迎，不仅使企业生产成本大大降低，而且使企业扭亏为赢。

2.6.3 直观思维训练

(1) 1+2=3 在什么情况下不成立？

(2) 如何把老虎或狮子脖子上的铜铃解下？

(3) 请给减肥者提出好的建议。

(4) 如何延长桶装纯净水的保质期？

(5) 近年来我国煤矿人员伤亡事故频发，且煤的燃烧还带来了较严重的空气污染等问题，对此你有何新的解决思路？

(6) 试分析为何在一个平面上任意不重合的两点间的所有连线中线段最短。

(7) 如何把 18 瓶啤酒放入横 6 孔、竖 4 孔的啤酒箱中？共有几种方法？哪种方法最快最简单？

(8) 如何将鸡蛋竖立在桌子上？

(9) 如何将落入厨房下水道的钥匙取出来？

(10) 如何避免方便面在运输过程中被压碎？

(11) 你在某装修市场的三楼购买涂料等装修材料时，突然大楼起火，火势已经冲上三楼，该市场楼房共有五层，此时你该怎么办？

(12) 家里突然停电了，可能是什么原因？

(13) 某设备的冷却水箱温度仪表显示水温已经超过 100℃。该设备可能发生什么故障？

(14) 如何有效地打击倒卖车票的“黄牛”？

(15) 如何准确监测化工厂或造纸厂等重污染企业的污水排放，并实施有效监管？

(16) 当你开启厨房抽油烟机的开关时，抽油烟机并未启动。该抽油烟机可能发生了什么故障？

(17) 校园、公园等公共场所的草坪常常被人“踏”出一条“捷径”。请问：有何办法可以有效避免此现象？

(18) 如果有一位不懂中文和英语的外国游客向你问路，那么你将如何为他指路？

(19) 有一名学生在栽培辣椒苗时，用细铁丝捆住弯曲的辣椒茎秆，意外地发现这棵被细铁丝缚住茎秆的辣椒结果率高于未缚茎秆的辣椒植株。这一现象可能是什么原因导致的？对此你有何新的设想？

(20) 如何防止手机屏幕被摔坏？请给出手机的改进设计方案。

2.7 旁通思维

引例2-8 半导体的“杂交水稻”技术

众所周知，在过去的几十年里计算机行业的发展始终遵循着“摩尔定律”，即半导体电路晶体管的体积越来越小，单个芯片上可容纳的晶体管数变得越来越多，芯片制造商一直致力于研发更小的晶体管。目前，晶体管的体积已经达到纳米级别，继续缩小的可能性正逐渐变小，“摩尔定律”接近物理极限。为了提升芯片在功耗、成本、性能和可靠性等方面的优势，需要减小芯片尺寸，但是追求极致的芯片尺寸对光刻机、刻蚀机等半导体制造设备的要求越来越高。与此同时，由于芯片尺寸减小、量子效应影响加剧，硅基芯片逐渐到达了物理极限。

中国科学院上海微系统与信息技术研究所研究员游天桂另辟蹊径，绕道“摩尔定律”从材料创新的角度提升器件性能，提出利用化合物半导体异质集成技术将磷化铟(InP)、氮化镓（GaN)、氧化镓（Ga_2O_3）等具有丰富能带结构、优异电学和光学特性的化合物半导体与硅结合，这种化合物半导体异质集成技术类似于“杂交水稻”，将不同功能的材料组合在一起，实现优势互补。基于这样的技术，单个芯片可实现多样化的功能，同时也能减小芯片尺寸，降低功耗，提高可靠性。

在本案例中，游天桂研究员不追求极致的芯片工艺，而从材料创新的角度出发探索提升半导体芯片性能的途径与方法。这种侧向迂回地解决问题的思维就属于旁通思维。

2.7.1 旁通思维的概念

旁通思维（图2.8）又称“倒向思维”“侧向思维”或“U型思维”，是相对直观思维而言的，是指在解决问题时，通过对问题、情境和条件的分析与辨识，将问题转换为另一等价问题，或以某一问题为中介物间接地去解决问题的思维形式。简单地说，旁通思维就是利用其他领域的知识和信息，从侧向迂回地解决问题的一种思维形式。

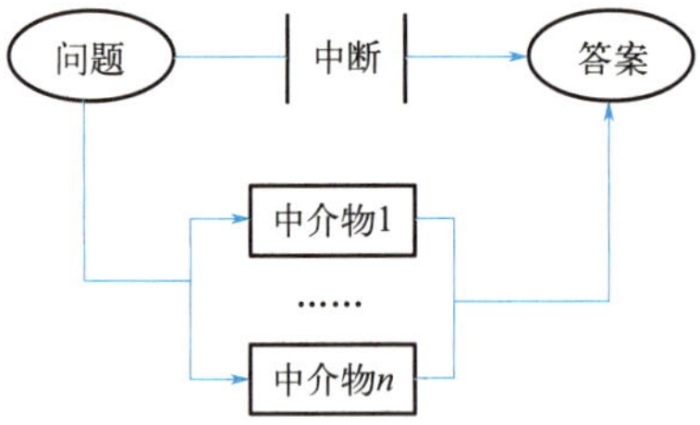

图2.8 旁通思维

由于旁通思维改变了解决问题的一般思路，试图从其他领域、方向或角度等入手，其思维的广度大大增加，有可能从其他领域中得到解决问题的启示。因此，在创造活动中运用旁通思维常常能起到很好的作用，有时会使问题变得更简单、更方便，甚至会有意想不到的效果。

2.7.2 旁通思维的运用及案例

在求解问题时，往往并不能运用直观思维直接求解，这时不妨考虑采用避直就曲的方法，运用旁通思维，或许问题就可迎刃而解。

旁通思维的特点是思路活泼多变，善于联想推导，随机应变。它是一种灵活的思维方式，没有固定的格式，其用来转换的中介物也有很多，解决问题的关键是如何找到合适的中介物。例如要解决某个问题，要先分析问题的所有条件和要求；要分析或找出造成事故的原因，必须先分析其结果；要解决工程技术结构问题，可以先研究与之相类似的生物结构；要解决机械行业的某些技术问题，可以先从其他领域（如电、声）里寻找解决办法等。旁通思维具有思路灵活多变的特点，因此在运用旁通思维时需要多联想推导，随机应变。

案例 2-18 九点连线问题

如图 2.9(a) 所示，已知 3 行、3 列 9 个点，要求用 4 条连续的折线连贯这 9 个点。解决问题的关键是必须突破直观思维（将连线局限于点阵的范围内），首先分析问题的约束条件，明确题目并未规定连线范围，因此可得如图 2.9(b) 所示的解。

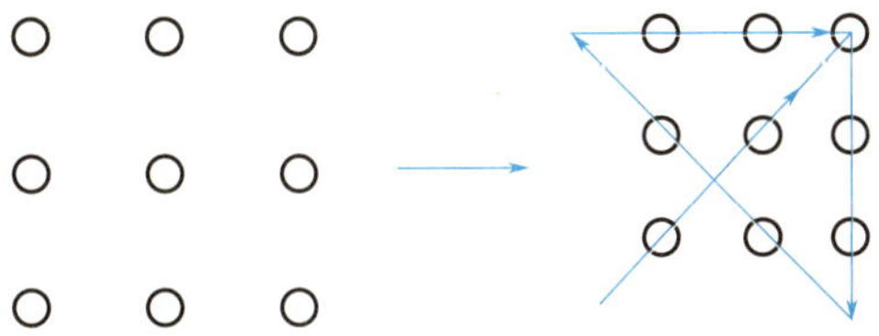

(a) 原始的9个点　　(b) 问题的解

图 2.9 九点连线问题

案例 2-19 “验油法”测定机械零件的磨损程度

以前要测定机械零件的磨损程度必须拆开机器去观测分析，为此机械行业对机械装备的检修制度做了专门的规定。而使用“验油法”测定机械零件的磨损程度，无须拆开机器，只要从油箱中取出适量的机油样品，通过铁谱仪或光谱仪检测分析，就可判断零件的磨损程度和使用寿命情况。这样不仅降低了检测成本，而且促进了机械行业检修制度的创新。在许多测量技术领域，往往采用间接测量的方法获得测量结果，这也是运用旁通思维的典型事例。

案例 2-20 叩诊法的发明

1754 年的一天，维也纳的奥恩布鲁格医生对一具老年男尸进行了解剖。患者生前胸痛、发热、呼吸困难、咳嗽，在还未完全诊断清楚之前就死了。当时尚未发现 X 线，医生们希望通过尸体解剖做出明确诊断。尸体胸部被打开，一股淡黄色的液体从切开处流出，即胸腔积液。奥恩布鲁格想，为什么胸腔积液在死者生前不能被发现？怎样才能发现呢？

他想起了经营酒业的父亲，经常用手指敲打酒桶，凭敲打时酒桶发出的沉闷或清脆的声音来估计酒桶内酒量的多少。这种敲打法是否可以用来诊断胸腔积液呢？他选择正常人及疑似有胸腔积液的病人进行叩诊，结果发出的声音迥然不同。之后他又对患者尸体抽液前后用叩诊进行对比研究。1761 年，他发表了专著《新的诊断法》，正式提出叩诊法。同年，他在维也纳发表了题为《用叩诊人体胸廓发现胸腔内部疾病的新方法》的论文。1838年，维也纳医生斯柯达又创造了用自己左手中指的背部作为叩诊板，用右手中指进行叩诊的方法。这种方法一直使用至今，已成为每个医生的基本功。

案例 2-21　单索抓斗的发明

"抓斗大王"包起帆只有初中二年级的文化水平，是上海黄浦江边一家装卸公司的职工。1983年10月，他作为工会代表，赴京参加中国工会第十次全国代表大会。开会时，他发现大会发给每位代表用作记录的圆珠笔的伸缩结构十分灵活，于是就想到这种结构能否用到抓斗上，将"双索抓斗"改为"单索抓斗"，即用一根绳索去完成打开、闭合抓斗两个动作。晚上他就对这支圆珠笔的结构研究起来，回到上海后又到生产这种圆珠笔的厂家，向工人们请教圆珠笔伸缩的原理，在试验现场经过三天三夜的紧张工作后，他成功地发明了"单索抓斗"。

[拓展视频]

从圆珠笔的伸缩结构受到启发而引发的发明有很多，本书编者便根据圆珠笔伸缩结构的原理发明了中医按摩机器人的快速自动换头装置。

2.7.3　旁通思维训练

（1）能否设计一种使用和读数都方便且成本低廉的体温计？

（2）教室的课桌设计有哪些缺陷？如何改进？

（3）尽可能多地列举出下列事物的不同类型的用途。

① 空的易拉罐。

② 一条废汽车轮胎。

③ 半截钢锯条。

④ 一块有机玻璃。

⑤ 一幅彩色广告宣传画。

⑥ 一个废旧纯净水桶。

⑦ 一条自行车车轮的内胎。

（4）如何用一面镜子看清贴在自己后脑部的标记？

（5）现有一家专门经营鲜牛奶、糖果和糕点等副食品的公司，该公司的鲜牛奶业务运营良好，订户稳定且逐年增多，但其副食品业务却日渐萧条，连连亏损。请做一个策划，以提高该公司副食品的销售额。

（6）现有一个玻璃瓶，里面装了半瓶铁砂和一支温度计，不允许加热。试问有何方法可以使温度计的温度值上升？

（7）已知，铅能与空气中的氧气发生氧化反应生成氧化铅。请设计一种制取氧化铅的最简单的工艺方案。

（8）请以电动剃须刀的结构或原理为中介，提出两种新的发明设想。

（9）某牙膏生产厂积压了大量的牙膏。请问有何促销方法？牙膏除了可用来刷牙外，是否还有其他用途？

(10) 请以自行车手闸的结构和原理为中介，提出两种新的发明设想。

(11) 安徽省蚌埠市某企业开发了一种回收汽车废旧轮胎的工艺，其中某工序需要在一个搅拌容器内将橡胶颗粒加热搅拌，但橡胶容易粘在搅拌器的叶片上，请运用旁通思维，提出清理搅拌器叶片上橡胶或防粘的技术方案。

(12) 对于视力正常的人，很容易识别十字路口的交通信号灯，但是对于红绿色盲者或盲人而言，却是个困难的事情。请设计一种新的无障碍红绿灯系统，以便于红绿色盲者及盲人识别。

(13) 废旧轮胎被称为“黑色污染”，其回收和处理技术一直是世界性难题，也是环境保护的难题。20 世纪 90 年代，世界各国最普遍的做法是把废旧轮胎掩埋或堆放。但这种方法不仅占用土地，而且极易引起火灾，造成二次危害。

随着我国汽车保有量的增加，废旧橡胶和废旧轮胎的产生量也逐年增加，其带来的环保压力也越来越大。国家也出台了相关政策推动废旧轮胎的利用。请运用旁通思维提出新的利用废旧橡胶制品和废旧轮胎的设想或方案。

(14) 无人售票公交车的投币箱，在接受乘客投币时，经常收到残币、“疑似币”（如游戏币等）或者遭遇乘客投币数量不足的情况，请运用旁通思维，提出一种有效的解决办法。

(15) 请运用旁通思维，设计一种实用的莲蓬采摘器。

(16) 请运用旁通思维，设计一种实用的杨梅采摘器。

(17) 国内绝大部分城市都安装有分类垃圾桶，可是投入垃圾桶里的垃圾却五花八门。请分析垃圾未能分类投放的原因，并提出相应的解决方案。

(18) 无锡某生产洗衣机的企业在生产中遇到一个技术难题：某金属冲压模的小孔经常被纸屑堵塞，由于该模具的小孔直径较小（1mm）且数量较多，清理困难。请运用旁通思维，提出可行的解决方案。

(19) 请运用旁通思维，为二手门窗寻求新的用途。

(20) 自行寻找 3 种以上可用旁通思维解决问题的发明设想。

2.8 联想思维

引例 2-9　由波斯猫联想到高级指挥所

第一次世界大战期间，德军与法军的一次交战中，法军遭遇德军强势猛攻，被迫转入防御，等待援军。防御中，法军充分利用地形等自然条件，采取多种隐蔽伪装措施，把部队和指挥所巧妙地藏了起来。德军派出许多侦察兵多方侦察，结果都是一无所获，一筹莫展，不敢贸然行动，德军指挥官为此大伤脑筋。

一天上午 8 点多钟，德军炮兵参谋的望远镜里突然映入一只金黄色的猫，在一片坟地里懒洋洋地晒太阳。大约一小时后，这只猫精神抖擞地钻入了一个“坟包”，并且这种现象持续了四天。这位炮兵参谋分析判断：①这是一只家猫，因为它看起来温顺，白天活动且有规律；②坟地周围没有人家，猫是从一个“坟包”里出来的，这个“坟包”可能是法军的一个掩蔽部；③这只猫是一只名贵的波斯猫，只有旅长以上的高级指挥官才有条件养这种名贵猫，这个“坟包”很可能就是法军一个旅级以上的高级指挥部。德军根据观察情况和判断结果毫不犹豫地调集了六个炮兵连对这片“坟地”进行集中射击，坟地顷刻间被夷为一片平地，法军的防御很快就被突破。战后查明，在这片坟地下，是法军的一个步兵旅指挥部。该指挥部的所有人员在德军的炮击中身亡，包括那只名贵的波斯猫。

引例 2－10　由搞笑电影镜头到发明球鞋电话和皮鞋手机

在 2005 年的 NBA 全明星赛上，奥尼尔向众人展示了他发明的“球鞋电话”，如图 2.10(a) 所示。这双鞋里面安装了特殊的电话设备，天线能从鞋前端伸出来。奥尼尔发明的鞋型手机，相比下边的皮鞋手机来说算不得什么，因为那不过是外观设计比较“出奇”的一款手机罢了，只具有电话功能而不可穿着，且该异形手机也并非奥尼尔的原创，他只不过在一场篮球盛事中举着它招摇过市而已。

据《澳大利亚人》2009 年 3 月 4 日报道，澳大利亚科学家斯蒂芬根据搞笑侦探电影中拿鞋子打电话的经典镜头发明出一部“皮鞋手机”，如图 2.10(b) 所示，它的话筒设在鞋后跟里，蓝牙耳机则置于鞋子前端，平时可以当鞋子穿，拉开滑盖便可轻松打电话。“皮鞋手机”最大的优点是可以边行走边充电。

(a) 球鞋电话　　(b) 皮鞋手机

图 2.10　球鞋电话和鞋子手机

2.8.1　联想思维的概念

联想思维是指人们从已知领域出发，在头脑中将某一事物的形象、特征或其他属性与其他相关事物联系起来，探索它们之间共同的或类似的规律，从而解决问题的一种思维形式，由甲到乙，由乙到丙。联想可以很快地从记忆里搜索出需要的信息，并将这些信息串成一条条设想链，通过对事物的接近、对比和同化等，把许多事物联系起来思考，开阔了思路，并由此形成更多的创造设想和方案。

联想在创造活动中具有开拓思维和启迪思维的引导作用。美国加州理工学院的创始人、天文学家黑尔说："我们切莫忘记，最伟大的工程师不是那些被培养成了仅仅了解机器和会运用公式的人，而是这样的人：在掌握机器和公式的同时，并未停止开阔视野及发挥其最出色的想象力。一个缺乏想象力的人，无论从事工程技术，还是美术、文艺、自然科学，都不会做出创造性成绩来的。"联想还是普遍的创造性思维形式，应用极广，"如果没有联想，世界将会怎样？"（联想公司广告语）。正如爱因斯坦所说："没有想象力的灵魂，就像没有望远镜的天文台。"

2.8.2 联想的可能性

联想的产生可以是被动地受到某些事物的激发，也可以是创造者主动地去搜索和捕捉信息并将它们联系起来，以产生新的创造设想。

苏联的心理学家哥洛万斯和斯塔林茨用实验证明，任何两个概念或事物经过四五个阶段都可以联系起来。如：山羊和煤炭，小麦和足球，在含义上相差甚远，但通过联想可以找到其中的联系。如：

山羊→青草→矿山→煤炭。

小麦→田野→体育场→足球。

实验还表明每个词语平均有10个词可以与其发生直接联系，那么第一步就有10次联想机会，第二步有10×10次机会……第n步就有10×10×…×10（n个10）次机会，可见联想为发明创造提供了广阔的思维空间。

2.8.3 联想思维的类型

常见的联想思维主要有相似联想、对称联想、对比联想、接近联想、因果联想、定向联想、幻想和强制联想等，实际应用中可能并非只是单一联想类型在起作用，往往是多种联想类型综合作用。

1. 相似联想

相似联想是指由某一事物或现象的刺激而想起在形状、功能或结构等方面相似的其他事物，并由此受到启发，引发新的发明思路的思维方式。如鲁班由于手被叶边带刺的茅草划破而发明了锯子；根据植被根系保护水土的功能，可以想到在抗洪过程中使用草垫、编织袋、杂草等混在土中筑堤的办法。

案例 2-22 通过机群密集编队飞行冒充大型民航客机

1981年，"巴比伦行动"中以色列战机为了在雷达上冒充大型民航客机，以不到2m的飞行间隔飞行。当被约旦雷达发现时，由于机群编队密集，在雷达屏幕上显示的图像只是一个模糊的亮点，很像一架大型运输机（图2.11），以色列飞行员用国际通用美语回答是"民航客机"，便蒙混过关。在成功骗过约旦、沙特和伊拉克甚至美国的预警系统和雷达跟踪后，用16枚炸弹以100%的命中率成功摧毁了伊拉克的核反应堆。

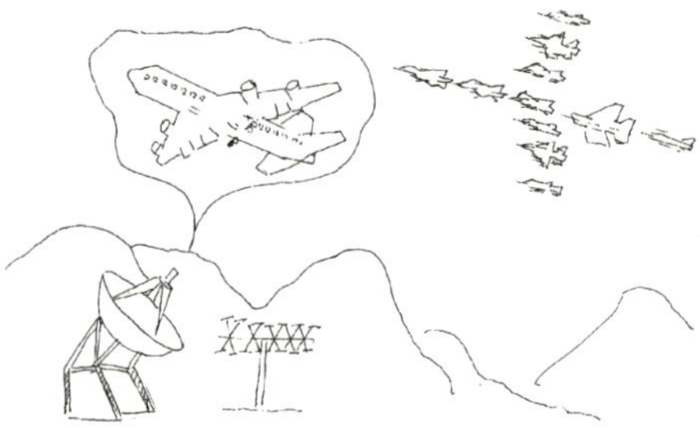

图 2.11　机群密集编队冒充大型民航客机

案例 2-23　用飞机割断电话线

1956 年 10 月，以色列军队企图夺取西奈半岛，而首要目标是埃及军队的核心要塞——米特拉山口。一天，米特拉山口的埃军阵地上空，突然出现了四架以色列野马式战斗机。指挥员以为敌人要来偷袭而下达了作战命令，埃军士兵纷纷进入隐蔽掩体，举起自动步枪，架起高射机枪，准备射击。可是，以色列战斗机既没有用机枪扫射埃军阵地，又没有投下炸弹。它们轰鸣着，一忽儿猛然掠地俯冲，一忽儿又直插云霄。低飞时距地面不过 4m 高，而升起时又不见飞机的踪影。

埃军士兵对以色列战斗机的这种奇怪举动一时目瞪口呆。“不要傻看了，快打电话向上司报告吧!”不知是谁提醒了一下，于是士兵慌忙摇起电话，准备向上司报告。可是摇了半天，一部电话机也听不到声音。原来，以军用飞机的螺旋桨和机翼将埃军的电话通信线切断了。埃军士兵一下子陷入了极大的惊慌之中，这时，一场大战开始了，而埃军因无法通信联系，失去支援而大败。

2. 对称联想

对称联想是指欲联想的两类事物之间在时间、空间、形状、结构等方面形成对称。如由高温储藏食品（煮熟）想到低温储藏食品（冷藏），以及现代设计理念中的对称性设计等都是对称联想的实例。

3. 对比联想

对比联想是指发明者对某事物的性质、特点、形状、结构等方面进行相反、对立或差异的比较而形成的联想。这种联想思维方式类似于求异思维中的逆向思维方法。运用对比联想可以从以下四个角度去考虑。

（1）事物属性的对立面（相反面）。

（2）事物的优缺点。

（3）事物的结构、功能、顺序等的颠倒。

（4）物态的变化等。

案例 2-24　用石墨合成人造金刚石

18 世纪，人们通过煅烧金刚石转变为二氧化碳的实验中，了解到金刚石的成分是碳。1799 年，法国化学家摩尔沃成功地把金刚石转化为石墨。利用对比联想的方法，既然金刚石可以转化为石墨，那么石墨是否也可以转化为金刚石呢？后来科研人员经过反复实验研究终于在实验室里将石墨合成为人造金刚石，并广泛应用于机械加工的刀具制造中。

[拓展视频]

4. 接近联想

接近联想是指发明者联想到时间、空间、形状、结构或功能等方面比较接近的事物，从而产生发明的联想思维方式。世界上的万事万物间总是存在某种联系。例如，一提到红叶，就会想起北京的香山；提到张艺谋，也许很容易就会想到他执导的 2008 年北京奥运会开幕式和 2022 年北京冬奥会开幕式，两次都惊艳了全世界。灵活运用接近联想法则，常常可以帮助人们打开思路，产生新的发明创造。

案例 2－25　微波炉的发明

美国人斯本塞是专门制造电子管的雷声公司的新型电子管生产技术负责人，从事一种能够高效产生大功率微波能的磁控管的研究。1945 年，一个偶然的机会，他观察到微波能使周围的物体发热而萌生了发明微波炉的念头。有一次，他走过一个微波发射器时，身体有热感，不久他发现装在口袋内的糖果被微波熔化。还有一次，他把一袋玉米粒放在波导喇叭口前，然后观察玉米粒的变化，他发现放在喇叭口前玉米粒的变化与放在火堆前的一样。第二天，他又将一个鸡蛋放在喇叭口前，结果鸡蛋受热突然爆炸，溅了他一身。这更坚定了他的微波能使物体发热的论点。雷声公司受斯本塞实验的启发，决定与他一同研制能用微波热量烹饪的炉子。几个星期后，一台简易的炉子制成了。斯本塞用姜饼做试验，他先把姜饼切成片，然后放在炉内烹饪。在烹饪时，他屡次变化磁控管的功率以选择最适宜的温度。经过若干次试验，食品的香味飘满了整个房间。1947 年，雷声公司推出了第一台家用微波炉。

案例 2－26　根据火山喷发可能引发灾害结果预测调整粮食政策

1982 年，墨西哥爱尔·基琼火山喷发，亿万吨火山灰冲上云霄。美国政府联想到悬浮在空中的火山灰会将一部分从遥远的宇宙射向地球的太阳能反射回去，从而形成大面积的低温、多雨天气，造成世界范围的粮食减产。于是美国政府及时调整了国内粮食政策。第二年，世界各国粮食产量果然大幅下降，而美国由于及时采取了有效措施，成为唯一的粮食出口国，不但大赚“横财”，还由此在国际事务中占据了上风。

5. 因果联想

因果联想是指由事物可能存在的因果联系引发的联想，或由原因联想结果、由结果联想原因。例如由战争联想到伤亡，由头疼发烧联想到感冒等；又如上述美国由墨西哥爱尔·基琼火山喷发联想到世界范围的粮食减产，都是运用了因果联想的思维方式。

案例 2－27　基因检测法判断听力障碍

据世界卫生组织 2021 年的《世界听力报告》统计，全球约 20%人口，即 15 亿人有听力障碍。《中国听力健康报告（2021）》显示，我国有听力障碍的患者接近 5000 万人，居世界之首。其中，60%的听力障碍来自遗传，还可能传递给子孙后代。新生儿父母双方或一方是聋哑人的家庭，在生育前常常面临生育听力障碍儿的风险和恐惧。研究人员据此联想到其他基因检测技术，并将传统测序技术和基因芯片技术相结合发明了一种“遗传性耳聋基因芯片检测系统”，可以快速准确地对与遗传性听力障碍密切相关基因的突变位点进行测序，帮助临床医生从病因学角度辅助进行听力障碍诊断，帮助听力障碍患者找出确切病因，同时也可以指导患者用药，评价电子耳蜗疗效，指导生活注意事项，指导生育等，从而为听力障碍出生缺陷的“早发现、早预防、早治疗”提供了有效的高科技手段。

［拓展视频］

案例 2－28　老人防摔鞋垫的发明

哈佛大学和麻省理工学院联合下属项目研究生利伯曼和美国国家航天局访问学者福思由自己的祖母都曾因摔伤而健康受损联想到要发明一种防止老年人摔倒的装置。他们利用帮助宇航员适应地面重力的技术，研制出能监测行走平衡情况的鞋垫，期望能帮助老年人尽早发现影响平衡的因素并进行针对性训练，以降低老年人摔伤的风险，他们把这种鞋垫命名为“i 鞋”。

6. 定向联想

定向联想是指为了解决某一确定的问题，按照可能解决这个问题的思考方向进行联想，最终将两个事物有机地联系起来。

案例 2－29　通过植树纪念开辟旅馆的荒地

瑞典某镇有一家旅馆生意不错，住客越来越多，住客多了，休息和活动的地方就小了。于是经理想开辟旅馆后面的大片荒地。但是，要在荒地上种植树林，需要花一大笔钱，经理就想，是不是扩大旅馆就非得花钱呢？后来，他终于想出了一个妙法。他在旅馆外面贴了一张海报，说要将后面的荒地开辟为植树纪念的地方，凡到此度蜜月或纪念结婚周年的人，都可以在此地种植一棵纪念树，作为永久纪念。旅馆仅收取少许树苗费。海报一贴出，人们无不跃跃欲试，后山很快种满了树。后来，那些曾经栽过树的住客路过这里，必然要看看自己种的那棵树的情况。于是，旅馆的生意更好了。

除了以上 6 种常用的联想思维形式外，另外还有两种联想也非常重要，值得大家特别关注。

7. 幻想

幻想是一种特殊的联想思维，却是一种十分重要的思维形式。人们运用它能跨越时空的限制，展望未来事物的新形象，大胆地预测未来世界的千姿百态。虽然运用幻想，很容易脱离现实，出现错误的概率也很大，但幻想思维中所蕴含的创新价值往往是不可估量的。如果思维不能脱离“实际”，就不能在没有现实干扰的理想状态下纵横驰骋，进而做出创新。从这个角度上讲，应该允许并鼓励人们对事物进行各种各样的幻想。倘若没有“嫦娥奔月”的幻想，阿波罗号又怎能登月？被誉为“科幻小说之父”的著名科幻作家凡尔纳的科幻作品对许多科学家的发明创造和科学研究都有极大的启发作用。

案例 2-30 履带式坦克的发明

在履带式坦克发明之前，曾有科学家由火车铁轨产生设计一种无限长轨道战车的“幻想”，正是这个“幻想”引发了履带式坦克的发明。今天履带的应用已十分广泛。

案例 2-31 隐身衣的发明

隐身术本是人类的一种幻想，只有在科幻小说或者神话故事里才有的东西，却是人类一直追逐的发明。在科技不断发展的今天，随着科学家不断努力，隐身已经不再是梦想。2004 年 6 月，在美国旧金山的 Next Fest 科技展览会上，“隐身衣”的发明者日本东京大学教授田智前隆重推出了他的得意之作，并将他的发明称为“确实是一种延伸了的现实”。事实上，这款“隐身衣”巧妙利用了“视觉伪装”，达到让人无法辨明的目的，它上面涂有一层回射性物质，还装配了照相机。使用时，由照相机拍摄下衣服后面的场景，然后将图像转换到衣服前面的放映机，再将影像投射到由特殊材料制成的衣料上，就能让穿着者看起来是透明人。

美国杜克大学和中国东南大学合作研制出一种隐形材料，它可以引导微波“转向”，避开仪器探测，从而防止物体被发现。这种敷在物体表面的材料，能引导微波“绕着走”，起到将物体隐形的作用。该研究成果于 2009 年 1 月 15 日发表在《科学》杂志上。

案例 2-32 镜像疗法治疗幻觉痛

几乎所有截肢者都有幻觉痛的经历，即感觉被截掉的肢体在疼痛。对此医学界一直没有很好的治疗办法。1998 年，印度裔大脑研究人员拉玛钱德朗发表论文，介绍了利用镜像有效治疗幻觉痛的试验。后来，美国、澳大利亚和德国的一些医院已经在临床应用并进一步研发了这一疗法。德国波鸿的贝格曼斯海尔医院便是其中之一。

镜像治疗的工具是一面镜子，目的是给截肢者的大脑造成肢体完整的错觉。每次治疗都是先把镜子摆放好，让患者同时看到健康的肌体和肢体的镜像，就好像没有被截肢似的，这一点尤为重要；然后让患者把注意力集中到镜像，即被截掉的那边。真正的治疗过程是让健康的肢体做动作，但眼睛却是看镜像，使大脑产生是被截掉的肢体在做这些动作的幻想。患者通过每天的练习，给自己的大脑重新“编程序”，就可以减轻疼痛甚至获得康复。

但是对那些心理状态不够稳定的患者，特别是对那些因战争失去肢体的人来说，他们的心理创伤很严重，必须有心理治疗配合，镜像疗法才会有很好的疗效。

8. 强制联想

强制联想法是苏联心理学家哥洛万斯和斯塔林茨发明的，是一种把无关的事物强制性地联系起来进行创造性思考，从中产生新观点、新思想和新方案的联想方法。

案例 2-33 日本软件银行总裁孙正义强制自己"每天一项发明"

日本软件银行总裁孙正义认为自己的成功得益于他早年在美国留学时的"每天一项发明"。那时不管多忙，他每天都要给自己5min的时间，强迫自己想出一项发明。他的发明方法很奇特：从字典里随意找出三个名词，然后想办法把这三个名词组合成一种新东西。一年下来，竟然有250多项"发明"。在这些"发明"里，其中最重要的是可以发声的"多国语言翻译机"。该发明后来以1亿日元的价格卖给了日本夏普公司，孙正义为自己赚到了创业的资金。这个实例中，孙正义所用的思维方法正是强制联想法。

2.8.4 联想思维训练

联想思维能力的高低主要集中表现在三个方面：一是联想的速度，二是联想的数量，三是联想的范围和广度。人人都会产生联想，但高水平的联想思维能力并不是很容易就具备的，它不仅需要丰富的知识储备，还需要经过专门的联想思维训练。在训练时特别要强调联想的速度和广度，不仅仅是强调单一的数量。

(1) 以人为参照物，运用强制联想法提出沙发的创新设想。（提示：第一步先分别列举出沙发与人的特征；第二步将第一步列举的特征进行交叉组合；第三步对第二步所得的交叉组合进行分析评估，进而筛选出一种或几种理想方案作为沙发的创新设计主题。）

(2) 运用强制联想法提出机动车辆的创新设想。

(3) 运用强制联想法提出家用电器的创新设想。

（提示：如空调←→电风扇→"空调扇"，在风扇中放置冰块或凉水，这样吹出的风比普通风扇吹出的风的温度要低。）

(4) 请展开联想，回答下列问题。

① 在纸上写一个"水"字，请你说出与水有关的事物和景象。

② 在纸上任写两个四字短语（如"八面来风""学海无涯"等），请你和你的同伴从前一个短语的最后一个字开始，玩接龙游戏，直到产生出后一个短语为止。

③ 请说出汽车与马车、马与牛、收音机与电视机等的相似之处，越多越好。

④ 请将课本与水桶、老虎与矿石、花与太阳等几组概念，用不超过5个阶段的联想联系起来。

(5) 人们知道"尼龙搭扣"的发明是由大蓟花的种子易黏附在衣服上联想发明的；预防天花的"牛痘接种"法是从人痘接种法联想而来的；士兵的头盔最初也是由士兵戴在头上防止炮弹袭击用的铁锅联想到的。你能从生活或实际生产中运用联想思维方式做出类似的发明吗？

(6) 请用圆形和半圆形组合成一些事物的形象，越多越好。

(7) 弹簧秤是用来测量物体的质量的，现没有其他的秤，你能测出弹簧秤本身的质量吗？

(8) 德国耶拿大学的科学家研究出一种利用细菌制造血管的方法，他们将一种特殊的醋酸杆菌，放入双层玻璃管的夹层中，并注入营养液，几天后便可制造出一种富有弹性的乳白色纤维管，它可以作外科手术中修复血管的材料。这种纤维素血管被植入动物体内后，血液能够顺利流通，而且尚未出现排异反应。肌体细胞还可以在植入的纤维素血管上附着生长，产生新的血管壁。纤维素血管此时起到类似钢筋的作用，加固新生成的血管。而且，这种细菌只需要葡萄糖溶液便可良好生长。根据这个案例，你有何联想？

(9) 法国巴黎有一家以经营猪蹄为特色的餐厅，因此就把餐厅所有的门把手都设计成猪蹄的形状，给客人留下深刻印象。这个案例对你有何启发？

(10) 美国一家玩具公司，从“克隆羊多利”得到启示，顾客只要将一张女儿的彩照和一份反映女儿特征的表格寄给公司，该公司便会做一个和照片一模一样的玩具娃娃，取名为“孪生姐妹”。请根据这家玩具公司的做法提出两个不同类别的创造设想。

(11) 铝合金不仅可以通过冷变形加工硬化方法提高其强度，还可以通过时效硬化方法进一步提高其强度。铝合金加热到一定温度时，保温、水冷淬火后，其强度和硬度并不能立即升高，塑性却能显著改善，这种过程称为淬火或固溶处理。由于淬火后获得的过饱和固溶体是不稳定的，在室温下放置一段时间或低温加热后，逐渐向稳定状态转变，强度、硬度明显提高，塑性却降低了。根据这种固溶处理后的铝合金随时间的延续而发生进一步强化的现象，你联想到什么？

(12) 研究资料表明，许多废塑料可以还原为再生塑料，而所有的废塑料、废餐盒、软包装盒、食品袋、编织袋等都可以回炼为燃油。1t 废塑料至少能回炼 600kg 汽油和柴油，因此有人称回收废塑料为开发“第二油田”。由此你联想到什么？

(13) 请分别以“树”和“鹦鹉”为出发点展开联想。

(14) 定向联想训练。

① 动画片—冰箱。

② 手表—计算机。

③ 剃须刀—机器人。

④ 茶杯—农产品。

⑤ 下水道—建筑机械。

⑥ 太阳能—雨伞。

⑦ 煤炭—工艺品。

⑧ 眼镜—计算机。

⑨ 洗衣机—宠物狗。

⑩ 草坪—汽车。

(15) 婴儿的哭声可能包含很多含义，年轻的父母或其他看护者很难准确地理解其需求，请运用联想思维，设计一种理解婴儿哭声的产品。

(16) 我国植保专家李连昌，在一次手里捏着一只枣黏虫的雌蛾时，发现竟有一群雄蛾追随。这使他联想到，一定是雌蛾体内释放了一种性信息素所致，由此他研制成了枣黏虫性信息素，并制成杀虫效果很好的微粒塑料性诱芯。这个案例对你有何启发？

(17) 在南非纳米比亚西南部和南非北部海角等沙漠地区，生长着一种名为 Hydnora africana 的大戟属植物（图 2.12），其花寄生在树根处，颜色鲜红，内部中空，肉质。这

图 2.12 **Hydnora africana——大戟属植物**

种花靠发出恶臭来吸引腐尸甲虫，并借此传播花粉。由此你联想到了什么？

（18）英国一所大学开发了一辆用植物纤维材料做成的汽车。车体的主要材料是一种用油菜籽油制成的树脂，树脂内还注入了果肉纤维，而汽车轮胎的主要材料是土豆淀粉，它能减小轮胎与地面之间的摩擦，从而提高燃料的使用效率。制动垫的材料则是腰果壳碾碎后混合而成的树脂。汽车的车身则用麻纤维制成，其中还注入了油菜籽油和树脂。全车只有发动机是用钢铁做的。目前这辆植物汽车能在4s内将车速从零提升到100km/h，且能在路面上正常行驶，和普通的汽车几乎没有区别。请根据案例描述的内容，运用联想思维提出2～3个发明设想。

（19）大堡礁是世界上最大、最长的珊瑚礁群，是世界七大自然景观之一。它位于澳大利亚昆士兰州以东，全长2000多千米，由2900多个岛礁组成，总面积为20.7万平方千米。2009年1月9日，澳大利亚昆士兰州旅游局主办了“世界上最好的工作”海选活动。最终入选的大堡礁护岛人将获得高达65万元人民币的半年薪水，该活动轰动了全球。这项海选活动筹划了三年，总投入735万美元，带来的公关价值超过7000万美元。有人说，活动主办方引爆了一颗“旅游策划的原子弹”。请根据案例描述的内容，运用联想思维提出2～3个发明设想。

（20）根据身边事物或网络信息，任意展开联想，形成2～5个发明设想，并完成初步的方案设计。

2.9 灵感思维

引例2-11 灵感思维帮助侯振挺攻克数学难题

我国著名数学家侯振挺在证明世界上公认的数学难题“巴尔姆断言”时所用的思维方法就是一个关于灵感思维的方法。他在回忆其证明过程时描述道：“当我一头扎进对‘巴尔姆断言’的证明工作时，一次又一次似乎到了解决它的边缘，可是一次又一次都没有达到目的。我早起晚睡，夜以继日，利用了全部可以利用的时间，包括吃饭、睡觉、走路，头脑中总是萦绕着‘巴尔姆断言’。难啊，确实是真难……时间一天天地过去，明明一个证明它的轮廓逐渐在头脑中形成了，但还有一些问题证明不了，就像一座大山挡住了去路。我把当时的进展写成一份文件。当时我正在外地实习，就让一位同学顺路带回学校去请教老师。于是我送那位同学去火车站，就在火车将要开动时，在我始终思考这个证明的头脑里忽然闪过一星火花，刹那间似乎在那座挡路的大山里发现了一条幽径，于是留下了那份写给老师的文件，立刻在车站旁的石凳上坐下，拿出笔推导起来。果然，那一星火花照亮了前进的道路，曲折的幽径越来越宽。十几分钟后，这座大山终于被我抛到了后面，‘巴尔姆断言’完全得到了证明。啊！好容易！只用十几分钟就完成了！”

侯振挺在完成《排队论中巴尔姆断言的证明》的过程中也得益于灵感思维。他对《排队论》中一个断言想了一年多，进展仍然不大，后来来到北京，继续潜心研究。一天，他准备乘火车外出，到了车站内还在想着那个巴尔姆断言。突然，他感到排队等候上车的人们变成了符号与算式，人们的流动正好变成了演算，眼睛一亮，断言的证明大致呈现在脑海之中，他马上返回住地，经加工整理以后，写下了《排队论中巴尔姆断言的证明》。

[拓展视频]

上面的两个例子分别属于灵感思维中的自发式灵感思维和触发式灵感思维。灵感思维作用产生创造发明的案例还有很多，灵感思维对于创造发明的神奇作用是不容忽视和不容低估的。

2.9.1 灵感思维的概念

灵感思维（又称顿悟思维）是指人们在长期思考同一问题而不得其解，思绪处于高度紧张状态时，突然受到外来信息的刺激或诱导，而“恍然大悟”解决问题的超常思维形式。

灵感的表现形式多种多样，按灵感产生时是否受外界因素触发可以将灵感思维分为自发式灵感思维和触发式灵感思维两大类。自发式灵感思维的产生是没有经过外界因素刺激或触发自然而然地在头脑中自发闪现的。而触发式灵感思维是受外界因素的触发而受启发或直接产生创造结果的灵感思维形式。触发式灵感思维包括被动式触发和自我强制式主动触发两种，自我强制式主动触发是迫于无奈或急中生智产生的，有的学者也称其为“逼发灵感”，如三国时曹植的“七步成诗”和茅台在万国博览会上的“摔酒瓶”等。

灵感是一种在人脑中普遍存在的思维现象，并不是科学家、发明家或者艺术家们所特有的产物，普通人也会产生灵感。但是许多人往往由于对灵感的产生机制、特点、规律，以及对灵感的激发和捕捉技巧缺乏足够的认识和掌握，从而忽略了灵感的存在，没有很好地利用灵感思维进行创造。同时，灵感思维本身固有的突发性和随机性等特点使得灵感变得更加玄妙和神奇，使许多人对灵感产生朦胧和可望而不可即的感觉。

2.9.2 灵感思维的特点

灵感思维是人们长期进行创造性思考后出现的一种飞跃；是在逻辑思维遇到困难时发生的一种独立的思维模式，本质上就是一种潜意识（思维）与显意识（思维）之间综合作用的结果，是一种高度复杂的思维活动，且具有无法预测性；故它具有突发性、随机性、独创性、亢奋性等特性。

从灵感的发生来看，它是一种突然发生的思维活动，而且其发生过程是随机的、不确定的。从灵感发生的表面来看，灵感又是偶然发生的，但实际上它是深思熟虑的必然结果，它产生的前提是必须有“99%的汗水”的艰辛劳动。也正因为如此，阿基米德在洗澡时突发灵感，解开王冠之谜，发现了著名的浮力定律；而其他人洗再多的澡也不可能发现浮力定律。从灵感的实现过程来看，它是一种思维形式和过程的突变，表现为逻辑的飞跃。同时，由于灵感闪现时，人的情绪和思维往往处于一种极度亢奋的状态，思考者甚至会产生“大笑不止”或“抚稿恸哭”等亢奋情绪，因此灵感思维还具有亢奋性的特点。从灵感产生的结果来看，它又是思维的一种突破，具有很强的独创性。

2.9.3 灵感思维产生的条件和过程

灵感思维产生的条件和一般过程如下。

（1）一般情况下，思考者头脑中都有一个正在思考且急需解决的问题。这是大多数灵感产生的前提条件。

（2）灵感思维的产生需要足够的知识储备和信息积累。灵感思维的产生无法脱离知识素材的积累，积累是量变，灵感思维的产生则是在此量变的基础上发生的质的飞跃。

（3）灵感思维是在问题被短暂搁置后，精神处于放松状态或注意力被转移到其他对象上时产生的。灵感思维往往是“卸重时刻轻而得之”。正如北宋文学家欧阳修所言：“吾生平所作文章在三上，乃马上、枕上、厕上也。”其实灵感思维的降临，也有类似“三上”的情况。

（4）灵感思维的产生还需要一定的外部激发因素。灵感思维往往是在短暂放松之际，经特殊的外部因素激发而瞬间产生的。

（5）灵感思维的产生是瞬间的，故必须及时记录，否则稍纵即逝。因此在外出休闲活动、度假、洗澡、打盹及“三上”时一定要注意随身携带笔和纸，以便随时记下灵感思维的火花。

2.9.4 灵感思维的运用及案例

灵感思维虽无法预测，但亦有章可循，并非所谓的“神启”或“天赐”；只要掌握其规律，就可以“无意而得之”。许多科学家（如爱迪生）、文学家等“大人物”都有随时记下自己每一个突如其来的想法和念头的习惯，不管这些想法是多么微不足道，甚至荒唐滑稽，它们都是灵感思维的“智慧银行”。

灵感思维的运用主要包括灵感的捕捉、加工和激发。在灵感来临之前要创造各种有利条件激发灵感的产生，在灵感到来之后要及时对灵感进行再加工和完善。在整个灵感思维的运用过程中，最重要的一个环节就是灵感的激发。大量的案例证实，灵感思维的产生并非随意的，它是在思考者的强烈需求下，以某一特定的突破点喷发闪现。而灵感的激发主要是通过各种有效的方法和手段来寻找合适的突破点，以激发灵感思维的产生。灵感的激发方式有很多，如思想启发法、原型模仿法、形象激发法、情景激发法、否定式激发法、竞赛式激发法等。其中，思想启发法主要是指从别人的思想中寻找灵感的突破点；原型模仿法是指通过某种事物、事件或现象原型中寻求可供模仿或参考的结构或思路，激发创造性灵感；形象激发法是指从某种生动、鲜明、富有特色或新意的形象中，寻找创造灵感；情景激发法是指为灵感思维产生创造有利的情景和氛围，以激发灵感思维的产生，如选择容易使人放松的场所，设置合适的环境氛围，播放特定的音乐等；竞赛式激发法是指从竞争对手或者其他优越的产品中获取灵感的方法，该方法常被用于同行业的竞争中。

由于灵感来也匆匆，去也匆匆，转瞬即逝，且很多情况下多个灵感先后出现，并伴随着主客观情况急促变化，个体差异很大，没有统一的标准可参照，从而使得灵感的捕捉变得更加困难，甚至具有一定的机遇性。因此，捕捉灵感时要发挥联想，紧抓机遇，迅速捕捉，及时记录，及时对灵感进行再加工。对此，爱因斯坦曾说过，科学的发现，没有逻辑的道路，只有通过那种对经验共鸣地理解为依据的直觉。直觉（即灵感思维）之后，还要用逻辑经验进行加工和完善。钱学森则强调，在灵感闪现之后，应很快回到逻辑思维方式中，使之上升到一个新的理性认识阶段，巩固和发展“灵感客人”悄悄给你送来的精美礼物。事实上，在实际的创造过程中，灵感的捕捉、加工和激发并非单一地按序作用，而是交错综合作用的，在灵感的加工过程中也需要激发更多的灵感思维来参与完成。

案例 2-34 “蓝色多瑙河”的创作

著名的音乐家施特劳斯，有一次站在海边，望着碧波掠岸、浪花“盛开”的优美环境，不禁感情洋溢，不知不觉地同乐曲联系起来，突然来了灵感，产生了妙不可言的音乐旋律。他赶忙取出笔，但却没带纸，于是他便毫不犹豫地脱下衬衣，在衣袖上及时记下这个旋律。这就是后来举世闻名的不朽之作“蓝色多瑙河”的旋律基础。

案例 2-35 行星轧压法的发明

在行星轧压法发明之前，金属轧制成板材的方法是将金属原料送到两个轧辊之间，靠两个轧辊的转动和原料板的推进完成。该方法适用于延展性能良好的钢，但较脆的金属材料在轧制中会出现裂纹。为了解决这一技术难题，日本某特种钢厂的一位技术人员绞尽脑汁。一天，他无意中被妻子在面板上擀荞麦面的姿势和方法所吸引，突然来了灵感，找到了轧制钢板的新方法，如图 2.13 所示。原料板上部是一个固定盘——相当于面板，在原料板的下部分布着若干个工作轧辊——相当于擀面杖，将它们安装在传动轧辊上。行星轧压法就这样被发明出来了。

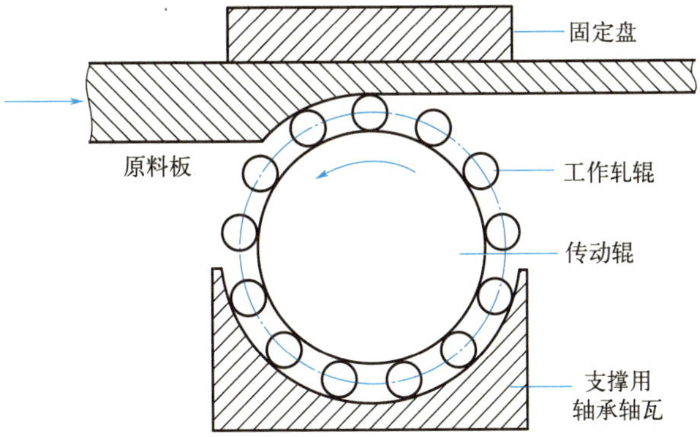

图 2.13 行星轧压法

案例 2-36 果树采摘机器人末端执行器的发明

2007 年夏天，编者参与了国家 863 计划的一个项目课题的研究，负责设计一种新型的果树采摘机器人的末端执行器，在研究过程中有两个技术难题一直久攻不下。一个是末端执行器手部的结构设计，另一个是“摘果”的机构设计。编者和课题组成员一起设计了很多方案都不理想，样机试制效果显示所设计的方案都不满足实际需要，前后经过两个月的研究都毫无进展。一天傍晚，编者在公交车上透过车窗玻璃看到马路边一个清洁工人手中拿着一个塑料卫生夹在捡垃圾，一根由塑料制成的杆状卫生夹在清洁工的手中运用自如，竟然轻松地捡起一个啤酒瓶，这一情景让编者眼前一亮。编者迅速下车，对那个“神奇”的卫生夹进行了仔细研究，发现夹头［图 2.14(a)］的动作和要设计的执行器的手部动作之间有着某种“相似”，深受启发，从而产生了一个新的设计思路。

编者回到住所后精神还一直处于高度亢奋中，在骑自行车去吃饭的路上还在想着新的设计思路，车下坡时差点撞到行人。在紧急刹车时由于用力过猛，一下子把自行车刹车的一根刹车线拉断了，吓出一身冷汗。当看到裸露出来的发亮的刹车线时，不由眼前一亮，钢丝！钢丝！又一个技术难题解决了。编者根据自行车刹车的原理设计了新的末端执行器［图 2.14(b)］，经过实验验证新的末端执行器满足果树采摘要求，并申请了发明专利(200810156422.2)。

［拓展图文］

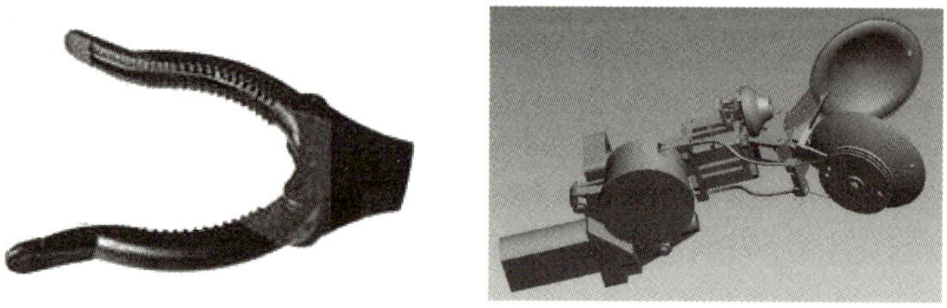

(a) 卫生夹夹头　　(b) 末端执行器

图 2.14　卫生夹夹头与果树采摘机器人的末端执行器

案例 2-37　沙漏的新用途

日本的西村金助是一个生产沙漏的小厂商，他把沙漏作为一种玩具进行生产销售。但是随着玩具行业的发展，新玩具层出不穷，孩子们渐渐对沙漏这一玩具失去了兴趣，后来被迫停业。休闲时，他看了一本赛马的书，书中说：“在现代社会马匹的运输功能已逐渐消失，但是又以高级娱乐价值的面目出现。”看到这句话，他灵感一现：赛马用的马比运输的马值钱，作为玩具的沙漏当然也不值钱了，但是它是否有新用途呢。最后他做了个限时 3min 的沙漏，装在电话旁边，控制通话时间。这样打长途电话时就不会超过 3min，电话费也可以得到有效控制。把它装在其他需要定时报警的地方同样可以使用。小沙漏又使西村金助找回了昔日感觉，重新成了他的“聚宝盆”。

［拓展视频］

2.9.5　灵感思维能力自测

(1) 有时一下子冒出许多想法。

(2) 马上去做突然想到的事情。

(3) 爱好并实行坐禅和冥想。

(4) 快速读完许多书后马上得出结论。

(5) 无论做什么事总觉得能妥善解决。

(6) 喜欢各种各样的想象。

(7) 常常偶然得到所需的图书资料。

(8) 言语变化很快。

(9) 常常夜间突然起床做笔记。

(10) 情绪多变。

(11) 经常注意到被别人忽略的事。

(12) 不愿意受时间的约束。

(13) 习惯于直言不讳地说出自己的想法。

(14) 常常在梦中得到解决问题的启示。

(15) 习惯于直观地理解事物。

测试结果说明。

(1) 与自己情况相符超过 10 题的人，灵感思维能力较强。

(2) 与自己情况相符在 8～10 题之间的人灵感思维能力一般。

(3) 与自己情况相符少于 8 题的人灵感思维能力则较差。

对灵感思维能力较差者，平时训练中应侧重于以上 15 条测试，久而久之，灵感就会不请自来。

2.9.6 灵感思维能力训练

(1) 设计一款茶杯、花瓶或白酒瓶。请从身边的女性朋友身上寻找灵感。

(2) 设计一款婴儿车。请从某种动物的形象上寻找外形设计灵感，并从某一具体人造产品中寻找结构设计灵感。

(3) 根据河狸牙齿具有自刃磨（也称自锐）功能的生物学特性，运用原型模仿法设计一种新的机床刀具。

(4) 根据电影《长津湖》的某一情景，设想一个创造课题。

(5) 2010 年上海世博会吉祥物“海宝”的蓝色“人”字的可爱造型非常独特，让人耳目一新，如图 2.15 所示。它以汉字“人”为核心创意，配以代表生命和活力的海蓝色。它的欢笑，展示着中国积极乐观、健康向上的精神面貌；它挺胸抬头的动作和双手的配合，显示着包容和热情；它翘起的大拇指，是对来自世界各地的朋友发出的真诚邀请。请分别根据海宝的形象和设计思想来设想一个新的创造课题。

图 2.15 海宝

(6) 设计一种新的高层公寓逃生装置，请从辘轳、蜘蛛和攀岩装备上寻找突破点。要求：无动力装置，可携带一人下降，速度可控。

(7) 设计一款地震灾害现场救援的小型多功能混凝土切割装置，请从已有工业产品或自然物中寻找可借鉴的结构或原理作为灵感突破点。

（8）请阅读几则笑话，并根据其内容设想一个创造课题。

（9）请仔细研究现有的旅行用折叠凳子，找出其缺点和不足，并根据这些缺点和不足提出新的设计思路。

（10）根据珊瑚的形成原理和外观形象，设想一个创造课题。

本节提供的训练题型为了学习和讨论方便，是人为指定灵感突破点的范围，而实际创造中运用灵感思维的时候应该不拘泥于某一领域或者范围。

思考题

（1）什么是创造性思维？创造性思维有哪些形式？

（2）创造性思维能力可以提高吗？其主要方法有哪些？

（3）什么是创造性思维的障碍？其影响因素有哪些？

（4）创造性思维的障碍主要有几大类型？对你而言，哪些障碍更为突出？

（5）发散思维和收敛思维有何区别和联系？

（6）如何在日常的学习、生活和工作中训练自己的求异思维能力？

（7）在什么情况下运用直观思维更有效？

（8）旁通思维的优缺点有哪些？

（9）创造学中的联想思维和通常所说的想象有何异同？

（10）联想思维有哪些具体的类型？除了书中所述的八种类型外，还有其他的类型吗？根据你的个人特点，在从事创造发明活动时运用哪种联想思维更有效？

（11）灵感思维是如何产生的？运用灵感思维的前提是什么？

（12）根据灵感思维的产生条件和特点，你将如何训练自己的灵感思维能力？

（13）本章所述的各种创造性思维可以相互组合运用吗？哪几种创造性思维的组合在创造发明活动中更有效？

第3章 创造方法及其应用

爱因斯坦曾经说过，他不相信个别人物有无与伦比的才干，他只相信，一方面存在天才，另一方面存在高超的技能。发明家之所以取得成功，除了他们具有“天才”的因素和难得的机遇等客观条件之外，还与他们能很好地掌握、运用科学研究和从事发明创造的方法有关，即拥有爱因斯坦所说的“高超的技能”。

发明创造虽难以预料，但却有一定的规律和方法可循。人们可以从前人大量的发明创造实践中总结提炼出发明技巧、经验和教训，启发创造思维，激发创造灵感。尽管这些创造发明的技巧和方法具有可操作性、实践性和普遍性的指导意义。但是，学会了这些技巧和方法并不一定就都能成为发明家，还需要通过实践来磨炼和提高，除此之外还会因为使用者个体和使用环境的不同而有一定的适应性和差异性，学会技巧和方法仅仅是打下良好的基础而已。

人们最终所欣赏和赞叹的总是创造的成果，从某种意义上讲创造成果＝创造欲望＋创造思维＋创造方法。

创造欲望，就是激发人的创造力和上进心；创造思维是创造的基础，它可以使人思想活跃、创意众多；而创造方法则是人们达到创造目的的途径和手段。

本章主要介绍 11 种常见的创造（发明）方法：群智法、组合法、模仿法、移植法、替代法、列举法、设问法、还原法、信息法、形态分析法和主题创造法等。

3.1 群 智 法

引例3-1 如何采用机器“摘”苹果

在某 863 计划项目课题组组织的一次项目会上，主持人提出一个名为“如何采用机器采摘苹果”的主题。与会者 9 人，包括 1 名国内知名机器人专家，1 名视觉与控制系统专家，2 名博士研究生，2 名硕士研究生，2 名来自机械加工厂的技术工人和 1 名种植苹果的农民。会上大家畅所欲言，提出了很多关于采摘苹果的方案，如拧法采摘、拉法采摘、剪法采摘、激光切割采摘、高压水射流采摘、圆锯切割等，还有人提出采用摇晃果树和用砍刀砍的方法进行采摘。最后正是在曾引起大家哄堂大笑的“砍刀砍”的方法基础上，进一步分析和开发，引出了用电动机经钢丝绳驱动刀片切削果柄（也就是“砍”）的方案，很好地解决了机器采摘苹果的问题。

类似于上述案例，通过组织专题讨论会，由与会者以口头讨论或文字表达等方式，把创造者集体的智慧集中起来获得发明成果的创造方法就是本节要论述的群智法。

3.1.1 群智法概述

群智法，即群体集智法，通过集中创造者集体的智慧，结晶而成。因此，群智法的核心就是“集智”和“激智”。群智法主要有以“说”为主［如智力激励法（Brain Storming）］和以“写”（如635法等）为主的两种表现形式。群智法就是为了产生较多较好的新设想、新方案，通过会议的形式，创设能够相互启发、引起联想、发生“共振”的条件和机会，以激励人们智力的一种方法。

群智法适合于解决那些比较简单的，在获得好的创意后容易确定结果的问题，比如研究产品名称、广告口号、销售方法、产品的多样化设计、服务质量和管理制度改革等，以及需要大量的构思、创意的行业（如广告业）等。

3.1.2 智力激励法

1. 智力激励法的概念和内容

“Brain Storming”最早是精神病理学上的用语，指精神病患者在精神错乱状态下，会胡思乱想。1939年，美国创造学家奥斯本借用这个概念形容思维高度活跃，可进行无限制的自由联想和讨论，从而产生许多新观念或激发创新设想。奥斯本把它作为一种激发性思维的创造方法提出，于1953年正式发表，并被各国创造学者广泛接受，得到了进一步实践和发展。例如：日本松下公司应用该创造方法在一年内获得了170000个关于产品革新的新设想，平均每个职工提出3个创新设想；公司利用此方法进行群体决策，获取最佳解决方案，使得公司整体竞争力和生产经营水平不断提高，从而成为国际知名公司。智力激励法的基本程序如图3.1所示。

图3.1 智力激励法的基本程序

智力激励法是一种采用专题会议讨论，进行群体决策的方法。会议召开前，由主持人确定会议讨论的主题、参加会议的人员名单和会议规则，并尽力使与会者在专业、知识等方面能形成互补。该方法的特点是让与会者敞开思想，畅所欲言，使各种设想在相互碰撞中激起脑海中的创造性风暴，故也称头脑风暴法。它可分为直接智力激励法和质疑智力激励法。前者是在专家群体决策基础上尽可能激发创造性，产生尽可能多的设想的方法；后者则是对前者提出的设想和方案逐一质疑，寻求其现实可行的方法。智力激励法是一种集体开发创造性思维的方法。

2. 智力激励法的规则和注意事项

智力激励法的基本规则如下。

(1) 确定一个合适的会议主持人。主持人必须能充分理解讨论的主题，熟悉智力激励法的操作程序和规则，具有一定的组织能力，能灵活处理会议中出现的各种情况，并善于启发和诱导。

(2) 与会人员以5～10人为宜，不宜过多或过少，且必须来自不同的领域。

(3) 由课题提出者提出明确的会议主题，并进行初步分析。

(4) 主持人在会议召开前几天，下达会议通知，介绍会议主题和意图，但不能做其他暗示，目的是使与会者能提前做好准备，提升会议效果。

(5) 尽可能多地获取设想的数量。设想越多，越容易开拓思路，越能激发更多更好的设想。

(6) 严禁批判，自由发言。与会者可畅所欲言，各抒己见，允许提出荒诞不经、稀奇古怪的设想，因为所有的想法都可能成为或引发出更好的设想。

(7) 鼓励在别人想法的基础上进行拓展和延伸。

(8) 会议时间一般以0.5～1h为宜。

(9) 所有的设想和方案都要做详细的记录，有条件时要做语音和视频备份，并对会议讨论结果进行分类归纳和整理。

(10) 会后可以由专门处理小组对会议结果进行分析和处理。可以在原来设想基础上增加新的设想，也可以对优选出来的设想进行二次开发、加工。对最终选出的可行方案进行全面的分析、论证、评估和实施。

注意事项如下。

(1) 主持人只做会议主题和规则说明，一般不发表意见，以避免影响会议的自由气氛。

(2) 智力激励法只适合解决单一而明确的主题，如果主题复杂，涉及面较广，则可分解成若干个小的主题再加以解决。

(3) 会议需要创造融洽轻松的气氛和现场环境，以便于触发更多的设想。

(4) 禁止批判别人提出的意见、方案，所有的评价都必须放到最后阶段，不能干扰或者影响别人的提案。善意的表扬和鼓励能在很大程度上激发人的创造力和想象力，有利于新观点的产生。

(5) 应该避免重复，不断提出新的设想和方案。除鼓励提出自己原创的方案和设想外，也允许与会者在借鉴或综合他人的方案和设想的基础上提出更好的方案或设想。

3. 智力激励法的优缺点

智力激励法的规则里明确规定严禁批判，与会者可以自由奔放地提出设想，这便于获取更多的设想数量。但有的人不善于当众表述自己的见解，或遇到雷同观点时习惯保持沉默，从而影响讨论的效果。特别是对于一些具体的、窄而专的科技问题，该方法基本无效，因为在运用该方法时非专业人士对这些领域了解太少，无法提出什么创造性“设想”来。

智力激励法虽然能产生大量的设想，但由于它严禁批判，因此难以对设想进行评价和集中。日本三菱树脂公司对该方法进行了改进，创造出了一种新的智力激励法——MBS

法，又称三菱式智力激励法。

4. 智力激励法的应用场合

智力激励法主要用于开发新产品、扩大产品用途和改进广告等方面。

3.1.3 635法

1. 635法的概念和内容

635法是德国学者鲁尔已赫根据德意志民族习惯于沉思的性格，以及由于数人争着发言易使点子遗漏的缺点提出来的。该方法主要是针对奥斯本的智力激励法的不足而提出的一种“改进型”群智法，也称默写式智力激励法或默写式头脑风暴法。相对智力激励法而言，其激励原理基本不变，但操作形式和规则有异，主要不同点就是要求与会者把设想记在卡片上或者纸片上。

2. 635法的规则和注意事项

635法的基本规则如下。

(1) 6个人组成一个小组，每人发一张卡片或纸片，这些卡片可提前由主持人专门设计好，以表格形式出现，表头打印上会议的主题，表格内每3个格成一组，共6组，便于按次序填写。

(2) 当主持人宣布会议讨论主题后，要求与会者根据自己的理解对主题进行重新表述，并确定主题的核心内容和讨论范围。

(3) 每人在第一个5min内写下3个设想或方案，然后将卡片传给下一个成员，要按次序将设想或方案填写在卡片的表格内。

(4) 在第二个5min内写下另外3个设想或方案，依次传递6次，最终产生108条不同的设想或方案。

(5) 允许在参考、综合别人或自己原先的设想或方案的基础上提出有别于已有的设想或方案，也可以重新提出原创性的设想或方案。

(6) 对卡片进行分析、归纳和整理，从中筛选出有价值的设想与方案。

635法的注意事项如下。

(1) 除了对主题进行表述外，与会者应以写为主，不能说话，主持人除外。

(2) 思维活动可自由奔放，不受任何限制。

(3) 要求在规定的每个5min作业期间，6个人必须同时进行作业，以获取更高密度的设想。

(4) 每个与会者必须在规定的时间内完成设想或方案，可以参考、利用或改进别人的设想或方案，也可提出自己原创性的设想或方案，但必须是新的、不同于前面的设想或方案。

(5) 遵循公平原则，不因与会者的角色、年龄、学历、性格或经验等方面的差异，而影响设想或方案的提出。

3. 635法的优缺点

635法的优点是能弥补与会者因地位、性格的差别而造成的压抑；缺点是因只是自己看和自己想，激励不够充分。

3.1.4 其他群智法

除了智力激励法和635法外，陈列法和哥顿法等也都是群智法的典型方法。

特别需要注意的是，随着现代科学技术，尤其是计算机网络和通信技术等的快速发展，人与人之间的交流方式和手段也在不断地变化。相应地，群智法的应用也将会出现新的形式，如借助网络、电话和视频等手段实现异地同时或异时在线讨论和交流，达到群体智慧的集中，产生创造成果。下面群智法案例中的案例3-4便是借助网络的方式实现群智法的运用。

3.1.5 群智法案例

案例3-1 飞机除雪

美国某电信公司经理运用智力激励法尝试解决电线积雪难题。他召集10名不同专业的技术人员召开了一个专题座谈会。与会者提出了很多解决方案，如设计专用的电线清雪机，用电热来化解冰雪，用振荡技术来除雪，坐直升机用扫帚扫雪。其中一位工程师受“坐飞机扫雪”这个看似滑稽可笑的设想的启发，提出了一种新的简单可行且高效率的除雪方法，即“用直升机扇雪”。具体方法是在大雪过后，出动直升机沿积雪严重的电线飞行，依靠高速旋转的螺旋桨即可将电线上的积雪迅速扇落。他的这个新设想又引出其他与会者更多的设想，这次专题座谈会共获得90多条关于除雪的新设想。

会后，公司组织专家对设想进行分类论证，最终采用了“用直升机扇雪”的方案。经过现场试验，该方法简单实用，可以有效地解决电线上积雪问题，从而避免大跨度的电线被积雪压断而严重影响通信的事故发生。

[拓展视频]

案例3-2 给新产品命名

盖莫里公司是法国一家拥有300名员工的中小型私人企业，其生产的电器产品在市场上受到许多厂家的激烈竞争。该企业的销售负责人参加了一个关于发挥员工创造力的会议后大受启发，开始在公司谋划成立一个创造小组。

该销售负责人把整个创造小组（约10人）安排到农村一家小旅馆里进行了一次有益的创意活动，在以后的三天中，对每人都采取了一些措施，以避免外部通信或其他干扰。小组需要用群智法完成两个任务：一是发明新电器产品，使之拥有其他产品没有的新功能；二是为该新产品命名。

第一天，全部用来训练。通过各种训练，使小组内人员开始相互认识，融洽关系，使他们很快进入角色。

第二天，开始创造力技能训练，训练方法涉及智力激励法及其他创造方法。

相对第一个任务，第二个任务的难度很大，经过两个多小时的激烈讨论后，共获得了300多个名字，但是很难确定最终结果。于是，销售负责人暂时将这些名字保存起来。

第三天，一开始，销售负责人让小组成员根据记忆，默写出前一天大家所提出的名字。在300多个名字中，只有20多个被记住。然后主管又在这20多个名字中筛选出了3

个大家认为比较可行的名字，再征求顾客对这些名字的意见，最终确定一个。

结果，新产品一上市，便因为其新颖的功能和朗朗上口、让人回味的名字，受到了顾客的热捧，迅速占领了大部分市场，一举击败了竞争对手。

案例 3-3 新加坡借谐街会议激荡经济战略

国际金融危机的爆发给世界经济造成了巨大冲击，新加坡为此成立了一个由24名政、商、工、学界的顶尖人才组成的经济战略委员会，每个月在位于谐街（High Street）的财政部召开一次专题讨论会，会议由财政部部长尚达曼担任主席。委员会分成几层，第一层是25人的核心小组，再下来分成“捕捉成长的机遇”“吸引和留住跨国公司与国际中小企业”“发展知识资本”“促进全国性的成长”等8个小组。每一个小组的组长再去网罗适合的人才加入，并根据不同的课题再组成专题小组进行更深入的讨论。学者、企业家、政治家、工运代表和政府官员，慷慨地“借出”他们的头脑，商讨新加坡的未来。开会讨论之后提出的建议，将影响新加坡未来10年到25年的命运。

他们通过这样的会议明确了“如何提高生产力”“售地政策”等重要主题，同时检视了现有的政策并制定了未来的战略。

经济战略委员会集合的是政、商、工、学界领域一流的人才，他们之间的碰撞，是现代经济学理论、政府行政思维、务实的商业计算及老百姓利益之间的碰撞，以谋求共识。由于来自不同领域的人，看问题的角度不太一样，每个成员从自己的角度谈想法，集思广益，就不会有盲点。

案例 3-4 通过网络的“群体智慧”分享资讯

虽然每天有无数客户浏览商店的网站，但哪些商品最受欢迎、最有销路，其他客户无从知晓。如何做到资源共享，使网络信息发挥最大的效率？总部位于硅谷的Baynote公司和Musely公司创始人、著名海外华人贾石琏（2009年入选中组部“40位最有成就的海外华人企业家和学者”）总结出“蚂蚁找食”的原理。一只小小的蚂蚁发现食物后，通过释放“化学”信号留下轨迹，引来成群结队的蚂蚁。其关键是蚂蚁发挥了“群体智慧”的功能，一传十，十传百，最后招致无数蚂蚁前来分享美餐。他据此提出，人类发明的计算机信息“食物”，也能像“蚂蚁找食”一样，通过“群体智慧”在网上吸引更多的客户，共同分享资讯。

Baynote公司研发的技术，就是通过观察人们在网上的行为，灵敏地嗅出他们最需要的是什么，哪些产品和商品最有销路，并加以综合地调试和整理，在一个特殊的环境下研发出一套符合消费群兴趣和口味的完整体系，提供给各个企业和商家参考使用。他们充分发挥“群体智慧”力量，推荐和介绍网上最佳的技术和产品。以“群体智慧”理念推广的公司模式，具有强劲的生存空间和潜力。

3.1.6 群智法训练题

（1）树叶有哪些用途？

（2）回形针曾被评选为20世纪最伟大的发明之一，请详细列举其用途，数量不少于50个，并对每个用途列举出3种以上可替代的物品。

（3）写出与下列事例中功能相类似的事物。

① 电灯开关可以控制电灯的开与关，有的开关还可以采用多路控制、声音控制等。

② 机床刀具能通过分离部分多余的金属将工件加工成想要的形状。

③ 超声波洗衣机通过振动法能在不使用洗衣粉（洗衣液）的情况下将衣服洗涤干净。

④ 油漆不仅有防腐功能还有美化功能。

⑤ 风吹动风铃能发出动听的声音。

（4）提出关于“开发小区节地型车库”的新设想，并整理总结出最优设计方案。

（5）试用635法提出提高单位食堂服务质量的改进意见，并初步形成比较系统的管理制度和方法。

（6）广播电台已经开始淡出历史舞台，请写出广播电台要想发展下去，应该采取什么样的措施和营销策略。

（7）某公司的牛奶十分畅销，但是生产的蛋糕和面包销量不是很好，帮他们想想办法。

3.2 组合法

引例3-2 拍照手机

2022年4月，vivo推出一款顶级拍照手机vivo X80 Pro，如图3.2所示。该手机的最大亮点是拍照功能，其背面有一个覆盖整个手机顶部的大型摄像头，主摄像头具有5000万像素成像能力，配有1200万像素的专业人像（长焦）镜头和800万像素的潜望镜相机，支持5倍光学变焦、20倍混合变焦和光学防抖；可兼作微距相机，还能以30帧/秒的速度拍摄8K视频或以60帧/秒的速度拍摄4K视频，是顶级手机和顶级相机的结合体。

图3.2 拍照手机

类似拍照手机这样，将两个或两个以上的物体结合或组合起来进行发明创造的方法就属于组合法。

3.2.1 组合法概述

组合法是创造发明方法中最基本也是最重要的一种，是指将两个或两个以上独立的结构、原理等技术因素通过巧妙的结合或重组，以获得具有统一整体功能的新材料、新工艺、新技术和新产品的方法。奥斯本说过，几乎全部新产品的发明都是对老产品的组合或改进而产生的。日本创造学家高桥浩也认为，发明创造的根本原则归根到底不过一条，那就是将信息进行分割和重新组合。由此，组合法的重要性可见一斑。

组合法的发明程序如图 3.3 所示。

[拓展视频]

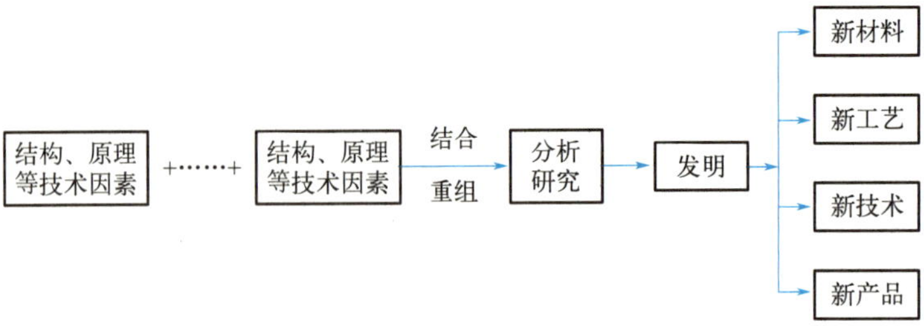

图 3.3　组合法的发明程序

3.2.2　同类组合法

同类组合法是指将两个或两个以上相同或相近事物进行简单叠合，以满足人们的特殊需要的方法。

参与同类组合的事物在组合前后其基本性能或属性保持不变，只是增加数量或改变部分结构的设计，以弥补功能上的不足或实现新的功能需要。

案例 3-5　组合夹具

组合夹具是机械加工中根据被加工工件的工艺要求，利用一套标准化的夹具元件组合而成的夹具。组合夹具既可以是专用夹具，也可以是具有一定柔性的可调整夹具。其优点是灵活多变，大大减少了类似夹具的重复设计和制造，既能节约成本又能提高夹具的利用率。图 3.4 所示为孔系组合夹具外观示意图。

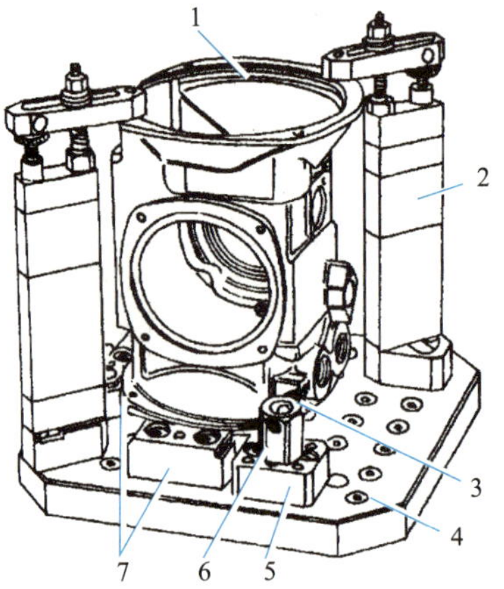

1—工件；2—组合夹具；3—螺栓；4—基础板；5—连接板；6—预定位块；7—支撑台阶。

[拓展视频]

图 3.4　孔系组合夹具外观示意图

案例3-6 组合钻床

组合钻床由多个标准化机械动力头组合而成，不但可满足“一次装夹钻削多个孔”的功能需要，而且可大大提高加工精度和工作效率。

案例3-7 双并联涂胶机器人

为克服现有并联机器人存在的不足，2018年6月，哈工大机器人（合肥）国际创新研究院的研究人员将两个Delta并联机构进行组合，发明了一种新型六自由度双并联结构的并联机器人（图3.5）。组合后的双并联机器人具有动态性能优异、结构紧凑、六自由度运动灵活、刚度大、精度高、稳定性好、转动工作空间大的优点，目前该机器人已经作为涂胶机器人在生产中推广应用。

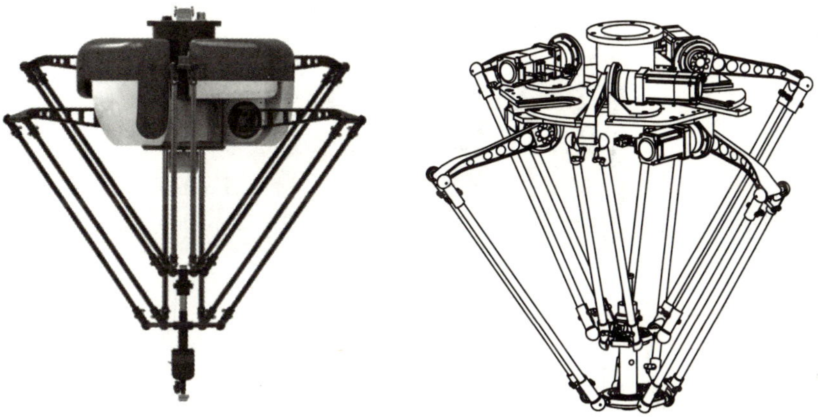

(a) 机器人本体　　(b) 机构图

图3.5　双并联涂胶机器人

同类组合的案例举不胜举，其他的如双人自行车、双体船、多排链、多楔带、情侣伞、多色圆珠笔等。

3.2.3 异类组合法

异类组合法是指将类别或性质不同的两种或多种事物组合在一起，形成新产品的发明方法。

参与异类组合的事物来源不同，具有的属性不同，彼此间一般没有明显的主次关系。常见的异类组合方式有以下几种。

（1）将同时需要的若干种事物进行组合，给使用者带来极大方便。

案例3-8 多头扳手的发明

人们在使用套筒式扳手拧螺母时，因为螺母的形状规格不同，所以需要同时准备多种不同规格的扳手。针对这种情况，人们就设计了一套组合式多头扳手，即多个不同规格的扳手头部共用一个手柄，使用者可根据需要随时更换扳手头部。与此相似的案例还有很多，如组合工具箱等。

案例 3-9 手推车和滑板车的组合

国外有公司将滑板车与手推车组合到一起，设计了一种带滑板车的手推车（图 3.6），组合设计后的手推车不仅能够提高工作效率，而且还能够使操作者在工作时忙里偷闲地运动一下。

图 3.6 带滑板车的手推车

同样是关于滑板车的组合发明，东莞恒耀日用制品有限公司的杨鹏耀也做了一个类似的发明，即“婴儿手推车外挂滑板车”。这是一种挂于婴儿手推车后、刹车灵敏的滑板车，其外挂滑板可以供大人或小孩乘载使用。

(2) 具有“相同因素或成分”的多种事物之间异类组合，可以共享其“相同因素或成分”，使结构更简单，价格更便宜，使用更方便。

案例 3-10 联合收割机

联合收割机的行走系统、动力系统和部分传动系统可以共用，在异类组合后不仅结构紧凑、成本降低，而且使谷物收割作业实现了自动化和高效化。

案例 3-11 电动载人旅行箱

湖南农民贺亮才将行李箱与汽车进行组合，花 10 余年时间成功发明电动载人旅行箱（图 3.7），并获国家发明专利授权（ZL201310434239.5）。该旅行箱采用轮毂电动机驱动、锂电池供电，最高速度可达 20km/h，具有导航、防盗、储物、载人等多个功能，轻便小巧，自重约 7kg。2014 年 5 月，电动载人旅行箱实现上路展示。发明人贺亮才将其命名为“城市小车”，坐上行李箱，在手柄处触动开关，这个电动载人旅行箱可以像电动摩托车一样行驶，最多可搭载 2 人，续航达 50～60km。2014 年底，该发明还被英国《每日邮报》

评选为十大出游炫酷装备之一。

图 3.7 电动载人旅行箱

［拓展视频］

(3) 不同时使用的事物进行组合，可以节省空间，提高共同部件的利用率。

案例 3-12 冷暖两用空调

冷暖两用空调由制冷器与取暖器组合而成，夏天天气炎热时用来制冷，冬天天气寒冷时用来取暖。这样既可以共用散热装置和温度控制装置，又可以节省空间和总费用。

案例 3-13 手杖凳

老年人或残疾人走路时可以把手杖凳作手杖用，停下来休息时可以展开当凳子用。将手杖和凳子的功能合二为一，大大节省了空间，同时分别提高了手杖和凳子共同部件的利用率。

案例 3-14 带插头的充电电池

中学生科技网上展示了一款根据组合原理设计的带插头的充电电池（图 3.8）。发明者在这款电池上设计了一个旋转机关，扭开后将两侧的铁片掀起，就成了一个插头。将它直接插到插座上即可为电池充电，而且电池上还配有显示器，方便用户了解当前的电量状况。本案例中的发明其实就是把充电电池和充电器进行了异类组合，经过优化组合设计后的充电电池结构更紧凑，外观更美观，还增加了显示电量的功能，使充电更方便。

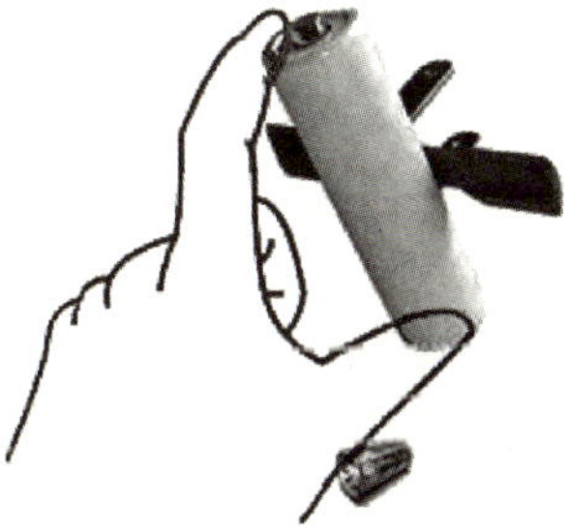

图 3.8 带插头的充电电池

3.2.4 附加式组合法

附加式组合法是指在原有事物中附加新的因素，以改进原有事物的性能或增加新的功能和用途的方法。

1. 附加部件，改进性能

案例 3-15 滚珠丝杠

给丝杠传动机构附加滚珠和中间传动件，组合后的丝杠就是现在已广泛应用的滚珠丝杠，如图 3.9 所示。组合后的丝杠螺旋机构运动效率提高了四倍以上，使用寿命提高了六倍，其他性能也有较大改善。

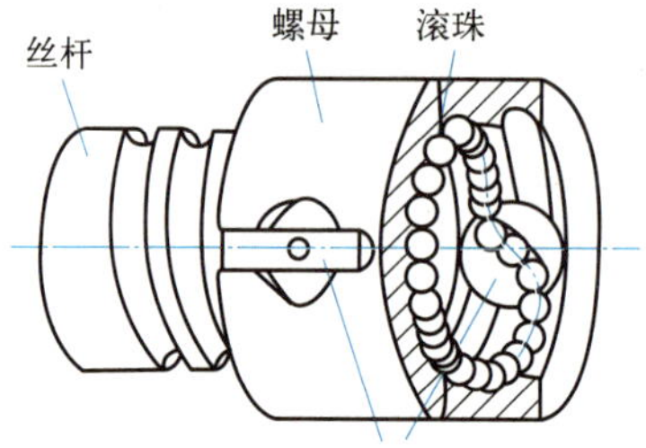

图 3.9 滚珠丝杠结构示意图

又如在水龙头上附加电感控制装置，使其自动开启和停止，大大节约了水资源。

2. 附加部件，增加功能，还可一物多用

案例 3-16 手机附件

手机附加摄像头增加拍照功能，以及增加其他电子附件使其具备播放、录音等功能，大大方便了人们的生活。

案例 3-17 牵拢球的发明

从外形和材质上来看，牵拢球的球体、球拍与网球极为相似，不同的只是牵拢球的球体上长了一个长长的尾巴——一根长长的橡皮筋，橡皮筋的另一端用来与脚下的固定物相连，这样既省去了来回捡球的奔波之劳，又解决了没有练习场地的问题。打球时，球会根据不同的力量和角度打出去弹回来。牵拢球是集羽毛球、网球、乒乓球优点于一身的新型球类运动，且不需要人陪练，一个人就可以打，对场地没有特殊要求，只要房前或屋后有一块 $20m^2$ 左右的空地即可，甚至在家里的客厅都可以练习。

类似的案例又如：潜水服上增加加热装置；净水器中加入高温处理过滤器，以杀死水中的寄生虫；等等。

3. 使用添加剂，改善或改变产品性能

(1) 使用添加剂，可以改变整个产品的性质。例如，在钢、铁、玻璃中加入不同的元素就可以制成不同性质和不同用途的钢材、玻璃（弹簧钢、灰铸铁、防弹玻璃、车窗用玻璃等）。

(2) 添加剂可以作填充剂。例如，食品、药品中多用粮食制品作填料；建材中用砂石、水泥作填料；等等。

(3) 使用添加剂来改善产品性能。例如，在混凝土中添加某种添加剂以提高混凝土的黏结性能或缩短凝固时间。

(4) 添加剂可以起保护作用。例如，在液化气中添加某种有刺激性气味的物质，当液化气泄漏时可以提醒使用者。

(5) 添加剂的其他作用。例如，改变物体表面性质，增加营养、保健和预防疾病等作用。

3.2.5 重组组合法

重组组合法是指先将组合的事物进行分解，然后根据需要将分解出来的因素（也可以附加其他因素）重新进行组合，以获得新的产品的方法。

案例 3-18 接头V带的发明

机械传动中，在使用环形V带时，常碰到传动中心距不可调整的情况。这时必须使环形V带长度可调，可以根据需要截取一定长度的V带，然后用专用的接头连接成环形带，也可以用多层挂胶帆布贴合，经硫化并冲切成小片逐步搭迭后用螺栓连接而成。

3.2.6 其他组合法

为了简化分解、组合步骤，提高效率，有人提出“模块重组”的概念，就是将被重组的事物分解为若干个模块，然后重组。采用模块化结构，有利于产品的标准化、通用化和系列化，有利于缩短设计和试制时间。此种方法日益得到人们的重视。

当然，在比较复杂的组合发明中，往往是多种组合方法的综合使用。如将其他创造思维或方法和组合法结合起来而产生的创造方法。将发散思维、联想思维与组合法相结合便形成人们常用的一种组合法——发散组合法（或辐射组合法）。它是以某一新技术或事物为中心，向四面八方发散，同各种传统技术或事物结合，进而产生新技术，获得新发明。从本质看，发散组合法就是同类组合法、异类组合法、附加式组合法的综合体，因此本书未将其作为一种组合法单独列出。

案例 3-19 并联机构发散式组合

图 3.10 所示为并联机构的发散组合示意图。发散的中心就是并联机构技术，四周的小圆圈里是运用发散思维和联想思维获得的各种传统技术或事物，对其进行逐一分析，分析并联机构技术能与哪些传统技术或事物组合成新技术或事物。例如，已被应用的并联机床、并联振动筛、并联推拿机器人、汽车上的并联减振器等均为组合产生的新技术。另

外，并联机构还可以与海上浮标、火炮、担架、气缸、机械手、秧苗等分别组合，发明出基于并联减振原理的浮标、火炮自动调姿瞄准装置、多维减振担架、以气缸为阻尼器的并联减振器、带并联关节的机械手和三平移秧苗移栽机器人等。

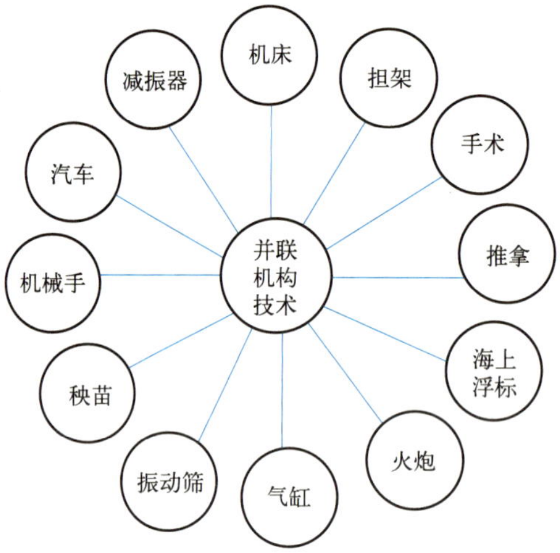

图 3.10 并联机构的发散组合示意图

3.2.7 组合法训练与思考题

（1）将橡皮与修正液或修正带“组合”起来，发明一种新型多功能橡皮，使之既能擦铅笔写的字，又能擦钢笔、水笔、圆珠笔写的字。

（2）将婴儿车和婴儿床组合起来，发明一种新型多功能婴儿车。

（3）将自行车分别与帐篷、桌椅、扫帚、发电机、充电器、健身器材等组合起来，发明 10 种以上新型多功能自行车。

（4）将钥匙与钥匙组合起来，提出 2～3 种新的发明设想。

（5）将凳子与凳子组合起来，发明一种具有某种新功能或新特点的凳子。

（6）将洗衣机与吸尘器组合起来，发明一种新型多功能洗衣机。

（7）将空调与冰箱组合起来，发明一种新型多功能冰箱。

（8）将火柴与香烟组合起来，提出一种新的发明设想。

（9）将电子秤与电梯组合起来，发明一种能自动显示乘客体重和总承载量的电梯。

（10）尝试任意选择两种家电或生活用品进行同类组合、异类组合和附加式组合，至少提出 5 个发明设想。

（11）尝试从报纸或杂志上任意选择两个以上的词语进行组合，以提出新的发明设想。

（12）尝试运用组合法改进牙刷的设计，以增加牙刷的功能或提升刷牙的效果。

（13）尝试运用重组组合法改进落地风扇的设计。

（14）尝试运用重组组合法改进电动自行车的设计。

（15）尝试运用重组组合法改进抽油烟机的设计。

3.3 模 仿 法

引例 3-3 电鱼与伏特电池

自然界中有许多生物都能放电，仅仅能放电的鱼类就有500余种。人们将这些能放电的鱼，统称为电鱼。各种电鱼放电的本领各不相同，放电能力最强的鱼是南美洲的电鳗，它能产生高达800V的电压。电鱼放电的奥秘究竟在哪里？经过对电鱼的解剖研究，人们发现在电鱼体内有一种奇特的发电器官。这些发电器官是由许多被称为电板或电盘的半透明的盘形细胞构成的。电鱼的种类不同，发电器官的形状、位置、电板数也不同。电鱼这种非凡的本领，引起了人们极大的兴趣。19世纪初，意大利物理学家伏特，以电鱼发电器官为模型，设计出世界上最早的伏特电池。这种模仿自然界中生物的结构或原理，产生发明的创造方法属于模仿法。

3.3.1 模仿法概述

模仿法就是模仿某个事物，在其基础上加以变化而创造出新的事物。被模仿的对象可以是动物、植物、人造自然物，可以是人及人体的某一部分，或是某个过程、某种状态、某种方法等。许多发明成果都是模仿的结果，如人类模仿鸟的飞行发明了飞机，模仿鱼鳔发明了舰艇的浮箱，模仿人发明了机器人。

模仿并不是照搬照抄，而是要求创新。人类发明模仿动物并超过了动物，世界上没有一只鸟比飞机大，也没有一条鱼可以像舰艇那样在水里游那么远。

按模仿对象的不同，模仿法可分为生物性模仿法和非生物性模仿法两大类；按模仿方法不同，模仿法可分为形状模仿法、结构模仿法、功能模仿法、规则模仿法、原理和方法模仿法等。采用模仿法创造要比从头研制走弯路少、费用低、耗时短，也免去了市场有无需求的担忧，甚至许多模仿者反而后来居上。

生物性模仿法，经过系统的研究和完善，现在已经发展成为一门独立的学科——仿生学。仿生学通过研究生物系统的结构、功能和工作原理，并将这些原理移植于工程技术之中，发明性能优越的仪器和装置，创造新技术，为工程技术提供新的设计思想及工作原理。仿生学一词最初是1960年由美国斯蒂尔根据拉丁文“bios”（生命方式）和字尾“nic”（具有……的性质）构成的。仿生学与遗传学的整合产生系统生物工程（systems bio-engineering）的理念，也就是发展遗传工程的仿生学。现在，仿生学已经全面发展到一个从分子到细胞再到器官的人工生物系统（artificial biosystem）开发的时代。

生物具有的功能迄今比任何人工制造的机械都优越得多，是最佳的模仿对象。成功的仿生案例很多，如科学家根据野猪的鼻子能够测毒的奇特本领制成了世界上第一批防毒面具；科研人员通过研究变色龙的变色本领，为部队研制出了不少军事伪装装备；科学家研究青蛙的眼睛，发明了电子蛙眼；美国空军通过毒蛇的“热眼”功能，研究开发出了微型热传感器；人类还利用蛙跳的原理设计了蛤蟆夯；模仿袋鼠在沙漠中的运动形式设计了无轮汽车（跳跃机）；模仿警犬的高灵敏嗅觉制成了用于侦缉的“电子警犬”；等等。

［拓展视频］

下面介绍形状模仿法、结构模仿法、功能模仿法、原理和方法模仿法。

3.3.2 形状模仿法

案例 3－20 矮锥形电视塔

松柏等乔木的树冠及树干形为矮圆锥形，这是长期为适应强风而形成的，在海边经常有强风的地方建电视塔便模仿其形状来设计。

案例 3－21 自动变刃刀具

自动变刃刀具是模仿田鼠、松鼠等牙齿形状的结果。

案例 3－22 手术器械

有些外科手术器械与一些鸟嘴的形状有着惊人的相似之处，如图 3.11 所示。当然，有的是人们模仿设计的结果，但更多的是人类与大自然无意识“趋同”的结果。

(a) 鹰嘴与骨剪

(b) 秃鹫嘴与椎骨刀

(c) 歪喙鸻嘴与曲形镊

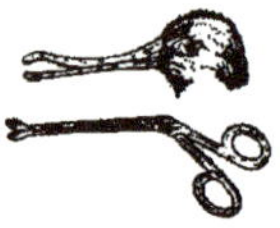

(d) 鹬鸟嘴与鼻甲钳

(e) 勺嘴鹬的嘴与平头钳及平头镊

图 3.11 鸟嘴与手术器械对比

案例 3－23 眼睛与照相机

人眼与照相机的成像原理是完全相同的，如图 3.12 所示。人眼的角膜和晶状体相当于照相机的凸透镜镜头，视网膜相当于照相机用的底片。人眼靠改变晶状体的曲率来调节焦距，而照相机靠改变镜头与底片之间的距离来调节焦距。照相机与人眼如此相似，然而它并不是模仿人眼成像原理的结果，因为在它发明之前生物学家还没有搞清楚人眼的结构。相反，是照相机的发明帮助他们弄清人眼的成像原理。因此，照相机与人眼是人类与大自然“趋同设计”的结果。这个案例也提醒人们：向大自然求教是发明的捷径，模仿与仿生发明尤为重要。

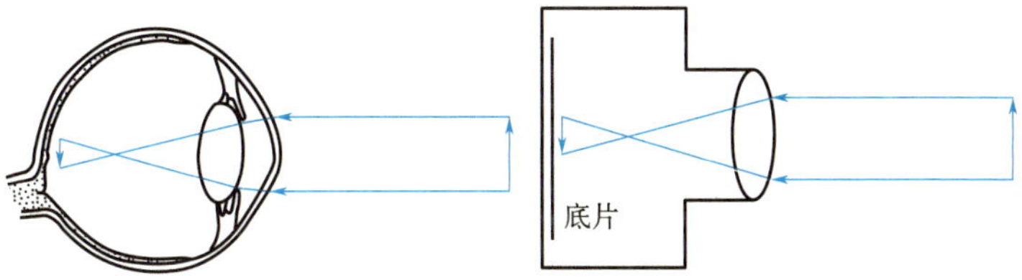

(a) 人眼　　(b) 照相机

图 3.12　人眼与照相机成像原理

后来，人们模仿苍蝇的眼睛制成了“蝇眼透镜”。苍蝇的眼睛是一种“复眼”，由3000多只小眼组成，“蝇眼透镜”是用几百或者几千块小透镜整齐排列组合而成的，用它做照相机镜头可以制成“蝇眼照相机”，一次就能照出千百张相同的相片。这种照相机目前已经用于印刷制版和大量复制电子计算机的微小电路，大大提高了工效和质量。“蝇眼透镜”是一种新型光学元件，它的用途很多。

案例 3-24　前探刃钻

前探刃钻是一种二重钻，其形式是模仿鸭嘴兽、恐龙等的多重排列的牙齿，此钻头的工作速度比普通钻头提高了 1.5～2 倍。

案例 3-25　改变船体外形的设计

轮船的航行速度与其体形的长宽比有关。乌贼的游速在长比宽为 5.8、4.8、3.0 中以 5.8 为最快。根据鱼类游动时整体摆动造成的沿体侧负压状态，不把船体做成弧线形，而是做成葫芦状的弯曲流线型。

3.3.3　结构模仿法

案例 3-26　“耐火宣纸”

2018 年，中国科学院上海硅酸盐研究所研究团队朱英杰团队为克服传统宣纸不耐火的缺点，模仿现代建筑中的钢筋混凝土结构设计“耐火宣纸”的全无机组份，以网状结构的羟基磷灰石超长纳米线作为主体材料，相当于建筑中的钢筋混凝土结构的水泥，以微米级无机纤维作为骨架材料，类似于建筑中的钢筋混凝土结构的钢筋。新型“耐火宣纸”白度高，具有优异的耐高温、耐火性能，长时间在火中灼烧也不会燃烧。

[拓展视频]

案例 3-27　薄壳结构

模仿蛋壳、乌龟壳等来建屋顶，质轻，强度大。北京火车站就是采用薄壳结构设计的。

案例 3-28　水下喷水推进机

水下喷水推进机就是模仿乌贼在水下喷水推进设计的。

3.3.4　功能模仿法

案例 3-29　小型气体分析器

小型气体分析器就是模仿苍蝇的嗅觉设计的，应用于宇宙飞船、潜艇、矿井等。狗可以分辨 200 万种气体的浓度，模仿狗的鼻子设计的电子鼻可做报警器，用于公安缉毒及矿井、化工厂报警等。

案例 3-30　海豚皮鱼雷

海豚皮鱼雷模仿海豚的皮肤做成人造海豚皮，人造海豚皮由三层橡皮胶组成，总厚 2.5mm。上层平滑，厚 0.5mm，模仿海豚的表皮层；中层厚 1.5mm，有橡胶乳头，乳头之间充满黏滞性的硅树脂液体，模仿海豚的真皮胶原组织和脂肪；下层厚 0.5mm，与壳体接触，起支撑板作用。当受到水的压力作用时，通过中层液体的流动完成消振作用，使漩涡很快消失在附近的水层中。仿此功能做成的鱼雷摩擦力可减少 50%。

案例 3-31　偏光天文罗盘

鸽子、蜜蜂及其他远徙的鸟类是靠天文定向的，白天靠太阳，夜里靠星星。仿此功能做成的偏光天文罗盘可以在下雨天使用。

3.3.5　原理和方法模仿法

案例 3-32　半透膜的发明

有一种可以在盐池中生长的甲壳类动物——卤虫（又称丰年虫），其体长只有 1～1.5cm，习惯仰泳（图 3.13）。饱和盐水能把鲜鸭蛋腌制成咸鸭蛋，而卤虫却能在盐池中自由自在游动，可见它是淡化海水的能手。科学家研究发现其本身不仅有淡化海水的能力，而且它们产下的卵也同样有淡化海水的本领，起关键作用的是卵的细胞膜，它能有选择地从海水中吸取水和其他有用的物质，而把大部分无机盐离子等拒之门外。这种选择性细胞膜称为半透膜，科学家仿此原理研制成人工半透膜（如乙酸纤维素膜等）用来淡化海水。

[拓展视频]

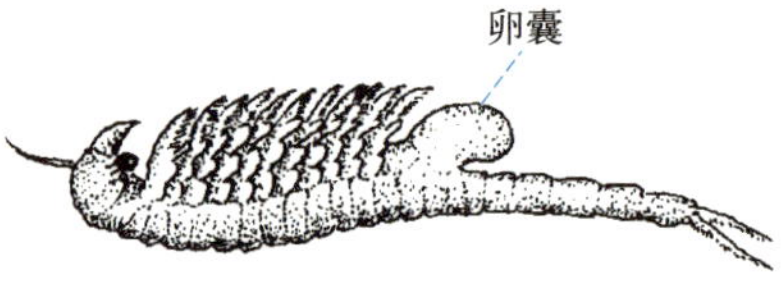

图 3.13　海水淡化能手——卤虫

案例 3－33 海水淡化器的发明

海水淡化器的工作原理如图 3.14 所示。

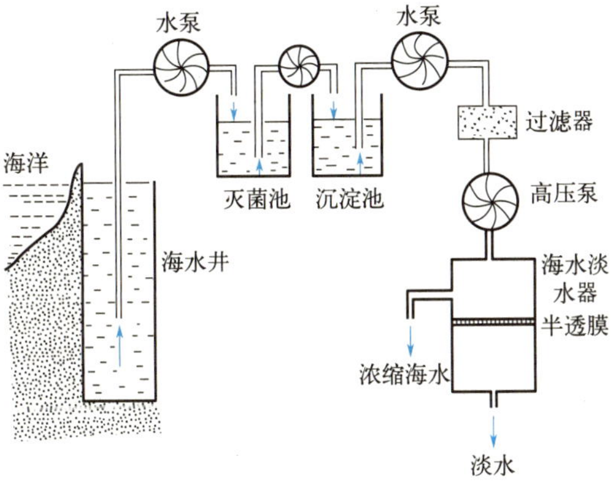

图 3.14 海水淡化器的工作原理

海水淡化器已在我国应用。2001 年 10 月，山东省长岛县顺利建成投产了日产千吨级反渗透海水淡化示范工程，解决了岛上居民的缺水之忧。海水淡化器还可以装在舰船上，直接用海水制取淡水。这样，舰船出航时，就不必装载大量的淡水了。截至 2020 年 8 月，山东已建成海水淡化工程 28 个，产能达 37.6 万吨/日，居全国首位。其中，日产 10 万吨淡水的董家口海水淡化工程是中国首个自主研发、设计、建设的大型海水淡化工程，实现了关键技术和关键设备的国产化，打破了海水淡化膜技术的国际垄断。

案例 3－34 美国科学家用人造蛛丝织出现代“软甲”

2005 年，美国分子生物学教授兰迪·刘易斯领导的研究小组通过长期研究，揭示了蜘蛛利用蛋白质制造蛛丝的秘密，根据蜘蛛的基因排序成功地制造出人造蛛丝，这种蛛丝不仅有惊人的抗拉力和韧性，还能吸收能量和自动修复，将来这种既环保又便宜的新型固体纤维有可能替代传统的材料。蛛丝出众的韧性能够提高仿口缝合系统和石膏的质量，并且能够为外科移植手术生产耐用的人工韧带和腱；若用于飞机或汽车制造中，可使其因撞击产生的凹痕在几小时后自动消失，因为人造蛛丝材料能吸收能量和自动修复。这个原理就如虫子飞撞到蛛网上，蛛网发生变形和还原；另外，用人造蛛丝制成的纸张或者纺织品很难被撕破，故蛛丝可用于制作降落伞、盔甲、绳索和渔网，甚至可用于制作替代现有钞票的纸。

[拓展视频]

除了以上介绍的几种常用的模仿法以外，还有许多模仿类创造发明方法，如仿真发明法、模拟试验法等也都是进行发明创造的重要方法。

3.3.6 模仿法训练与思考题

(1) 试模仿人手按摩的动作，设计一种面部按摩机器人。

（2）试用模仿法设计一种景区垃圾桶。

（3）试从动物攀爬树枝的动作和其脚部结构中吸取灵感，提出一种新型爬杆机器的设计方案。

（4）模仿鸟巢的结构，提出 2～3 种新型玩具的设计方案。

（5）模仿蛇爬行的原理，提出一种弯曲管道内的行走装置的设计方案。

（6）模仿折叠伞的结构或原理，设计一种野营用品。

（7）以水蛭为模仿对象，提出一种医疗设备的发明设想。

（8）以含羞草为模仿对象，提出一种防盗装置的发明设想。

（9）以油锯为模仿对象，提出两个新的发明设想。

（10）以人的舌头为模仿对象，提出一种多自由度柔性搅拌装置的设计方案。

（11）以手工搓绳的动作为模仿对象，提出 2～3 个新的发明设想。（如食品加工机械等）

（12）以向日葵为模仿对象，提出 2～3 个新的发明设想。

（13）以洗衣机为模仿对象，提出 2～3 个新的发明设想。

（14）以共享单车为模仿对象，提出 1～2 个新的发明设想。

（15）2006 年，南京市江宁铜山中心的女生高悦，发明了一种不会烫到嘴的杯子。她把音乐贺卡里的声光器粘在杯底，利用保温杯两层之间空气热胀冷缩原理来提示水温。一往杯子里面倒热水，杯子就开始唱歌，水越热歌声越响，当水不烫嘴时，音乐停止。请以该发明为模仿对象，提出 2～3 个新的发明设想（如婴幼儿用品等）。

3.4 移 植 法

引例 3－4　蒸汽洗车机

蒸汽洗车机的发明人郑克洪在一次洗车时提出将衣服干洗的思路运用到洗车上，郑少鹏提出强冲击力的蒸汽应该适合清洗汽车。两人一拍即合，于 2006 年 8 月成立广东洁能电器科技有限公司，联手研发蒸汽洗车设备。随后，他们又将热水器的工作原理移植到蒸汽发生器上，可瞬间将水转化为蒸汽，摆脱了压力容器的束缚，改变了蒸汽的产生方式，成功研制出实用的蒸汽洗车机。

2017 年 9 月 1 日，格力推出的蒸汽洗车机亮相德国柏林国际电子消费品及家电展览会（IFA 展）。该蒸汽洗车机采用纯高压蒸汽，洗一台车最低只需 1L 水，无须任何清洁剂，高效节约用水。此外，格力蒸汽洗车机能够在 160s 内快速产生高温蒸汽，使热量得到充分的利用，高效清洗更省时，还可任意调整洗车的干湿度。

在上述案例中，蒸汽洗车机的发明分别移植了其他技术领域的“衣服干洗”“蒸汽冲击”和热水器的工作原理，这样的创造方法就属于移植法。

3.4.1 移植法概述

移植法是指将某个领域中的原理、方法、结构、材料等移植到另一个领域中去，从而产生新的事物的方法。移植法是科学研究中最简单、最有效的方法之一。根据移植法的内容可以分为方法移植法、原理移植法、结构移植法、材料移植法四大类。

最简单的移植就是把东西直接搬过来，如草皮移栽，但也需要讲究方法，否则移栽后的草皮也不一定能成活。发明创造必须有新的功能或显著的外形变化或发挥了它过去没有发挥的潜在能力。更多的情况下，移植法不仅仅是照搬过去，它更需要发展，而且是交汇融合，这样才能产生新的交叉学科、新的结合点、新的生长点，产生新的发明创造，这才是人们所希望的。

移植法通常有以下两种途径。

途径一：将某种事物的原理、技术、结构等移植到另一个具体的事物中。

途径二：为了解决正在研究的课题，寻求可以借鉴的原理、技术或结构等。

下面具体介绍几种常见的移植方法。

3.4.2 方法移植法

方法移植法是指将一个学科的研究方法移植到另一个学科中去，从而创造出新的交叉学科或新的解决问题的方法。常见的有研究方法移植、学习方法移植、工作方法移植、加工工艺方法移植、思维方法移植、行为方法移植、训练方法移植等。

案例 3－35 泡沫塑料的发明

面团经过发酵后进入烘烤箱，烘烤时面团内部产生大量的气体，使其体积膨胀，变成松软可口的面包。将这种可使物体体积增大、质量变轻的发酵方法移植到塑料及其制品的生产中，便发明了物美价廉的泡沫塑料。这种泡沫塑料质轻、防振性能好，可以作为易碎或贵重物品的包装材料，还可以用来制作救生衣或浮标等。同样将发酵方法移植到金属材料生产中，便制造出了泡沫金属。

[拓展视频]

案例 3－36 听诊器的发明

听诊器是医生的常用器械，是1816年由法国医师雷奈克发明的。一次，雷奈克为一胸痛的肥胖病人看病，他将耳朵贴在病人的胸前，但是病人肥胖的胸部隔音效果太强了，听不到从内部传出来的声音。雷奈克非常懊恼，在小路上漫步时也在思考这个问题。正好有两个小孩蹲在一条长木梁两端做游戏，一个小孩敲打一端木梁，另一端的小孩则把耳朵贴在木梁上，静听传来的声音。雷奈克思路顿开，他就借鉴这种方法发明了世界上第一只听诊器。

由于听诊器的发明，雷奈克能诊断出许多不同的胸腔疾病，他也被后人尊称为“胸腔医学之父”。1840年，英国医师乔治·菲利普·卡门改良了雷奈克设计的单耳听筒，将两个耳栓用两条可弯曲的橡皮管连接到可与身体接触的听筒上，变成双耳听筒。虽然新型听诊器不断问世，但是医师们普遍爱用的仍然是由雷奈克设计、经卡门改良的旧型听诊器。

3.4.3 原理移植法

原理移植法是指将某一领域的技术原理移植到其他领域中，产生创新成果的方法。世界上许多事物都或多或少地存在一些相同的或相似的规律和原理，这为原理移植提供了广阔的空间。

案例 3-37 蜂鸟机器人的发明

蜂鸟［图 3.15(a)］是鸟中的“直升机”，不仅可以垂直起落，还可以倒着飞行。蜂鸟的身体特别小，其飞行原理与传统空气动力学不同，蜂鸟可以通过快速振动翅膀在空中悬停，每秒大概可振动 15～80 次。因此，研究人员借鉴蜂鸟飞行原理设计了各种蜂鸟机器人。

2009 年，日本科学家研发出世界上第一个真正意义上的蜂鸟机器人，该机器人可在空中悬停，真正模仿蜂鸟飞行特点。2011 年，美国加州航空环境公司研发了名为“纳米蜂鸟”的无人机，当年被时代杂志评为 50 大创新发明之一。2019 年，美国普渡大学邓新燕研究团队模仿蜂鸟的运动研制出一种蜂鸟无人机，如图 3.15(b) 所示，机身通过 3D 打印制成，而机翼采用碳纤维框架支撑，并结合激光切割膜制成，具有很高的灵活性和弹性；该无人机有两个执行器，使用机器学习进行训练，不仅可以模仿蜂鸟的动作，还可以领会蜂鸟做出该动作的意图。

［拓展视频］

(a) 蜂鸟

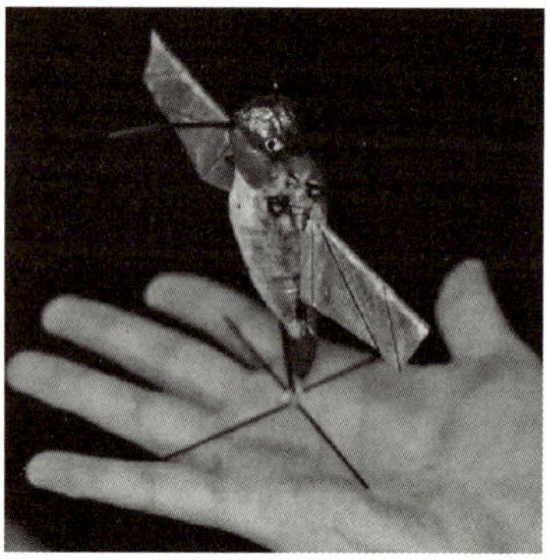

(b) 蜂鸟无人机

图 3.15 蜂鸟及蜂鸟机器人

2021 年 2 月 21 日，华擎创新（深圳）有限责任公司携国产蜂鸟系列超微侦察无人机亮相第十五届阿布扎比国际防务展。蜂鸟超微无人机超轻、超小、低噪声、隐蔽性好，其起飞质量仅 35g 左右，不及一个鸡蛋重，含尾桨全长 174mm，仅有一支钢笔长。该无人机被视为美国 Black Hornet 的竞争机型，但该无人机飞行更安全，更智能，链路功能也更强大，最大可以支持 1080P 实时视频回传，可支持 16 架飞机编队。

案例 3-38 抗荷服的发明

人们仿效长颈鹿皮肤具有收缩功能的原理，发明了飞行员的抗荷服。它能紧紧地裹住飞行员的身体，当飞机加速上升时，衣内的特殊装置会自动收缩，压紧血管，从而限制飞行员的血液流速，并有效防止“脑缺血”。

案例 3-39 海尔卡萨帝复式大滚筒洗衣机

“陀飞轮”是瑞士钟表大师——路易·宝玑先生在1795年发明的一种钟表调速装置。当钟表在垂直位置时，它能校正地心引力对钟表机件造成的误差，使钟表走动十分准确，这一发明代表了机械表制造工艺中的最高水平。而时隔214年之后，海尔公司技术人员将“陀飞轮”技术原理成功移植到洗衣机中，于2009年9月，向全球推出了卡萨帝复式大滚筒洗衣机。该洗衣机全面降低了噪声，抬高了取放衣物口的高度及操作界面，消费者不用弯腰就能取放衣物，有效保护腰椎。

3.4.4 结构移植法

结构移植法是指一个领域的结构移植到另一个领域中，从而产生新的发明成果的方法。许多发明创造实际上是形态特征的创造，物体的功能往往是从结构上体现出来的。当某一事物的结构、功能与待发明的事物所需功能相近时，该结构也许就能满足目标的使用功能，正是这种相似性的存在，为结构移植提供了广阔的空间。

案例 3-40 竹蜻蜓与直升机

竹蜻蜓是我国古代劳动人民发明的一种玩具。它是将竹片削成螺旋桨形状，插在一根圆杆上，当手搓动圆杆快速旋转时，螺旋桨就可以飞上天。此玩具在明代时传入欧洲，法国人称之为“中国陀螺”。1878年，意大利人福拉尼尼造出了第一架直升机，飞行时间为20s，高度为12m，其缺点是飞行时直升机打转。1939年，美籍苏联人西科斯基制造出一架“VS-900直升机”，这是世界上第一架实用型直升机，这架直升机就是由一大一小两个“竹蜻蜓”组合而成的。

案例 3-41 昆虫复眼与钙钛矿太阳能电池

新华社北京2017年9月4日报道，美国科学家借鉴昆虫复眼的结构，用大量微型钙钛矿电池组合成蜂窝状，每个微型电池都由很小的六边形支架包裹，形成一个大型电池，最终设计出一种牢固耐用的钙钛矿太阳能电池，克服了钙钛矿材料脆弱易损坏的缺点；新型钙钛矿太阳能电池能在85℃、相对湿度85%的环境里连续运作六周，并保持着较高的发电效率。

案例 3 42 内撑式三指钳爪夹持器

有一种用于机器人手上的内撑式三指钳爪夹持器（图3.16），正是移植人手的结构设计出来的。该内撑式三指钳爪夹持器采用四连杆机构传递撑紧力，并用三指定位法，使夹持器撑紧后能准确地用内孔定位。

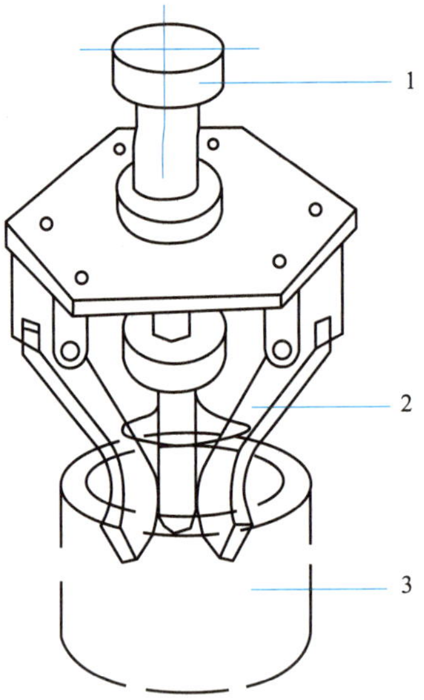

1—电磁铁；2—钳爪；3—工件。

图 3.16 内撑式三指钳爪夹持器

3.4.5 材料移植法

材料移植法是指将某种产品使用的材料移植到别的产品的制作上的方法，可以达到更新产品、改善性能、节约材料、降低成本的目的。

案例 3-43 将工程塑料应用于汽车设计

汽车的车身等部件原来都是用钢板制作的，既笨重又需要进行防腐、防锈处理，现改用工程塑料等非金属材料，不仅大大减小了质量，而且降低了成本，也省去了防腐、防锈的工作。

案例 3-44 用废旧报纸制造环保铅笔

[拓展视频]

广州惠林环保笔业有限公司用废旧的报纸等制作环保铅笔，无须再使用大量的木材。此铅笔的优点是不偏心、易卷削、不断铅，泡在水里也不变质，且卫生、防火、更环保。

3.4.6 移植法训练与思考题

(1) 首颗完全可移植式人造心脏研制成功。人造心脏的研制者、巴黎庞比杜医院负责心脏移植和假体研究的阿兰·卡尔庞捷教授在 2008 年 10 月 27 日展示了世界上第一颗完全可移植式的人造心脏，该心脏与人类心脏大小相当，可以完全替代人类心脏，其跳动频率与人类心脏相当，上面覆盖有经过特殊处理的组织，以避免引起人类免疫系统的排异反应，尤其是避免血栓的形成。它移植使用了应用于导弹技术中的电子传感器技术，故这种心脏还会立即对血压的变化做出反应，根据情况以相应的心率进行搏动。上述人造心脏所涉及的技术能否移植到其他产品或技术开发中？

(2) 戴维斯等人研制出一种能对力做出反应的聚合物材料，通过对机械应力做出反应将其颜色变成红色，从而使研究人员能够直接监测塑料变形的程度。这种聚合物材料有何应用？

(3) 安装在墙壁上的摇头风扇能实现左右往复摆动摇头功能，这种摆动机构是否还有别的用途？

(4) 国外设计者设计了一款可以漂浮在水中的刀叉，其原理是在手柄中间设置一个浮球，这种设计有何优点？还能否用于别的设计中？

(5) 烧烤店纸上烧烤的原理是什么？还能否用于其他地方？

(6) 2008年4月，在英国伦敦设计节上，23岁的法国设计师弗劳伦·戴斯普和他的同事展示了一种不需要茶勺就可以自动搅动的杯子，如图3.17所示。这种杯子独特的设计在于杯底的一个陶瓷小球，每当使用时，小球会随着杯体的摇动将杯中的液体自动混合搅匀。请运用移植法将该陶瓷搅拌杯的原理或结构用于其他的设计中。

图 3.17 陶瓷搅拌杯

3.5 替 代 法

引例 3-5 节能灯替代白炽灯

1879年，爱迪生发明了白炽灯，点亮了整个世界。此后一百年左右的时间里，照明用的全是白炽灯，直到1978年节能灯出现后，白炽灯才慢慢地退出人类的视线。白炽灯是利用白炽现象发光，所消耗的大部分电能都用于提高灯丝的温度了，因此白炽灯的效率比较低。节能灯的发光体是荧光粉，不存在白炽灯那样的电流热效应，荧光粉的能量转换效率也很高。用节能灯替代白炽灯，在相同功率下，节能灯比白炽灯节省80%的电能，热辐射仅为白炽灯的20%，使用寿命比白炽灯长得多。图3.18所示为白炽灯与节能灯。

(a) 白炽灯

(b) 节能灯

图 3.18 白炽灯与节能灯

引例3-6　无镍不锈钢

长期以来，不锈钢中都含有镍，镍的含量决定了不锈钢的可塑性、可焊接性和韧性等。但镍的价格相当高，市场价格不稳定，波动较大，因此不锈钢企业的效益受到很大制约。江苏一不锈钢制品公司成功研发出“铬锰铜钼系奥氏体耐蚀耐磨不锈钢”材料。该材料具备了304不锈钢的所有性能，在抗拉强度、屈服强度、盐雾耐蚀级别等指标上都优于304不锈钢，塑性延展力比304不锈钢更是提高了50%。由于该材料不含镍，其生产成本大大降低。

以上这种以代用品、新材料、新方法等替代原有的产品或者设计制造工艺的方法就属于替代法。

3.5.1　替代法概述

替代法就是用一种新的材料、技术、方法、元部件或代用品去取代原有的材料、技术、方法、元部件，以获得更好的性能、更高的质量、更低的成本的方法。新旧更替是事物发展的客观规律；以新代旧，是社会发展对技术进步的现实要求。因此，根据社会需求，针对现存的技术的某些不足，以替代的方法创造新型技术，是当今技术发明和革新的一种有效方法。

替代不同于移植，移植往往是某一领域内的某种技术或方法在另一领域内的应用。替代既可在不同领域内运用，也可在同一领域内运用。

替代主要有两种形式：一种是整体替代，即整体结构或全系统的替代；另一种是部分替代，即部分结构或子系统的替代。

3.5.2　整体替代

整体替代是指整个系统或结构存在某些结构缺陷，或随着科技的进步不能达到新的工作要求，从而将整个系统或结构作全面替代。

整体替代的案例随处可见，许多工业生产中的机械化、自动化、电气化、数字化、智能化的过程都是典型的整体替代。

案例3-45　机械抹灰替代人工抹灰

在建筑工地的粉刷施工中，用各种抹灰机械（如液压旋转式、直线往复式、变频振动式等）进行抹灰工作，以代替人工抹灰，不仅降低了工作强度，提高了质量，而且大大提高了工作效率，节省了工时。

案例3-46　变电站设备巡检机器人

长期以来，中国电力行业沿用的变电站设备人工巡检作业方式，在高压、超高压及恶劣天气条件下，不仅对人身危险性大，而且会给电网安全运行带来一定隐患。

自2005年12月21日起，由山东电力研究院及其所属山东鲁能智能技术有限公司自主研发的国家“863 计划”项目——中国第一台“变电站设备巡检机器人”，开始替代工程人员履行对山东电网的变电站进行巡检。该机器人可监测站内主变母线开关等主要一次设备的运行状态，执行温度报警、安全防护等任务，实现变电站由少人值班逐步向无人值班过渡。2012 年元旦前夕，中国科学院沈阳自动化研究所研制的全国首台轨道式巡检机器人在鞍山 220kV 王铁变电站试运行。使用机器人进行巡检作业，一方面可以减少人员疏忽、漏检等带来的设备损失，提高电网的运行质量；另一方面可以减少供电系统的人员投入，降低人员成本。

3.5.3 部分替代

部分替代是指发明中只替代部分构件、系统、材料等，以便达到更好的结构、功能、效益要求。

1. 原材料替代

原材料包括燃料、建筑材料、钢铁及有色金属、日用工业品的材料、食品工业原料、医疗用品的材料等。人们总是希望找到：一是价格更低的代替品；二是来源容易、取材方便、材源丰富的替代品；三是能改善产品本身性能的替代品；四是能减少对环境污染的替代品。

案例 3-47 用维纶纤维替代钢筋

日本《日经产业新闻》报道，一家公司把高强度的维纶纤维卷成束，用环氧树脂加固成棒状，表面用同样的纤维卷成棱状，可替代钢筋，质量只是钢筋的几分之一。

案例 3-48 可降解环保风衣

2022 年 6 月 5 日，中国运动服饰集团特步发布了一款 100% 聚乳酸面料制成的环保风衣。聚乳酸是从玉米、秸秆等含有淀粉的农作物中发酵提取的，也就是说，这件风衣是“从地里种出来的”。聚乳酸面料具备可降解的特性，将用其制成的衣服埋入土中，在特定温度和湿度环境下，一年内就能被微生物完全降解，分解为营养物质，再次为农作物提供养分，形成自然界物质利用闭环。

案例 3-49 利用细胞置换技术培育人工心脏

众所周知，在器官移植技术中最大的障碍就是“排异”，如果所用器官的细胞都是自体细胞便不存在所谓的“排异”了。

2005 年底，美国心脏病专家多丽丝·泰勒便通过细胞置换技术成功地让一颗心脏起死回生。她的方法就是使用一种清洁剂清除心脏内的细胞，只留下细胞外的基质，使“心脏看上去透明”，然后植入其他组织（如内皮细胞），最后培育出整个心脏，实验室培育出的心脏各项技术指标都满足心脏移植的要求。2019 年 4 月 15 日，以色列特拉维夫大学研究人员宣布，他们利用患者细胞和生物材料，首次成功设计和打印出有细胞、血管、心室和心房的完整心脏。2021 年，奥地利科学院的科研团队使用人类多能干细胞成功培养出全球首个体外自组织心脏类器官模型，该模型可自发形成空腔，自主跳动，无须支架支持，在受伤后还可以自主动员心肌成纤维细胞迁移修复损伤。

2. 燃料动力的替代

（1）燃料替代。

燃料替代即由使用原油、煤、自然柴火，向使用天然气、沼气、太阳能、地热能、风能、海洋能、水能、核能等方向发展；同时，努力开发新的能源整体替代或部分替代传统能源。

案例 3－50 出租车燃料的替代

2002 年，我国汽车圈开始了一次极为有益的燃料替代探索，那就是“油改气”。汽车使用压缩天然气、甲醇和其他燃料（如丙烷、氢气、椰子油及其他植物油）及太阳能，代替汽油、柴油作燃料。随后国内许多城市的出租车和短途巴士都实行了“油改气”，按照计算，90＃汽油每百公里需花费 90.4 元左右，而天然气每百公里所需花费 37.6 元左右，节约率达到 58.4％。按出租车每天行驶 500km 计算，每天可节约 264 元左右，累计行驶 30 万公里可节约 158400 元左右。

2014 年，国家出台了多项支持新能源汽车发展的政策，2015 年出租车革新的机会出现，开始出现“气改电”，现在的电动汽车渗透率已经逼近 45％，这也是我国最成功的一次汽车转型探索。

案例 3－51 用餐饮废油转化为生物柴油

2022 年 5 月，扬州大学食品科学与工程学院“真酶好”团队设计了一种功能化介孔聚离子液体作为脂肪酶载体，成功制备出一种新型“固定化酶催化剂”，能有效地将餐饮废油转化成高值生物柴油。该催化剂具有成本低、高效稳定、绿色环保等优点，已在多种废油中投入试用，均得到满意的转化效果，生物柴油回收率可达 80％。此类催化剂还可应用于保健食品、手性药物拆分及精细化工品合成等领域。

（2）动力替代。

案例 3－52 水动力

日本利用水压及射流技术，用水力代替人力执刀做手术，可使切口误差控制在 0.1mm 内。

案例 3－53 以空气为动力的环保汽车

2021 年，厦门大学许水电团队研发出空气能发动机，以压缩空气作为介质，利用压缩空气产生机械能驱动汽车，无须额外燃料且环保。

案例 3-54 电化学炮和电磁炮

电化学炮和电磁炮是一种以电磁能及铝和水反应产生的氢气为动力的发射炮弹，相比于火药发射的武器，这种炮比火药炮更安全，更有威力。

3. 元部件替代

案例 3-55 用探头代替手术刀

德国法兰克福一家医院的外科医生用一种装有微型摄像头的探头代替手术刀，医生可以在监视器上观察手术情况，甚至可以判断手术是否有必要继续进行。术后只留下一个很小的刀口，特别是在检查是否为恶性肿瘤及判断是否适合手术方面很有利，不会使病人因手术而大伤元气。

案例 3-56 可用于替代硫酸的新型液流电池

2022 年 8 月，美国伊利诺伊理工大学旗下的初创企业 Influit Energy 研发了一种不易自燃、可快速充电的新型液流电池，其能量密度比同体积的锂电池高 23%，成本可节约 50%，主要用于替代车辆和飞机电池。

4. 方法替代

案例 3-57 科学家发明“注入式骨质”解除移植之痛

2008 年底，英国科学家诺丁汉大学凯文·谢克沙夫教授发明了一种牙膏般的“注入式骨质”材料，它在室温下如同牙膏一般，无须开刀就可直接注入断骨处，人的体温能让它发生硬化反应，几分钟内就会形成可生物降解的支架，这样人体自身的骨骼就能在这个基础上生长。

骨折不愈合和骨缺损的情况下通常需要进行骨移植手术，这需要从患者身体内（如臀部）取出一块骨头，然后植入断骨处，这种外科手术给患者带来很大痛苦。而采用“注入式骨质”法，患者有望彻底告别骨移植之痛。这种材料可以很方便地注入患者身体的正确位置，它的硬化程度完全可以和骨头相媲美。

2018 年，北京协和医院翁习生团队发明了一种可塑性人工骨填充材料，这种材料具有独特的操作性、生物相容性和良好的室温塑性，硬化后的强度和稳定性完全可与骨头相媲美。

案例 3-58 未出生唐氏综合征检测方法

唐氏综合征（又名 21-三体综合征）是妊娠期间基因突变导致的。到目前为止，医生只能通过对妊娠期的孕妇进行羊水穿刺检查来确诊这一基因突变，羊水穿刺即用一根长针刺入子宫抽取羊水。这种检测方法易引发感染，特殊情况下还可能导致流产。

2015年，在第二届中国母胎医学大会（北京）上，罗氏诊断Ariosa公司介绍了Harmony TM无创产前检测产品的技术革新及临床研究成果，运用大规模平行测序技术对母体外周血中游离细胞的DNA（cfDNA）进行深度测序，获取胎儿染色体信息，测量胎儿的DNA分数，从而评估胎儿是否患有染色体数目异常的风险，该方法具有更高的准确性与安全性。

3.5.4 替代法训练题

（1）建筑物进行二次装修时，需要人工清理墙面涂层，这项工作不仅费工费时，而且污染严重，请设计一种专用设备或装置替代人工清理墙面涂层。

（2）某山区小学，由于地方偏僻，交通不便，学生做作业用的笔和纸购买不便。练习书法对笔和纸张耗费较多，请问有何经济的办法？

（3）在销售产品时，经常会出现产品缺货的情况，如果此时客户想要的产品缺货，销售员应如何应对？

（4）在车站、加油站、车间等公共场所常常采用罚款的方法制止吸烟，有无更好的替代方法？

（5）从身边的事物出发，提出三种可用材料替代法的发明设想。

（6）有无更好的节约水的洗车方法？

（7）自行车是城市里最容易被盗的交通工具，请设计一种新的防盗式自行车或者设计一款新的自行车防盗装置替代现有自行车锁。

（8）种植茶叶使用的肥料有严格的使用准则，如禁止使用化学合成肥料，不得有毒或有污染，不得有农药残留。一些知名品牌茶叶，茶农甚至用红糖和蜂蜜作为叶面肥料，以确保茶叶进入无公害绿色产品市场，达到出口检验标准。但是红糖和蜂蜜成本较高，有无更好的替代品？

（9）现有的婴儿纸尿裤普遍存在透气性差、价格高、用后处理不便、不可重复利用，以及不能完全降解等缺点，请设计一种新的环保型纸尿裤。

（10）现有的软管式牙膏，在使用时很难挤净，请设计一种能挤净的牙膏筒（也可以是其他形状）代替现有的牙膏管，或者设计一种软管式牙膏挤净装置。

（11）能否发明一种用于检测食物是否腐败变质的“食物检测仪”？使人们很容易地辨别将要食用的食物是否腐败变质。

（12）1892年，牛津大学的一位苏格兰人詹姆斯·杜瓦爵士发明了真空保温杯。他将一只瓶子放到另一只瓶子中，然后将两个瓶子缝隙中的空气抽出。由于真空无法传递热量，因此保温杯中的热水或冷水会长时间保持原来的温度。而今保温杯已普及全球，2020年，全球保温杯的营业额约为3793.29百万美元，预计到2027年将达到5268百万美元。但是保温杯也有缺点，就是其保温性能不可控，更不能降温。当人们想喝保温杯中的热水时，要花时间耐心地等待。请针对保温杯的这个缺点，提出新的替代设计思路。

（13）日本研究人员开发出一种能够发出紫外线的钻石发光二极管，可作为杀菌灯使用。与使用水银的传统杀菌灯相比，其安全性要高得多。而且实验已经证实，钻石发光二极管的紫外线只需瞬间的照射即可杀灭大肠杆菌，它不仅可作为杀菌发光二极管使用，而且与荧光物质结合后，还可以作为可视光的光源。请据此提出三个以上替代发明的设想。

（14）西北农林科技大学食品科学与工程学院教授岳田利等完成的一项研究发现，对农药残留超标的苹果进行超声波处理，可以有效去除苹果中有机氯农药残留。这不仅提高了苹果的食用安全性，而且超声波处理技术简单快速。请根据替代法原理，结合上述信息提出超声波去除农药残留技术的新应用。

（15）请为小麦、水稻的秸秆寻求新的用途，以替代现有掩埋处理方法。

3.6 列举法

引例3－7 会洗锅的洗碗机

很多洗碗机产品在进军中国市场时，由于采用的是国外标准，出现了许多“水土不服”现象，如洗碗机容量、适用餐具和烘干问题都不适合中国的传统家庭。中国家庭除了人员数量较多和喜油外，还喜欢使用炒锅、汤锅等体积较大的厨具，习惯将洗碗机同时兼作存储柜和消毒柜。

针对上述问题，老板电器2015年开始将洗碗机技术本土化，重构了洗碗机技术路线，研发出适合中国家庭的新型洗消一体机，2019年底，老板电器第一款洗碗机上市。2022年8月8日，老板电器在杭州举办的新品发布会上正式推出其自制、自研、自产产品——光焱洗消一体机S1 Plus，该洗碗机集成了超热力灭活、反气旋烘干、三叉鲸喷洗三项创新技术，集成了洗碗、消毒和存储功能，具有独立烘干和免水洗独立消杀等功能。这种通过寻找缺点进行发明创造或改进产品的方法就是列举法中的缺点列举法。

引例3－8 工程车用清洗机的改进

2016年，芜湖取智电子科技有限公司的研究人员在对国内工程车用清洗机研究后发现，几乎所有的工程车用清洗机都存在一些共同缺点：一是缺乏统一的技术标准，各产品形式各异，技术参数相差较大；二是现有设备冲洗压力不够，冲洗效果差。

2019年，芜湖取智电子科技有限公司与安徽理工大学智能机械与机器人研究所合作，对工程车用清洗机关键技术进行研究，研究团队经过仔细分析和研究后，针对上述缺点及客户提出的希望能清洗底盘和车辆及具备风干功能的要求，对工程车用清洗机改进。2020年，公司研制出带旋转喷头和自风干功能的新型工程车用清洗机，如图3.19所示。2021年，公司联合安徽工匠质量标准研究院有限公司、安徽理工大学等单位起草了工程车辆自动清洗装置行业标准。

本案例中工程车用清洗机的改进发明分别属于缺点列举法和希望点列举法。

［拓展视频］

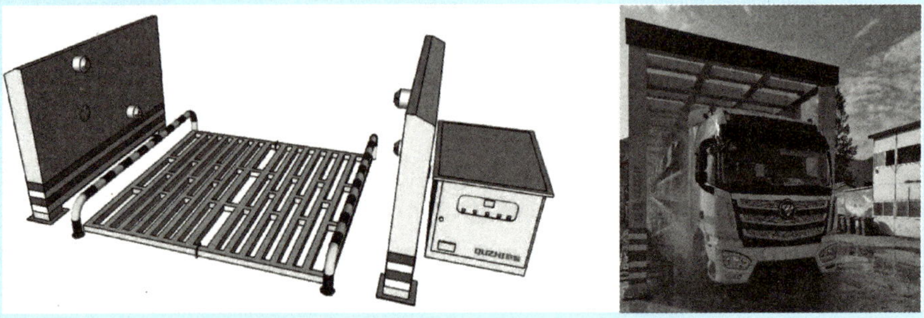

图 3.19　新型工程车用清洗机模型及产品

3.6.1　列举法概述

列举法是在美国科学家克罗福德创造的特性列举法的基础上形成的创造发明方法，是一种针对某一具体事物的特定内容（如优缺点、希望点和特性等）进行分析并一一罗列，用以激发创新设想，产生创新成果的方法。列举法的要点是将研究对象的特性和缺点及希望点等罗列出来，然后指出相应的改进措施，从而形成具有独创性的方案，该方法简单易行，可以随时随地应用。

按内容列举法可分为希望点列举法、缺点列举法和特性列举法。其中，希望点列举法常用于开发新产品，缺点列举法和特性列举法则常用来改进旧产品。

3.6.2　希望点列举法

创新者从社会需要和个人愿望出发，通过列举希望点来形成创新目标或课题，这种方法称为希望点列举法。该方法的基本原理（图 3.20）是找到满足希望要求的新点子、新创意或新方案等，从而将希望点转化为明确的发明课题。

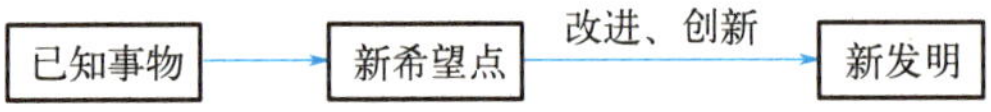

图 3.20　希望点列举法的基本原理

希望点列举法一般可以按以下步骤进行。

1. 了解人们的需求心理

希望是内心需求的反映，要收集、列举希望点，必须先了解人们的需求心理。人们的需求按由低到高的层次一般可分为六大类：生理需求、安全需求、社交需求、自尊需求、自我实现需求、生产和科研需求。这些需求的背后是人们的各种心理，如求美心理、求异心理、求实心理、求全心理、求新心理、求奇心理、求廉心理、求健心理、求胜心理、求稳心理等。在分析需求心理时，应兼顾社会不同经济层次、不同年龄、不同文化、不同种族、不同群体等的人们的需求。有时把目光投向个别、特殊的群体（如残疾人、孤寡老人等），反而可以创造奇迹（如供视力障碍人士使用的计算机、人体倒立健身器等的发明）。

案例 3-59 酒后代驾

2004年实施的《中华人民共和国道路交通安全法》用暂扣驾照、罚款、拘留三种处罚，加大了对饮酒驾车、醉酒驾车的法律处罚力度，两项违章的最高罚款额分别是原来法律规定的10倍和25倍。该项法规出台后，为了满足许多人的安全和避免处罚的需求，北京、上海、哈尔滨、南昌、海口、大连、苏州等城市迅速兴起了酒后代驾的业务。一些保险公司（如太平洋财产保险）也从中看到了巨大的商机，纷纷推出相关服务，以满足那些在日常工作和生活中实在无法拒绝喝酒的用户对酒后代驾紧急服务的需求。

2. 列举、收集希望点

列举、收集希望点时要做到以下几点。

(1) 科学性：必须遵循自然规律。

(2) 实用性：必须符合生活习惯、道德准则、经济价值等方面的要求，应满足社会的希望、大众的希望。

(3) 可能性：必须充分考虑自己的能力，判断是否有实现的可能。

在列举和收集希望点时要多观察、多联想，向用户、经销商甚至全社会广泛征求意见，也可以进行抽样调查，他们的意见往往能切中要害；也可以通过举办座谈会等形式获取希望点，如日本松下公司曾定期举办“用户挑刺会”。

案例 3-60 婴儿表情翻译机

睡着的婴儿就像天使，但是一旦放声大哭就让人束手无策。孩子一哭，父母就开始惊慌失措，不知道孩子想要什么，应该对孩子做些什么。为了满足父母们的这一需求，2005年，日本长崎大学医学系神经生理学科教授筱原一之领导的研究小组开始研发一种婴儿表情翻译机。

科学性分析如下。

研究小组计划通过对大约50对母子进行调查，研究婴儿的各种表情所表达的情感。研究发现，哭声的频率低表示想对大人撒娇，频率高则是肚子饿；高兴时鼻子的温度上升……诸如此类。研究小组通过婴儿面部表情、鼻子的温度和哭声的频率变化，研究语言能力尚未成熟的婴儿的思想情感。现有的技术手段能够通过分析婴儿的面部表情和哭声来理解他们的需求，读取他们的心理感情，并将其转换为语言形式。

实用性分析如下。

针对没有语言交流能力的婴儿，这是一项响应母亲们感叹不知道宝宝们在想什么的育婴烦恼的发明研究。这项发明还能促进父亲参与育婴，帮助没有经验的年轻妈妈更好地哺育宝宝。

此外，研究人员认为，如果婴儿的情感不能被理解，成长后可能会有暴力倾向。筱原一之教授着手研究此项课题的起因就是佐世保市的受害女婴事件。研究小组认为语言能力尚未成熟的婴儿，其情感如果不能被理解，就难以培养他们与人沟通的能力。本发明具有实用性，能满足大众的实际需求。

可能性分析如下。

早在2002年之前，日本就发明过一种针对狗叫声的翻译机。通过安装在狗项圈上的麦克风，分析其叫声，再将含义显示在液晶屏幕上。这是通过应用狗的行为学，并对大量的声波纹进行分析而研制成功的。同时，日本市面上曾经出现过类似的婴儿语言翻译机，它是一款由西班牙人开发研制、名为“Why Cry”的“婴儿哭声分析器”。把“Why Cry”放在哭泣的婴儿身旁，它就能自动分析哭声的频率和节奏，并显示哭声的含义。其中包括“饥饿”“无聊”“困乏”“不快”“紧张”五种情景含义。这款分析器上市前，已在不同人种不同月龄的100名婴儿身上进行过实验，并借此得出了一个有趣的结论——婴儿的哭声没有语种国界之别！

有了“Why Cry”的基础，很多研究团队都在努力研制婴儿表情翻译机。2016年1月，我国台湾地区云林科技大学开发的一款可以让新手爸妈知道他们的宝宝为何啼哭的app上线了。2019年4月1日，宝宝树集团推出一款能不断学习进化的婴儿哭声翻译器，利用机器学习将算法模型与大数据相结合，植入常见的母婴家庭生活场景，识别不同类型的哭声特征，如音高、频率、停顿等变化，分析出宝宝疼痛、嗜睡或饥饿等可能性占比，其识别正确率超80%。

3. 希望点的分析与鉴别

在对收集到的希望点进行分析时，要区分哪些是可以实现的，哪些是无法实现的。要鉴别表面希望和内心希望，了解被征询者的真正意图，要鉴别哪些是大多数人的希望，哪些是少数人的希望，有时还要由希望推出希望，即对现有希望的扩展和延伸，发掘未来可能的潜在要求。

案例 3-61　新型轴承

滚动轴承：铜基合金做轴承，价格偏高，需要加润滑油。

希望点：①用较便宜材料；②食品机械要求无油润滑，以防污染。

新型轴承：①Zn-Al合金轴承（价廉）；②Zn-Al基复合材料轴承（无须油润滑）。

案例 3-62　长寿电灯

希望点：①延长电灯使用寿命；②电灯功率可选择。

发明：长寿灯泡。

发明人龙双全，在普通的灯泡中设置了上下两层功率不同的灯丝（图3.21），通过三根引线接至灯座，使用时仅一根灯丝工作，另一根灯丝备用；如果一根灯丝烧断，只需将灯泡在灯座中旋转90°，则备用灯丝即可继续工作，从而使电灯的使用寿命延长一倍。由于两层灯丝的功率不同，因此使用时可以选择不同的功率来满足不同的照明需求。

图 3.21　长寿灯泡

案例 3-63 自动悬浮的雨伞

希望点如下。

(1) 不需要持续用手撑伞。在使用雨伞时，可解放人的双手，从而干更多的事或完成其他必需的操作。

(2) 雨伞具有跟随功能。雨伞能够跟随使用者同步移动，并保持相同的速度，确保有效遮挡。

发明：自动悬浮的雨伞

2018 年 3 月，法国魔术师穆拉·迪亚比，根据自己在巴黎街头被雨淋的经历，结合他之前的魔术创意提出了自动悬浮雨伞的设计思路，把魔术表演变成现实，在雨伞上安装无人机，制作出第一个能自动飞行的自动悬浮雨伞（Drone Brella）样品，如图 3.22 所示。

图 3.22 自动悬浮的雨伞（图片来源于百家号/百科记）

[拓展视频]

发明人在伞上安装了无人机，使伞能够在空中悬浮；基于人脸识别技术，在雨伞上安装 AI 人脸识别装置，让雨伞自动跟随使用者的动作移动，一步不离地执行遮风挡雨任务。同时，穆拉·迪亚比的团队专门开发了一款手机 app，该 app 具有自动模式和手动模式两种跟随模式。

3.6.3 缺点列举法

缺点列举法的基本原理如图 3.23 所示。

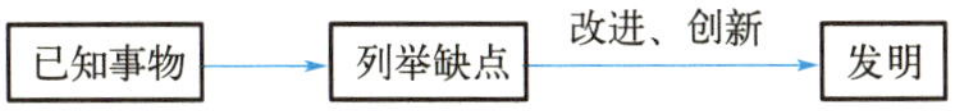

图 3.23 缺点列举法的基本原理

改掉缺点，就是创新，就可能产生发明。“金无足赤，人无完人”，产品或商品也是一样，不可能十全十美，总会有这样那样的缺点，如不顺手、不方便、不省力、不节能、不美观、不耐用、不轻巧、不安全、不省时、不便宜、不长寿等。而且，随着人们生活水平和审美水平的不断提高，对事物的要求也越来越高，发现的事物的缺点也越来越多，这是推动人们创新活动的动力。

运用缺点列举法的步骤如下。

（1）首先要具有一定的“不满心理”和追求完美的精神，对那些爱挑毛病的人一定要多加关注，并留意他们的“牢骚”。

（2）通过征集用户意见，对比分析同类产品及召开缺点列举会等方法获取有关“缺点信息”。

（3）分析、整理“缺点信息”，确定创新目标。

（4）针对主要缺点进行改进设计或运用逆向思维方法将缺点用于他处，变废为宝，化有害为有利。

案例 3－64　体温计的改进

1. 缺点列举

（1）用体温计测体温时体温计必须和人体接触，同一个体温计先后多人使用，可能引起皮肤疾病的传染。

（2）体温计不能测量人体内部的温度。

（3）体温计不便于测量儿童体温。

（4）体温计不便于测量人额头的温度。

（5）体温计不便于随身携带，随时测量。

（6）体温计易碎，不能卷曲。

（7）体温计不具备群体测温与智能匹配功能。

2. 改进后的体温计

（1）非接触式体温计。针对缺点（1），波兰的某医疗器械厂研制生产了一种非接触式体温计，可在 2s 内准确测取体温。为实现非接触快速测温，杭州灵伴科技有限公司从 2018 年起研发智能眼镜。2020 年 3 月，该公司推出了实用化的智能测温眼镜产品。

（2）肠胃体温计。针对缺点（2），美国人设计了一种微型肠胃体温计。该体温计体积很小，与药片的大小差不多。使用时患者将体温计吞下，就能自动测量出内脏的温度，并可连续测量 2～7 天，这对于医生诊断、监视患者的病情很有帮助。

（3）儿童专用体温计。

2015 年，在 2015 亚洲消费类电子产品展览上，维灵（杭州）信息技术有限公司推出一款 BT 熊健康伙伴产品，能语音播报体温，通过相连的 app 全程记录存储数据，还具有高温预警提示功能。

（4）贴片式体温计。2015 年，日本东京大学与美国得克萨斯大学达拉斯分校的研究人员共同开发出使用印刷工艺制造的“柔性体温计”。这种胶片状体温计轻薄柔软，可弯曲，像创可贴一样能贴在皮肤上使用。

（5）针对缺点（5），美国心理学家克埃尔研制出一种戒指式体温计，可以长期戴在手指上，随时了解体温的变化。（为什么不试试手表式的呢？或者是和手表组合呢？）2018 年 6 月，华为推出的荣耀 Play 4 手机自带红外摄像头兼有非接触测温功能，成为业内首款支持非接触红外测温的手机。

（6）广域无感测温仪。针对缺点（7），2020 年 2 月，中国科学院半导体研究所刘建国课题组研发出广域无感测温仪，该测温仪由红外探测镜头、红外测温芯片、红外标校黑体、可见光成像系统、智能控制终端等组成，可在 5m 范围内对区域里多位行人进行批量测温筛查，测温精度为±0.3℃，1s 可同时检测 200 人；可根据人的衣着、步态等信息辅助人脸识别，通过大数据锁定“发热人员”。

案例 3－65　铁路电子客票

1. 纸质火车票的缺点列举

(1) 纸质火车票浪费纸张和油墨，不符合环保要求。

(2) 纸质火车票上有个人信息，容易造成旅客信息泄露。

(3) 在纸质火车票时代，需要花费时间取票。

(4) 纸质火车票容易丢失，补票不便，易造成不必要的麻烦。

(5) 纸质火车票制度还易滋生“票贩子”，出现高价票、假票等情况。

2. 改进后的电子客票

2011 年，我国 12306 互联网售票上线，线上售票 app 在 2013 年上线。2011 年 6 月开始，首次在京津城际、京沪高铁实现刷身份证进出站。2018 年 11 月 22 日上午，海南环岛高铁开始实行电子客票服务试点，取消了纸质火车票，旅客可凭身份证等有效证件购票、检票、乘车。中国铁路总公司于 2019 年开始在全国全面推广电子客票。旅客凭身份证等有效证件购票、检票、乘车，可直接持身份证或出示购票二维码完成快速进站，节约了排队取票、退票、改签和挂失补票等时间；而且购票简单便捷，实现“手机在手，随时走遍世界”。

3.6.4 特性列举法

特性列举法是由美国科学家克罗福德于 1954 年在他发表的《创造性思维方法》一书中提出的，他认为任何事物都有共性，如果将研究的问题化整为零，就可能产生新的设想，产生新的发明。特性列举法强调使用者在创造的过程中应观察和分析事物或问题的特性或属性，然后针对每项特性提出改良或改变的构想。

运用特性列举法的步骤如下。

(1) 将事物分成若干个组成部分。

(2) 把各部分的要点写出来，如有哪些零件、原材料或具有何种功能，各部分有什么特征及与整体的关系如何等，尽量都列举出来，并作详细记录。

(3) 按名词特性（整体、部分、物质、材料、制造方法等）、形容词特性（颜色、形状、感觉等）和动词特性（有关功能和动作的特性等）加以分类。

(4) 根据列举的 (3) 特性，尝试加以变革、改进，提出革新的措施，使之符合物品原来的目的或满足新的需求。

特性列举法主要应用于轻工业产品的改革，行政措施、机构体制及工作方法的改进等。

案例 3－66　运用特性列举法改进电风扇的设计

图 3.24 所示为台式电风扇的外形。

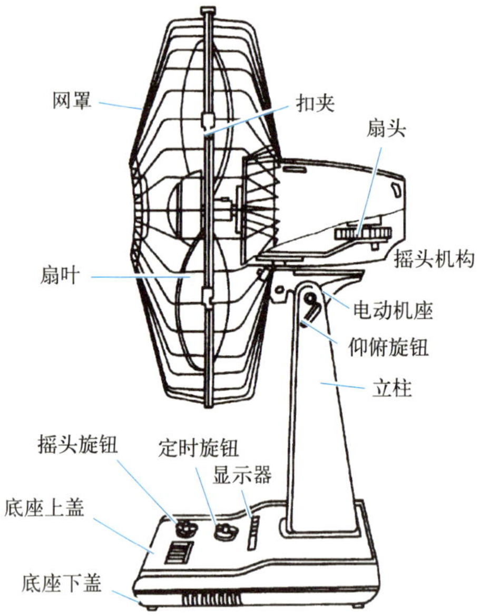

图 3.24　台式电风扇的外形

1. 电风扇的特性

（1）名词特性。

整体：台式、落地式、悬挂式。

部件：电动机、扇叶、网罩、立柱、底座。

材料：钢、铝合金、铸铁、塑料。

制造方法：铸造、机加工、手工装配。

性能：风量、转速、转角范围。

（2）形容词特性。

外形：圆形网罩，圆形和方形截面立柱。

颜色：浅蓝、米黄、象牙白。

（3）动词特性。

功能：扇风、摇头、升降。

2. 改进设想

（1）针对名词特性。

① 设想 A。扇叶：一组到两组，即双叶电扇；再使电动机座能旋转 180°，从而使吹风角度达到 360°。

② 设想 B。扇叶材料：如用檀香木制造扇叶，并将其加压浸泡在中药材中，制成“保健风扇”。

③ 设想 C。风速、转速控制改进，如改成遥控式或采用计算机控制，使其智能化。

④ 设想 D。栅页扇，将网罩设计成栅页状且可回转，使风受到干扰后排出，从而保证

吹风角度大，风力柔和，同时可实现环绕式立体吹风。

⑤ 设想 E。能否兼作“衣帽架”?

(2) 针对形容词特性。

① 设想 A。装饰扇，外形设计新颖，网罩形状克服清一色圆形（如采用椭圆形、方形、菱形、动物造型等）的单调，或与华丽灯饰融为一体，作为很好的室内装饰品。

② 设想 B。风扇的外观颜色能否多样化、个性化，吸引更多的消费者，如开发“迷幻式电风扇”等。

(3) 针对动词特性。

① 设想 A。除尘扇，能有效消除空气中的尘埃。

② 设想 B。空调扇，具有空调的制冷和制热功能，又比空调便宜。

③ 设想 C。消毒扇，能定时喷洒空气净化剂，消除空气中的异味，适用于公共场所，如医院病房等。

④ 设想 D。理疗风扇，不仅能带来凉意，而且能保健、按摩，具有理疗功能。

⑤ 设想 E。加湿、除湿风扇，能监测室内空气中水分的含量，自动实现加湿、除湿功能。

⑥ 设想 F。安全扇，增加“倾倒即停、漏电保护”等装置，保证使用安全。

⑦ 设想 G。无级调速扇，将现有的“强、弱、微”三挡有级调速改为无级调速。

3.6.5 列举法训练题

(1) 日光灯清洁工具的设计。在打扫教室等公共场所卫生时会发现，最难打扫的是日光灯灯管，它高高地装在天花板上，只有架起梯子，或把桌椅高高叠起，爬上去才能够得着，而且擦洗还很不方便，并且也有危险。请设计并制作一个不用爬高就能清洁日光灯的小工具。

(2) 自行车车轮清洗器的设计。在清洗自行车时，车身、把手比较容易擦洗，而车轮却很难擦洗。车轮的轮圈、纵横交叉的辐条给清洗带来困难，如果用高压水流喷洗，会浪费大量水资源。请根据上述情况，设计一种车轮清洗器。具体要求如下。

① 质量轻、经济环保。

② 可安装在自行车上，通过把手控制车轮清洗器。

③ 必须能同时清洗车轮外胎、辐条和轮圈。

④ 通用性好，对车轮清洗器结构稍作调整后，能适合不同尺寸的自行车车轮。

⑤ 方便更换易损耗部件。

(3) 通过缺点列举法不难发现伞存在以下问题。

① 容易刺伤人。

② 拿伞的那只手不能再有其他用途，长时间撑伞容易使手臂疲劳和酸痛。

③ 乘车时伞会弄湿其他乘客的衣物。

④ 遇到风大的时候，伞骨容易反方向翻转甚至折断。

⑤ 伞布容易渗水。

⑥ 开伞收伞不方便，有时会卡死。

⑦ 伞的样式单调，花色太少。

⑧ 晴雨两用伞在使用时功能不能兼顾。

⑨ 伞具携带收放不方便。

⑩ 伞的功能单一。

请根据以上列举的伞的缺点提出相应的解决方案，并设计新的伞。

（4）请列举自行车的不足，根据不同使用者的需求提出新的希望点，并依据其缺点和希望点设计新的自行车。

（5）请列举手机充电器的缺点；对身边不同年龄和职业的用户进行调研，提出新的希望点。最后在综合考虑其缺点和使用者提出的希望点的基础上，设计新的手机充电器。

（6）尽可能地列举出眼镜的缺点。

（7）尽可能地列举出手机的缺点。

（8）尽可能地列举出“热得快”的缺点。

（9）尽可能地列举出雨衣的缺点。

（10）尽可能地列举出笔记本电脑的缺点。

（11）尽可能地列举出电饭煲的缺点。

（12）尽可能地列举出手表的缺点。

（13）尽可能地列举出日光灯的缺点。

（14）尽可能地列举出电磁炉的缺点。

（15）什么样的笔才是理想的？请尽可能多地写出你的愿望。

（16）什么样的照相机才是理想的？请尽可能多地写出你的愿望。

（17）什么样的火车才是理想的？请尽可能多地写出你的愿望。

（18）什么样的学校才是理想的？请尽可能多地写出你的愿望。

（19）什么样的汽车才是理想的？请尽可能多地写出你的愿望。

（20）什么样的食品才是理想的？请尽可能多地写出你的愿望。

（21）什么样的旅行包才是理想的？请尽可能多地写出你的愿望。

（22）什么样的衣服才是理想的？请尽可能多地写出你的愿望。

（23）什么样的床才是理想的？请尽可能多地写出你的愿望。

（24）什么样的飞行器才是理想的？请尽可能多地写出你的愿望。

（25）什么样的鞋子才是理想的？请尽可能多地写出你的愿望。

3.7 设 问 法

引例3-9 带金丝边的编席

日本京都有家生产编席的小厂，由于地毯盛行，编席订货量逐年减少，面临着关门的危机。工厂经理人员经过反复思考，认为只要设计出一种新颖的编席，订单还是会接踵而至的。那么，该从何处着手设计新颖的编席呢？一个经理人员提出：不妨试试塑料纤维编席。另一个经理人员则提出：如果把黑色席边换成彩色席边，会不会更好看？后者比较简单，他们就找来各种彩色布包边，果然十分漂亮，但是还不够新颖。有人就提出，如果把闪闪发亮的金丝编入席边，是否会更加好看？这一方案很快被采纳，于是一种带金丝边的编席问世了。这种新颖的编席不仅十分畅销，而且取得了专利。这种通过提出问题的思路开发新产品的方法，就是人们经常使用的一种创造方法——设问法。

3.7.1 设问法概述

设问法是通过书面或口头的方式提出问题，激发人们的创造欲望，捕捉好的设想，从而产生发明的方法。

提出问题是发明创造的第一步，有时，提出一个好的问题往往意味着问题已经解决了一半。设问法的种类较多，本节主要介绍三种重要的设问法：5W2H 设问法、奥斯本设问法和聪明十二法。

3.7.2 5W2H 设问法

5W2H 设问法是由美国陆军首创的，可广泛用于改进工作、改善管理、技术开发和价值分析等方面。其宗旨是归纳问题，抓住本质。5W2H 设问法的基本含义见表 3-1。

表 3-1 5W2H 设问法的基本含义

	What	Who	When	Where	Why	How to	How much
问题	对象		时间	地点	原因	要求	程度(目标)
对策	分析	操作者			原理	实施方案	

对现行的方法或现有的产品，从以下七个方面检查问题的合理性与可行性。

(1) 做什么（What）？例如，条件是什么，目的是什么，重点是什么，功能是什么，等等。

(2) 谁去做（Who）？例如，谁去做最方便，谁是决策者，谁是受益者，谁会反对，谁会消费，等等。

(3) 何时做（When）？例如，何时完成，何时安装，何时启动，何时销售，等等。

(4) 何处做（Where）？例如，何处最适宜某物生长，从何处购买，安装在什么地方最适宜，等等。

(5) 为什么（Why）？例如，为什么发热，为什么是这样的颜色或形状，为什么不用机械代替人力，等等。

(6) 怎么做（How to）？例如，怎么做最省力，怎么做最快，怎么做效率最高，怎么才能避免失败，等等。

(7) 做多少（How much）？例如，功能指标达到多少，成本多少，效率多高，质量多少，等等。

案例 3-67 生意冷清的小卖部

在某航空公司二楼设小卖部，生意清冷。经理采用 5W2H 设问法分析发现，原因在于 Who、Where 和 When 三个问题上。

(1) 谁是顾客?

小卖部应以出入境的旅客为主顾，但旅客不需要上二楼而直接在一楼大厅登机；上二楼的大多是接送旅客的当地人，而这些当地人一般在市内大商场购物。

(2) 小卖部设置在何处?

旅客经安检后，由一楼左右侧走出，不需要上二楼。小卖部没有设在旅客的必经之路上，哪来的生意呢?

(3) 何时购物?

旅客只有将行李送经海关检查并交付给航空公司托运后，才能有闲情去购买小纪念品。而机场规定，只能在旅客上飞机前才能将其行李交付给航空公司。这样旅客就没有时间购物了。

总之，生意清冷的原因有以下三点。

(1) 没有将旅客视为主顾。

(2) 小卖部没有设在旅客的必经之路上。

(3) 旅客没有购物的时间。

改进措施如下。

(1) 把旅客视为主顾。

(2) 将出入境的海关检查路线改为必须经过二楼的小卖部，或把小卖部的位置设在一楼的旅客必经之路上。

(3) 把交付行李的时间改为旅客在登机前随时可将行李交付航空公司，使旅客有了清闲时间，客观上可以有时间去小卖部买纪念品。这样小卖部的生意就能兴旺起来了。

5W2H设问法属于针对主要矛盾进行分析的方法，实用性强，效果显著。当然，问题分析出来后，还要有具体的实施方法和手段，才能解决问题。

3.7.3 奥斯本设问法

奥斯本设问法又称检核表法。检核表法是针对创造的目标（或需要发明的对象）从多个方面列出一系列有关问题，然后一个个地分析和讨论，以产生最好的方案或设想。它从以下九个方面提出问题。

(1) 现有的发明成果有无其他用途？或稍加改变后有无其他用途？

如蒸汽熨斗可以清污——“动力一号”蒸汽清洗机的发明。

(2) 过去有无类似的物品？有无物品可供模仿？能否在现有的发明中引出其他创造性的设想？

如泌尿科医生引入微爆破技术消除肾结石。

(3) 现有发明能否改变形状、颜色、味道或制造方法等?

如将平面镜的平面改为曲面，发明了哈哈镜。

(4) 针对现有的物品，能否扩大使用范围、增加功能、延长使用寿命？能否增添部件、增加长度、提高强度？

如在牙膏中增加某些中药可治疗口腔疾病。

(5) 能否将现有的物品缩小体积、减小质量？能否省略一些部件？能否进一步细分？

如袖珍式收音机和折叠伞的发明等。

(6) 能否用其他产品、材料和工艺方法替代原有的产品或发明？

如人造大理石、人造丝，汽车中用气压传动代替齿轮传动等。

(7) 能否将现有的发明更换一下型号或更换一下顺序？

如飞机的螺旋桨位置从头部到顶部——直升机的发明。又如在缝纫机械化的过程中关键技术就是将机针的针眼由尾部移到头部，如图 3.25 所示。

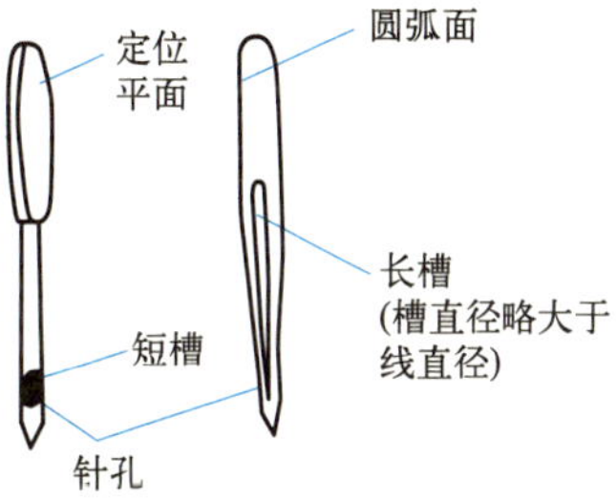

图 3.25 机针的结构

(8) 能否将现有的产品、发明或工艺方法颠倒一下？

如将大炮的向上发射改为向下发射——打桩机的发明。

(9) 能否将几种发明或产品组合在一起？

如组合机床、联合收割机、复合材料等。

3.7.4 聪明十二法

1. 方法简介

聪明十二法是我国创造学者根据在上海静安区和田路小学进行创造力开发工作的实践总结出来的一种发明方法，也称“和田十二法”。该方法深入浅出、通俗易懂，被人们称为创造发明的“一点通”。

2. 方法分类及案例

(1) 加一加。

是不是可以在现有的发明上添加些什么？需要增加更多的运转时间和次数吗？把它加高、加长、加厚一点会有什么好的结果吗？是否可行？

案例 3-68 带花布帽带的草帽

一个美国商人用很低的价格从我国购回一批工艺草帽，然后在草帽上添加一条花布帽带，并加压定型后推向市场，竟在市场上十分畅销，价格也翻了很多倍。

案例 3-69 摘不掉的环保瓶盖

在回收饮料瓶时，通常很难找到瓶盖，绝大部分瓶盖最终混在普通垃圾中被处理或“流浪”成为污染环境的垃圾。The Last Beach Clean Up 和 Beyond Plastics 发布的一份报告显示，2021 年美国的塑料废物回收率仅为 5%～6%，而纸张的回收率达到 66%，塑料废物的回收空间还很大。

2022 年 5 月，可口可乐公司宣布，将会在饮料瓶上增加一个附带的连接环，如图 3.26 所示。新设计的瓶盖在被拧下来之后依然与瓶身保持连接，便于瓶盖和瓶身同步回收。

[拓展视频]

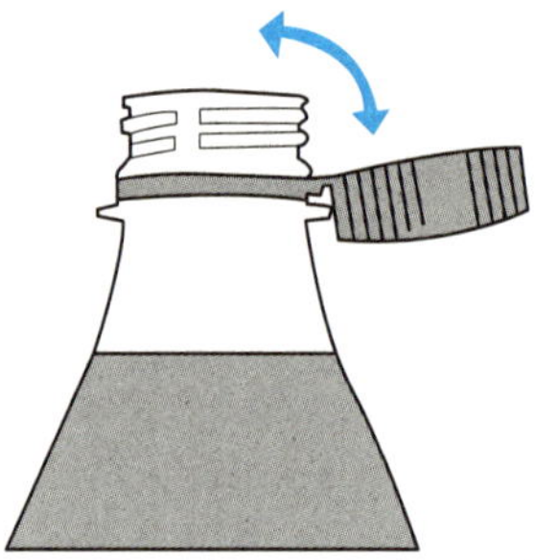

图 3.26　摘不掉的环保瓶盖

案例 3-70　天梯的发明

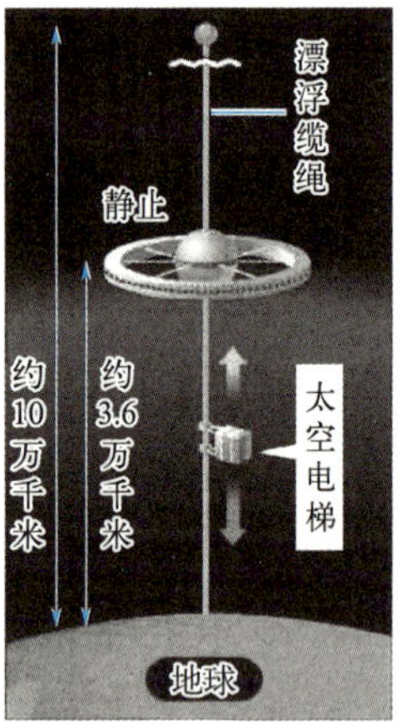

图 3.27　天梯概念图

日本科学家根据电梯的原理，提出通往太空的“天梯”的设计思想（图 3.27），并启动了一项造价万亿日元的太空升降舱的建造项目。这种太空升降舱也被称为“太空电梯”，但比普通电梯要长得多，它通过连接在距地面 3.6 万千米的地球同步卫星和地面基站的一条缆绳往返升降，卫星上空架设漂浮缆绳，以防天梯过重把卫星拉回地面。缆绳总长约 10 万千米，为地月距离的 1/4，缆绳材质为“碳纳米管”。这个“太空电梯”主要用于搭载大型太阳能发电、核废料等物品，也能载人旅行，其耗能仅为宇宙飞船发射的 1%。

（2）减一减。

将现有的物品减少、减短、减薄……设想其是否能变成新的物品？将原来的操作减慢、减时、减次、减序……看又会有什么效果？例如，电视机自诞生至今已将近一百年，从黑白到彩色，从电子管电视、晶体管电视迅速发展到集成电路电视，再到现在的液晶电视。电视机的厚度随着电视机技术的升级不断减薄，2017 年推出的最薄国产电视机的厚度只有 3.65mm。

案例 3-71　人际交往中减小期望值取胜法

张先生和李小姐同是上海某企业的销售人员，张先生的业务能力很强，工作经验丰富，每个月的销售业绩都排在公司前几名，而李小姐是一名新人，业绩平平。李小姐经常得到领导的表扬，升迁很快，而张先生却常常遭受领导批评，其真正原因并非李小姐年轻漂亮，而是两人的人际交往策略不同。李小姐每次在做产品宣传时总是把自己的能力表述得较低，有意减小大家的期望值，虽然销售演讲质量一般，但领导还是觉得比较满意。而张先生则喜欢在做月初销售计划时夸大自己的签单量，给领导过高的期望值。月底时，尽管他的实际销售业绩仍然名列前茅，却总因为未完成本人制订的计划而遭受批评，得不到应有的表扬。

案例 3-72 机械系统的进化

机械系统的进化如图 3.28 所示。在机械系统的进化过程中，从电动机到负载的传动与控制环节逐步减少与缩短，相关装置的体积越来越小，但电动机的转速和精度越来越高。特别是在机床领域，早期庞大复杂的主轴传动系统已经简化成一个非常紧凑的电主轴，省去了中间所有的传动装置，转速从早期的不足 1000r/min 提高到 100000r/min。

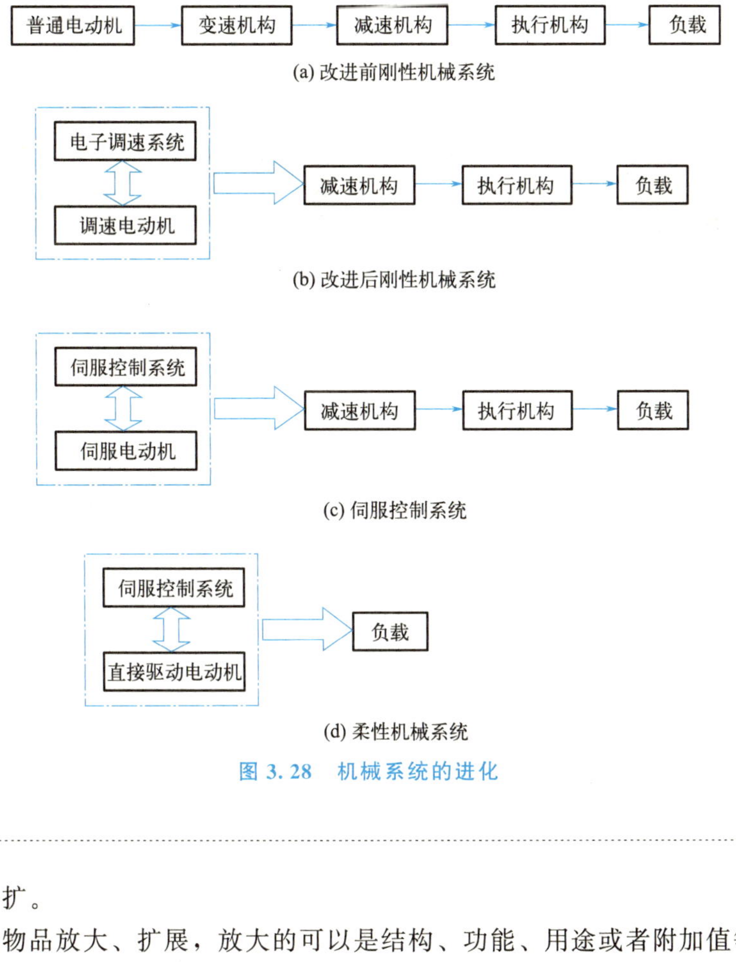

图 3.28 机械系统的进化

(3) 扩一扩。

将原来的物品放大、扩展，放大的可以是结构、功能、用途或者附加值等。

案例 3-73 雨伞的"扩大"

经过功能扩大，将一把普通雨伞扩大到晴雨伞，还可以扩大到带风扇的晴雨伞，如专利号为 03254773.0、03259925.0、200520085714.3 和 200820091766.5 的发明。

案例 3-74 家具自行车

巴西是全球第四大自行车市场，其自行车保有量约7000万辆。同时，自行车也是巴西征税最高的产品之一，买一辆自行车大约需要缴纳70%的税金，而购买家具产品仅需缴纳12%的税金。2022年，设计师卡多佐·塞克斯突发奇想，把自行车的功能扩展到家具，其外形尺寸与普通自行车非常接近。他基于模块化设计思想设计了家具自行车，车架由木材和钢材制成，采用木制车把手和无毂车轮，如图3.29所示。但经过简单的拆卸后，车架和车座等部分可以拼接成一把椅子，而前后车轮可拼接成一个圆形小桌子，功能扩展后，新的家具自行车便可以按家具缴纳税金。用户只需一把扳手即可完成拆装，轻松地实现自行车与家具切换。该自行车家具价格约合人民币4845元，相比于普通自行车可节约58%的费用。

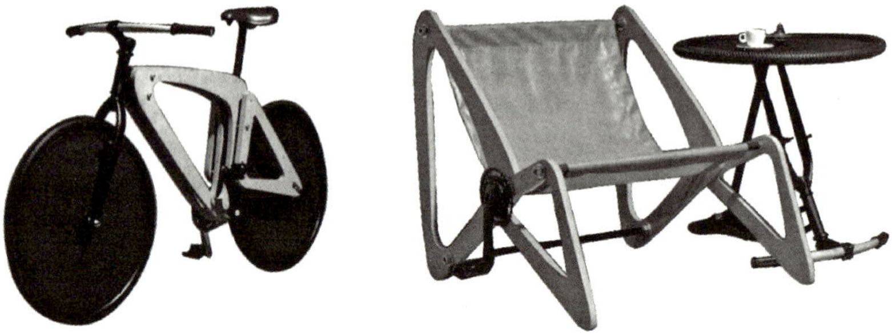

图3.29 家具自行车

（4）缩一缩。

将原有的物品缩小、缩短，变成新的东西。缩小的对象不单单是外观尺寸或者体积，也可以是功能和用途等。

案例 3-75 可伸缩的魔术茶杯和教鞭

将茶杯设计成多层，套装在一起，就变成新的茶杯——可伸缩的魔术茶杯；同样，可以将单根教鞭设计成可伸缩教鞭，甚至还可增加笔和U盘的功能等。

案例 3-76 笔式复印机——e摘客资料笔V800

根据“将复印机缩小到一支普通笔的大小而功能不减”的发明设想所发明的“笔式复印机——e摘客资料笔V800”，与记号笔一般大，却能将书刊、文件资料“刷”进笔中。该笔式复印机功能比普通复印机多，可存储300万字的资料，拥有30万字库，支持中英文翻译，还能将资料导入计算机进行编辑。

案例 3-77 全球最小的折叠自行车

2013年8月，一款堪称全球最小的可折叠自行车Kwiggle Bike在德国福吉沙芬举行的2013年欧洲自行车展上亮相。该车质量只有8kg，承重可达100kg，最高时速可达25km/h，但折叠后外形尺寸仅为55cm×40cm×25cm，非常方便携带，如图3.30所示。该自行车采用独特的斜倚式鞍座设计方案，骑行时座位会跟随骑行者左右摆动，比传统的自行车舒适、省力。

该自行车的发明人是来自德国汉诺威的设计师卡斯滕·贝廷，他认为之前的折叠自行车不够小巧，无法达到便携的目的，需要在体积上“缩一缩”，卡斯滕·贝廷带领团队，耗时四年终于成功研发Kwiggle Bike折叠自行车。

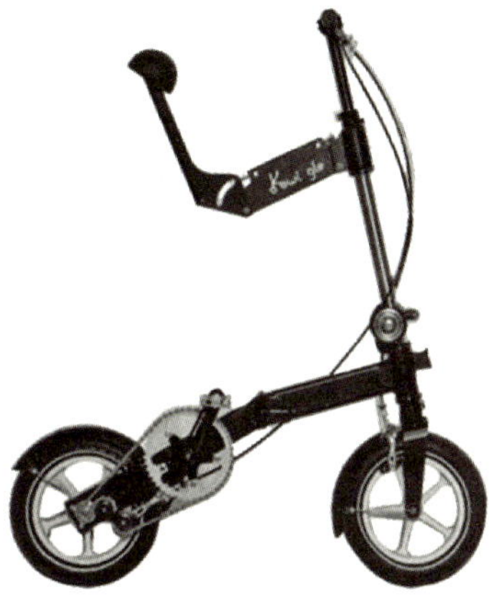

图3.30 全球最小的可折叠自行车

(5) 变一变。

指改变现有物品的形状、尺寸、颜色、味道、浓度、顺序、时间、地点、方式等。

案例3-78 不同颜色和种类的墨镜

改变墨镜的颜色，便可制造出各种颜色的墨镜。按色系来分，墨镜就有茶色系、灰色系、绿色系和黄色系四大色系，此外还有遇到强光可以改变颜色的变色墨镜。如果改变它的用途或性能还能产生更多的墨镜，如抗疲劳墨镜、抗反光墨镜、偏光墨镜、防辐射墨镜、夜视墨镜、装饰墨镜等。

案例3-79 水上自行车的发明（改变应用场合）

自行车是陆地上的代步工具，而通化市的苏先生却把自行车改装成了能在江河里穿梭的“水上漂”。这辆自行车最大的特点是在后轮和车架上安装了船桨似的拨水叶片和三只气囊。苏先生在电视上看到救援人员在洪水里救灾很不方便，觉得要有能在水上骑的自行车就好了，于是，他萌发了发明水上自行车的设想。

该水上自行车设有多个调节螺钉，可以根据骑车人的体重调节自行车在水面上的高度。它不仅可以作为日常使用的水上代步工具，还可用于抢险救灾、养鱼、钓鱼和水上娱乐等项目，给生活提供方便。

[拓展视频]

(6) 改一改。

从现有物品入手，发现其缺点或不足之处，并有针对性地进行改进。改进与发明（开发新产品）有三大好处：一是可以避开开发新品需较多费用开支的困难；二是可以避开开发新品失败率高所导致的困难；三是可以避开新品成功经济寿命短暂所带来的困难。因此，改进现有物品成为很多资金不足的企业的首选。

案例3-80 松下电器公司的成功

1918年，日本松下电器公司的创办人松下幸之助，在一家脚踏车铺里当学徒。当他得知爱迪生的一些伟大发明已经进入日本时，预感到这是一个难得的创业契机，于是他决定放弃当时的工作，由他操持兴办的松下电器公司就这样诞生了。之后松下电器公司又把“不发明，只改进”作为公司的战胜谋略，广泛地选用国外发明，买进专利，而且努力地进行仿制、改良和改进。就这样，松下电器公司取得了显赫业绩。松下电器公司的成功是经营战略（“不发明，只改进”）的成功。

案例 3-81　环保铅笔的发明

将制造铅笔用的木材改为废旧的报纸，从而发明了环保铅笔。据测算，1t 废旧报纸能生产 20 万支这样的铅笔，每使用 1t 废旧报纸生产 20 万支环保铅笔，就可以节约纸张在再生处理中二次消耗掉的 $100m^3$ 水、600kW·h（600 度）电、1.2t 煤和 500kg 化工原料，而且能产生附加效益 2 万多元。

案例 3-82　微波炉改装成了能湿热灭菌的“月光宝盒”

2007 年 3 月 10 日，在合肥市第二十二届青少年科技创新大赛上，中国科学技术大学附属中学高一的于航同学将微波炉改装成了“月光宝盒”。他将微波工作腔与抽气风道连通，通过轴流风机实现干燥，再凭借磁控管产生的每秒 24.5 亿次的超高频率微波快速振荡分子，产生剧烈运动而发热，从而达到湿热灭菌的目的。

(7) 联一联。

把某一事物和另一事物联系起来，看看能否产生什么新的事物。如把钻头和绞刀联系起来，发明了扩孔器。把沙发和手机联系起来，便有了现在很流行的手机沙发座套，该手机沙发座套可粘贴在汽车的仪表台上，使用很方便。

案例 3-83　家用缝纫机

1940 年，瑞士爱尔娜公司将缝纫机和家庭联系起来，发明了筒式底板铝合金铸机壳、内装电动机的便携式家用缝纫机；1950 年以后，该公司进一步发明了家用多功能缝纫机。1975 年，胜家缝纫机有限公司又发明了计算机控制的多功能家用缝纫机，此后该缝纫机又逐步用于工业缝纫。图 3.31 所示为既能缝纫又能绣花的全能缝纫机，它可以直接连接计算机，在缝纫机的触摸屏上就可以编辑花样，缝纫机上自带的软件列出了所有功能，实现了缝纫的数字化。早在 19 世纪缝纫机发明后不久，中国便迅速成为全世界生产缝纫机和消费缝纫机最多的国家，现已成为世界上主要缝制机械生产国家之一。中国缝制机械协会数据显示，2021 年共有 240 家缝制机械行业规模以上企业，规模以上企业营业收入约 371.97 亿元。

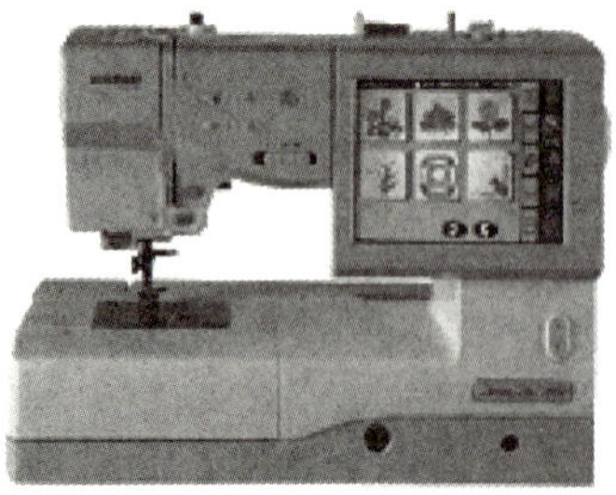

图 3.31　既能缝纫又能绣花的全能缝纫机

案例 3-84 用自行车测试城市的安全度

阿根廷一名叫马里亚诺·帕西科的男子将自行车被盗现象与城市的安全度联系起来，从而想到利用一辆不带锁的自行车测试一个城市或社区的安全度，并在首都布宜诺斯艾利斯进行了这种自行车测试。他的实验工具就是隐藏的照相机和便宜的自行车，他将小偷偷车的过程录制下来，调快节奏，配上音乐发布到网站上。实验结果表明，贫困社区的安全度比高层次的商业街的安全度要高很多，实验还发现小偷们更像是机会主义者而非惯犯，因为他们在偷车前要花很多时间去做思想斗争而非琢磨自行车本身。帕西科的测试得到了很多人的支持，并在其他很多国家进行了类似的测验。

(8) 学一学。

学习模仿事物的原理、形状、结构、颜色、性能、规格、动作、方法等，以求得新的事物。

案例 3-85 仿花瓣折展机构的设计

空间折展机构是指能够从收拢状态展开到预定的结构形式，并能够承受特定载荷的一类机构，具有刚度高、折叠比大、形面精度高、可靠性高和热稳定性好等特点，并能够实现重复展开与收拢。它在卫星通信、太空探测、对地观测技术等领域具有特殊而广泛的用途，特别是对折叠空间小、展开尺寸大、工作精度高、折展更灵活的机构提出了更高的要求。

2007 年，宋浩、赵德明等人设计了一种抛物面花瓣式折展装置，用于安装星载天线或太阳能板，折叠率达 0.4。2018 年，黑龙江省科学院智能制造研究所和中民新农有限公司的吴文凯、高国领等人设计了一种花瓣式折叠展开机构，用于安装光伏板或太阳能阵列，解决屋顶光伏板占地面积大等问题。2019 年，广西大学的孙家兴和王汝贵依据仿生原理，通过观察花朵绽放过程，找到花朵与空间折展机构在收拢与展开方面的共性，运用特征抽象提取法，以正多边形为花蕊，以五连杆机构式平面折展单元和曲柄滑块机构式空间折展单元为花瓣，设计了一类仿花瓣形空间折展机构。

(9) 代一代。

即替代发明法。如用纸代替泡沫塑料制造环保型一次性餐具，用塑料替代钢材等。案例 3-86 和案例 3-87 所示都是由国家“限塑令”而催生的两个环保替代品。

案例 3-86 可降解环保袋

深圳兴旺环保代塑材料开发有限公司于 2020 年 10 月，完成了一种代塑新材料及其制备工艺的设计。2021 年，该公司推出了一种自主研发的新型可降解环保袋，用于替代传统 PE 材料制成的快递袋、垃圾袋、购物袋。这种新型可降解环保袋只要 3~6 个月就能完全被降解，不污染环境，还比传统 PE 塑料袋减少了 70%碳排放量；该新型可降解环保袋经过完全焚烧后，只留下一些粉末，且焚烧过程中没有异味。

案例3-87　可降解餐具

2022年2月4日，北京冬奥会顺利开幕。在这次冬奥会上有一个普通的生活用品吸引了很多人的眼球，它便是由安徽丰原生物技术股份有限公司生产的聚乳酸可降解餐具。

这些以玉米、薯类等农作物秸秆为原料生产的可降解聚乳酸材料，不仅生物相容性、光泽度、透明性、可成形性、阻燃性和耐热性好，而且更安全、环保，可用于替代塑料，该材料在生物医用高分子、纺织行业、农用地膜和包装等行业应用前景广阔。我国拥有年产超过10亿吨的各类农作物秸秆，不仅原料来源充足、价格低廉，而且可实现变废为宝。

案例3-88　仙人掌皮革

皮革广泛应用于生产生活的各个领域，但制造皮革不仅会给动物带来杀戮，而且会产生严重污染。据统计，处理动物皮大约要用到包括甲醛、氰化物、砷和铬等250种不同的化学品，而这些化学品不仅会污染环境，而且会增加人类患病的风险。

[拓展视频]

墨西哥发明家阿德里安·洛佩兹和马特·卡扎雷兹曾在家具、汽车行业工作，他们发现该行业存在严重的污染问题，希望能研发出一种产品取代动物皮，减少污染和对动物的杀戮。经过两年不断研究和反复试验，他们创立的公司在2019年7月成功研制出“仙人掌皮革”。该皮革所有原材料都来自野生仙人掌，触感柔软，透气性好，不含任何有毒化学物质，可生物降解，几乎可以替代任何动物皮。

（10）搬一搬。

即移植发明法。

案例3-89　超声波理疗仪

将超声波技术应用于医学理疗上，便有了超声波理疗仪。近年来超声波疗法的使用范围日益广泛，已远远超过理疗科原来的一般疗法，如超声治癌、泌尿系碎石及超声波在口腔医学的应用等。同时随着现代科学技术的进步，超声波不仅可用于治疗，而且可广泛用于诊断学、基础及实验医学；已经发展成为一个专门的学科，即“超声医学”。

案例3-90　磁流体蓝牙音箱

2020年，Dctorange公司创始人Yankee Z与首尔音乐人Dark J在Felot艺术馆发现磁流体可在零重力的状态下展示出不同的有趣姿态。他们由此受到启发，将有关磁流体的发现与音乐控制相结合，设计出以磁流体为介质的蓝牙音箱（图3.32），音箱中的磁流体能随着音乐的高低起伏，时而扩散时而聚拢，呈现出不同的形状，变化万千，让人们不仅可以“听音乐”，还能“看见音乐”，实现音乐“可视化”。

图 3.32 磁流体蓝牙音箱

案例 3-91 将草皮从楼顶“搬”到车顶

将人们司空见惯的覆地草皮搬到楼顶，用于降温和除尘，这也许并不稀罕。而且，在楼顶种上草后，夏天房间的温度可以降低3～5℃。而杨水龙并不满足于在楼顶上种草，他还将草“搬”到了车顶。这不是简单地改变种植地点，而是需要技术移植和改进。他将一种野生的佛甲草经过五年的培育和驯化，使原来针状的叶片变肥大，能够垂直生长，根系逐渐不发达，只需厚度为3cm左右的营养土就能很好地生长，且其耐旱性能大大加强，可以持续90天不浇水，每平方米的佛甲草一年可吸收200g灰尘，在一辆私家车车顶种上这种草也只需两三百元。这种车顶种草技术也同样适用于其他车辆和建筑物。

(11) 反一反。

即逆向发明法。

案例 3-92 铁屑加醋热敷法

将“铁器接触酸性物质易被腐蚀的现象”逆向运用，通过向铁屑中加入乙酸来获取热量代替热水袋用于医疗热敷。这种热敷方法比采用热水袋更方便，且易于控制热量。

案例 3-93 吸尘器的发明

最早出现的除尘器是采用吹的方法除尘的。一次，发明者在伦敦某一节车厢里进行除尘表演时，新发明的除尘器将车厢里吹得尘土飞扬，让人透不过气来。这一现象引起了一位名叫赫伯特·布斯的在场者的注意。他想，吹尘不行，那么反过来吸尘行不行呢？回家后，他便用手绢捂住嘴，趴在地毯上使劲吸气，结果灰尘被吸滤到手绢上了。由于赫伯特·布斯从“反一反”中找到了更好的除尘方法，很快便发明出带灰尘过滤装置的真空负压吸尘器。

[拓展视频]

（12）定一定。

为了解决某一问题或改进某一事物，提高工作、学习效率或避免有可能发生的疏漏等，需要规定部分内容，如加油站等场合禁止烟火，使用激光复印机要先预热等。

案例 3-94 单一队列及排队叫号系统

多队列排队方法在银行、医院及超市里曾广泛使用过，但是它的缺点是很难保证让先到的人先享受服务，而且一旦某服务窗口临时终止服务就会引起顾客的不满。于是美国一些银行开始尝试一种单一队列排队规则，解决了上述问题，并得到广泛应用，还由此催生了排队叫号系统。

通过应用排队叫号系统，有效地改善了银行、医院管理中存在的一些混乱无序等状况，该系统能很好地解决顾客在等待过程中所遇到的各种插队、拥挤等现象，既做到人人平等，又做到井然有序，为管理和服务带来极大的方便。

案例 3-95 贴标签的口杯

为了解决人们在使用一次性口杯时常拿错杯子这一问题，在杯子上贴上可刮削的标签，每个人使用前刮削不同的部位，以此来标记自己使用的杯子，此方法得到很好的效果，并获得了国家发明专利。

3.7.5 设问法训练题

（1）从下列物品中任选两种，分别使用5W2H设问法和奥斯本设问法逐项提问，为开发新产品提供新的思路。具体物品名称如下。

手电筒、手机、计算机、牙刷、拉链、铁锹、垃圾桶、菜单、沙发、自行车、银行卡。

（2）试用聪明十二法提出以下物品的新产品设想。具体物品名称如下。

拖把、手机充电器、门铃、黑板擦、输液器、钥匙扣、电饭煲、电视机遥控器、溜冰鞋、枕头、眼镜、筷子、睡袋、花盆、防盗窗、轮椅、便携式行李车、旅行用折叠小板凳。

（3）晾衣服时如何防止衣架及衣服被风吹落？对衣架有何改进？

（4）不同类型照相机的镜头是如何实现伸缩功能的？其原理能否应用于其他设计？

（5）新闻常报道独居老人容易摔伤的事件，对此有什么想法？请据此提出3个发明设想，可以使用“预防”“地板”“医院”“康复”等词语进行展开联想。

（6）消防员在处理火警时可能遇到以下几种情况。

① 如何避免恶意报假警？

② 遇到小区或街道消防通道被栅栏或者其他机动车辆拦截形成人为路障时，如何破除路障？

③ 消防云梯高度不够，如何处理？

④ 消防云梯很难在短时间内准确靠近目标位置，有何改进措施？

⑤ 如何改进接警设备，使其能快速定位火警地点位置，并给消防员及时导航？

⑥ 有无其他缩短火情处理时间的方法和装备？

(7) 现有的电脑桌和电脑椅有何缺陷？能否改进？

(8) 钳工用的台钳有何缺陷？如何改进才能提高使用效率或更方便使用？

(9) 太阳能除了现有的应用外，在其他地方还有哪些用途？

(10) 婴幼儿发育得比较快，很多婴幼儿用品的实际使用时间非常短暂，远未达到其使用寿命，这便导致婴幼儿用品的闲置和浪费。请运用聪明十二法，提出 3 种以上相关的发明设想。

3.8 还 原 法

引例 3-10　抹灰机的研制

在抹灰机的研制过程中，许多专家和技术人员都着眼于如何更好地模仿人手抹灰的动作和机理，不能抓住抹灰问题的本质，即原点。虽然也相继研制了数十种抹灰机，但一直无法解决抹灰的关键问题，即既不能保证抹灰层的平整度、光洁度，又不能解决灰浆回落多的难题。因此，这些抹灰机也一直无法推广使用。而编者在经过数年潜心研究后，终于找到抹灰工作的原点，即“能把灰浆粘贴到墙壁上的一切物质和方法”，另辟蹊径发明了带式变频振动刮板抹灰机。一举解决了抹灰机存在的平整度差、搭接难和灰浆回落多三大技术难题，使抹灰机研制工作取得了重大突破。

本案例中，抹灰机研制成功的关键是找到了抹灰工作的原点，即本质。从问题的本质或原点出发，寻求解决办法的创造方法就是还原法。

3.8.1 还原法概述

任何创造发明都有其创造或发明的起点（起始点）或原点（根本出发点，即本质点）。就某一层次或水平上论，其创造（发明）的原点是唯一的，而起点可以有很多。进行发明或创造时，可以从起点开始，也可以从原点出发。但研究表明：如果从原点出发去解决问题，能抓住问题的本质，往往易于获得突破，获得成功。这种从原点出发解决问题的创造发明方法称为还原法，也称抽象法。

3.8.2 还原法操作要点

运用还原法进行发明创造的关键是准确地找到问题的原点，要善于透过现象抓住本质。例如，锚的原点不是“依靠重物的质量和拉力来固定船只”，而是“能够将船舶固定在水面的一切物质、方法和现象”。人们在研制锚的工作中为了寻找这个原点，花了数千年的时间。

3.8.3 还原法案例

案例 3-96　人造食品

从还原法的原理出发，分析人类摄取食物的问题，不难发现其“原点”是“摄取有益养分以满足人体需要”。那么解决饥荒的问题就很容易了，只要分析维持人体运转所需要的“养分”，通过工业化生产的方式即可解决，这比普通食物还便于储存和运输。同样，可以找到人类对美食追求问题的“原点”，即“具有特定的颜色、形状和味道，并能满足人体营养需求的材料”。法国著名的厨师皮埃尔·加涅尔便据此发明了世界上第一道完全人造的美食：果冻球里包裹着苹果和柠檬口味的奶油，外面裹上一层脆皮。这种似真似假的人造美食其实是由抗坏血酸维生素C、葡萄糖、柠檬酸及麦芽糖醇（糖的替代品）做成的。他还和化学家塞斯用酒石酸、葡萄糖、多酚组合发明了加有多酚沙司的香烤龙虾。

这种人造美食已经发展成一门新的学科，即分子美食学。厨师和化学家可用物质中的纯粹成分（分子材料）进行亿万次的创新组合，合成人们想要的食物。如用分子材料类胡萝卜素、果胶、果糖、葡萄糖醛酸组合成胡萝卜。尽管人造菜肴的味道可能一般，但是这样可以解决食物短缺的问题，还可以提高农民的收入，因为农民可通过“把他们的蔬菜分解”而提高收益率。

案例3-97　变身自行车

图3.33　变身自行车

初学自行车时，谁都不会忘记那种艰难驾驭的感觉，因为自行车只有前后两个轮子，初学者难以控制，在行驶中很不稳定，容易摔倒。而“不稳定”便是问题的原点，美国普渡大学的设计师据此发明了一种“变身自行车”，如图3.33所示。当骑车者加速时，它的两个后轮会并拢，而减速或停车时，两个后轮又会张开。这样无论是初学者，还是骑车老手都不用担心车子侧翻了，而且可以享受到一种特殊的骑车乐趣。

3.8.4　还原法训练题

（1）请运用还原法提出延长蔬菜保鲜期的办法。

（2）请运用还原法提出解决考试舞弊的办法。

（3）请运用还原法提出手机防盗的办法。

（4）请运用还原法提出解决垃圾分类回收问题的办法。

（5）请运用还原法提出解决中小学生课外辅导问题的办法。

（6）请运用还原法提出解决城市小广告问题的办法。

（7）请运用还原法提出城市下水管道疏通装置的方案。

（8）请运用还原法提出预防儿童溺水的办法或相关发明设想。

（9）请运用还原法提出关于“新型防爆防恐车辆阻车器”的发明设想。

（10）请列举出若干种待解决的技术问题或者日常生活中难以解决的问题，尝试采用还原法对问题进行分析，找出关键问题的“原点”，再提出对应的解决方案。

3.9 信 息 法

引例 3-11　亨利·佛斯特与无菌鼠

20世纪80年代，美国的一名普通兽医亨利·佛斯特由于生意不好，失业在家。有一天，他在看报纸时得知：科学家做实验需要大量老鼠，而一般老鼠都带有细菌，这必然严重影响实验效果，科学家们为此大伤脑筋。看到这则信息，他喜出望外，于是开始培养无菌鼠。他把培养的无菌鼠卖给实验室，获取了巨大的经济效益。

引例 3-12　地下无线定位系统的发明

宁波大学科学技术学院的教师钟志光博士，通过四年的努力，2008年成功研制了“地下无线定位系统”。该成果在一定程度上减弱了地下环境对无线信号的严重影响，改善了地下无线通信的可靠性，从而实现了对地下作业人员的远距离准确定位。按照这一科研成果的设计，在安装和使用了“地下无线定位系统”后，地下作业人员如不幸遇到灾难，救援人员可以在第一时间展开准确的定位救援。他的研究灵感来自新闻信息中的“矿井发生灾难时，不能及时搜救出遇难人员”。在2008年的“5·12”汶川地震发生后，他看到一些关于救援的报道，发现该项目产品稍加改动就可以适用于地震救援中。

这种从来源于报纸、新闻、杂志、口信、谈话等途径的信息中，获得启发、灵感或社会需求，从而产生发明或者改进发明的方法就是信息发明法，简称信息法。

3.9.1 信息法概述

信息法是指通过收集信息、分析信息获取创新目标或方案思路等，从而产生发明的方法。运用信息法进行发明、创新，有时能达到事半功倍的效果。为什么蒸汽机从发明到应用用了80年、无线电用了35年、电视机用了12年、集成电路用了3年，而激光器发明后半年左右就投入生产应用？这是因为现代的发明都是借鉴或建立在前人的基础上而获得成功的。科学家牛顿也称自己是“站在巨人的肩上”才获得成功的。

科学技术的发展就是继承与突破，而信息的利用就是了解与继承前人或他人的经验或成果。科技信息主要来源于科技文献，特别是专利文献和学术论文。充分利用这些信息，可以使自己少走甚至不走弯路，避免出现那种“辛辛苦苦花了大量时间，好不容易研究出的结果竟是别人早已获得的成果”的现象。要搞发明创造，既要充分利用现有信息，又不能受其束缚，要善于取其精华为我所用，触类旁通，进而创造出属于自己的发明成果。

3.9.2 信息的来源

正处在信息时代的今天，信息的来源五花八门，有的来自科技文献、期刊、网络、电视、广播等，还有的来自会议交流、参观访问和旅行见闻等。其中，专业的书面信息源有美国的《工程索引》，英国的《科学文摘》《世界专利索引》，以及国内的《中国专利索引》等；网络数据库有 CNKI、万方、维普、超星数字图书馆等各种专用数据库或其他数据资源；新闻媒体有各大电视台的科技创新专栏（如 CCTV10 的“科技之光”栏目、CCTV7 的“星火科技”栏目等）和各种专业报刊（如《科技日报》《世界发明》等）及相关的新闻信息等。

3.9.3 信息法的类别

利用信息法进行创新发明的方法主要有以下几种。

1. 综合信息进行发明

综合本身就是发明，其基本原理如下式所示。

$$A+B\xrightarrow{\text{取其优点}}C$$

案例 3-98 本田摩托车发动机

日本本田在摩托车发动机研制过程中综合了全世界近百种发动机的优点，取长补短，最终研制出性能十分优越的本田摩托车发动机，并成为风靡全球的知名品牌。

案例 3-99 电子防盗手镯的发明

哥伦比亚麦德林市的 ID 连接公司的工程师受新闻媒体高曝光率的婴儿被盗现象启发，提出设计一种可预防婴儿被盗的电子防盗手镯的设想。这种防盗手镯采用了射频识别防盗技术，类似于医院使用的身份证明手镯，可以确认一定范围内的物体和人。如果新生儿被带离系统默认的安全区域，手镯将启动报警功能，并将报警图标和声音传递到每一个检测和管理工作站点。

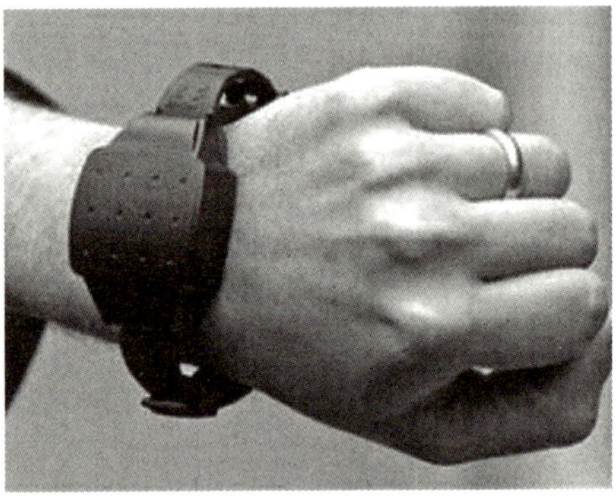

图 3.34 GPS 电子手镯

白俄罗斯检察院使用了一种以色列制造的 GPS 电子手镯，用于跟踪罪犯的下落。该手镯从外观上与一般的电子手表相似，如图 3.34 所示。

按照白俄罗斯的法律规定，在建立案件时对于特定的嫌疑人将予以“软禁”，在审判之前将通过这样的 GPS 电子手镯监控嫌疑人的去向。

案例 3-100 可净化人类排泄物的救命瓶

英国发明人迈克尔·普利特查德是一名商人，在英国的伊普斯威奇经营水处理业务。在看到有关 2004 年东南亚大海啸及随后一年发生的卡特里娜飓风的报道后，他有了研发一种可以把污水在几秒之内净化为饮用水的水瓶的构想，这一发明将会改变灾区供应饮用水的方式。

传统的过滤器可以滤除长度大于 200nm 的细菌，但是对于典型长度为 25nm 的病毒则无能为力。而普利特查德发明的瓶子（图 3.35）可以净化任何污水，包括人类排泄物。其使用的过滤器，可以滤除长度大于 15nm 的任何物体，这意味着无须使用化学药剂就可以把病毒滤掉。普利特查德希望，这种瓶子能够在灾难发生时为灾民及时提供饮用水。英国军方也看上了他发明的瓶子，认为在战场上将有更大的应用价值。

图 3.35　救命水瓶

获取信息并非唯一手段，只有在现有信息的基础上灵活运用移植、替代、组合、列举、还原、群智、联想等多种发明方法进行创造性思维，才能获得更多的、更好的发明成果。

案例 3-101　多棱体防震床的发明

重庆市民唐延禄为发明防震床，花费了 33 年心血，历经 6 次失败，最终从汶川地震新闻信息中获得灵感，才取得成功。

1976 年，唐山发生 7.8 级地震，22 岁的唐延禄在震后到唐山慰问灾民。在现场，他看到那些在睡梦中死去的人，多是睡的木板床。数月后活下来的灾民，仍不敢安心睡觉。于是他便萌发了发明防震床的设想。从那年起，他便开始用业余时间，研发防震床。

汶川地震发生后，报纸、电视上到处是报道获救者的新闻。如地震发生时，贵州小伙子蒋雨航躺在位于映秀镇的宿舍休息。地震发生后，他睡的钢丝床翻转过来，顶住塌下的水泥板。蒋雨航身在床下，被救出时已度过了 123 个小时。那张床，给蒋雨航留下了生命空间。很多被埋后的获救者，都是因为震塌的两块水泥板互相架住，呈人字形，而人在人字形架构下边的空间得以存活。唐延禄从这些新闻中，获得了启发，发明了“多棱体防震床”。该床呈金字塔形，可以承受上万斤的重压。该床获得了实用新型发明专利。

2. 利用信息中的不足进行发明

许多信息（如专利信息），其发明成果往往受发明人的知识水平或其他各个方面因素的影响，存在客观不足。如果能善于发挥自己的优势，填补或完善其不足之处，或从中受到启发，产生更好的发明，也是利用信息法发明创造的一个重要方向。

案例 3-102　一种锥柄刀具的拆卸工具

为了解决在钻床或镗床等机床上更换钻头、绞刀或镗杆时锥柄的刀具拆卸问题，技术人员发明了多种拆卸工具或装置，如安全楔铁、杠杆式拆卸工具、自动卸钻头装置等，但这些设计有的会损坏主轴精度，有的使用不便。针对这些拆卸装置的缺点，编者设计制造了如图 3.36 所示的锥柄刀具的拆卸工具。

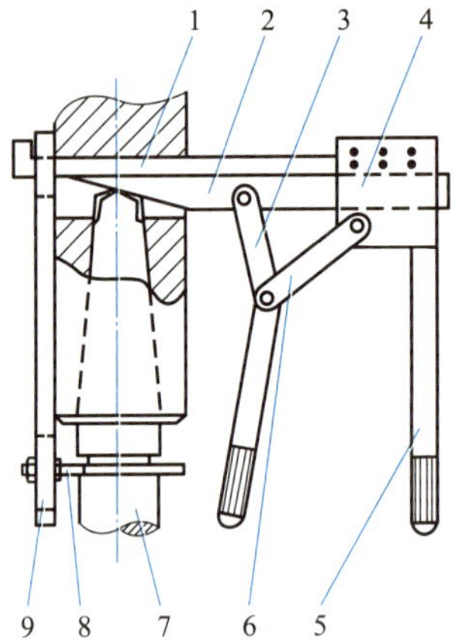

1—勾铁；2—楔铁；3—手柄；4—支承架；5—手柄；6—连杆；7—刀具；8—U 形叉；9—挂铁。

图 3.36　锥柄刀具的拆卸工具

该拆卸装置传递力大，使用时不费力；避免用榔头与楔铁敲击主轴，不会使主轴承受弯矩，有利于保护主轴的精度，使用方便。此外，使用防坠组件可以防止在拆卸钻头等刀具时，刀具落下砸伤物件和操作者，因此该装置还具有安全可靠的优点。

案例 3-103　手摇式警报器的发明

2019 年，超强台风“利奇马”带来的强降雨让不少临海城的居民被困在洪水中。台州市莱恩克警报器有限公司总经理王良仁从报纸上看到了相关报道，并了解到由于断电断网，一些被困群众无法将自己的求救信息及时发出等。他开始设身处地地思考什么样的求救装备会有帮助。他认为如果用警报器求救的话，若警报器发出的声音穿透力够强，附近的救援队一定能听到。但电源是最关键的因素，警报器不仅要能在断电的情况下使用，还必须具备蓄电功能，可以给手机充电。于是王良仁按此思路，发明了自带发电机的手摇式警报器，该警报器采用人工手摇发电，具备自发声、自发光、自发电等功能。

王良仁经常从新闻中汲取发明创造的灵感，把新闻视为发明灵感源泉，由他自主参与公司研发的专利多达 96 项。

3. 利用失效的专利信息进行发明

失效专利一般有两种。一种是由于时过境迁，已失去了其先进性或新颖性，而失去保护的专利。这种专利的利用价值不大，但其发明思路和结构形式等是有可借鉴之处的。另一种是由于发明的专利超前于社会技术的发展或因无力维护而失去保护的专利。这种专利的可利用价值较大。人们可以在这些有利用价值的专利基础上做些改进或另辟思路进行发明，从而获得属于自己的发明成果。此外，人们也可以利用专利间隙进行发明。

利用失效专利进行发明是有效利用现有资源的一条“短、平、快”的捷径。这也是很多发明家常用的一种手段，如爱迪生在借鉴贝尔发明的电话的基础上，利用等价转换的原理发明了留声机。日本是借鉴和利用别人成果的最大受惠国。据日本人自己推算，通过引进国外专利和利用失效专利，掌握其他国家现成的先进技术，大约节省了2/3的研发时间和90%的研发费用。我国也在很多领域采用类似的办法，节省了大量的研发时间、人力、物力和财力，使我国在计算机、彩电、晶体管和集成电路等方面迅速赶上国际一流水平。故失效专利是个现成的、宝贵的技术资源。

3.9.4 信息法训练题

(1) 澳大利亚一项研究发现，即使有一头浓密的头发，对抵抗太阳的紫外线也起不到太大作用。头发对头皮的保护系数在5～17之间，明显弱于防晒霜。研究测试表明，头发的颜色对头皮受到多少紫外线照射没有影响；而短发起到的保护作用比长发稍微好一点儿，或许这是因为长发自重下垂，导致裸露出的头皮更多的缘故。因此研究人员建议长时间在户外工作的人最好戴上帽子。另据了解，高达13%的恶性皮肤肿瘤产生于人体最容易暴露的部位——头部。男性死于恶性黑色素瘤的概率是女性的2倍，原因可能是他们在户外工作的时间更长。

请根据上述信息提出1～2种发明设想。

(2) 据英国《每日电讯报》2011年4月19日报道，以色列特拉维夫大学依西恩·曼苏尔领导的科研团队正在研发的新程序能让计算机感到“后悔”，随后通过理解理想结果和现实结果之间的差异，计算机会在这些错误或失败中“学习”，从而提高运行效率，并更准确地预测未来，从中筛选出最有可能取得成功的结果。那么你对此有何设想?

(3) 2022年5月24日，《钱江晚报》报道了一则新闻，题目是“宁波一老太吃了发霉的皮蛋豆腐，险些要了命”。报道称，宁波市71岁的陈阿婆吃了一碗隔夜的皮蛋豆腐后，开始出现恶心呕吐、高热、腹泻、拉水样便等症状，被家人送往宁波市医疗中心李惠利医院肝胆胰外科就诊。入院后，陈阿婆紧接着出现了脓毒症休克，入住重症监护病房。同时，因为这次进食发霉食物导致胃肠炎发作，继而诱发了坏疽性胆囊炎、胆总管结石伴梗阻性化脓性胆管炎，经医生及时抢救治疗后康复出院。请根据此新闻提出两个发明设想。

(4) 2022年4月16日，深圳新闻网报道，集中便民核酸采样移动工作站在深圳市南山区慢性病防治院正式亮相并投入使用，这种“自带空调”的工作站占地面积不到$5m^2$，不仅能为医护人员提供更舒适的工作环境，而且配备紫外线消毒系统等，最大程度保证医护人员工作安全。值得关注的是，这款移动工作站小巧方便，功能齐全，且底部自带小轮子，可在其完成任务并进行消毒处理后再吊往新的地点继续工作，适合多点、多发、多变的防疫形势。请根据上述信息提出1～2种新的发明设想。

(5) 收集积在松树割脂口上的干松脂时，需要用柴刀从割脂口刮下干松脂，再用收脂器装着干松脂。而刮下的干松脂，有的会掉到荒地上。这种刮法既费时、费力，又不方便，干脂也没有得到全部收回，收脂效率低。请据此信息设计一种方便好用的干松脂刮取和收集工具。

(6) 英国的Pro-Idee公司发明了一种“绝水”雨伞——NanoNuno雨伞。NanoNuno

雨伞在使用后只需快速地摇一摇，便可清除伞面上残留的雨水。雨天时，人们不必担心伞会将雨水带入室内了。NanoNuno 雨伞的伞面是由纳米技术的聚酯纤维制成的，可以阻挡雨水的渗入，使它们不会在身上或者地板上“安营扎寨”。发明者的灵感来源于对生活的细心观察，即“绝水”的过程类似于水珠、泥土从荷叶上滚落。请根据上述信息提出 1～2 种发明设想。

（7）2019 年 5 月 14 日，浙江大学官网报道，浙江大学化学系范杰教授团队发明了一种“紧急止血救生衣”。用沸石棉纤维复合物制成的 T 恤衫，外表与普通 T 恤相比没有任何区别，但其特殊成分能止住喷流的动脉血，为抢救生命赢得时间。用沸石止血早已有之，沸石具有紧急止血的能力。范杰对沸石进行了全面的升级和改造，实现了两项关键突破：一是弄清沸石能迅速止血的分子机制；二是将沸石材料成功地“长”在石棉纤维上，让生产“紧急止血救生衣”成为可能。请根据上述信息提出 1～2 种新的发明设想。

（8）2021 年 12 月 14 日，新浪财经头条报道，三星推出的智慕系列洗衣机及烘干机，均搭载了 AI 智能控制功能，将洗衣机与烘干机组合，可提高洗烘效率。该系列洗衣机最高可省时 50%，支持 39min 超快速洗涤；烘干机采用低温烘干科技，支持 81min 超快烘干，通过高热能量，大幅缩短烘干时间，与新型洗衣机配合使用，最快可在 2h 内完成洗衣、烘干全过程。可为用户智能推荐洗衣、干衣程序，减少用户手动选择程序的时间，一键开启智能高效的“懒人”洗烘生活。请根据上述信息提出 1～2 种新的发明设想。

3.10 形态分析法

引例 3－13 新型单缸洗衣机的开发

洗衣机走进了千家万户，其种类越来越多，功能也越来越完善，目前使用较多的是单缸洗衣机。但是你知道单缸洗衣机是怎么开发的吗？开发人员首先对洗衣机进行因素分析，确定洗净衣服所必备的基本因素。为了便于形象思考，用功能代替因素，先确定一个总功能即“洗净衣服”，再对总功能进行形态分析得到“盛装衣物”“洗涤去污”和“控制洗涤”三项分功能，接着对各个功能进行分析，确定实现这些功能要求的各种技术手段，最后建立洗衣机的形态分析表（表 3－2）。

表 3－2 洗衣机的形态分析表

功能	技术手段			
	1	2	3	4
A 盛装衣服	塑料桶	玻璃钢桶	铝合金桶	不锈钢桶
B 洗涤去污	热胀分离	机械摩擦	电磁振荡	超声波
C 控制洗涤	人工控制	机械控制	计算机控制	手动/自动模式

利用此表进行功能、技术手段的排列组合，得到 3×4×3 共 36 个方案。再对每个方案进行形态学分析，一一筛选，排除已有的、不可行的和不可靠的方案，得出一个最优方案。这种发明创造的方法就是形态分析法。

3.10.1 形态分析法概述

形态分析法是一种根据形态学来分析事物，并进行创造发明的方法，它是由美国加州理工学院教授、美籍瑞典天文物理学家弗里茨·兹威基 1942 年提出的。

形态分析法的原理是把研究对象或问题，分解为若干个相互独立的基本组成部分（称为基本形态要素），找出实现每个独立要素功能要求的所有可能的技术方案，并加以排列组合，最后形成解决整个问题的总方案。这样，通过不同的组合关系便可获得若干个不同的总方案。总方案中的每一个方案是否可行，必须采用形态学方法进行分析。

弗里茨·兹威基把形态分析法分为以下 5 个步骤。

(1) 明确地提出问题（发明、设计），并加以解释。

(2) 把问题分解成若干个基本组成部分，每个部分都有明确的定义，并且有其特性。

(3) 建立一个包含所有基本组成部分的形态矩阵（形态模型），这个形态矩阵应包含所有可能的总方案。

(4) 检查这个形态矩阵中所有的总方案是否可行，并加以分析和评价。

(5) 对各个可行的总方案进行比较，从中选出一个最佳的总方案。

事实上，形态法也属于组合法的一种。日本志村文彦对形态分析法作了进一步改进，发明了方案评分法，如图 3.37 所示。他将发明目标、因素和形态画成方案选择树状图，并在图上对各形态进行打分，从而根据打分优选出最佳的组合方案。方案评分法被很多国家采用，应用效果很好。

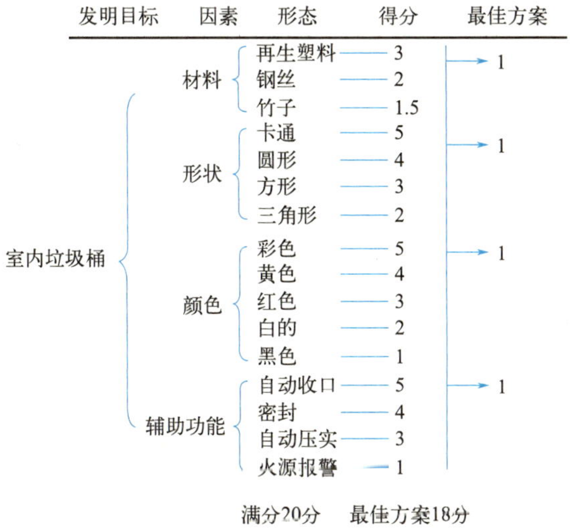

图 3.37　方案评分法

3.10.2 形态分析法案例

案例 3－104 多功能环保型折叠壶设计

2004 年，中国人民解放军后勤工程学院的胡文君和李著信根据形态分析法原理设计了一种多功能环保型折壶。其目标是该壶不仅携带、使用方便，而且功能多样，有利于环保。他们设计的多功能环保型折叠壶的研制步骤及方案如下。

（1）确定课题。设计一种便于携带、功能多样的旅行壶。

（2）分解要素。按照其构成和功能分为能折叠和支撑的壶体、加热、保温、杀菌、氧气供给与环保画 6 个相对独立的基本要素。

（3）形态分析。列举出各种基本要素的全部可能的形态，编制其形态矩阵，见表 3－3。

（4）形态组合。将各种解法排列组合成多种组合方案。由表 3－3 可知，多功能环保型折叠壶的组合方案总数为

$$N=3\times4\times4\times3\times3\times4=1728(\text{个})$$

（5）方案选优。根据产品的功能及特点，按照经济、适用、方便、安全、可靠、省力等技术指标进行分析、评价、比较、决策，最后得到最佳方案为 A3—B2—C2—D3—E2—F2，即软体弹簧气囊壶体—内供电加热—充气保温—二氧化氯杀菌—壶体内配备液态氧气—三维立体画。

表 3－3 多功能环保型折叠壶的形态矩阵

独立的基本要素	各要素的对应解法			
	1	2	3	4
A 能折叠和支撑的壶体	刚性机构气囊	软体对折气囊	软体弹簧气囊	—
B 加热	外供电	内供电	内部化学反应	外供热
C 保温	真空	气	水	固体
D 杀菌	紫外线	红外线	二氧化氯	—
E 氧气供给	壶体内化学反应制氧	壶体内配备液态氧气	附属设备供给氧气	—
F 环保画	固定	三维立体	自动翻滚	手动翻滚

该折叠壶的结构如图 3.38 所示，它主要由密闭的气囊、弹簧、底座、放气开关及附件构成。气囊采用耐温变、耐压、无毒、无味的不易燃烧的轻质环保材料。底座内有与导热板连接的高能电池和与气囊相通的液态氧气盒；壶体是装有刚性弹簧的密闭柱状气囊，通过连通管与壶盖连通，底部有放气开关，上部是与壶盖丝扣密封的刚性塑料组合体；壶盖可以自由旋转，设有泄压阀，附带尼龙多爪钩。壶体的外形是方便固定的凹凸形状，由森林、草原、乡村等特色风景图案交互构成的三维立体画组成。

3.10.3 形态分析法的操作程序

形态分析法的操作程序如下。

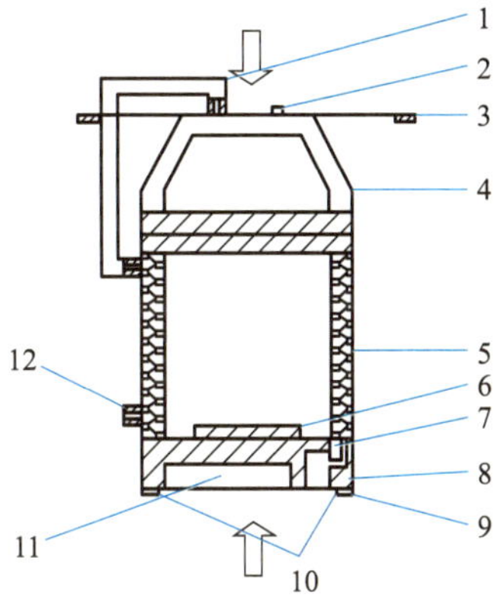

1—连通管；2—泄压阀；3—尼龙多爪钩；4—壶盖；5—气囊；6—导热板；7—弹簧；8—底座；9—液态氧气盒；10—尼龙多爪钩粘贴处；11—电池盒；12—放气开关。

图 3.38 折叠壶的结构

(1) 确定发明目标或研究课题。确定发明目标并非要确定具体的设想方案，而是确定一个概念，或者确定一个具有明确属性的目标物。

(2) 确定发明目标的基本形态要素。一般应以 3～7 个要素为宜，舍去与发明宗旨不相符的因素，以避免系统过于庞大，不易操作。

(3) 进行形态的分析。根据各要素功能要求，列出各要素全部可能的形态。这需要创造者具有大量的知识储备和丰富的实践经验，还必须了解相关的技术手段，否则很难列举出各要素的全部可能形态。

(4) 编制形态表。将上述的分析结果编制成形态矩阵表。

(5) 进行形态组合。按照对发明对象的总体功能要求，分别将各要素的不同形态方式进行排列组合，以获得尽可能多的合理设想（组合数目 N＝要素的形态数的乘积）。

(6) 评选出最优方案。通过对组合方案中的各种可能总方案的比较研究，选出符合发明宗旨的最优方案。

3.10.4 形态分析法使用时的注意事项

(1) 实施形态分析法时小组成员不宜过多，两三名专业人员即可。

(2) 实施的步骤不是必须遵循的，熟练后可直接列出形态矩阵表，并进行组合选择，这一步是最核心的。

(3) 拆取要素时要准确，无关紧要的可不分析。分析基本要素时，要着重考虑其基本性能，综合分析时需要确定一个核心指导思想或优选原则，以提高有效率。

(4) 在寻找实现要素功能要求的技术手段或方法时，要按照先进、可行的原则进行考虑，不必将那些根本不可能采用的技术手段填入形态矩阵表中，以避免组合表过于庞大。

(5) 对于复杂的技术课题可分几个层次，可用逐项展开的方法不断深入主题，最后分几层进行整体组合。

3.10.5 形态分析法的优缺点

应用形态分析进行新品策划，具有系统求解的特点。只要能把现有科技成果提供的技术手段全部罗列出来，就可以把现存的可能方案“一网打尽”，这是形态分析法的突出优点。但其缺点是总方案过多时，方案优选较困难，如果选择不当，就可能使组合过程的辛苦付之东流。

3.10.6 形态分析法训练题

应用形态分析法完成以下设想方案。

(1) 新型、实用的健身车的设计，要求设想5种方案。

(2) 新式婴儿车的设计。

(3) 可折叠儿童床的设计。

(4) 可自动翻身和调姿的病床的设计。

(5) 有保健功能的鼠标的设计。

(6) 抗震餐桌的设计。

(7) 组合调味盒的设计。

(8) 便携式救生衣的设计。

(9) 新型多功能台灯的设计，要求具有照明、闹钟、笔架、手机充电等功能，且照明亮度可调节。

(10) 健康电脑椅的设计，要求符合人体工程学原理。

(11) 便携式小型电动擦鞋器的设计。

(12) 新型艺术衣帽架的设计。

(13) 折叠式行李车的设计。

(14) 暖手键盘鼠标套件的设计。

(15) 驱蚊消毒多用灯的设计，具有驱蚊、杀菌消毒、去除果蔬农药残留等新功能。

3.11 主题创造法

引例3-14 主题创造

2021年3月，全国大学生机械创新设计大赛组委会公布了第十届（2022年）全国大学生机械创新设计大赛的主题为“自然·和谐”。大赛内容为设计与制作①模仿自然界动物的运动形态、功能特点的机械产品（简称仿生机械）；②用于修复自然生态的机械装置，包括防风固沙、植被修复和净化海洋污染物的机械装置（简称生态修复机械）。每一届的大赛通知都强调所有参赛作品都必须与本届大赛的主题和内容相符，与主题和内容不符的作品不能参赛。类似全国大学生机械创新设计大赛这样，围绕事先确定的主题，进行发明创造的方法，简称主题创造法。

3.11.1 主题创造法概述

主题创造法是指在进行创造和发明之前先确定一个核心的主题，如“康复与爱心”

(第二届全国大学生机械创新设计大赛的主题)、“抗震救灾与逃生”“节能减排”“孕婴产品”“老人护理”等，了解当前主题的相关需求，然后根据这些主题确定具体的发明对象。这样的发明更有针对性和实用性，便于发明者更好地了解和把握其社会需求。

主题的确定可来源于政府指定，或者发明者根据对社会实际需求的调研来确定，下面仅以部分主题为例进行介绍。

3.11.2 康复与爱心

案例 3－105 下肢辅助护理与康复训练机器人

根据 2022 年度安徽省高校协同创新项目指南中“可穿戴式智能康复运动辅助机器人关键技术研究”要求，编者所在的课题组与中国科学技术大学夏海生副研究员等组成了联合课题组，针对失能、半失能、瘫痪等行动不便的病患或残疾人生活不能自理的问题，设计了专门针对下肢的辅助护理与康复训练机器人，如图 3.39 所示。在遵循主动康复护理的原则下，实现了卧床者移位等特定场景特定需求的康复运动智能化和人性化，操作方便，有效降低了康复护理人员的劳动强度和护理压力，提高了医院、养老院、家庭等场所病人的康复效率，降低了康复护理成本，同时有效提升了患者的日常生活质量和幸福感。

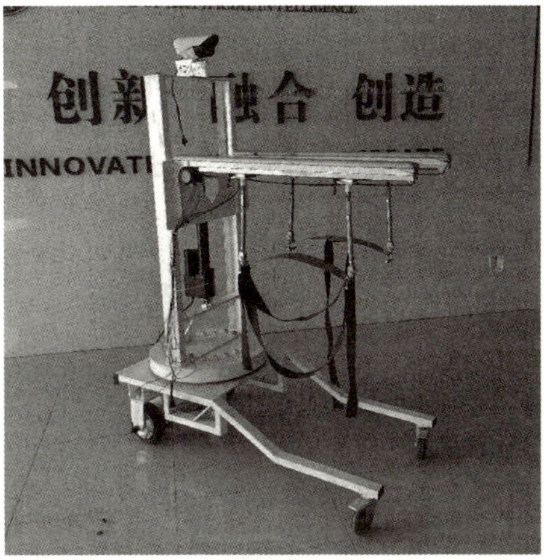

图 3.39 下肢辅助护理与康复训练机器人

案例 3－106 多功能可起立行驶康复车

镇海区庄市街道勤勇村的倪厚心有个邻村的好友叫周龙标，因工伤下肢截瘫，在轮椅上坐了 30 年。由于他长期坐轮椅，造成下肢严重弯曲变形、肌肉萎缩，多次住院进行手术治疗。无奈之下，他请求倪厚心帮忙制造一辆能让人站起来的轮椅。1998 年，老倪为了兑现对朋友的承诺，开始了他 10 年的“闭门造车”，经过反复摸索、实践，终于在 2003 年造出了一台能让人站起来的轮椅（图 3.40），并于 2006 年获得了国家发明专利。该发明填补了国内站立式轮椅车技术领域的空白。

该康复车突破了传统轮椅车只能保持坐姿的局限性，使丧失行走能力的患者依靠轮椅车也能站立起来行走，提高了他们的生活质量和自理能力，减轻了其家属及陪护人员的护理强度。康复车的特殊结构可以帮助患者起立和行走，使身体各个部位得到充分的活动和锻炼，从而增强了全身的血液循环和肠

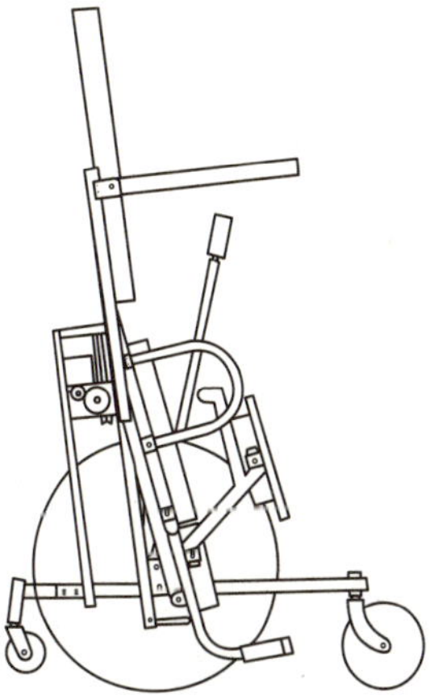

图 3.40 多功能可起立行驶康复车

胃蠕动，能有效防止许多疾病，并使患者下肢得到局部康复。该康复车拥有坐便器功能，解决了患者出行的后顾之忧，无须克制饮水进食。

3.11.3 节能减排

案例 3-107 太阳能“军训加油站”

2021 年 9 月，安徽理工大学人工智能学院的研究生洪维立等为了解决学院大一新生军训服务点缺电难题，在导师的帮助下设计了一款由太阳能电池板、整流逆变器和蓄电池等组成的太阳能“军训加油站”（图 3.41）。这是一套微电网系统，通过太阳能为电池充电，提供了可持续电源，还配备了小型电风扇、电热水壶、充电装置等，解决了军训场地手机充电难、避暑难等问题，“军训加油站”可提供解暑、充电、热水供应等服务，不仅使用方便，而且可持续使用、节能环保。

图 3.41 太阳能“军训加油站”

案例 3-108 能自己发电放音乐的淋浴头

东华大学设计专业的学生彭诗楠在索尼中国创造中心的资助下，设计了一种能自己发电放音乐的淋浴头。这是一个可以收集水能的莲蓬头，它能够在人们冲洗淋浴时把这些水能转化成电能并利用电能来播放音乐，这个浴室音乐播放器可以把音乐的节奏与水流结合起来。默认情况下，当播放金属摇滚音乐时，水流会更加湍急，播放柔和的音乐时水流会变得舒缓，同时能通过手动选择水流的强度来强化或减弱音乐中的低音，使音频变得更加激烈或柔和。

案例 3-109 高压水射流除垢机器人

安徽理工大学智能机械与机器人研究所的研究人员将高压水射流除垢技术和管道机器人技术结合起来，研制出一种可用于燃煤电厂输灰管道垢层清理的除垢机器人，并申请了国家发明专利。高压水射流除垢机器人除垢技术以高压水为介质对垢层进行破碎和清理，无须添加磨料和化学试剂。该除垢机器人操作简单，清理效率高，可解决化学浸泡法除垢无法避免的酸液耗量大、污染严重、腐蚀管道等技术难题。

3.11.4 孕婴纪念品

以孕妇、产妇和婴儿为目标进行纪念品研发，使产品具有艺术性、收藏性、永久保存性等性能，或结合当地风土人情赋予产品其他文化内涵，以满足不同消费者的需求。

案例 3-110 胎盘作画

胎盘、脐带是连接胎儿和母亲的桥梁，记录了胎儿的成长，有着特定的意义。广东省第二人民医院产科别出心裁地创作出名为《生命之树》的画，该画由产妇的胎盘、脐带和宝宝手足印绘制而成（图 3.42），是为母婴免费定制的独特纪念品。自 2020 年 10 月以来，广东省第二人民医院开始陆续为 20 多个新生儿家庭制作了《生命之树》的胎盘画。这一独特纪念品的拓印由爸爸、妈妈参与设计，助产导乐师完成。

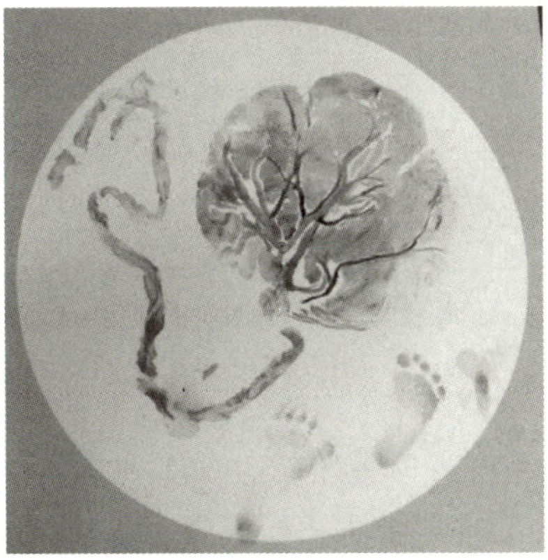

图 3.42 胎盘画作品

案例 3-111 胎毛笔

相传唐代有一学子，用自己的胎毛笔上京赴考，感恩父母养育之情，才思泉涌，下笔如有神，一举高中头榜，因此胎毛笔又有“状元笔”“智慧笔”之称。代代相传，胎毛笔能带来好运。文人使用胎毛笔一时兴起，成为书香门第的表征，用以纪念、收藏、辟邪、定情等。现在许多商业机构便根据这一民间传说对胎毛笔进行商业开发，推出许多胎毛衍生产品（如胎毛画、胎毛章、胎毛坠和胎毛绣）及其他关联产品（如手足印等），风靡全国。

3.11.5 主题创造法训练题

（1）以“敬老、爱老和助老”为主题，提出老人专用的发明设想。
（2）以“关注交通安全”为主题，提出与交通安全相关的发明设想。
（3）以“食品与安全”为主题，提出用于食品检测或与食品安全相关的发明设想。
（4）以“绿色设计与制造”为主题，提出以绿色设计或绿色制造为理念的发明设想。
（5）以“矿山灾害与防治”为主题，提出与“矿山灾害与防治”相关的发明设想。
（6）以“节约水资源”为主题，提出与节约用水相关的发明设想。
（7）提出一个与“城市生活垃圾无害化处理与再利用”有关的发明设想。
（8）提出一个与“电子产品垃圾无害化处理与再利用”有关的发明设想。
（9）提出三个以上与“中医科学化、现代化”有关的发明设想。

3.12 其他创造方法

引例 3－15　新型自清洁静电除尘装置

通常，化纤企业采用真空清洗炉及煅烧炉烟气，通过水膜除尘、静电除尘工艺治理尾气；但由于尾气中的颗粒物不溶于水，水膜除尘效率低下。后端静电吸附法虽然效率高，但基本上不到一天就被附着的粉尘堵塞，导致设备难以正常运行。2021 年，杭州绿然环保集团股份有限公司总经理朱中怀带领技术团队，经过半年多的现场反复实验，突破了多项技术瓶颈，研发出化纤企业专用的新型自清洁静电除尘装置，不仅尾气处理效果好，还具有自动清洗、清洁和本体自风干功能，设备持续运行稳定，而且排放标准大大低于国家规定的排放标准。近年来，该公司还围绕环保主题，开发了文丘里洗涤除尘装置、高级氧化除臭装置和动力波洗涤装置等。像杭州绿然环保集团股份有限公司这样以“环保”为主题的发明创造方法就不同于前面几种，它属于环保发明法。

除了以上各节列举的 11 种创造方法外，还有许多细节性的创造发明方法，如局部改变法、资源合理利用法、废弃物再利用法、环保法、扩展法、预作用法、质量补偿法、形式发明法、假拟法、中转法、优化法、布尔代数发明法（01 发明法）等。

据 20 世纪 90 年代不完全统计，全世界提出的各种发明创造实用方法已有 340 多种。近 30 年来，尽管也有学者提出了各种发明创造方法，但大多与原有的发明创造方法相似，或是某两种方法的组合，亦或是可归属到已有的发明创造方法中。例如，适应需要发明法（也称需要发明法）其实就属于列举法中的希望点列举法，“身边的需求”也就是“希望点”；类似的还有补短发明法就属于缺点列举法，所谓的“短”便是“缺点”或“不足”。变化发明法可以看作是“变一变”和“替代法”的组合。

3.12.1 中转法

中转法（全称中间转换法）是指在发明时通过中间物转换获得发明成果的方法。在运用常规方法无法从发明需求已有条件直接获得发明成果时，中转法往往能发挥意想不到的效果。而事实上，很多发明都是通过中转法产生的。如煤炭等能源需要通过水产生蒸汽驱动发电机，最终产生人们需求的电能，这里的水和蒸汽发电机都是中间转换物；水力发电只需要一个中间转换物——水力发电机。运用中转法的关键在于如何找到合适的中间转换物或方法，在已有条件和发明需求之间建立联系。

案例 3-112 西瓜“测熟计”的发明

2010年，扬州大学机械工程学院的大学生创新团队研发出了一款迷你型西瓜“测熟计”，用于检测西瓜的成熟度。该“测熟计”的原理就是将敲西瓜时产生的振动信号，通过传感器及内置芯片转化为数字信号，进行分析和处理，在液晶屏幕上显示西瓜的“成熟度”。

3.12.2 环保发明法

随着资源与环境问题的日益突出，基于绿色和环保发明的绿色消费是未来的趋势，越来越多的科学家、研究人员和发明家开始关注环境保护，致力于进一步促进绿色地球的目标，从而产生了一类以环保为主题目标的发明方法。2008年，著名网络环保杂志 *Tree Hugger* 评选出了“世界十大绿色发明”，磁悬浮风能发电机、节能热水壶、绿色屋顶、太阳能手机、“冰熊”空调系统、弹跳鞋、绿色飞行器、皮尔·卡丹的长颈玻璃瓶、超级电动跑车和太阳能发光二极管，展示了新一代发明者既强调实用又重视环保的十大绿色创意。2008年，国外媒体还推举出了世界十项最具创意的环保发明，如印度的空气动力汽车、西伯利亚由可再生资源和玻璃建成的绿塔、新西兰的生态船和芝加哥生态桥等都榜上有名。随着人类对环境的认识逐步深入，科学家、研究人员和发明家都致力于进一步促进绿色地球的目标，环境保护越来越受到人们的重视，与环境保护有关的发明也备受青睐。2022年5月12日，中国水专家网站为迎接第十个全国低碳日（6月17日），盘点了创意十足环保又简单的六个小发明，包括可食用的餐具、药丸牙膏、用塑胶瓶做成的电灯泡、可替代一次性塑胶瓶的环保水球、由小麦和大麦制成的可降解可食用包装、用于收集海水中垃圾的海洋垃圾桶；提醒人们节约能源和水资源，践行绿色消费，倡导低碳出行，呵护自然生态。

案例 3-113 环保粉笔

尽管电子黑板和教学一体机逐步在大中小学中推广应用。但据不完全统计，目前仍有约90%的学校还在使用黑板与粉笔，粉笔在短时间内仍不可完全被替代。2016年，大庆市瑞斯达成科技有限公司推出了一款新型环保粉笔——佰思拓生态无尘粉笔，该产品的特点是无毒、无害、无粉尘。佰思拓生态无尘粉笔采用高分子材料和颜料制作而成，可溶于水，实现100%无尘，彻底解决了传统粉笔的粉尘难题；该粉笔可降解、无毒、无害、无刺激，具有显著的环保特征；粉笔原料中含有颜料，字迹更明亮，色度更高；书写过程中不易折断，更耐用。

案例 3-114 可再生服装

2019年9月，安踏（中国）有限公司重磅推出了自主研发的可再生环保服装产品——“训练有塑”。该产品以回收的废弃塑料瓶为原料，并将原料制成再生涤纶面料的服装。平均每回收 11 个 550mL 废弃塑料瓶即可制成 1 件服装所需的再生涤纶面料。该公司研发团队经过一年多攻坚，上百次实验，克服诸多技术难题；通过物理化学法，实现从废弃塑料瓶到涤纶纤维的高效再生，且综合成本比国际品牌低 30%～50%；同时将可追溯元素加入到再生涤纶纺纱过程中，使纱线、面料、成衣等环节都有迹可查。

案例 3-115　可溶于水的婴儿鞋与塑料袋

2018 年 7 月 24 日，智利圣地亚哥工程师罗伯特·阿斯特特和克里斯蒂安·奥利瓦雷斯召开新闻发布会，展示了一种可完全溶于水的新材料，用来制作环保塑料袋和其他环保塑料制品。该团队使用 PVA（一种可溶于水的聚乙烯醇）作为化学基质，取代石油衍生物，以确保塑料袋可降解，避免塑料袋中不可分解的石油衍生物留存在环境中，减轻对海洋生物和自然环境的危害。

2022 年 2 月，环保童鞋制造商 Woolybub 首次推出 Newbie，这是世界上第一款可溶解在开水中的婴儿鞋。这款鞋由专用面料制成，具有丝绸的柔软手感和合成纤维的耐用性，可以承受婴儿正常的磨损。遇到雨水或手洗时这款鞋不会溶解，一旦放入沸水中，40min 后会溶解成安全、无毒的可直排的液体，细菌可将溶解的液体分解成二氧化碳和水。同时，该款鞋子也可以在工业堆肥中被分解。

思考题

（1）常用的创造方法有哪些？

（2）智力激励法和 635 法有何异同？

（3）群智法主要适用于哪些场合？

（4）我们所熟悉的生活用品或工业品中有哪些可能是运用组合法发明的？它们分别是运用哪一类组合法？

（5）从组合法的案例中，你得到了哪些启发？有何发明设想？

（6）模仿和仿制有何不同？

（7）移植法通常有几种途径？

（8）移植和模仿有何不同？

（9）根据替代法的原理，你认为目前在哪些具体领域可使用替代法进行发明创造？

（10）列举法有何优缺点？对初学创造的人而言，列举法在寻找发明课题方面有何具体运用？

（11）设问法在日常生活、学习和工作中有何运用？

（12）什么是还原法？其操作要点是什么？

（13）如何有效地运用信息法进行发明创造活动？你的信息来源主要包括哪些渠道？

（14）形态分析法的基本步骤有哪些？它和组合法有何联系？

（15）根据本章所述各种创造发明方法，结合自身的创造发明实践，试总结出新的创造方法。

第4章 创造力及其开发

什么是创造力？什么样的人具有创造力？普通人的创造力能开发吗？“创造力”一词常常给人以遐想，似乎只有像爱迪生、爱因斯坦、居里夫人和莫扎特等那样的天才人物才具有创造力，且现实生活中似乎没有人能与他们相提并论，也极少有人能像他们一样取得那么伟大的成就。于是人们长期以来似乎形成了一种共识，即普通人不具有天才人物的“天赋”，因此也没有什么创造力，也无从开发。这显然是错误的。

大量的实践和研究表明，人人都有创造力，普通人也可以进行创造力开发。开发创造力，有利于发掘人们的智慧宝藏，将对人们的命运起着决定性作用；更为重要的是创造力的开发与智慧的增长两者相辅相成，也就是说，创造力的开发可以增长智慧，而智慧的增长反过来又会促进创造力的增长。

本章主要介绍创造力开发的基础、创造力开发的障碍、创造力的可开发性、创造力开发的方法、创造力开发的外部环境及创造力的验收等内容。

4.1 创造力开发的基础

4.1.1 创造力的含义

对于创造力的含义，众说纷纭，莫衷一是，不同的研究者从不同的角度对创造力下了定义。德国学者海纳特在其《创造力》一书中指出，创造力是人产生任何一种形式思维结果的能力，而这些思维结果在本质上是新颖的，是产生它们的人事先所不知道的。珀金斯对创造力的定义如下：①创造性的成果必须是独创的和恰当的；②一个创造性个体——有创造力的人，经常会产生创造性的成果。广西大学的甘自恒指出：“所谓创造力，是主体在创造活动中表现出来、发展起来的各种能力的总和，主要是指能产生新设想的创造性思维能力和能产生新成果的创造性技能。”浙江大学的王加微则把创造力视为提出新设想、解决新问题的能力。最普遍的解释来源于《辞海》(1999年出版)，即创造力是对已积累的知识和经验进行科学的加工和创造后产生新概念、新知识、新思想的能力。

我国著名创造学者庄寿强教授在长期深入研究、分析后，提出创造力的广义和狭义的概念。他认为，创造力可以分为创造潜力（简称创造力，狭义创造力）和创造能力（广义创造力）。

4.1.2 创造力和创造能力的区别

狭义创造力是每个正常人都具有的一种自然属性。创造力实质是人类在长期的进化过程中伴随大脑的进化而形成的自然结果，是大脑的一种先天的自然属性。这种狭义的创造力是隐性的创造能力，它与人的知识和能力并无直接关系，因此也无法进行测量，人们之间的这种天生性的创造力的比较也就无所谓大小。

广义创造力，即创造能力，是经过各种各样的开发活动（主要是教育或训练活动）而被激发出来的，并被“放大”了的“创造力”，故创造力具有一定的社会属性，且表现为一种明显的能力，因此创造能力是可以测量和比较大小的。创造能力是创造者必须具备的能力，只是不同创造者的创造能力的大小或高低有所不同而已。

大量的实验和研究表明，人的创造力是可以开发的，但创造力一旦被开发出来，就表现为显性的创造能力。没有后天的学习和训练，人的创造力就不可能转变为创造能力。

研究过知名科学家和发明家传记的人可能会发现，有许多知名的科学家和发明家是“青年早成”，他们在很小的时候就表现出过人的“天赋”，也有许多人到了盛年时期或老年时期才获得成功。对此，哈德·爱德华博士认为，即使是具有高智力和高独创性的人，他的创造性和创造力也不一定在少年时代就表现出来，甚至并不能断言他比那些素质较差的人会更早表现出创造力。这是因为潜在的创造力和外显的创造能力是两码事。潜在的创造力必须经过有效的开发，转化为外显的创造能力，或以创造性的成就展示出来后，才能为人所见。因此，创造力开发的关键就是如何通过科学的方法和有效的手段，促使创造者的创造力显性化和具体化。

4.1.3 创造能力的构成

关于创造能力的构成，不同的学者有不同的观点。有的学者认为创造能力在一般或绝大多数情况下表现为创造性思维能力与创造性行为能力的结合，创造性思维对创造性行为有指导作用，是创造能力的核心。在一定条件下，创造能力可以只通过创造性思维能力表现出来，而在个别情况下，创造能力也可以只通过创造性行为能力表现出来。也有学者把创造能力的构成要素分为智力因素和非智力因素两大类。其中，智力因素主要包括注意力、观察力、记忆力、直觉力、想象力、判断力、思维能力和操作能力等；而非智力因素则包括动机、理想、兴趣、情感、自信心、自制力和价值观等。

通常，创造者的创造能力的大小或高低是由其自身的创造素养决定的。从有利于开发和培育的角度看，创造者个体的创造素养主要由信息量度、创造欲望、创造品质、创造思维能力和创造技能五部分构成，故创造者的创造能力的大小或高低可以用下面的公式表示。

创造能力＝信息量度×创造欲望×创造品质×创造思维能力×创造技能

1. 信息量度

创造者只有具有足够的信息量才可以进行创造和发明，因为足够的信息量和丰富的知识储备是进行创造活动最基本的前提条件，特别是对于一些比较专业的领域内的发明和创造活动。例如，一个从事文学创作的人几乎不可能在人造器官培育和纳米级材料修复技术中进行实质性创造和发明活动，因为他缺乏相关领域的专业知识和足够的信息量。

2. 创造欲望

创造欲望，即创造者从内心想进行创造活动，它是创造者心理的强大动力。创造欲望能促使创造者将其个体意志、力量、知识和技能转化为切实的创造行动，从而产生相应的创造成果。创造者创造能力的大小或高低在很大程度上只是其创造欲望的强弱不同而已。创造能力高的人往往有强烈的创造欲望，正是这种强烈的创造欲望促使他们进行创造和发明。美国著名的成功学家罗伯特·科利尔把欲望看成是实现目标的第一法则，他在其著作《成功是一种信念》中写道："你会得到你想要的一切——只要你具有强烈的欲望。""你可以满足所有的心愿——只要你非常想，只要你执着于你的欲望，只要你懂得并且相信自己有能力实现。"他把欲望看成是所有事情成功的条件和钥匙。

3. 创造品质

创造品质是指创造者在从事创造和发明活动的过程中所具有的独特的个性特征和思维特质，包括质疑精神、冒险精神、团队精神、创造意识、创造意志、毅力、自信心、勇气等个性特征，以及直觉、潜意识和灵感等思维特质。

4. 创造思维能力

创造思维能力是指创造者能够熟练掌握和灵活运用各种创造性思维方法，及时了解创造需求，及时发现问题并及时解决问题的能力。创造思维能力是创造能力的核心组成部分和必要条件，创造者只有具备一定的创造思维能力才可以说他能够进行创造和发明活动。

5. 创造技能

创造技能主要是指通过灵活运用各种创造原理、方法，把创造设想变成创造成果或解决创造活动过程中出现的各种问题的能力。这里的创造技能除了包括运用已知的创造原理和方法去发现问题、解决问题的操作能力及完成能力外，更重要的是它还包括对新知识、新技术的学习能力及运用现有知识和技术去创造新的知识及技术的能力等。

从上述创造能力构成分析可以看出，创造能力是创造者在创造实践应用中所形成的外在能力。创造能力的培育必须侧重于将创造性思维、创造品质、创造方法和创造技能付诸应用，在创造实践中逐步提高，这也是创造能力培育的基本途径。

[拓展图文]

4.1.4 创造力模型

最普通的创造力模型一般是通过分析、研究创造性人物的传记、访谈录、产生创造性成果的过程等方法建立的，因此传统的创造力模型大都脱胎于创造者的经验和体会。这里只介绍几种经典的创造力模型。

1. 杜威和华莱士的创造力模型

当代最早的创造力模型是由杜威建立的问题解决模型。杜威描述了解决问题过程的五个逻辑步骤。

（1）感觉解决问题困难。

（2）定位且定义困难。

（3）考虑可能的解决方案。

（4）衡量各种方案的结果。

（5）选择一种方案。

与杜威同时代的华莱士通过对创造性人物著述的研究，提出了经典的创造过程四步论模型，如图 4.1 所示。该创造力模型超越了杜威的逻辑系列，包含了无意识加工过程。华莱士创造力模型的四个阶段如下。

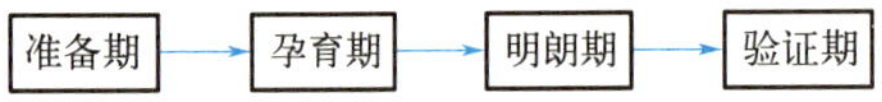

图 4.1　华莱士创造力模型

第一阶段，准备期。创造者收集资料和信息，对问题进行创造性的思考，尽可能多地提出各种可能的解决思路或方案。

第二阶段，孕育期。该阶段被认为是华莱士创造力模型的核心。创造者不用刻意地关注待解决的问题，而是将注意力转向别的问题，似乎是在等待灵感的出现。

第三阶段，明朗期。在这一阶段，解决问题的思路突然变得清晰和明朗，问题迎刃而解。

第四阶段，验证期。它是对解决问题的方案的实践性、有效性和恰当性进行检验，并对不恰当的地方进行修正和改进。如果在前阶段解决方案不合理，则重复以上过程。

案例 4－1　凯库勒发现苯环的过程

凯库勒在破解“苯的结构”之前，一直为碳原子如何相互连接所困扰。一天，他在火炉旁取暖时睡着了，做了一个梦。梦中碳原子在他的眼前不停地跳跃，一些小的基团开始后退，他开始能够分辨出由许多原子组成的大结构；他还看到一些紧密连接在一起，重组成长条形状的碳原子相互缠绕着、旋转着，就像一条长蛇。它突然咬住了自己的尾巴，也正在这时凯库勒惊醒了。正是这个奇怪的梦帮助他破解了苯环的结构。

在这个案例中，凯库勒早期为解决碳原子相互连接问题所做的工作，为破解苯环的结构做好了铺垫，即华莱士模型中的“准备期”阶段。而他睡眠中做梦的过程正是“孕育期”阶段，梦醒后便进入“明朗期”阶段，而后的研究工作便是对苯环结构的“验证期”阶段了。

2. 托伦斯和帕伦斯-奥斯本模型

托伦斯也提出了一个创造力的四步论模型。

（1）感觉到困难或遇见问题。

（2）对问题提出猜测和假设。

（3）评价假设，尽可能做出一些改进。

（4）表达结果。

托伦斯模型的最后一个阶段要求根据观念采取实际行动，这是杜威和华莱士模型所没有考虑到的。

帕伦斯-奥斯本的创造性问题解决（creative problem solving，CPS）模型是集体智慧的结晶，它由多位理论家“培养”了20多年。它与其他创造力模型的重要区别在于其除了解释创造过程外，还注重让人更加有效地利用。

CPS模型由奥斯本于1963年首创，先后由帕伦斯、艾萨克森和特雷菲格等进一步发展改进。CPS模型有多个版本，每个版本都由包含问题解决的发散和收敛阶段的一系列步骤组成。CPS模型的早期版本如图4.2所示。

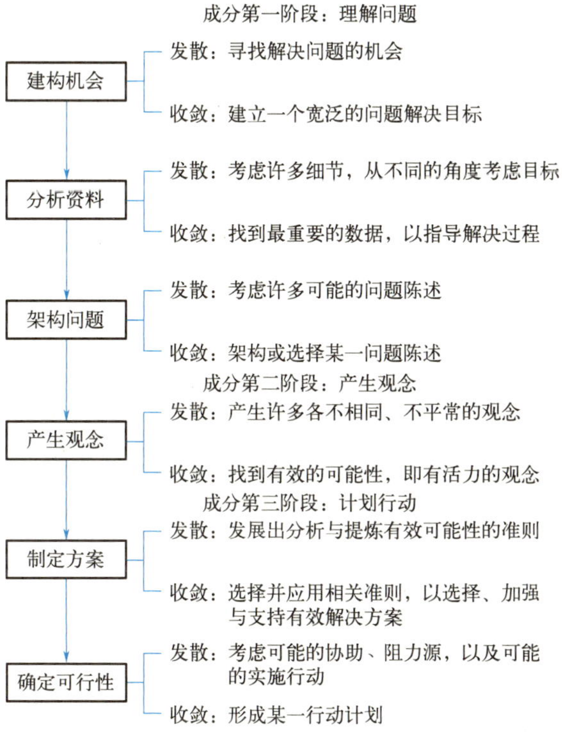

图4.2 CPS模型的早期版本

CPS模型的早期版本是线性的，各种发散和收敛过程一个接一个连成一体；模型分为理解问题、产生观念和计划行动三个主要成分，以及建构机会、分析资料、架构问题、产生观念、制定方案、确定可行性六个步骤。

CPS模型的新版本（图4.3）将六个步骤合并为三个阶段：理解挑战、产生观念和准备行动。新版本的CPS模型不是将上述各个步骤看成一个系列，即非线性，而是看成一个能按顺序使用的工具包，能根据不同的问题调用，并通过将创造性问题解决途径整合进模型本身，而使过程的灵活性更明显。模型的中央是三个分析过程：评价任务是指个体判断创造性问题的解决是否适合当前的任务与情景。如果面对的是一个开放式情景，思考大量“可能性”有助于解决问题，那么“创造性问题的解决”应该会有一个好策略。但是，如果问题只有唯一答案，则“创造性问题的解决”可能不是一个好的选择。设计过程意味着根据任务选择最适合的创造性问题解决阶段和步骤。模型中央下方的计划方案是指问题解决者需要根据上述分析过程，提出一系列可行的行动方案，明确大致要做的事项，计划好创造新工具或工具模型所需的材料及步骤，为下一步制定具体的解决方案做准备。

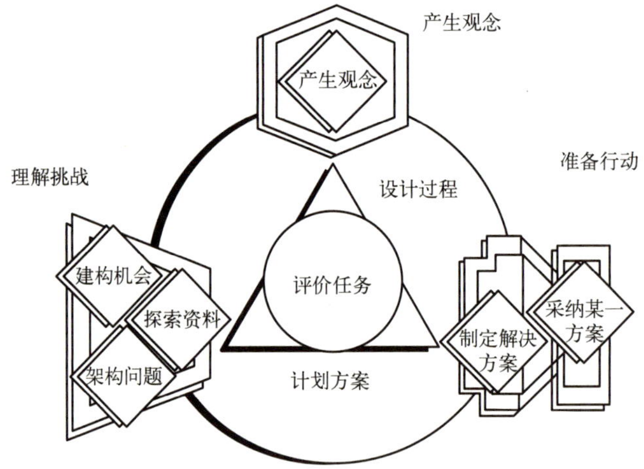

图 4.3　CPS 模型的新版本

4.1.5　创造力的分类和特点

1. 创造力的分类

有关创造力的分类，国内外学者也有不同的观点。如美国心理学家泰勒根据创造成果的新颖程度和价值的大小，将创造力分为表达式创造力、生产式创造力、革新式创造力、发明式创造力和高深创造力等；美国心理学家马斯洛把创造力分为特殊才能的创造力和自我实现的创造力；我国创造学者鲁克成等将创造力分为高、中、低三个层次。

下面对马斯洛及鲁克成对创造力的分类作简要介绍。

（1）特殊才能的创造力和自我实现的创造力。

中国矿业大学的庄寿强教授又将特殊才能的创造力和自我实现的创造力分别称为绝对创造能力和相对创造能力。这是一种关于创造力的二层次分类，即自我实现的创造力是低层次的创造力，而特殊才能的创造力是高层次的创造能力。至于两者之间高低的分界线则很难分清，也只是一个大概的范围。两者之间的共性表现如下：①创造成果对于其本人而言都是新颖的；②都需要经过一定的启发、培养和训练，以及创造者自身的努力才能得以提高；③都可以对科技的发展起重要作用。

同时，切不可错误地认为特殊才能的创造力只有少数“杰出人物”或“天才们”才具有，而自我实现的创造力是对普通人而言的。经有效地开发，“自我实现的创造力”是可以发展成为“特殊才能的创造力”的，这个过程是一个从量变到质变的过程。

（2）创造力的高、中、低三个层次。

① 低层次创造力指的是仅对创造者本人的个体发展有意义，是一般不体现社会价值的创造力，也有的学者称之为“类创造力”（或称前创造力，即最低层次的创造力或其雏形）。

② 中层次的创造力是指具有一般社会价值的革新或创造所体现的创造力，比“类创造力”层次更高。

③ 高层次创造力是指对人类社会产生巨大影响，是由具有很大的社会价值的创造发明所体现出来的创造力，如航天飞机的制造、克隆技术的发明等。

2. 创造力的特点

国外的研究者，如美国学者塔蒂夫、斯滕伯格，在对成年的创造个体进行大量的研究后，将创造力的特点（征）分为两大类：认知风格和人格品质。中国创造学者将创造力的特点分为三大类：认知风格、创造能力和个性品格。

下面对认识风格和人格品质做详细的介绍。

（1）认知风格。

认知风格是指人们对知识掌握及运用的方式和态度。依据塔蒂夫和斯滕伯格的观点，认知风格具体表现在以下几个方面。

① 比喻性思维。作为创造者经常能够发现两个不相像的事物间的相似之处或某种联系，即从一种情境中摘取观念，并将其移植到另一种情境中，产生创造成果。比喻性思维是创造活动中常用的一种思维方式。如类比创造法、联想创造法、移植创造法等都是比喻性思维的具体体现。

② 决策过程的灵活性与技巧。思维的灵活性一般是指从多个角度看待某一情境，或产生多类反应。决策的灵活性要求一个人在做出选择之前需考虑多种选择和视角。施利希特认为决策是“才能无限模型”不可分割的一部分。在该模型中，读者可按四步学习：a. 考虑你能做的多种事情；b. 对每一种选择做更详细的考虑；c. 选择一个你认为是最佳的选择；d. 对你的选择做出多种解释。

决策过程模型可用于在许多场合做出判断，且每种情况都是开放的；决策过程模型不是“应试教育”中的“标准化试题”，答案不是唯一的。因此，用该办法将更可能获得较佳的解。

③ 判断时的独立性。判断时的独立性指的是判断时能够展示创造者个体的判断能力、思维能力和创造能力，而不必依赖于他人。这在判断中对于充分发挥个体的创造能力至关重要。

④ 应对新情况的能力。应对新情况的能力是指在突然出现新的情况、变化、观念时的应对和适应能力。

⑤ 逻辑思维技巧。虽然创造者的创造性思维往往是非逻辑思维，也有人将逻辑思维看作是创造力充分发挥的障碍。但事实上，创造者的创造能力的发挥是需要以逻辑思维能力为基础的，而高创造性的个体往往都非常善于运用逻辑思维技巧。

⑥ 形象化。形象化是指创造者能够将他们没有见过的东西在大脑中形象化。如前面提到的凯库勒将苯环形象化为蛇等。

⑦ 敢于打破习惯和常规。这里是指创造者往往能够冲破习惯性思维、行为方式，以新的视角分析问题，进而解决问题。打破习惯和常规往往是创造者取得创造性成果的法宝。

⑧ 在混沌中找到秩序。这个特点来源于美国加州大学伯克利分校 IPAR（Institute of Personality Assessment and Research）中巴伦的研究成果。研究发现，多数的创造者更喜欢复杂的、非对称的图像。巴伦认为这种偏好的背后隐含着“无秩序”，创造者喜欢“无秩序”是因为这种“无秩序”给了他们以自己独特的方式从混沌中寻找“秩序”的机会。

（2）人格品质。

如果说认知风格关注的是创造者的智力模式或思考方式，那么人格品质则是关注创造者的情感特点（特征）。美国创造学者斯塔科在其著作《创造力教与学》中将人格品质特点分为九大类：甘愿冒险、坚持不懈与对任务的承诺、好奇心、对经验的开放（对外来经验的接纳）、忍受模糊不清、有广泛的兴趣爱好、看重独创性、富于直觉和深度情感、内心充实或退缩（或是具有活跃的社会生活，或是安静地独处，重要的是能够“自得其乐”）。

4.2 创造力开发的障碍

引例 4-1　迈克的系绳实验

美国心理学家迈克曾经做过这样一个实验：他从天花板上悬下两根绳子，两根绳子之间的距离超过人的两臂长，也就是说他的两只手不可能同时抓住两根绳子。同时他在距离绳子不远的地方，放了一个滑轮。这种情况下，他要求一个人把两根绳子系在一起。然而尽管系绳的人早就看到了那个滑轮，但没有想到滑轮与系绳活动有关，结果没有完成任务和解决问题。其实，这个问题很简单。如果系绳的人将滑轮系到一根绳子的末端，用力使它荡起来，然后抓住另一根绳子的末端，待滑轮荡到他面前时抓住它，就能把两根绳子系到一起，问题也就解决了。系绳的人之所以没有想到这点，就是因为不能打破思维定式。而这种思维定式便是创造力开发的首要障碍。

要开发创造力，首先必须知道妨碍创造力开发的因素，然后针对这些障碍因素进行相应的训练和开发。

4.2.1 思维定式

思维定式是指在思考问题时总是自然地从已有的概念、观点和经验出发，按照一种习惯性的思维模式去考虑问题。这种习惯性的思维模式易于将人们局限于某种固定的模式或框框内，对于创造性的思维和活动往往是一种障碍和阻力；它会妨碍人们灵活地思考，阻碍新观念和新意识的产生，也阻碍头脑对新知识、新技术的吸收。思维定式是进行创造力开发最大的障碍，要想开发创造力，提高创造能力，首先就必须打破思维定式，摆脱已有的概念、观点和经验的束缚，去寻找新的概念和观点。新的设想、新的创意、新的发明、新的创造往往就是在突破思维定式时产生的。

案例 4-2　奇特的发迹者

霍英东是赫赫有名的楼宇住宅建筑大王。在中国香港居民的眼中，他是个“奇特的发迹者”，他“白手起家，短期发迹，一举成功”。霍英东的发迹真的那么神秘吗？其实不然。自古以来出售房子，都是先把房子盖好，然后出售。他却反其道而行之，先把要建筑的楼宇分层出售，再用收上来的资金建筑楼宇。这一先一后的颠倒，使他用少量资金就能建一栋新楼。他还采用分期付款的预售方式，使大多数人都能买得起房，开创了楼房预售的先河。他之所以能成功，就是打破了“先盖好房子，再出售”这一思维定式。

［拓展视频］

案例 4-3　关于赛艇的智力测试题

有一个很简单的智力测试题。警察在一座桥旁边发现一具年轻姑娘的尸体，一位划赛艇朝着桥的方向快速前进的男子作证说："那位姑娘站在桥上，摘掉了帽子，然后跳入水中。我的确亲眼看见了。"可是机智能干的警察立刻识破了他的谎言。请问：警察是如何识破他的谎言的？

图 4.4 赛艇

这个难度并不大的测试题却让很多人为难，读者不妨试一下，能否在很短的时间内找到答案？即使是知道了答案，你可能也感到费解。而阻碍问题解决的关键便是由于人们头脑中关于赛艇类工具的思维定式：认为赛艇都是向前划的，却没想到赛艇也可以是向后划的，如图 4.4 所示。

4.2.2 态度消极或缺乏自信

态度和信心都属于非智力因素。心态是信念、理想、感情和信心综合作用的产物，它不仅决定一个人的性格，还对其外部世界产生影响，能影响自身或其他事物的成败。态度是有效行为的决定因素，也是预测行为的最好途径。消极的态度意味着害怕、悲观、懦弱、被动，对自身和其他事物缺乏信心，甚至产生怀疑。积极的态度有利于创造力的开发、创造潜能的发掘及创造性思维和技能的发挥。如果创造者态度消极，缺乏自信，则将严重影响其创造力的开发。

"信心疗法"是一个很好的对策，它本来是利用人们的希望、信仰、意志或期望等非物质手段或者某种心理暗示的方法，唤起深藏于潜意识状态中的生理机制内在的力量来对抗和战胜疾病的治疗方法，但是"信心疗法"在其他方面也很有"疗效"，如厌学、恐惧等。许多成功的创造实践证明，积极的态度和足够的自信会给人积极的心理暗示，促使创造者产生创造激情，点燃创造欲望，增强创造意志力，激发创造潜能，从而提高创造能力。

案例 4-4 火灾事故中的两种不同态度

2018 年 12 月 17 日 11 时 11 分，河南省商丘市某农牧公司厂区发生火灾，造成 11 人死亡。根据河南省应急厅公布的火灾事故调查报告，事故起因是 3 名工作人员违规作业引燃材料，燃烧产生的高温有毒烟气致 11 人死亡。

施工期间，在焊割钢管过程中发生火灾，张某用灭火器灭火。随后张某在另一区域切割管道时发现下方有火，使用灭火器进行扑救，发现灭火器不能正常使用，随后用沙土进行灭火，也未能有效控制火势，3 人发现火情严峻后立即逃离现场并报警。火灾继续蔓延扩大，高温有毒烟气迅速蔓延到厂房、餐厅等区域，导致公司 11 名员工被困。被困在公司厨房内的 3 名厨师正在做饭，发现火情后，其中两名厨师第一时间逃离现场，而厨师赵某在浓烟中冒险关闭了 3 个液化气罐阀门后，受伤逃离现场。正是赵某的积极行动，避免了液化气爆炸的危险。

[拓展视频]

从本案例得到的警示是，施工人员应具备应有的安全知识和技能，如果忽视安全，采取冒险行动，易造成重大损失。每一项作业对操作者的生理和心理状态都有相应的要求，如果不能满足要求，就会造成其判断失误和行为失误，进而产生不安全行为。

案例 4-5 老师的表扬让他找回自信

安徽省某普通高校机械设计专业 99 级张同学，身材矮小，成绩较差，生活中几乎没有任何特长可以吸引别人的目光，是一位很容易被同学“忽略”的学生。因为急于提高成绩，他还患上了神经衰弱，一直生活在自卑和苦闷中，严重缺乏自信。他在大四上学期选修了“创造学”课程，由于每次课回答问题时都会“意外”地得到老师的表扬，每周例行完成的发明作品也让他对发明和设计开始产生了兴趣，因此他慢慢地有了自信心，特别是在课程结束时他设计的手机防盗器获得了学校首届发明创造一等奖，让他的同学对他有了特别的关注。在此后的大半年里，他把落下的课程全部补了回来；完成了 10 余项小发明，并获得了 1 项国家专利授权；在中文核心期刊上发表了 1 篇学术论文；在与其他重点院校毕业生同台竞聘一个岗位时，以绝对的优势被企业聘用；两年后独立负责该公司某主打产品两个机型的研发与设计工作。

4.2.3 畏惧心理

由于创造性的工作有着太多的不确定性，新生的东西一时也很难为大部分人所接受。因此相比于其他人，创造者将面临更多失败的机会。而这种害怕失败的畏惧心理便是阻碍创造力开发的因素，使大多数人缺乏胆识和魄力，丧失了创造能力，沦为普通工作者。

有创造能力的人不能在乎别人的批评，不要担心承担失败的后果，而要善于减小失败的概率，学会从失败中吸取教训和经验，寻求新的出路。对他们而言，失败也许是成功的开始，意味着面临新的机遇。

案例 4-6 爱迪生与特斯拉的电流交锋

19 世纪 80 年代中期以前，爱迪生处于将电力设想化为现实的领导者的地位，没有受到任何挑战。1882 年，爱迪生电气公司开始正式在美国各大城市推广直流电电网，试图把直流电作为行业标准。但是，爱迪生遇到了一个强有力的挑战者，他就是被后人誉为电磁学领域“鬼才”的尼古拉·特斯拉。

1888 年，特斯拉成功地建成了一个交流电电力传送系统。他设计的发电机比直流发电机更简单、灵便，而他发明的变压器又解决了长途送电中的固有问题。爱迪生为了自己公司的直流电生意，动用一切手段反对使用交流电。他以改变反对死刑的立场支持将交流电用作电椅的“行业标准”；利用公众对电力怀有的畏惧心理宣传高压的危险，搅乱公众头脑，攻击交流电的使用；阻碍电灯公司推广交流电系统；在公众场所演示直流电和交流电电死动物的实验，有些实验甚至在著名的“西橙郡实验室”完成；爱迪生的公司建议并支持政府，将供电的电压限制在 800V 之内，以此束缚交流电的有效使用。

但是，实践证明，交流电具备很多优点。1893 年，特斯拉交流供电系统把在芝加哥举办的哥伦比亚世界博览会照耀得灯火通明，向全世界展示了交流供电的优越性。十几年后法国的斯泰因梅茨在坚实的数学基础上创立了交流电理论，使交流电成为主要输电方式。甚至连爱迪生自己的电气公司都决定改用交流电，并去掉了公司名称前面的“爱迪生”，最终变成了著名的通用电气（GE）。

爱迪生利用人们的畏惧心理成功地使交流电的推广和应用延迟了十余年。这个曾给人类带来光明的伟大发明家，却在直流电与交流电的问题上投下了阴影，一度拖延了文明的脚步。

案例 4－7　高斯与一道 2000 多年的数学悬案

1796 年的一天，德国哥廷根大学，19 岁的高斯吃完晚饭，开始做导师每天单独布置给他的三道数学题。前两道题在两个小时内就顺利完成了。第三道题写在另一张小纸条上：要求只用圆规和一把没有刻度的直尺，画出一个正十七边形。

他感到非常吃力。时间一分一秒地过去了，第三道题竟毫无进展。高斯绞尽脑汁，但他发现，自己学过的所有数学知识似乎对解开这道题都没有任何帮助。然而，高斯没有被难题吓倒，他暗暗在心中发誓，非把这道题做出来不可。他发现按常规的套路行不通，就尝试用一些超常规的思路去解题。他拿起圆规和直尺，一边思索一边在纸上画着，尝试着用一些超常规的思路去寻求答案。当天亮时，他终于完成了这道难题。

导师接过他的作业一看，当即惊呆了。他用颤抖的声音对高斯说：“这是你自己做出来的吗？”高斯疑惑地看着导师，有些内疚和自责地回答道：“是我做的。但是，我花了整整一个通宵。”导师激动地对他说：“你知不知道？你解开了一桩有 2000 多年历史的数学‘悬案’！阿基米德没有解出来，牛顿也没有解出来，你竟然一个晚上就解出来了。你是一个真正的天才！”原来，导师也一直想解开这道难题。那天，他是因为失误，才将写有这道题目的纸条交给了学生。

每当回忆起这一幕时，高斯总是说：“如果有人告诉我，这是一道有 2000 多年历史的数学难题，我可能永远也没有信心将它解出来。”

4.2.4 从众心理

从众心理，简单地说就是一种“随大流”思想。别人怎么想，我也怎么想；别人怎么做，我也怎么做。这种心理往往是由于屈服于群体或环境压力而产生的，有时这也是存在思维定式、缺乏自信或者是害怕承担责任的表现，毕竟“法不责众”。但是，从众心理会导致创造者失去个性、缺乏独立思考，妨碍创造性思维的发挥。

案例 4－8　不锈钢餐具的发明

第一次世界大战前，英国热衷于殖民扩张，但英军发现他们的枪支使用时间一长，射程和命中率就大大降低。机械专家布利阿里的任务就是改进枪支构造，设法解决枪支的性能问题。而他发现造成枪支性能问题的原因是枪膛的用材硬度不够，如果能找到具有更好硬度的材料，这个问题就可以迎刃而解。于是他找来各种各样的合金钢，并进行耐磨和耐热的试验。

在一次清理场地时，布利阿里发现了一块锃光瓦亮的不锈钢钢材。经过分析，他发现这种钢材并不适合用在枪支上，但就在要将它抛弃的时候，他突然觉得这么漂亮的材料没有被派上用场实在太可惜了。他想到了实验室里暗淡无光的餐具，于是就想：“如果用这些材料来做餐具，不是十分漂亮吗？”就因为这个念头，布利阿里成了一位不锈钢餐具推

［拓展视频］

销商。数年后，不锈钢餐具开始进入家庭。

当布利阿里获得极大收益的时候，不锈钢材料的发明者——德国的毛拉不禁感叹：“我把它扔到了垃圾堆，怎么没有想到它可以成为餐具呢？”

正是布利阿里没有像毛拉一样“从众”，才发明了不锈钢餐具，否则不锈钢仍然会一直躺在垃圾堆里。

4.2.5 单一模式

传统的应试教育让人们从学生时代就开始习惯性地接受了“只有一个标准答案”和“只有一个正确解决思路”的单一思维模式，这些弊端严重束缚了人们的想象力，影响了创造性思维的发挥，严重阻碍了创造力的开发。

在分析问题或认识事物时，应该尽量从不同的角度、高度、层次、出发点或时间段出发，采用不同的方法和手段去分析和观察，以便更好地接近问题的本质，获得更多解决问题的思路，找到合适的突破口。特别是对于一些常规问题，更需要“不拘成法，另辟蹊径”，敢于标新立异。创造性思维需要的是多维模式，而非单一模式；只有思路开阔，头脑灵活，才可能产生更多具有一定新颖性和独立性的想法和观点。

4.2.6 不良的环境和氛围

适宜的环境和良好的气氛是发展创造性思维的土壤，任何形式的创造都需要在情感自由、探索自由和活动自由的条件下实现。创造者所处的周围环境和工作氛围对创造力开发起促进和制约的作用，传统保守的、僵化的管理方式和工作氛围对创造发明的负面影响和约束比较大。如果一个单位或部门存在严格而缺乏民主的等级制度，就会出现“领导者一言堂”现象，即使在技术研讨会上也可能出现“专家发言、负责人定调、大家听”的局面，制约了创造性想法或灵感的迸发，这样的环境或氛围抑制了群体创造性，包容性差，更会排斥“另类”的创造性人才，很难充分发挥团队的力量，主要通过少数的个人“英雄主义”来完成发明创造。

营造有利于创造发明的环境，首先便是要求领导重视创造发明，积极培养员工的创造精神，尊重员工所提出的创造性设想，形成良好的民主风气和创造氛围。

其次，团队内部的团结、协作气氛及家庭成员的支持等也是非常重要的。创造发明的成功需要创造性的气氛及各种不同观点的相互碰撞。如果创造流程的参与者各自为政，或者关键性的知识不能被团队所分享，那么创造就不太可能发生。相关协同部门，如市场、销售、制造和研发部门之间还必须及时沟通，紧密协作，确保信息通畅。

最后，心理环境对创造者的创造性也会产生一定的影响，在培养和实施创造的过程中，影响创造者心理的因素很多，最经常、最直接的影响因素有照明、色彩、声音、空间、环境卫生等。例如，工作场所照明恰当，可以使人心情舒适，易影响人的创造性。如在日光灯下学习和工作就比白炽灯效果差，日光灯容易使人注意力不集中，易发怒、乱动，易引起大脑疲劳或头痛；而在白炽灯下学习和工作就较安静。周围环境中不同的色彩也会产生不同的心理效应：暖色可使人心理活跃，能产生强烈、兴奋的情绪；冷色则会使人心理稳定，产生怡静、安定的感觉。有的颜色如浅黄色、草绿色等能提高人的智商；有的颜色如棕色，则可能引起智商下降。对人们进行创造训练的场所颜色以白色、蓝色为好，能使人产生沉静安适感。其他影响因素如噪声大、空间狭小、环境卫生差等均能降低人的学习和工作效率，影响人接受知识，使人产生阻塞感、压抑感，创造性思维活动受阻，创造性想象的发挥被抑制，也直接影响创造力的开发。这些都是不容忽视的影响因素。

4.3 创造力的可开发性

4.3.1 创造力普遍存在差异性是创造力开发的前提

创造力的基本原理表明，创造力是每个人都具有的自然属性。大量的研究和实验也已证实，创造力并非少数“大人物”或“天才们”的“专利”，普通人也能创造和发明。人人都有创造力，只是由于后天、外在“激发”的不同，以致每个人所表现出来的创造力存在明显的差异。这些研究结果为人们进行创造力的开发提供了理论支持。

[拓展视频]

可开发性是创造力的一个显著特点，它意味着创造力存在可以挖掘的潜在优势。同时，创造能力也正是在不断地挖掘和开发中才能得以发展，产生越来越多的创造成果。

4.3.2 创造力开发的理论依据

创造学家和心理学家对创造机理和大量创造实践的研究，从创造力的本质上分析了创造力开发的可行性；而对现代医学（尤其是现代解剖学）和生物学的研究，则从人脑的生理机制上为人们开发创造力提供了强有力的理论依据。研究表明，人脑有两个半球，每个半球均由大脑皮层、大脑髓质、基底神经节和脑侧室组成，其中平均厚度为 2.5～3mm 的大脑皮层是脑细胞最集中的地方，是高效神经活动的基础，也是思维的器官。在总数多达 140 亿的脑细胞中，经常处于活动状态的只有十几亿，仅占脑细胞的 8%左右，而 90%以上的脑细胞处于相对静止或睡眠状态。另据实验推测，人脑的记忆容量相当于 7 亿多册书籍，单项记忆可保持 80 余年。一个勤奋好学的人，一生至多只利用了自己大脑记忆容量的百分之几。综上可见，人脑的开发潜力还是很巨大的。如果有办法使更多的脑细胞活跃起来，则人们的思维能力和创造能力将会得到大幅度提升。

20 世纪 60 年代末，美国加利福尼亚理工学院的罗杰·斯佩里教授在科学实验的基础上，提出了人脑的“双势理论”。他认为人的大脑两半球各有分工，右脑主要承担逻辑思维、语言能力及掌握空间想象与主体认知和艺术表现的能力。因此，右脑被认为是创造的大脑，其主要通过直观想象思维来进行创造性思维和创造活动。现代心理学研究表明人脑可用资源的 5%～10%分布在左脑，90%～95%的脑潜能都储藏在右脑。现代医学通过运用放射性示踪原子获得的大脑工作状况的照片已清楚证实，创造性工作主要是由右脑承担的。然而，由于过去人们忽视了对右脑的使用和训练，因此右脑还有较大的潜能没有被有效地激发、利用。

世界著名发展心理学家、美国哈佛大学教授霍华德·加德纳的“多元智能理论”认为，人的大脑是智慧的源头，左脑司掌语言、数字、逻辑，右脑司掌图形、空间、想象。左右脑的功能是平衡协调发展的，各司其职，密切配合，两者相辅相成，构成一个统一的控制系统。若没有左脑功能的开发，右脑功能也不可能完全开发，反之亦然。那些在不同领域取得卓越成绩的人，都是既具有强大的左脑，又拥有发达的右脑。国际脑研究组织 ISBO（International Brain Research Organization）公布的数据显示，93%的成功人士都是全脑得到充分开发的人。因此，可以得出结论：创造力的开发需要按照人脑思维的规律和思维发展的规律，进行左右脑各个部分的全面开发，促进左右脑的平衡和协调发展，从整体上进行全脑开发。

4.4 创造力开发的方法

做任何事都要讲究方法，开发创造力也不例外。关于创造力开发的方法，国内外学者说法不一，但大同小异，基本途径都是激发创造者的内在动机、突破创造力开发障碍和培养创造性思维等。编者经过数年的潜心研究，并基于斯佩里“双势理论”的研究结果，提出关于创造力开发的两大方法，即实施创造教育（重在训练及培养）和全脑开发。

4.4.1 实施创造教育

大量教学实践证明，实施创造教育是开发创造力最根本、最有效的一种方法。正如恩格斯所说，科学教育的任务是教学生去探索、创造。创造力的开发和提高，离不开创造教育，因为它需要创造理论的学习，需要创造性思维的训练，需要创造方法的学习和实践，以及作为一名创造者必备的创造人格与创造素质的培养等，而所有这些都必须经过切实、有效的创造教育而非应试教育来实现。

4.4.2 全脑开发

创造性思维具有全脑性特征，它是逻辑思维与形象思维的互补。创造者在实际的创造性活动过程中，不是单纯运用逻辑思维，也不是单纯运用形象思维，而是两者并用互补、互相渗透、互相促进。心理学研究表明：右脑能够自动将信息进行加工处理，再生成创造活动所需要的想象、直觉和灵感，从而飞越个人界限的领域，将不可能的事变成可能。故创造性的培养应当从右脑的开发和训练开始，通过训练，真正唤醒沉睡的大脑。

人的语言中枢位于人的左脑，语言中枢主要完成语言、逻辑抽象、分析及数字的思考、认识和行为，负责说话、阅读、书写、计算、排列和分类等功能，其思维属于抽象思维。而人的直觉思维中枢位于人的右脑，主要负责直观的、综合的、几何的绘图等方面的思考、认识和行为，执行欣赏图画、自然风光，音乐，舞蹈，运动技能，手工技巧及情感等功能，还具备类别、图形、空间、绘画、形象等方面的认识能力，其思维方式属于形象思维。右脑所捕捉到的信息数量比左脑大百万倍，开发右脑能扩大人的信息容量，激发形象思维，发挥创造潜力。在人脑的高级功能活动中，左右脑的各个部分都在起作用。因此，开发大脑必须进行全脑开发。在学校教育阶段，特别是应试教育的模式下对学生的左脑开发一般普遍优于右脑。

传统教育容易忽视右脑的开发，可以通过增加形象类的信息量、艺术途径和加强左手、左脚等左侧肢体的活动等方法进行。自然界里充满了丰富多彩的、各种各样的信息，多观察、多留心、多思考，有利于右脑的开发；积极参加艺术类活动，如可以学习书法、绘画，欣赏音乐等，增强右脑的想象力，锻炼右脑的联想、直觉、发散思维能力等。由于右脑主管左侧肢体的运动，为使右脑得到充分的锻炼，可加强左手、左脚等左侧肢体的活动。例如，可以练习用左手写字、拿东西；走路时可以加强左腿的主动性；练习左体操；等等。

开发右脑可以提升创造力，提升创造力的过程同时也是进行全脑开发的过程。对左右脑同时进行开发和训练，可以使全脑充分整合、协同活动，使人的智力得到全面的发展，并为此后的创造活动打下坚实的基础。

需要特别强调的是，创造力的开发与训练分主动模式和被动模式两种。主动模式即自我开发，动力来自自身；被动模式即受迫开发，动力来自学校、老师或教练等外在因素。创造能力的提高不仅需要正确的引导，更离不开自我开发和训练。高级阶段的创造力开发主要以自我开发为主。

在学习基本理论知识的同时，还需要有针对性地进行反复演练，努力开发自身的创造力。如果缺乏实践，那么理论和方法等将始终停留在初步了解的层面，在进行发明创造或解决其他实际问题时就不能灵活地运用理论和方法或创造出新的解决办法来。本书中的训练与思考题尽管都是经过精心设计的，但也只是提供了部分实践的机会。至于训练题本身并不重要，重要的是一定要去实践，这样才能将书中的理论等变成自己可随心所欲、信手拈来的解决问题的方法和工具，不断提高自身的创造力。

4.5 创造力开发的外部环境

引例4-2　美国获得大量诺贝尔奖的原因

截至2023年，美国共有390位诺贝尔奖获奖者，排在第二位的英国有132人，排在第三的德国有112人，法国以70人位居第四。为何美国人能在获得诺贝尔奖方面如此成功？这除了整体的体制方面的原因，更主要的是美国为科学家从事创造活动提供了良好的外部环境。政府一般不对研究机构实行科研上的宏观调控和管理，更不对科研人员实行成果量化考核等，为科学家营造了宽松、适宜的工作氛围，能够保证他们想象、选题、设计和实验所需的高度自由的环境，科学家们不受任何行政权力的干扰和限制；政府或机构舍得把资金投入科研，为科学家从事科学研究和创新提供了充足的研究资金；国民普遍对科学研究和创新比较重视、热爱和支持。提倡和鼓励科学研究成了美国人一种普遍意识，美国人把科学创新作为对国家和社会的义务和责任，而不仅仅是为了追求个人名利。

从本例可以看出，优化创造的外部环境，提供良好的创造空间，对激发创造者的创造欲望、开发和提高创造者的创造力具有非常重要的意义。

4.5.1 外部环境的概念及内涵

德国著名的拓扑心理学家库尔特·勒温提出了著名的人类行为公式：$B=f(P \cdot E)$，他用“B”表示行为，用“f”表示函数，用“P”表示人，而“E”则表示人所处的环境。他认为行为或心理事件都取决于人的状态及环境，人的行为是人本身与环境相互作用的函数或结果。美国著名的心理学家斯滕伯格认为创造力是智力、知识、思维风格、人格、动机和环境这六大项因素相互作用的结果，其中前五项属于创造者的内部条件，而最后一项，即支持性的“环境”则是指外部条件。如果没有一定的外部条件的支持，创造力的开发将难以想象，甚至是不可能实现的。

创造力开发的外部环境是指创造者在创造过程中除自身因素以外的各种客观环境，它们是开发创造者创造力的外因。创造力开发所依赖的外部环境主要包括政治环境、社会文化环境、经济环境、人际关系环境、学习与工作环境等几个方面。尽管外部环境对创造并不起决定性作用，但对创造力的形成和发展有着十分重要的影响和制约作用。首先，良好的外部环境能为创造者开展创造活动提供广阔的空间，这是由于激发创造需要、激发创造性思维、选择创造课题、给予创造的条件等都是环境提供的；其次，外部环境培养和造就了创造者的外在创造力，即创造能力。因此，创造力的开发需要一个良好的外部环境。

4.5.2 外部环境对创造力开发的影响

1. 政治环境

大量的比较研究表明，政治环境会对生活在其中的人的创造力产生一定的影响；因为创造者从事创造发明活动需要一个安全稳定、自由奔放的创造环境，不受任何限制地去发挥想象和创造。而这必须有一个良好的政治环境作为前提，安全稳定的政治环境是社会文化环境、经济环境等其他外部环境因素的重要保障。

动荡的社会、连绵的灾祸、频繁的政变等消极的政治环境对于创造潜能的发展是不利的，而和平的世界、独立的国家、稳定的社会对创造潜能的发展是有益的。研究表明，在安全稳定、民主开放的政治环境中，人的创造力水平普遍较高，且男女差异较小。研究还发现带有独裁色彩的政治环境中的儿童往往表现出退却、服从，逃避现实，缺乏创新精神；而在开放、民主、平等、自由的政治环境中的儿童思想禁锢较少，受到了丰富的刺激，有更多表现自己的机会，因此他们的求知欲旺盛，创造性思维能得到充分发展，有利于形成创造性人格，创造力也可以得到更好的开发。

2. 社会文化环境

创造活动是在一定的社会文化环境中进行的，社会文化环境条件是创造力开发的宏观背景。宽松的社会文化环境是创造力开发的有益选择，它可以给予创造者充分的心理安全和从事创造活动的思想自由及规范的制度保证。社会文化环境所包含的文化传统、社会风气和舆论、国家科技战略、社会激励和保障体制、教育等因素都将对创造者创造力的开发产生重要的影响。因此，必须对社会文化环境展开深入的研究，以求为创造力的开发创设良好的社会文化环境。

文化传统是心理、艺术、道德、社会组织形式等多方面因素与特征的组合体，它通过教育影响着青年一代创造力的发展，对创造者创造力的开发有着一定的影响；良好的社会风气能大大调动社会成员的创造积极性；而社会舆论对良好的社会风气等能起到重要的导向和监督作用；国家出台的相关法律和政策可以确立创造活动的合法地位，维护创造者的正当权益，为创造者从事创造活动提供一定的保障；教育能为创造者创造力的开发和培养提供必要的智力支持和良好的孵化环境。其中，家庭教育对一个人智力的发展、气质的形成、性格的发展都会产生重要的影响，而学校教育不但是知识高速积累、能力初步培养的过程，而且是世界观形成的过程。教师的指导和学校的科学训练为学生创造力的开发和创造精神的培养奠定了重要的基础。

3. 经济环境

整体的经济环境对创造力的开发也会产生重要的影响，是创造力开发和创造活动开展的物质保障，主要体现在生产力发展水平、生产工具水平（如加工制造水平和能力等）和可用于创造性活动的投入等方面。生产力发展水平直接影响甚至决定创造成果的水平。富裕和贫穷的国家或地区其生产力发展水平的差距，也在很大程度上决定了他们生产工具的规模和水平，以及可用于科学研究等创造性活动的资金、材料等资源，从而直接影响创造力的开发。即使是局部的经济环境，如一个企业的研发经费投入比例也将直接影响其新产品的研发速度和质量，以及企业的市场竞争力。

4. 人际关系环境

创造力不是孤立的、个人的，创造力不能脱离他人而单独存在，人际关系环境对个体的创造力有着不可忽视的影响。无权威监督的、宽松的人际环境也是开发创造力的一个有利的外部因素。心理学实验表明，如果在进行个人行为时，有人以审视的态度在一旁观望，就会降低一个人的创造水平；如果行为不易被别人觉察到，或者是大家各忙各的工作，无人监督，则不会出现创造力水平下降的情况。

5. 学习、工作的群体环境

创造者所处的群体环境对其创造力的开发也有一定的影响。一个重视创造、关系和谐、益于创造的单位群体环境，加上鼓励个体勇于创造的合理机制和氛围，容易使创造者的创造潜能得到不断积蓄和充分发挥。群体内部感情融洽、自由，相互间配合默契，也容易激发创造性思维，催生创造性成果。而且，有关研究还表明，在一个创造性群体中高能级的创造者所占的比例越大，该群体的学术氛围就越浓厚，其创造个体和团体的创造能力越强，产生的创造成果越多，越容易出大成果；反之，整个群体死气沉沉，缺乏创造的生机和活力，则创造个体和团体的创造能力低下，很难创造出成果。

4.5.3 创造空间

根据场理论，每一个创造者在从事创造性活动的每一瞬间都有一个独特的心理环境，把此时的创造者自身与其心理环境和外部环境的组合称为创造者的创造空间，这是个广义的创造空间。而狭义的创造空间是指某一瞬间由创造者自身与其所处的心理环境的组合。创造者的一切创造性活动都是在创造空间中发生的。这里的心理环境，是指创造者个人当时意识到的和没有意识到的心理事实，而不是指客观的环境。

根据库尔特·勒温的场理论，当心理环境中的事实被人感知时，就可产生一定的引拒值。如果心理环境中的事实能满足人的需要或愿望，其产生的引拒值为正值，表现出一定的吸引力，使创造者趋向某一事物；而当心理环境中的事实不能满足人的需要或愿望时，则产生的引拒值为负值，表现出排拒力，使创造者背离某一事物。因此这些力具有“向量”的特性，它们彼此交涉而产生的动力结构就构成了一个动力场。创造者在动力场中的活动有所趋向、有所退避，并随着动力结构的变化，创造者的行为也发生变化。

4.6 创造力的验收

4.6.1 为何要验收创造力

研究结果表明，创造能力的高低可以用对比的方法进行测量和评价。这方面的工作称为“创造力测评”，又称“创造力验收”。国外流行的验收方法主要有创造过程评价、创造者评价、创造产物评价及创造力综合测验等。其中最常用的是创造力综合测验。

高文对学校创造力验收的基本目的描述：“迄今为止，我们只是胡乱地收割了创造力。我们错误地认为，只有那些本质上具有创造力的人才有创造性，而轻视一切能够磨砺出创造力的努力。如果我们学会规划创造力——去促进，而非否定文化中存在的创造力，我们中间具有创造性的人的数量将增加到现在的4倍。”

通过对创造力的测评或验收，有助于学校鉴别出有非凡创造力的学生，而不再按有无创造力对学生进行分类。这还可以从国外相关学者关于创造力测评的论述中找到解释，认为进行创造力测评有以下好处。

（1）有利于研究者认识和促进个体的长处，也有利于个体认识自身的优势。

（2）可以扩展对人类能力的了解，尤其是对创造力和传统智力观间关系的了解。

（3）为诊断学生的需要、设计指导方案提供有用的基本资料。

（4）对促进创造力的工作进行评估。

（5）为专业人员探讨创造力的不同侧面提供统一的结论。

（6）把创造力概念从“迷信的神秘王国”里解放出来。

4.6.2 验收方法的可靠性

巴伦和哈瑞顿曾谨慎地指出：“只能这样说，在某些条件下，施测于某些样本，并根据某些标准进行评分的某些发散思维测验，比一般智力的指标更能测量到与创造力标准有关的因素。”美国著名的创造力专家、全美创造力教师培训专家阿兰·乔丹·斯塔科认为：“任何创造力测验，如发散思维测验、传记式调查测验或者其他测验，都不可能把造就个体创造力的所有认知、感情、社会及文化的力量纳入其中，甚至创造力被发散思维测验捕捉到的那一小部分也受到不同因素的影响。”因为一个人的创造力是由认知风格、能力、环境等多方面因素综合决定的，一份测试试卷的内容不可能包含并客观地反映上述所有因素。

但如同斯塔科所认为的，从发散思维测验的所有倾向来看，这类测验可以用来估计创造潜能，至少测试结果可以作为判断某个人某一方面创造力的参考依据。本节筛选了一些经典的测试题来作为创造力验收的方式。

4.6.3 创造力验收

通过做一些测试题，可以对自己的创造力水平有个初步的、大致的了解和认识。

测试题一[①]

以下有50道并不复杂的问题供你回答，但千万不要企图去猜测一个富有创造力的人可能会怎样回答这些问题，而是要根据本人的实际情况，尽可能准确、坦率地回答。在每道题后用字母如实地说明你同意与否的程度。

A. 非常赞同。

B. 赞同。

C. 犹豫，没有看法或不知道。

D. 反对，不同意。

E. 坚决不同意，坚决反对。

(1) 工作时如遇到一些特定的问题，我总认为自己是按照正确的步骤去解决的。

(2) 如果提问不能得到答复，那么我认为提问就是在浪费时间。

(3) 解决问题最好的办法是按逻辑步骤去解决。

(4) 在小组会上，我偶尔会提出一些不受欢迎的意见。

(5) 我会花费大量时间来考虑别人是如何看待我的。

(6) 我感到我可以为人类作出特殊的贡献。

(7) 对我来说，做我认为正确的事比企图赢得别人的赞赏更为重要。

(8) 我瞧不起那种缺乏信心和犹豫不决的人。

(9) 对于难题，我能旷日持久地盯住不放。

(10) 有时我对有些事情过分热情。

(11) 我经常会在无所事事时冒出好主意。

(12) 我能凭直觉去判断一个问题，从而得出是对还是错的结论。

(13) 在解决问题时，我分析问题较快，而综合所收集的资料较慢。

(14) 我有收集各种东西的癖好。

(15) 我的好多重要发明来源于幻想和刺激。

(16) 除我的本职工作外，如要我必须在两种职业中进行选择的话，我宁愿当医生也不愿当探险家。

(17) 如果一些人与我的社会地位相同而且又是同行，我就比较容易与他们相处。

(18) 我的审美观特别强。

(19) 我认为单凭直觉去解决问题是靠不住的。

(20) 我对提供新的建议比企图把这些建议介绍给他人更感兴趣。

(21) 面临不利的局面，我倾向于持回避的态度。

(22) 在评价信息的过程中，我对资料的来源要比内容本身更为重视。

(23) 我喜欢遵循“工作第一，休息第二”的原则。

(24) 一个人的自尊比得到别人的尊重更为重要。

(25) 我认为争做完人的人并不聪明。

(26) 我喜欢做能对他人产生影响的工作。

---

① 测试题摘自世界五百强企业指定的培训教程《超级创造力训练》，卡特·H. 布里斯著，王笑东译。

(27) 我认为“物有其位、物在其位”是十分重要的。

(28) 那些喜欢出怪主意的人是不切实际的。

(29) 一些新建议即使没有实施价值，我也愿意思考和推敲一番。

(30) 当解决问题受阻时，我通常能迅速重新考虑其他解决方案。

(31) 我不愿意提出显得无知的问题。

(32) 我能较容易地改变我的兴趣去适应工作或职业的需要，而不是去改变工作来适应我的兴趣。

(33) 之所以出现无法解决的问题常常是因为提出了错误的问题。

(34) 我经常能预见事态的发展结果。

(35) 分析一个人的失败原因是浪费时间的。

(36) 唯有迷迷糊糊的思想家才用隐喻和类推的方法。

(37) 有时我很欣赏骗子的独创性，因此希望他免予受刑。

(38) 我经常在问题只能意会而不能言传时就着手工作。

(39) 对于人名、街名、路名和小镇名等类似名称我常常会忘记。

(40) 我觉得努力工作是成功的基本要素。

(41) 我很看重在各方面把我看作一名好的工作人员。

(42) 我知道如何控制自身的冲动。

(43) 我是一个完全值得信任而又有责任心的人。

(44) 我不满那些靠不住和无法预料的事。

(45) 我喜欢在大家的努力下一起工作，而不愿意单干。

(46) 与众人一起的麻烦事就是这些人往往把事情看得太认真了。

(47) 纵使不少问题缠身，我对其中每一个问题的解决都抱有希望。

(48) 暂时的胜利及由此带来的欣慰丝毫不会影响我对已确立目标的追求。

(49) 假如我是一位教授，我宁愿去讲授与实践有关的课程，也不愿去讲授那些理论课程。

(50) 我被生活的各种秘密所吸引。

计分指导：对每个问题都必须做出回答。利用下表，根据你对每道题所给予的字母评价找出与其相应的数值，然后把每行的数值相加计算出得分，在表后可以根据得分找到关于你的创造力水平的说明。

	A	B	C	D	E		A	B	C	D	E
(1)	−2	−1	0	+1	+2	(11)	+2	+1	0	−1	−2
(2)	−2	−1	0	+1	+2	(12)	+2	+1	0	−1	−2
(3)	−2	−1	0	+1	+2	(13)	−2	−1	0	+1	+2
(4)	+2	+1	0	−1	−2	(14)	−2	−1	0	+1	+2
(5)	−2	−1	0	+1	+2	(15)	+2	+1	0	−1	−2
(6)	+2	+1	0	−1	−2	(16)	−2	−1	0	+1	+2
(7)	+2	+1	0	−1	−2	(17)	−2	−1	0	+1	+2
(8)	−2	−1	0	+1	+2	(18)	+2	+1	0	−1	−2
(9)	+2	+1	0	−1	−2	(19)	−2	−1	0	+1	+2
(10)	+2	+1	0	−1	−2	(20)	+2	+1	0	−1	−2

(21) −2 −1 0 +1 +2
(22) −2 −1 0 +1 +2
(23) −2 −1 0 +1 +2
(24) +2 +1 0 −1 −2
(25) −2 −1 0 +1 +2
(26) −2 −1 0 +1 +2
(27) −2 −1 0 +1 +2
(28) −2 −1 0 +1 +2
(29) +2 +1 0 −1 −2
(30) +2 +1 0 −1 −2
(31) −2 −1 0 +1 +2
(32) −2 −1 0 +1 +2
(33) +2 +1 0 −1 −2
(34) +2 +1 0 −1 −2
(35) −2 −1 0 +1 +2
(36) −2 −1 0 +1 +2
(37) +2 +1 0 −1 −2
(38) +2 +1 0 −1 −2
(39) +2 +1 0 −1 −2
(40) +2 +1 0 −1 −2
(41) −2 −1 0 +1 +2
(42) −2 −1 0 +1 +2
(43) −2 −1 0 +1 +2
(44) −2 −1 0 +1 +2
(45) −2 −1 0 +1 +2
(46) +2 +1 0 −1 −2
(47) +2 +1 0 −1 −2
(48) +2 +1 0 −1 −2
(49) −2 −1 0 +1 +2
(50) +2 +1 0 −1 −2

得分及说明：

(1) 80～100，经常有创造力。
(2) 60～79，创造力高于一般水平。
(3) 40～59，创造力一般。
(4) 20～39，创造力低于一般水平。
(5) −100～19，创造力极低。

测试题二①

请在下面真正能适用于你的项目后打钩（√），在肯定不适用于你的项目后打叉（×），在你不能确定是否适用于你的项目后打问号（?）。可以同熟悉你的朋友或同事核对一下你的自我认识。

(1) 我很容易设身处地替别人着想，理解他们的情感和心绪。
(2) 我能很快了解组织的权力结构，知道其中的在权人物需要什么，不需要什么。
(3) 我能先于其他人“闻出火药味”。
(4) 我能力挽危局，给别人指引方向。
(5) 我能在工作的单位很快发现该做什么，不该做什么。
(6) 我能对周围发生的事保持耳聪目明。
(7) 我喜欢接受新任务，很容易适应新环境，能很好地与新环境中的人相处。
(8) 我在困境中不气馁，能很快设法摆脱困境。
(9) 我通常在设计一种方案之前考虑出很多办法。
(10) 我要与本行业的发展取得密切联系，抓住本行业的革新机会。
(11) 我与多数人交往时保持直率诚恳的态度。

---

① 测试题摘自世界五百强企业指定的培训教程《超级创造力训练》，卡特·H. 布里斯著，王笑东译。

（12）我必须在做困难选择和决定时表现出毅力。

（13）我能在最纷乱的形势下做出系统的分析，找出头绪。

（14）我能全力以赴地寻求超过他人的途径。

（15）我在完成分内工作时能使别人放心。

（16）我以积极的态度对待批评和失败。

（17）我发现别人在心情难受时求助于我。

（18）我通常在做决定之前周密考虑多种途径。

（19）我乐于接受向我提出的挑战。

（20）我倾向于给自己提出高要求的目标和任务，并且给自己严格规定相当紧张的期限。

（21）我广泛结交各类人士，有意增加与他们的接触机会，了解情况，扩大影响。

（22）我能清楚而有说服力地阐述自己的观点，使别人了解我。

（23）针对难题，我总有独创的解决办法。

（24）我不慑服于大人物。

（25）在能完成任务的情况下，我有能力在适当的时机做该做的事。

（26）我总是耐心听取别人的意见，在未能充分了解别人说话的用意之前很少作判断。

（27）我一般会把想法和感觉正确而不含糊地告诉别人。

（28）我能仔细筹划解决方案或行动过程中的各个步骤。

（29）我承担任务时强调责任自负。

（30）即使在资金短缺时，我也有能力动员所需的力量完成任务。

（31）我经常征求同事的建议和意见。

（32）我和多数人相处融洽，工作关系亲密。

（33）遇到难题时，我不用现成的解决方案和经过试验、信得过的办法，而是追求新颖的、不落俗套的方案。

（34）我能使新项目顺利并迅速地进行。

（35）我难以接受传统的和惯用的解决问题的办法。

（36）我的能力之一是设想出重要目标，并激励人们达到这种目标。

（37）我干任何事都力争上游。

（38）我能够激励他人用自己的热情去激发别人去完成艰巨的任务。

（39）我善于争取组织中有影响的人物支持我的意见。

（40）我有能力把任务执行到底，有效完成任务。

计分指导：钩（√）的数量加起来，再减去叉（×）的数量，其结果乘以2.5就是你的倡导组织革新能力得分。如果得分小于50，回头去看你打叉（×）的那些项目，进行献策攻关，看如何克服缺点。

得分及说明：

（1）80～100，经常有创造力。

（2）60～79，创造力高于一般水平。

（3）40～50，创造力一般。

（4）20～39，创造力低于一般平均水平。

（5）−100～19，创造力极低。

测试题三[①]

心理学家尤金·劳德塞根据几年来对许多科学家、工程师和企业经理的个性和品质的研究，设计了下面这套简单的试验。你只要用10分钟左右的时间，就可测出自己的创造力水平。（如需要，适当延长试验时间也不会影响测试效果。）

试验时，在每一句话后面用一个字母表示你的意见：同意用A；不同意用C；拿不准或不知道用B。

（1）无论什么事情，要使我产生兴趣，总比别人困难。

（2）有时，我在小组里发表的意见，似乎使一些人感到厌烦。

（3）我花费大量时间来考虑别人是怎样看待我的。

（4）我不尊重那些做事似乎没有把握的人。

（5）我需要的刺激和产生兴趣比别人多。

（6）有时我对事情过于热情。

（7）在解决问题时，我常常单凭直觉来判断“正确”或“错误”。

（8）我有收集东西的癖好。

（9）我喜欢客观而又有理性的人。

（10）我能与自己的同事或同行们很好地相处。

（11）我有较高的审美。

（12）在我的一生中，我一直在追求着名利和地位。

（13）我乐意独自一人整天“深思熟虑”。

（14）我不满意那些不确定和不可预料的事。

（15）我喜欢一门心思苦干的人。

（16）一个人的自尊比得到他人的敬慕更重要。

（17）我觉得那些力求完美的人是不明智的。

（18）在生活中，我经常碰到不能用“正确”或“错误”来加以判断的问题。

（19）许多人之所以感到苦恼，是因为他们把事情看得太认真了。

（20）我经常为自己在无意之中说话伤人而闷闷不乐。

（21）我不喜欢提出那种显得无知的问题。

（22）一旦任务在肩，即使受到挫折，我也要坚决完成。

（23）我不做盲目的事，也就是说我总是有的放矢，用正确的步骤来解决每一个具体问题。

（24）我认为，只提出问题而不想获得答案，无疑是浪费时间。

（25）我认为，合乎逻辑的、循序渐进的方法是解决问题的最好方法。

（26）做自认为是正确的事情，比力求博得别人的赞同重要得多。

（27）我知道如何在考验面前保持自己的内心镇静。

（28）我能坚持很长一段时间解决难题。

（29）在无事可做时，我倒常常想出好主意。

（30）有时我打破常规去做我原来并未想到要做的事。

---

① 测试题摘自世界五百强企业指定的培训教程《超级创造力训练》，卡特·H. 布里斯著，王笑东译。

(31) 幻想促使我提出了许多重要计划。

(32) 如果要我在本职工作之外的两种职业中选择一种，我宁愿当一个实际工作者，也不愿当探索者。

(33) 我喜欢坚信自己结论的人。

(34) 灵感与获得成功无关。

(35) 争论时，使我感到最高兴的是，原来与我观点不一致的人变成了我的朋友，即使牺牲我原先的观点也在所不惜。

(36) 我更大的兴趣在于提出新的建议，而不在于设法说服别人接受这些建议。

(37) 我往往避免做那种使我感到低下的工作。

(38) 在评价资料时，我觉得资料的来源比内容更重要。

(39) 我愿意和大家一起努力工作，而不愿意单独工作。

(40) 我喜欢那种对别人产生影响的工作。

(41) 对我来说“各得其所”“各在其位”是很重要的。

(42) 那些使用古怪和不常用的语词的作家，纯粹是为了炫耀自己。

(43) 即使遭到不幸、挫折和反对，我仍然能够对我的工作保持原来的精神状态和热情。

(44) 想入非非的人是不切实际的。

(45) 我对“我不知道的事”比“我知道的事”印象更深刻。

(46) 我对“这可能是什么”比“这是什么”更感兴趣。

(47) 纵使没有回报，我也乐意为新颖的想法花费大量的时间。

(48) 我认为“出主意没有什么了不起”的说法是中肯的。

(49) 在解决问题时，我分析问题较快，而综合所收集的资料较慢。

(50) 从下面描述人物性格的形容词中，挑选出10个你认为最能说明你性格的词。

精神饱满的，有说服力的，实事求是的，虚心的，观察力敏锐的，谨慎的，束手束脚的，足智多谋的，自高自大的，有主见的，有献身精神的，有独创性的，性急的，高效的，乐于助人的，坚强的，老练的，有克制力的，时髦的，自信的，不屈不挠的，有远见的，机灵的，好奇的，有组织力的，铁石心肠的，思路清晰的，脾气温顺的，可预言的，拘泥形式的，不拘礼节的，有理的，有朝气的，严于律己的，精干的，讲实惠的，感觉灵敏的，无畏的，严格的，一丝不苟的，谦逊的，爱乐的，漫不经心的，柔顺的，创新的，泰然自若的，渴求知识的，实干的，好交际的，善良的，孤独的，不满足的，易动感情的。

计分指导：

	A	B	C		A	B	C
(1)	+4	+1	0	(9)	0	+1	+2
(2)	+2	+1	0	(10)	0	+1	+2
(3)	−1	0	+3	(11)	+3	0	−1
(4)	0	+1	+2	(12)	0	+1	+2
(5)	+3	0	−1	(13)	+2	0	−1
(6)	+3	0	−1	(14)	0	+1	+2
(7)	+4	0	−2	(15)	0	+1	+2
(8)	0	+1	+2	(16)	+3	0	−1

(17) −1 0 +2
(18) +2 +1 0
(19) +2 +1 0
(20) −1 0 +2
(21) 0 +1 +3
(22) +3 +1 0
(23) 0 +1 +2
(24) 0 +1 +2
(25) −2 0 +3
(26) +3 0 −1
(27) +1 0 −3
(28) +4 +1 0
(29) +2 +1 0
(30) +2 +1 0
(31) +3 0 −1
(32) 0 +1 +2
(33) −1 0 +2
(34) 0 +1 +2
(35) −1 0 +2
(36) +2 +1 0
(37) 0 +1 +2
(38) −2 0 +3
(39) 0 +1 +2
(40) +1 +2 +3
(41) 0 +1 +2
(42) −1 0 +2
(43) +3 +1 0
(44) −1 0 +2
(45) +2 +1 0
(46) +2 +1 0
(47) +3 +2 0
(48) 0 +1 +2
(49) −1 0 +2

第 50 题中下列每个形容词得 2 分：精神饱满的，观察力敏锐的，不屈不挠的，柔顺的，足智多谋的，有主见的，有献身精神的，有独创性的，感觉灵敏的，无畏的，创新的，好奇的，有朝气的，严于律己的。

第 50 题中下列每个形容词得 1 分：自信的，有远见的，不拘礼节的，不满足的，一丝不苟的，虚心的，机灵的，坚强的。

第 50 题中其余各形容词得 0 分。

得分及说明：

(1) 110～140 分：创造力非凡。

(2) 85～109 分：创造力很强。

(3) 56～84 分：创造力强。

(4) 30～55 分：创造力一般。

(5) 15～29 分：创造力弱。

(6) −21～14 分：无创造力。

[拓展图文]

思考题

(1) 什么是创造力？它和创造能力的关系如何？

(2) 创造力开发的理论依据是什么？

(3) 对你而言创造力开发的障碍有哪些？如何解决？

(4) 运用“信心疗法”克服自己或朋友在学习、生活中的不足，并给出一个可行的实施方案。

(5) 自己和同伴进行创造力角色游戏扮演训练，即 RPTC 训练法。通过想象力，激发灵感，发挥创造潜能。规则是将参与者划分为两组。第一组由一些遵循游戏规则的参与者组成，令其用手写和想象的方式来创造想象中剧目的主角。第二组由一个人组成，作为游戏的主角，为其他参与者编排各种冒险经历。游戏通过口头表达的方式完成，游戏的主角需从其他参与者所模仿的角色动作、手势、人物特征等角度，根据个人的想象力，口述故事的情节发展。

(6) 每天练习左、右手“互搏游戏”或表演“手影戏”5 分钟，以训练左、右脑的协调能力。

(7) 如果你是某公司的马桶设计工程师，负责新产品的研发，那么你能提出多少种新产品设想？

(8) 某救援小组接到紧急救援任务，去河中心岛上救助受困群众，如何快速而准确地测出河岸到岛上的最短距离？

(9) 请用衣服、袜子、鞋子、木板、文具、树枝、啤酒瓶和洗脸盆摆出三种以上人物或动植物为主题的图案。

(10) 如何用一支铅笔在一张纸上同时画出两条线段？能否画出三条？

(11) 在没有专用工具的情况下如何开启葡萄酒的酒瓶？

(12) 如何取出掉进下水道里的钥匙？

(13) 尝试通过对自己的心理暗示去完成一个难度系数较大的任务。

(14) 尝试通过使用一些违反“常规”的方法解决问题。

(15) 尝试体验一些自己有些畏惧的游戏或者实验，如看恐怖电影、体验高空游乐项目等。

(16) 尝试在公共场合发表演讲，并获取掌声和表扬。

(17) 在没有洗衣粉、洗衣液、肥皂等常用洗涤用品的情况下，如何解决洗衣服问题？是否必须要用水才能把衣服“洗”干净？

(18) 发生地震或火灾时如何快速从高楼逃生？能否设计一种快速逃生装置？该装置是否一定需要动力？如果使用者是一群有恐高症的人，那么在设计上如何考虑？

(19) 地震被困后有什么办法能让救援人员尽快发现自己？

(20) 从克服从众心理出发，针对工作或生活中存在的不合理浪费，提出三个新的创新设想。

(21) 尝试对自己所处的学习或生活环境或氛围进行改造，与 3～5 名团队成员一起制订改造方案和研讨规则，确定主题；在构建有利于创新的环境与氛围前后分别开展创新研讨活动，并进行对比实验。

(22) 尝试改变自己的一些习惯，并坚持一段时间，总结一下心得。

(23) 寻找十种与“习惯”有关或者相反的事物，并从中提取发明设想。

(24) 尝试运用虚拟设计、虚拟制造（不考虑成本和失败的风险等因素）的手段进行发明设想开发。

(25) 尝试提出十种具有逆众性的发明设想。

(26) 尝试从多角度、多途径和多方向对同一问题进行求解。

(27) 尝试和身边的人建立若干个临时项目团队，开展“创意 PK”活动。

(28) 请以某一类人群为对象，观察其生活或者工作的新需求，提出十种发明设想。

(29) 请在 30 分钟内提出十种与自己学习和生活相关的发明设想，并给出初步的设计方案。

第5章 发明创造的过程及模式

5.1 发明创造的一般过程

发明创造的过程是将创意或发明设想转化为现实生产力的物化过程；发明创造的过程是一个反复改进和完善的活动，具有一定的可操作性、现实性和反复性。尽管发明创造活动涉及的范围广，形式多样，难度也各有不同；即使是相同的发明，其经历的程序和过程也往往不尽相同，但其发明创造活动的过程又有一定的相似之处和内在联系，即具有一定的规律性。

5.1.1 发明创造过程的划分

早期的发明创造过程主要是从创造心理学层面进行划分的，主要有四阶段模式和七阶段模式两种形式。国内也有学者提出从创造过程的两阶段进行划分，即产生新意义的过程和转化为产品的过程，但是，这些划分方法都比较粗略。发明创造的一般过程如图5.1所示。

无论是四阶段模式还是七阶段模式，都忽略了发明创造过程中的一些重要环节。首先，创意或发明设想的提出（即选题）是发明创造过程的首要步骤，也是非常关键的一步。爱因斯坦曾说过，提出一个问题往往比解决一个问题更为重要，因为解决一个问题也许只是一个数学上或实验上的技巧问题。而提出新的问题、新的可能性，从新的角度看旧问题，却需要创造性的想象力，而且这标志着科学的真正进步。发现和提出问题，是解决问题的起点，是科学探索的发端。有许多发明创造，都是从提出问题开始，进而在解决问题中获取成功的。爱迪生是人类历史上伟大的发明家，他一生发明的东西有2000多种。他的发明很多都是来自提问，他凡事都爱问个“为什么”。

其次，这两种形式忽视了发明创造过程中的预测、测试、评价、管理控制和决策等环节。一般来说，发明创造都是以满足社会和市场需求为目的，以谋求能被消费者或市场所接受，进而能被推广和应用，实现其社会价值和经济价值。因此在发明创造过程中必须进行市场需求预测、成果推广及营销预测和经费预测，为决策提供依据。对于新提出的发明

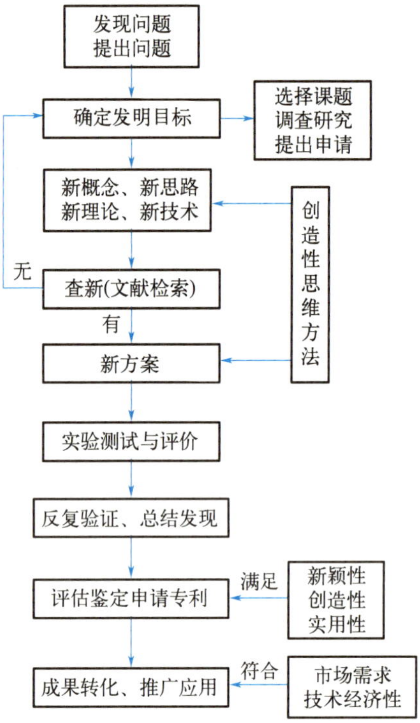

图 5.1 发明创造的一般过程

设想（或创意）、概念、方案、设计、原型及定型产品（或技术）等阶段物，进行必要的逐级测试、评价和管理控制，去掉各阶段物中不好的因素，必须综合考虑其市场规模、营销结构、竞争状况、价格、用户、购买行为等关联要素，剔除一些和需求不相适应的技术、功能和用途等，逐步完善，成为满足客户需求的发明创造成果（产品）。

最后，这两种形式忽视了发明创造过程中的反复改进完善和发明成果的后处理环节。从一个发明设想到成熟的产品，这中间需要经过多次反复地修改和完善。在很多情况下，发明成果的改进完善环节所花费的时间要远比设计制造所需的时间长。发明成果转化为产品后还将面临后期的升级、服务、回收和节能减排等问题。

5.1.2 产品开发及其过程

发明创造成果的两种常见的表现形式为产品和技术，其中产品开发（发明）的一般过程如图 5.2 所示。这里所指的产品是广义的，包括各种科研课题，尤其是产品的开发。按照创新程度不同，产品开发可分为新产品开发（原创性产品开发）、引进产品消化性开发和老产品的改进性开发三种。这三种类型产品的开发基本流程类似，只是难度系数和个别环节有所差别。新产品开发是全新的发明或者某一类技术的新应用。引进产品消化性开发需要在消化吸收别人产品或技术的基础上，“仿制”出自己的产品；有的时候所生产的仿制品需要和原型产品有所区别，以避免知识产权纠纷，甚至需要绕过专利研制出完全属于自己的产品。老产品的改进性开发比前两种要容易得多，主要是为满足客户的新需求而在结构、性能和用途等方面做一些局部的改进或完善。

5.1.3 技术创造及其过程

这里所述的技术创造也是广义的，包括技术发明和技术开发，都是综合性的创造过程。一般来讲，技术发明是指首次提出某种技术的新思想、新概念和新原理，具有新颖性、先进性和实用性的特点。而技术开发是一种应用研究，是将技术发明等现有技术应用于产品开发和工艺开发等创造活动中，并通过获得新产品或新工艺而实现技术创新。目前，一些大的企业或公司都成立了专门的技术开发机构，在激烈竞争中，抢得先机，使别人难以模仿和超越，确保企业的竞争优势。技术创造的一般过程如图 5.3 所示。

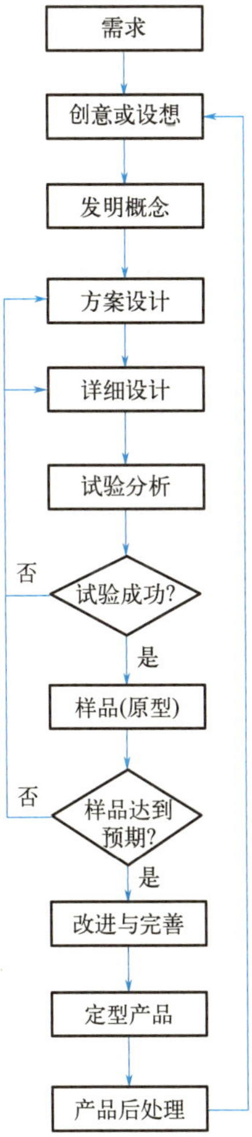

图 5.2 产品开发（发明）的一般过程

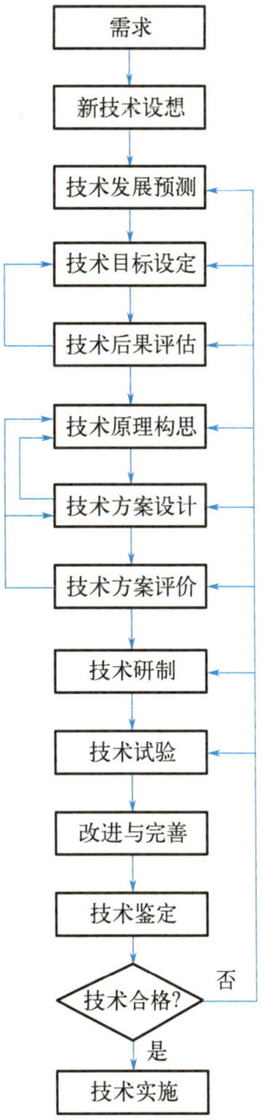

图 5.3 技术创造的一般过程

需要特别说明的是，产品开发和技术创造等发明创造活动都是十分复杂的过程，过程中的各个环节之间的界线和顺序都不是严格确定的，图 5.1、图 5.2 和图 5.3 所描述的过程虽然比创造过程的四阶段和七阶段模式要详细、具体，但相对于复杂的创造过程而言，它们仍然是粗略的描述。在实际的发明创造过程中很多环节之间可能存在交叉和反复，甚至可能有所省略或跳跃，相对比较灵活；还将会因创造者、创造条件和创造环境的不同而有所差别。

5.1.4 面向市场的产品（技术）开发过程

早期的发明创造过程更多地关注产品研制或技术开发阶段，较少考虑市场的因素；出于知识产权的保护，创造主体多采用封闭式创造模式，因此没有从产品全生命周期的角度考虑产品研制或技术开发。在经济全球化的背景下，社会劳动分工进一步细化，产品制造工艺与质量要求不断提高，制造业不断向分工细化、协作紧密方向发展，信息技术与互联网向市场、设计、生产等环节不断渗透，推动生产方式向柔性、智能、精细转变；市场化的外包分工和社会化协作成为常态，更多的企业向“专、精、特、新”方向发展，很少有企业能独立完成产品（技术）开发。

成长与获利是企业实施产品（技术）开发的主要动机，作为主要创造主体的企业为了克服企业内部信息、能力、资源、资金和风险等创造障碍，缩短开发周期，提高效率，必然选择面向市场的开放式产品（技术）开发模式，尤其是针对一些大型或复杂产品（技术）的开发。面向市场的产品（技术）开发过程模型如图 5.4 所示。

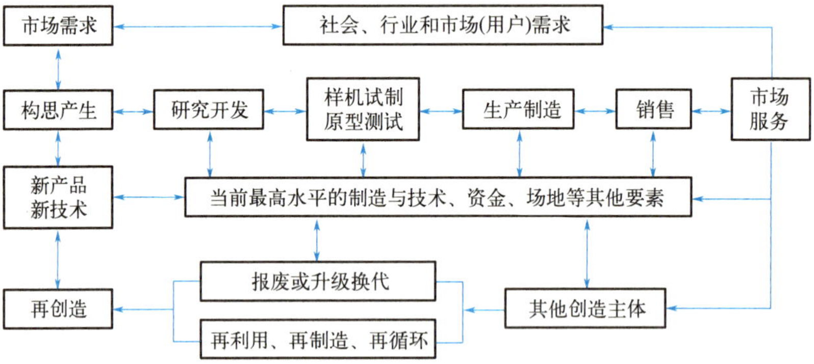

图 5.4 面向市场的产品（技术）开发过程模型

在新经济时代，面向市场的产品（技术）开发过程变得更快速、更灵活、更有效，涉及的要素更多，开发过程也更复杂；制造商在产品的全生命周期内同它的产品保持法律关系，需要保证产品（技术）开发过程及报废后的处理能够减少对自然环境的污染和破坏，以及材料的再循环、再利用。原有创造主体（如企业）的封闭式创造模式被打破，不再独立完成全部开发活动，必须在新的创新网络中依靠其他创造主体（高校、科研机构、用户、其他企业甚至普通网民）的支持，采用并行工程方法、3R 技术完成产品（技术）开发。同时，在产品（技术）开发过程中，需要有知识更全面、素质更高的技术人员和管理人员，建立基于互联网和并行工程的具有柔性度高、适应性强的产品（技术）开发组织结构。

5.2 课题选择与目标确定

在发明创造过程中有几个环节是至关重要的，同时也是容易被忽略的，如发明课题的选择及目标的确定、发明创造过程中的评价及发明创造过程中的测试，而选题是整个发明创造活动的开端，是从战略上选择主攻方向、确定研究课题的过程和方法。

5.2.1 选题的基本原则

选题是发明创造的开端，选题既困难又非常重要。著名科学家贝尔纳曾说过，课题的形成和选择是研究工作中最复杂的一个阶段，提出课题比解决课题更困难。提出新问题或从新的角度去看待旧的问题，需要打破常规，要有创造性的想象力。更有学者指出“一个好的课题就意味着课题已经解决了一半”。选题本身是一个难度很大的极富创造性的劳动，故选题在科学研究中占有十分重要的战略地位。选题虽“难”，但仍有一定的原则和方法。选题时需要注意以下几个基本原则。

1. 需求与现实可能性相统一原则

并非所有的需求都能够实现，往往有许多因超前于现有科技水平或客观实际条件而不能实现的需求。如古代的“嫦娥奔月”在当时的科技条件下，只能是一个美丽的幻想；就算是现在，秦始皇追求的“长生不老”也无法实现；彻底攻克艾滋病的良药还有待进一步研究。这里所指的现实可能性主要包括科学上的可能性，技术上的可能性及材料、能源、环境等方面的可能性。

2. 创造性与价值相统一原则

好的选题应具有较高的创造性，所选课题应具有新颖性和先进性，有突破的可能，甚至是一项具有首创性和独创性的研究，能推动某一学科发展或改善人们的生活。这需要突破常规，如选择前人没有研究、不愿研究、不敢研究或研究较少，甚至属于交叉学科领域的课题，这样的课题具有较高的创造性。但选题是否具有价值是所选问题能否作为选题的前提。对于一些毫无价值的问题，甚至属于伪科学、伪命题、假理论范畴内的问题，或可能出现的概率极小的问题，不宜作为选题。

在明确选题价值的前提下，可以独辟蹊径地开拓新的研究方向，开启全新的研究，这属于最高层次的创造性研究。也可以针对旧问题或在前人研究的基础上，从新的角度、采用新的方法或手段，选择新的对象或途径开展创造性研究工作。

3. 发明创造与实用性相统一原则

发明创造一般会出现三类产物：①需要但不实用的发明创造；②能实现而不需要的发明创造；③既需要又实用的发明创造。只有第三类才是人们所需求的。实用性的判断依据可以参考以下几个方面。

(1) 有没有比该发明更科学的事物？

(2) 该发明是否有益于社会公德和习惯？

(3) 该发明是否利大于弊？

(4) 该发明的应用范围是否广泛？

(5) 该发明的生存周期是否长久？

(6) 该发明在社会中能否让人接受？

(7) 该发明的成本是否使人难以接受（技术经济性如何）？

4. 社会经济效益与自然效益相统一原则

选择发明创造课题时既要追求更高的社会经济效益，又必须保证不破坏现有的生态平衡或自然环境，即要追求一定的自然效益。自然生态环境的破坏是无法用经济效益来弥补和挽救的。

选题失败的主要原因有以下几种（以主次为序）。

（1）对国内外研究动态了解不够。

（2）与同类研究重复且无特色。

（3）研究技术路线不完善。

（4）项目意义和目标不明确。

（5）在 3～5 年内难以达到预期目标。

（6）选题范围太大，无法深入研究。

（7）选题范围太小，起点低，缺乏先进性。

（8）选题起点过高，缺乏可行性。

5. 坚持与灵活性相结合原则

成功不易，贵在坚持。坚持，是一种很宝贵的品质，尤其是对于从事高难度发明创造活动的人而言。正如日本“经营之圣”稻盛和夫说的，世上被誉为“天才”“名人”的人们无一例外，都发挥了坚持的力量。94 岁发明全固态锂电池的约翰·古迪纳夫是 2019 年诺贝尔化学奖得主，也是历史上最年长的诺贝尔奖获得者（获奖时 97 岁）。爱迪生在发明灯泡的过程中试用了 6000 多种材料，进行了 7000 多次试验，才有了突破性的进展。这些都是坚持的结果。

课题选择不是一劳永逸的过程，要随着相关技术、环境和条件的改变而不断地调整和完善。当今科技日新月异，各种新发明、新科技、新理念层出不穷，知识更新频繁，工作节奏加快，市场瞬息万变，竞争更加严酷，这些变化都对选题提出了更高的要求。在从事发明创造和科学研究时，还要充分考虑时间、资金、人力和市场等因素的制约，在坚持的原则下，选题还必须有一定的灵活性。创造者需要审时度势，还需要考虑生存与发展的问题。当客观条件与环境发生改变时，创造者必须掌握时机，对选题做必要的调整，要根据新的情况和要求灵活应变，否则，原本具备的成功机会可能就会丢失，而新出现的宝贵时机也可能会擦肩而过。

选题成功秘诀：

成功＝掌握信息＋现实条件＋创新思维方法

5.2.2 选题的基本方法

选题的方法有很多，无法一一罗列，这里仅介绍几种基本方法，供大家参考。

1. 解决问题法

针对学习、生活和工作中已经出现的或可能出现的种种问题，尤其是学术争论的热点问题进行分析、概括，从中选择有价值的课题。

案例5-1 无导线心脏起搏器的研制

自1958年世界首例埋藏式心脏起搏器在瑞典植入人体后，埋藏式心脏起搏器技术一直是国际医学界高度关注的问题和研究热点。科研人员先后开展了电磁传输能量式无导线起搏器、超声传输能量式无导线起搏器、酶生物发电起搏器、纳米发电起搏器、“种植式”无导线微型起搏器等方面的研究。无论是利用电磁传输能量还是超声传输能量，虽然都实现了无导线起搏，但仍然有许多弊端，如需要为能量的来源装置制作囊袋。酶生物能量起搏器还处于研制阶段，距离临床应用还有一定距离。

Nanostim起搏器（图5.5）是最早也是目前最成熟的微型无导线起搏器，大小形状类似7号电池，100%起搏时寿命长达9年。自爱尔兰的美敦力（Medtronic）公司于2013年12月推出了全球最小的MicraTM无导线起搏器（图5.6），2019年10月在中国上市，至今在全球已植入500多例。该无导线起搏器被誉为2015年十大医学创新之一。相较于传统起搏器，MicraTM无导线起搏器体积仅有维生素胶囊的大小，体积减小了93%，质量仅约2g，可通过微创方式植入心脏，无导线、无囊袋，100%起搏时寿命在10年以上，还能兼容全身核磁共振扫描检查。但MicraTM无导线起搏器仍存在不足，它只具备单腔心室起搏功能。

图5.5 Nanostim起搏器

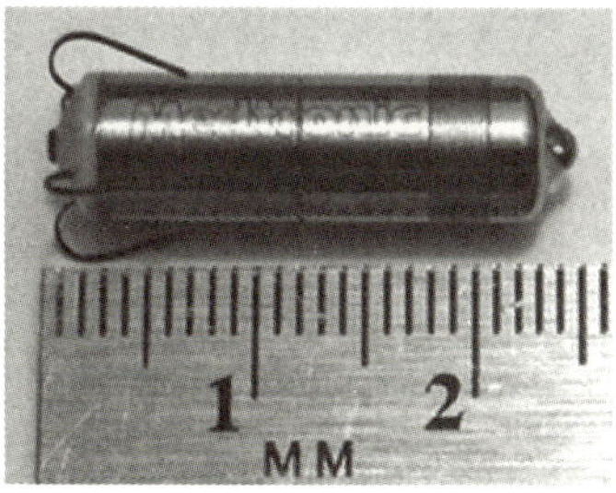

图5.6 MicraTM无导线起搏器

[拓展视频]

2. 查漏补缺法

针对各种理论或工程应用实际中出现的缺陷、漏洞或不尽完善之处进行研究、分析，从中提取研究课题。

案例5-2 缸阀一体程控全液压模锻锤的研制

中机锻压江苏股份有限公司针对现有大吨位程控锻锤双阀联动导致打击能量易失控、打击阀寿命短和密封效果差等缺点，提出研制缸阀一体程控全液压模锻锤。2018年3月，由中机锻压江苏股份有限公司自主研发、设计、生产的具有自主知识产权的缸阀一体程控全液压模锻锤研制成功。独特的筒式结构锥阀（打击阀）同轴安装于工作缸顶部，实现了缸阀一体化，无管化连接使液压传动效率更高，响应速度更快，有效地提高锻锤打击能量控制精度、锻锤可靠性及能源利用率，其技术性能指标超越了现有程控锻锤，拥有国际先进水平。C88K系列程控全液压锻锤改进前后对比如图5.7所示。

[拓展视频]

图 5.7　C88K 系列程控全液压锻锤改进前后对比

3. 借鉴移植法

在他人研究的基础上，对相似研究进行延伸与拓展，或借鉴他人研究思路、方法或成果，开辟新的研究领域，寻找新的研究对象，从中选择研究课题。

案例 5-3　蘑菇种植与食用菌保鲜技术开发

江西仙客来生物科技有限公司董事长潘新华为了研究蘑菇种植技术，根据杂志报道线索，前往福建古田跟农民学习蘑菇种植技术。为了改进种植技术，他吃住都在大棚里，琢磨菌丝生长的最佳配方、温度和孔径，并动手实验。经过一年多的努力，成功研发出五孔黑木耳卧式栽培法，使用该方法种植菌丝生长期比常规方法少 10 天以上，产量提高了 30%。

为了延长食用菌的保鲜期，潘新华瞄准了食用菌及山野菜保鲜技术难题。他成功研究出 70 多种保鲜配方，发明了无毒素活性保鲜液，该保鲜液常温下可使食用菌及山野菜保鲜期延长至 9 个月，达到国际 AI 级保鲜标准。

4. 超前意识法

对理论研究和科学技术发展等具有一定的超前意识，在现有水平的基础上提出更高层次的研究（发展）方向，从中选择研究课题。

案例 5-4　海尔通过超前创新引领冰箱行业发展

在冰箱研制领域，海尔科研团队运用超前意识，通过超前创新、超前设计与超前选择，使企业成为行业领头雁和先行者。1997 年，海尔在国内最早实现了全冰箱系统无氟生产，其无氟、节能技术走在了世界水平的前列，超过了欧洲 A 级能耗标准。此外，海尔与世界最优秀的家电供应链企业建立了“技术合作室”，通过超前的合作模式研发出更先进、更低能耗的 A+节能冰箱，达到了耗电量 0.44 千瓦时/天的世界级节能水平。2004 年海尔科研团队与航天、材料方面的科研专家合作，克服了几十项技术难题，率先将宇航绝热层材料应用于冰箱的保温层，推出了全球首台使用宇航绝热层材料的冰箱，实现了冰箱保温层厚度减半、用电量减半的目标。具有超前意识的海尔科研团队早在1993年就选择切入滚筒洗衣机，并把它打造成亚洲最大的生产基地，研发出新国家标准实施后首台6A级洗衣机——海尔自动挡数字变频滚筒洗衣机。

［拓展图文］

5. 创造思维法

灵活运用创造思维法、创造原理及技术等，提出新的研究课题，如运用发散、联想思维对“环保铅笔”的设计原理进行移植发明等。

案例5-5　运用材料替代法发明“玉米叶枕芯”

在天津市南开区盈江路盈江里社区从事妇女和创业指导工作的蒋金静，运用材料替代法，采用特殊工艺成功用玉米叶制作枕芯，替代荞麦皮，既实现了变废为宝，又降低了枕头的制作成本。由她发明的玉米叶枕芯制作的枕头，体验效果与荞麦皮枕头无异，甚至更加松软，不仅冬暖夏凉，还克服了其他枕芯的不足，这一项发明已获得了实用新型专利。

6. 独辟蹊径法

有的问题按照常理，循规蹈矩地去解决，往往显得比较繁杂，很难取得成功。如果能打破常规，独辟蹊径，从新的角度、途径出发，想人之所未想，为人之所未为，采用新的方法、工具或手段，很可能会化难为易，出奇制胜，取得意想不到的成功。

案例5-6　庞继恩的独辟蹊径舒“心”路

庞继恩是解放军第401医院心血管内科的主任医师，他在破解诊疗难题时是“不走寻常路”的人。2003年11月，他在接诊一位急性心肌梗死老年急诊患者时，因老人下肢股动脉畸形，无法通过常规的大腿股动脉进针方式进行介入治疗。他急中生智，另辟蹊径，大胆尝试从腕部桡动脉进针，克服了血管细、分支多和操作难度大等困难，最后成功释放支架，疏通了心脏堵塞动脉。相对传统方案新方案对患者血管损伤小，缩短了康复时间，减轻了患者的痛苦。

5.2.3 选题过程及目标的确定

选题的步骤主要包括课题调研与资料查阅、课题选择、构思方案、课题论证和确定目标五个步骤。选题的基本流程如图5.8所示。

1. 课题调研与资料查阅

课题调研的内容如图5.9所示。

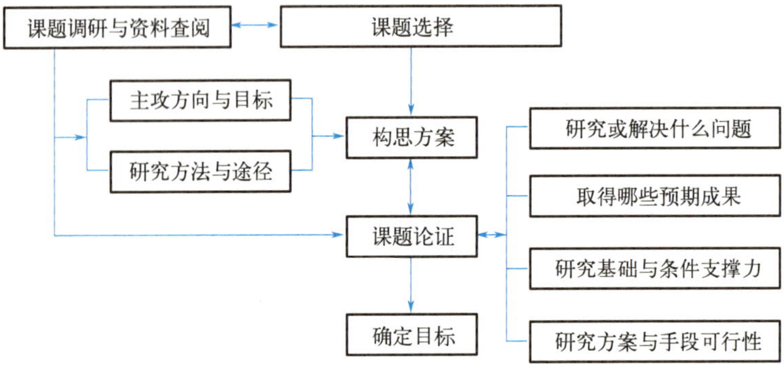

图 5.8　选题的基本流程

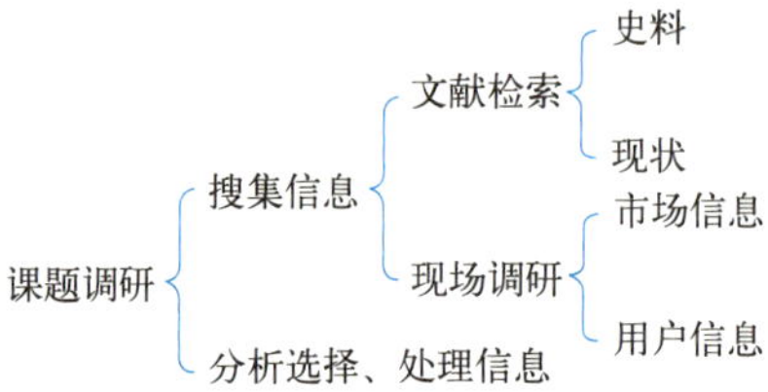

图 5.9　课题调研的内容

2. 课题选择

根据上述选题的基本原则，结合已掌握的信息资料，选择并确定课题。

3. 构思方案

在占有大量相关信息资料的基础上，运用创造思维法、创造原理及技术，提出各种可行的原理、方案或思路。

4. 课题论证

课题论证是指对所选课题进行全面的评审，判断其是否符合选题的基本原则，并分别对课题的目标、依据、创造性、先进性、可行性、效益性及创造主体的研究基础与支撑条件等进行论证与评价，以确定选题的正确性，为最终选题目标的确定提供依据。课题论证一般采取同行专家评议与管理决策部门相结合或委托第三方机构进行论证的方式进行。

5. 确定目标

所谓的目标是指要达到的目的、标准或各种参数指标。发明创造的目标一般包括技术目标和社会经济指标，如图 5.10 所示。

5.2.4　课题的申请及立项

1. 经费来源

好的课题若没有足够的研究经费及良好的实验条件也是无法实施的，因此在具备申请

- 发明创造的目标
  - 技术目标
    - 性能参数指标(使用寿命、噪声、精度、可靠性等)
    - 形态指标(体积、质量、外观等)
    - 效益指标(成本、利润等)
  - 社会经济指标
    - 性能效益指标(对人的作用、对社会的作用等)
    - 经济效益指标(产生的经济价值)
    - 环保效益指标(环境保护、污染处理等)

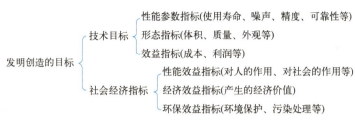

图 5.10　确定目标

条件的同时，还要积极向有关部门申请、投标等，以获得一定的资金和政策支持。或者与企事业单位合作研发，以募集资金或联合攻关。常见的基金有各级政府或其他机关、企事业单位设立的专项研究基金，各企业设立的产品和研发专项基金，以及来自风险投资公司的专项开发基金。

2. 《项目指南》及其内容

各类基金会都会定期发布《项目指南》，便于申请者了解基金会的资助方式、范围、学科政策、历年资助情况、开展国际合作和技术交流的规定和做法等。《项目指南》一般分四部分：前言、科学基金项目分类目录项目指南、正文和附录。项目申请人必须填写基金申请书，其主要内容包括项目的理论根据（国内外研究情况和现有研究基础）、研究内容、研究目标、拟采用的技术路线和实验方法、预期成果、课题组成员构成及研究水平等。其中，理论依据和技术路线最为关键，是评审的重要依据。

3. 项目立项申报书的撰写与准备

项目立项申报书是专门对拟立项项目提出的框架性的总体设想，也是项目立项单位进行项目评审与批准立项的主要依据。项目立项申报书的核心价值是作为项目批准立项后编制项目可行性研究报告的依据，也是作为项目由投资设想变为现实的投资建议的依据，同时还是作为项目发展周期初始阶段基本情况汇总的依据。

项目立项申报书一般包括以下几个部分：①课题研究背景与意义，即立项依据；②国内外研究现状；③课题研究内容；④研究目标、拟解决的关键问题；⑤研究方法、技术路线、实验手段、可行性分析；⑥研究特色与创新点；⑦课题研究计划与预期成果；⑧课题研究基础与工作条件；⑨风险评估，经济效益与社会效益分析；⑩经费预算；⑪课题组成员构成及分工情况。不同的项目、不同的审批部门、不同的审批程序要求的立项申请文件有所不同。

课题组需要根据《项目指南》的要求，针对项目立项申报中所规定的内容，逐一认真准备，用认真、客观、严谨的态度撰写项目立项申报书。

5.3　发明创造过程中的评价

发明创造过程中的评价主要是对发明设想或创意（选题）、设计方案、发明成果的实际性能及后期的商业化开发与推广等活动进行评价。评价活动主要包括具体评价项目和评价标准的设定、评价人员的确定、评价方法的确定、决策数据的收集整理等。

5.3.1 评价的目的

在发明创造过程中加入评价环节，可以更有效地实现发明创造的目标，以便对发明过程加以管理控制，减少失误，降低风险和提高效率。具体的评价目的可以归纳如下。

（1）评价环节可以使发明创造活动与人们实际生产与生活的需求紧密联系起来，为正确合理地选题提供指导。可以根据实际的需求目标和任务来确定发明创造的具体内容、层次及发明创造的优先顺序。

（2）经过评价，可以优选经济效益或社会效益较好的，或者性价比较高的发明；剔除生命周期短的和优势不明显的发明，以便在后期的商业化推广和应用上占据优势。

（3）评价环节可以降低风险，提高发明的成功率，缩短研发周期。经过评价，将一些风险较大的、没有开发潜力的发明设想或选题淘汰掉，降低失败的风险，避免不必要的投入或损失。

（4）评价环节可以为发明设想的成功实施提供指导，能够为发明创造成果的未来市场目标和产品定位等环节提供决策和指导。

5.3.2 评价的内容、方法与尺度

发明创造过程中评价的内容包括经济效益、社会效益、技术效益和专利权限等。其中经济效益评价是对发明创造活动中投入的资源将来可能获得的经济效益进行评价；社会效益评价是对该发明创造的成果满足社会需求的适时性和适应性进行评价；技术效益评价是对所采用或所开发的技术的成功率、先进性和独创性进行评价；而专利权限评价则主要是针对该发明的新颖性、创造性和实用性（简称“三性”），对所进行的发明创造活动进行评价。“三性”不仅是一项发明取得国家专利保护的必要条件，也是衡量发明创造水平的主要标准。这些评价需要在发明创造活动的过程中，根据活动进展情况实时地进行。

发明创造过程中的评价方法主要有定性评价和定量评价两种，评价的尺度主要有有效性评价和效率性评价两种。

1. 有效性评价

有效性评价主要用于发明创造过程中的选择、终止和继续等决策方面的评价。有效性评价按如下公式进行。

发明创造的有效性＝发明成果－发明创造活动中的对应资源投入

2. 效率性评价

效率性评价主要用于对发明创造过程中已经确定项目的实施方案进行评价。效率性评价按如下公式进行。

发明创造的效率性＝发明成果/发明创造活动中的对应资源投入

需要说明的是，发明创造分为职务发明和非职务发明两种，由于两者的管理性质不同，因此其评价体系也不同。在发明创造活动过程的管理决策中，存在很多影响因素，例如人事关系、情报信息、技术储备条件、技术与环境等的不确定性及经费来源（特别是对非职务发明的影响很大）等，这些因素会给发明创造过程中的评价环节（定性评价、定量

评价）带来很大的难度。

5.4 发明创造过程中的测试

5.4.1 测试的概念及目的

发明创造过程中的测试主要是对新发明过程中的发明设想、发明概念、发明样品（原型）、发明成果（已定型的）及发明成果的后期商业化推广和应用等进行必要的测试、预测和评价，为后续步骤的决策和管理控制提供参考和指导意见。发明创造过程中的测试是贯穿于整个发明创造过程的，针对不同的阶段进行不同的测试。发明创造过程中的测试与发明创造活动之间存在平行和交互的关系。对于有组织行为的职务发明而言，发明创造过程中的测试有相对比较完善的测试规范和要求。而对于非职务发明而言，测试相对比较灵活，主要取决于发明人自己的决策。

发明创造过程中的测试有助于确定发明创造过程中的资源协调和合理分配，为其管理控制系统提供必要的数据和信息，为发明成果的设计开发、应用规划和商业化推广等提供重要依据。

5.4.2 测试的主要内容

发明创造过程中的测试和预测的主要内容包括市场需求预测、成果推广及营销预测、经费预测、发明设想的测试、发明概念测试、发明样品（原型）测试和发明成果的应用测试7个部分。

1. 市场需求预测

市场需求预测为新发明创造活动的继续进行和终止决策提供关键的依据，可及时排除新发明决策中的不确定因素。进行市场需求预测时，需要从发明的优势、风险、市场潜力、用户适应性等方面考虑，对新发明进行客观的分析、预测和评价；确定市场需求的关键要素，并建立相应的市场需求模型；根据市场需求模型确定或改进发明创造的具体设计方案；在发明创造的过程中需要适时地更新和完善市场需求模型，以便能及时反映实际的市场需求及市场需求动态变化。

2. 成果推广及营销预测

成果推广及营销预测主要是为了了解发明成果在推广及营销过程中能否达到预期的效果，主要包括用户对发明成果的反应、发明成果可能占有的市场份额、来自可竞争产品或发明的影响等信息。在进行成果推广及营销预测时，需要对市场环境因素、潜在用户、竞争对象、发明成果的性能、广告策划和营销模式，以及来自资助方、发明创造成果的开发组织、发明成果所在行业协会、媒体等利益相关者对该发明成果的反应等几方面的影响因素进行分析和预测，建立相应的预测模型，为发明创造过程的管理控制与决策提供依据。

3. 经费预测

经费预测主要是对发明创造活动的投资、成本、风险和发明完成及商业化所需时间等进行预测和评估。经费预测的结果不仅是影响发明创造能否继续和取得成功的重要条件，而且是该发明创造活动的资助方或开发组织用来评估风险和收益的关键依据。经费预测可以通过建立一种经费（财务）预测控制图表来进行，可以设定明确的财务目标，并监督财务目标的实现进程，强化（职务性）发明创造过程的规范性。在明确影响经费预测的主要因素（如环境、市场、组织、投资、开发成本和收益等）后，建立相应的经费预测影响因素的模型和经费（财务）预测控制图表，对新发明进行风险分析和预测，为发明创造过程的管理控制与决策提供依据。

4. 发明设想的测试

发明设想的测试主要是通过对市场需求的调研与分析、未来产品市场定位、初步经费预算和早期审查等，去掉不合适的发明设想，节省开发时间和资源，也省去了后续的测试与评价。

5. 发明概念测试

发明概念测试是为了把发明设想进一步完善和提炼，选择合适的可以进入正式发明创造活动开发程序的具体发明概念。发明概念测试包括初步市场分析、初步概念测试和全面概念测试等。初步市场分析主要是分析市场和潜在用户的需求信息；初步概念测试是为了测试可能获得的发明成果的效益，以去掉对经济和社会效益不好的概念，或通过初步概念测试来完善产品概念，列举出未来成果的功能特性；全面概念测试是对发明成果的概念进行审核，对发明成果的功能特性进行测试，评估对发明成果进行开发和商业化推广运作的能力，删除一些暂时不适合开发的概念，从而决定最终进行的发明创造的概念。一般情况下，在全面概念测试完成后才能进行发明课题立项。

6. 发明样品（原型）测试

发明样品（原型）测试主要是针对发明成果的早期样品（原型）进行概念的评价测试和商业化推广的经济性评价测试。发明样品（原型）测试的主要目的是通过对所获得的样品进行测试，来确认发明成果能否最终达到预期的经济效益和社会效益要求。由于原型测试的费用比较高，因此在实际的发明创造过程中，本测试步骤有可能被省略而直接进入发明成果的应用测试。

7. 发明成果的应用测试

为了检验发明成果的功能特性，找出可能存在的问题，了解市场对该发明成果的反应，获取后期改进设想，还需要对发明成果进行应用测试。发明成果的应用测试应侧重于对发明成果本身的测试，不应考虑其经济效益问题，其获得的信息也可以为发明成果的商业化推广和运作提供依据。

5.5 发明创造的模式

按照发明创造的难易程度，可以将发明创造划分成首创模式、原创模式、破解模式、优化模式、转化模式和开放式创造模式六种类型。

5.5.1 首创模式

首创模式是发明创造六种模式中最难的一种模式。首创发明必须是一种全新的思想、概念、方案、结构或原理等，而且是以前没有的具有开拓性的发明创造。对于一个发明而言，首创发明可以是全部首创，也可以是部分首创。首创发明的案例有很多，如中国古代天文学家张衡首创发明了世界第一架水力发动的天文仪器，意大利伽利略首创发明了军用罗盘，荷兰詹森在1595年用凸透镜和凹透镜首创发明了第一个复式显微镜等。

首创发明是申请基本专利的必要条件，还可以与后续申请的外围（或附属）专利构成专利网，这正是西方国家常用的专利战略，从而能够达到垄断或控制某一技术领域的目的。这也是一个企业保持技术竞争力的有效策略。

案例5-7 中国水利水电科学研究院首创胶结坝技术

2019年，中国水利水电科学研究院贾金生团队在国内首创提出了胶结坝技术。该技术利用少量水泥，粉煤灰，外加剂和不筛分、不水洗的天然河床砂砾料等，通过特定工艺结成具有一定抗压、抗剪强度和抗冲蚀能力的筑坝材料。该技术被国际大坝委员会赞誉为“大坝发展史上的重要新进展，具有里程碑意义”。2023年3月30日，首个采用胶结坝技术的四川省乐山沙坪一级水电站二期工程截流成功，该工程应用胶结砂砾石总量约65万立方米。采用胶结砂砾石筑坝技术，电站基坑开挖料可直接作为筑坝材料，且无须水洗和筛分处理，水泥、粉煤灰用量少，水化热温升相对较低，无须铺设冷却水管，工程造价大大降低，仅浇筑材料一项可节省投资约6070万元。同时，现场施工组织简单快捷，大大缩短了工期。因充分利用基坑开挖料，减少了弃渣和占地，减少了水土保持与环境保护工程费。

[拓展图文]

案例5-8 利用牡丹壳制备钠离子电池负极材料

2023年，洛阳理工学院教授王芳利用牡丹壳制备钠离子电池负极材料技术研发成功，该技术在国内首次实现以废弃牡丹种子硬质外壳为原料制作钠离子电池负极材料。钠离子电池被视为锂离子电池的未来替代产品之一，它的生物质硬碳负极材料成本占钠离子电池成本的25%左右，其材料制备技术之前被国外企业掌握，进口成本超过每吨12万元。在此之前，硬碳负极材料多选用椰子壳、花生壳、甘蔗渣等。选用牡丹壳制作硬碳负极材料有很多优势，整个制备流程简单，且成本更低廉。牡丹壳不仅碳结构稳定，不需要预氧化，同时省去了酸洗、除杂等环节，是理想的钠离子电池负极材料。同时，采用牡丹壳制备高性能负极材料的新技术，还把农业废弃物转化为宝贵资源，实现变废为宝。

[拓展视频]

5.5.2 原创模式

原创模式与首创模式的区别在于该发明设想或发明物不是发明人第一个提出或创造出来的，该发明设想或发明物已经有过，但是目前的发明物是该发明人自主发明出来的。

案例 5-9　清华大学成功研制纳米激光器测尺

2003 年 7 月，精密测试技术及仪器国家重点实验室张书练教授课题组自主研制的纳米激光器测尺，经过中国计量科学研究院的测试后宣告诞生。该激光器测尺，能够精确测出物体在 12mm 到 79nm 之间的位移、膨胀和伸缩的变化情况。它的测量精度可以达到一根头发丝直径的 1/800，比传统的测量仪器的测量精度提高了 100 倍以上，可广泛应用于热膨胀系数，机械零件、部件的位移测量和量块标定，以及桥梁、水坝、建筑物的变形测量等，还可以在很大程度上代替电感测微仪。

毫无疑问，清华大学的该项发明是一项世界性原创发明，还首次应用了我国首创的激光双频技术，具有完全的自主知识产权。但是，如果从“纳米激光尺”的角度来看，该发明创造并非首创，国外已有相关专利和发明。创建于 20 世纪 80 年代的美国光动公司（Optodyne，Inc.）就是一家集研究开发、生产制造和销售激光测量系统为一体的专业激光测量公司，其典型产品有激光干涉仪和激光多普勒尺等，其产品已广泛应用于机床校准和补偿、度量、纳米定位、振动测量、原始设备制造等。

案例 5-10　大豆蛋白改性纤维的发明

1999 年，河南省安阳市农民李官奇，历经 10 年钻研摸索，从榨过油的豆粕里提取出大豆蛋白改性纤维，实现了世界化纤史上中国原创技术零的突破，并使我国成为当时全球唯一能用大豆纤维工业化生产纺织的国家。该发明被国际纺织界称为继涤纶、锦纶、腈纶等之后全球“第八大人造纤维”。发明人李官奇也被称为“世界植物蛋白改性纤维第一人”。2004 年，该发明被世界知识产权组织和中华人民共和国国家专利局授予第八届“中国专利奖”发明金奖。这种新型纤维问世后以其舒适、环保、成本低和可再生等特点备受关注，并深刻影响着未来全球纤维的发展方向。

然而，李官奇并非第一个研究植物蛋白纤维的人。人类对植物蛋白纤维的研究始于 19 世纪末和 20 世纪初。意大利、英国等多国的公司分别探讨如何从牛乳、花生、大豆豆粕中提取蛋白质纺丝。1948 年，美国通用汽车公司从豆粕中提取了大豆纤维，但因纤维性能差无法纺织加工而中断研究。日本东洋纺株式公社研发出牛奶蛋白质纤维，但 100kg 牛奶只能提取纯蛋白质 2kg 左右，制造成本过高，以致无法推广使用。李官奇最初的研究设想来自美国杂志《化学文摘》，他在该杂志上看到了一篇介绍豆粕里的大豆蛋白可以纺丝的文章。最终他用大豆蛋白和羟基高分子接枝、共混、共聚并纺丝制成了新型纺织用人造纤维。

[拓展视频]

5.5.3　破解模式

破解模式是指对某种现有物的结构、原理或现有技术方法进行解密、消化吸收从而引发发明的模式。它包括对现有技术和发明物的破解，也包括对自然物的破解。对现有技术和发明物的破解有很多，常见的如国内很多企业通过解密和消化吸收国外技术后研制出自己的产品或技术，甚至在其原型产品基础上进行改进，研制出性能更优越的产品，从而实现国产化。对自然物的破解形式即通过破解自然物的结构、原理及成形工艺而仿制出人造物（如仿生发明）。这类发明很多，如人造蛛丝、仿生鱼、潜艇、响尾蛇导弹、蛤蟆夯等。

案例 5-11 时速 200～250km 及以上速度等级动车组的研制

2008 年，在时速 200～250km 及以上速度等级动车组研制过程中，中车青岛四方机车车辆股份有限公司在引进国外高速铁路动车组相关设计和制造技术的基础上，通过产、学、研合作机制，与清华大学、西南交通大学、北京交通大学、中南大学、同济大学等，签定了动车组引进技术消化吸收再创新重点攻关项目技术研发合作协议，通过合作研究，掌握了高速动车组核心技术，设计研制出具有完全自主知识产权的新产品；卧车动车组更为世界首创，形成中国高速铁路自有的标准体系和国产化产品形式的再创新成果。这不但提升了企业的技术创新能力和核心竞争力，而且加快了与国际先进水平接轨的步伐，并用成熟可靠的优势产品抢占了海外市场，完成了安哥拉客车、委内瑞拉动车组等的设计和试制工作。

[拓展图文]

案例 5-12 仿生荷叶的发明

2004 年，中国科学院化学研究所的仿生材料研究小组——徐坚研究小组，通过破解荷叶的自清洁原理发明了“仿生荷叶”。该发明可用于生产建筑涂料、服装面料、厨具面板等耐脏产品。他们通过对荷叶表面细微结构的分析，破解了荷叶不沾泥土和水的秘密。原来荷叶的表面有许多乳状突起，这些肉眼看不见的乳状突起，使荷叶具有自清洁功能。“仿生荷叶”实际上是一种人造高分子薄膜，该薄膜具有不沾水、不沾油的性质和“自我修复”功能，仿生表面最外层在被破坏的状况下仍然保持了不沾水和自清洁的功能。这项研究可用于开发新一代的仿生表面材料和涂料。新型的“仿生荷叶薄膜”可用于制造防水底片和不沾灰尘的仿生涂料等产品。

[拓展视频]

5.5.4 优化模式

优化模式是指出于对现有的总体环境、条件、状况等要素的改善需求而进行优化的发明模式。优化模式包括三种情况：①对现有物的材料、结构、性能、用途等要素进行整体或局部优化，如改进手机设计以延长手机的待机时间或增强 GPS 导航功能等；②对现有工艺或方案进行优化，如改进造纸工艺以提高纸的质量，并减少污染物的排放等；③专门为满足现有的总体环境、条件、状况等要素的优化要求而进行的新发明，如为了提高掘进机左右套的加工效率而专门设计一种专用夹具。

在使用优化模式时，可以只针对原有物或原有技术进行优化，也可以先将原有物或原有技术与其他物或技术经过集成或组合后再作系统优化。古往今来，有许多发明创造，都是从优化入手，进而在不断的改进和完善中获得成功的。如日本松下电器公司的创新之道便是秉承了其创始人松下幸之助“只改进不发明”的原则，这样做具有节省时间、减少费用、降低风险和保证效益等益处。

案例 5-13 丰田汽车公司的成功套路——PDCA优化管理模式

日本丰田汽车公司有一种一直被其他企业学习和效仿的成功管理模式 PDCA（图 5.11）。PDCA 是 Plan（计划）、Do（执行）、Check（检查）和 Act（改善）的第一个字母，PDCA 循环就是按照这样的顺序进行质量管理，并且循环不止地进行下去的科学程序。丰田汽车公司非常重视员工的改善能力，经理和主管的主要工作就是培养员工的改善能力，使用改善套路培养员工持续地、小步地优化和改进的能力，在激烈的市场竞争中，跑赢对手；使用辅导套路，确定员工的思考和行为模式，应对不断变化的条件。丰田汽车公司通过持续改进的优化管理模式和技术驱动为核心，不断提升产品技术和效率，成为世界领先的汽车制造商。

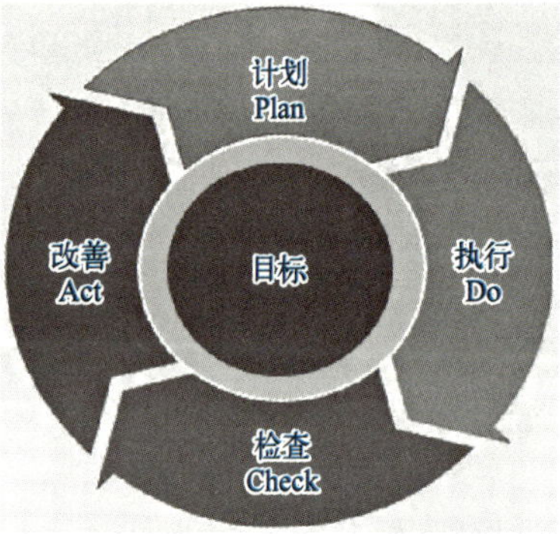

图 5.11 PDCA 优化管理模式

通过持续改进，适应和满足不断变化的社会需求，企业才能保持竞争优势并生存下去。类似丰田汽车公司这种持续地、小步地进化和改进的优化创新模式，对推动行业创新和可持续发展也具有启发意义。

案例 5-14 上海交通大学研制出超级合金——纳米陶瓷铝合金

上海交通大学王浩伟团队经 30 年的不懈努力，改进了国际上铝里“掺”陶瓷的物理工艺，在吴人洁教授提出的“原位自生”化学方法基础上，通过持续改进工艺让陶瓷自己从铝里“长”出来，成功研发原位自生纳米陶瓷铝合金材料（金属基复合材料 MMC），相比铸铁件，采用这种材料制造的零件可减重 60%左右，但其比强度和比刚度甚至超过了钛合金。2021 年底，陶铝新材料的规范建立获国家批准。目前，纳米陶瓷铝合金不仅应用于天宫一号、天宫二号、量子卫星等国家重大项目，还用于制造国产大飞机 C919 的地板支撑梁，取代了进口铝合金。试验表明，陶铝静力学性能和疲劳性能显著超越进口三代铝锂合金 2196，性能波动水平 C_v 值均在 2%以下，远低于传统铝合金要求的 5%，创立了首个中国人自己的航空材料牌号 CA7075-3.5，创建了一种高强高模航空铝合金体系。

[拓展视频]

案例 5-15 南非发明造雨新方法改善生态环境

传统的人工降雨方法通常是向云内播撒碘化银或干冰（固体二氧化碳）等，使水滴凝结，最终成为雨水降落至地面。南非科学家是在阿拉伯联合酋长国（简称阿联酋）的资助下，发明了一种比传统技术更便宜高效的造雨新方法，该方法已经获得世界气象组织的大奖，正在推广实施。

用造雨新方法实施造雨作业时，气象飞机会在尾部燃烧盐的结晶体，紧贴着积雨云拉出一道长长的“火龙”或“火雾”，场面蔚为壮观。这种“水火交融”的造雨新方法效果更佳，一次作业所“挤出”的水量是传统的人工降雨方式的两倍，而且不会产生多余的废物，人工降雨后对过往的飞行器没有任何影响。该造雨新方法成本低，每立方厘米只花费4分钱。阿联酋、美国、墨西哥、印度等国已经开始应用该技术。

案例5-16 炭化成肥新方法解决秸秆焚烧难题

每到稻麦收获季节，许多农民为了省事常将秸秆焚烧。秸秆露天焚烧不仅造成资源的大量浪费，而且带来很多危害。焚烧秸秆不仅污染大气，严重影响环境质量，容易形成新的火灾隐患，而且对交通安全构成威胁。对此很多人提出种种发明设想，如将秸秆回收作饲料、人造板材、生物木炭等的原料，或用于造纸、造肥、发电、气化炉料等。

焚烧秸杆的原因是“无法处理”。南京农业大学潘根兴教授团队发明了生物质炭化技术，在密闭高温条件下将秸秆炭化，并制成复合肥，同时将高温炭化过程中收集到的固体、液体、气体进行深加工，为土地设计“营养品”，解决农村秸秆焚烧难题。这种高温炭化工艺可实现大规模应用，且不会造成污染。同时，他们设计了反应器，使秸秆高温炭化，变成碳基有机物，代替土壤中微生物完成“消化”，土壤可直接吸收其中的有机质，帮助自然界循环，同时减少了细菌。炭化的秸秆被制成了化肥，其中秸秆炭化物占20%，相关化肥占80%，在保持原有质量和效力的同时减少了化肥的使用量，滋养了土壤。2019年，该成果荣获教育部自然科学一等奖。

5.5.5 转化模式

转化模式是指通过对技术方案、原理、材料、结构、性能或用途等做适应性调整和变换，进而转化为新发明的一种模式。如将新发现、新发明的技术或某一领域的现成技术，经过适当的转化后再应用到其他领域，而形成新的发明；或者改变现有技术或现有物等的用途；或者把现有物经过材料替换、结构改进、性能优化或与其他技术集成等处理后，转化为有更大应用价值的物品，如废弃物回收转化再利用，危害品变害为宝等。

案例5-17 A320飞机碳制动盘的国产化

飞机碳制动盘是影响飞机起落安全系数的重要部件，但因其制造工艺复杂、对材料性能尤其是摩擦性能要求苛刻，国内企业少有问津。全球民用飞机碳制动盘市场都集中在国外少数几家公司。我国每年须花费大量资金从国外进口，此前我国仅空客320系列飞机碳制动盘每年就要花费近5亿元人民币。

中国航天科技集团有限公司第四研究院科技人员将固体火箭发动机喷管喉衬用碳-碳复合材料的生产技术与工艺转化应用于民用航空领域，先后攻克了针刺无纬布准三向结构整体预制体成型，双元碳基体致密化处理等多项关键技术，成功研制出了波音757-200、空客320系列飞机碳制动盘，其性能完全可以与国外产品相媲美，而且操作简便，无须更改飞行手册给

[拓展视频]

定的起飞和着陆参数，即可保证飞机的正常起落。这不仅打破了国外对民用飞机主力机型制动盘产品的市场垄断，还为国内航空公司带来了可观的经济效益。

案例 5-18 天然气转化新技术的发明

天然气作为一种安全、高效、经济、环保的绿色能源，广泛用于燃气灶具、热水器、采暖及制冷装置，也可用于造纸、发电、冶金、陶瓷、玻璃等行业，它还能替代汽油作为汽车燃料。同时，它可用作化工原料，如何实现天然气直接转化为化工原料（乙烯、乙炔）便成为各国科技界普遍关心的研究课题。

中国科学院金属研究所张劲松研究员领导的专题组，承担了国家重点攻关项目“微波催化天然气直接转化和装置放大关键技术研究”，并取得了重大突破，研究出的新工艺将碳二烃的单程产出率提高了70%，是国外先进水平的两倍多，能在常压和高压条件下，用等离子体直接转化天然气。如此高产出地获取乙烯，在国际上尚属首次，为中国高效利用天然气开辟了一条新的途径。

案例 5-19 将 CO_2 废气转化为环状碳酸酯

英国纽卡斯尔大学的科学家们研究出了一项能够减少温室气体排放的突破性技术。由有机化学教授迈克尔·诺思领导的研究小组，成功地研制出了一种异常活跃的催化剂，在室温和大气压力条件下能够将 CO_2 废气变成环状碳酸酯，从而大大减少所需要的能量投入。

这项技术每年有可能处理多达4800万吨的 CO_2 废气，从而把英国的 CO_2 排放量减少约4%。而获得的环状碳酸酯是一种商业需求量很大的化学制品，除了应用于化学工业外，还广泛用于生产溶剂、脱漆剂和可生物降解包装材料等产品，还有可能用于生产新型、高效的汽油抗振剂。汽油抗振剂可以使汽油燃烧得更加充分，从而提高燃料效率，减少 CO_2 排放。

5.5.6 开放式创造模式

开放式创造模式是在亨利·切萨布鲁夫2003年提出的开放式创新概念基础上发展起来的。即为了弥补自身创造资源短缺和突破发明创造或技术开发存在的瓶颈，在尽可能大的范围内，创造者（如研发团队或企业）通过购买短缺要素，或与供应商、用户、高校、研究机构，甚至竞争对手等外部力量，通过并购、合资、合作、参股、联盟等多种方式组成创新网络，进行资源或技术交流与合作，有效利用外部创造资源提升自身的原始创造能力、集成创造能力和再创造能力。

开放式创造模式的目的是获取新知识、互补资源、资金支持，分散风险，扩大社会网络或者降低成本，通过内外要素的有机整合实现高效创造，打破传统的封闭式创造模式。其包含合作创造、协同创造等群体性创造的思想，存在多个创造主体，更注重于发明创造成果的转化或技术开发成果的收益，已成为企业为主体进行创造的主导范式。

开放式创造模式的优点在于：可以实现优势互补，开发出更有竞争力的产品并缩短开发周期，降低开发成本；站在更高的水平线上从事发明创造和技术开发活动。其缺点在于：发明创造或技术开发成本较高，核心技术保密困难，存在一定的风险和不确定性。该模式适合于“互联网＋”企业、跨国公司、战略性新兴产业企业、中小企业和信息技术企业，主要针对大型、复杂事物或采用网络众包方式进行开发的产品。

案例 5－20　沈阳机床在产品开发中采用的开放式创造模式

20 世纪 90 年代，国外对中国仍采取一定的技术封锁，包括沈阳机床集团股份有限公司（以下简称“沈阳机床”）在内的中国机床企业仍处于模仿、引进和技术“嫁接”阶段，企业在技术创新方面与外部合作的程度较低，通过常规的“走出去”和“引进来”模式仍然无法解决产品开发的瓶颈问题。

2001 年，沈阳机床开始采用开放式创造模式。一方面，在企业内部研究院的基础上，吸引高校和科研机构的人才参与重大项目开发，通过全球产品配套方式提高新产品开发的速度和档次，新产品的设计周期从 9 个月缩短到 3 个月。中国沈阳机床上海研究院与意大利菲迪亚集团、日本安川电机、中国科学院沈阳计算机研究所组成了“三国四方”的科研攻坚团队，形成具有自主知识产权“飞阳”运动控制系统核心技术，打破了国外垄断。另一方面，加强了并购重组行为。2004 年，沈阳机床全资收购了有 140 多年历史的德国希斯庄明有限公司，获得了与世界先进水平同步的重大型数控机床设计和制造的核心技术，2006 年销售收入达 3.3 亿元。

2006 年，沈阳机床与同济大学共建“数控装备研发中心”，与 20 多家企业和 6 家研究院组建了“数控机床产业技术创新联盟”，还与德国德马吉和日本森精机宣布在沈阳合资建厂，与多家世界 500 强企业供应商建立全面的战略合作关系，联合开发的高速卧式加工中心、龙门式五轴联动加工中心等 13 个产品达到世界领先水平。2014 年，沈阳机床设计研发机构被《环球科学》评为 2013 年度最具影响力十大研发中心。

[拓展视频]

案例 5－21　美国公司借助 InnoCentive 网站悬赏进行新药研发

InnoCentive 网站（美国创意交易网站）是由礼来公司资助设立的，旨在帮助医药和化学领域的公司通过互联网接触到多元化的外部创造个体和不同的解决问题的思路，便捷地获取创新观点。该网站已成为礼来公司新药研发的重要途径之一。

美国公司在 InnoCentive 网站上注册成“寻求者”，通过悬赏的方式在网站上发布“挑战”，即需要解决的创新问题，通常悬赏金额为 1 万～10 万美元；而问题的解决者则是在网站注册的数量众多的互联网网民。创新平台在双方之间提供审核和咨询服务，确保“寻求者”能够挑选出最优解决方案并确定奖金额度；还为“解决者”制定专门的协议，确保他们接受其中条款，包括解决方案的审阅期限、保密规定及解决方案的知识产权转让等。

截至 2021 年，已经有来自 200 个国家的近 40 万人注册成为 InnoCentive 的问题解决者，其中 60%以上拥有硕士及以上学位，是各自领域的专业人士。同时有超过 2000 项挑战在网站上获得了超过 16 万次的解决方案，并且已经分发出超过 2000 万美金的奖金。

思考题

(1) 发明创造的一般过程包括哪些？
(2) 产品开发过程和技术创造过程有何异同？
(3) 选题时应注意哪些基本原则？
(4) 选题的过程主要包括哪些步骤？
(5) 选题有哪些基本方法？
(6) 选题的基本流程是什么？
(7) 选题时为何要进行课题论证？
(8) 项目立项申报书一般包括哪几个部分？
(9) 为何要在发明创造过程中加入评价环节？评价一般应包括哪些内容？
(10) 为何要在发明创造过程中加入测试环节？测试的主要内容有哪些？
(11) 按照难易程度划分，发明创造一般可分为哪几种模式？
(12) 首创模式和原创模式有何不同？
(13) 开放式创造模式有何优缺点？
(14) 了解发明创造的过程和模式对创造者从事发明创造活动有何作用？

第6章 发明创造成果及其保护

“创新是引领发展的第一动力，保护知识产权就是保护创新。”

——2020年11月30日，习近平主持十九届中央政治局第25次集体学习时强调

“加强知识产权保护。这是完善产权保护制度最重要的内容，也是提高中国经济竞争力最大的激励。”

——2018年4月10日，习近平在博鳌亚洲论坛2018年年会开幕式上讲话

6.1 发明创造成果的保护

6.1.1 正确认识发明创造成果及其保护

发明创造成果是创造者辛勤劳动的结果，只有进行有效的保护，使创造者的劳动结果不受他人侵犯，更好地释放各类创新主体的创新活力，才能使发明成果产生好的社会和经济效益，才能更好地造福于社会和人类。

党的二十大以来，习近平总书记围绕知识产权工作作出一系列重要论述，强调：全面建设社会主义现代化国家，必须更好推进知识产权保护工作；创新是引领发展的第一动力，保护知识产权就是保护创新；必须从国家战略高度和进入新发展阶段要求出发，全面加强知识产权保护工作，促进建设现代化经济体系，激发全社会创新活力，推动构建新发展格局；要完善知识产权保护相关法律法规，提高知识产权审查质量和审查效率；等等。这些重要论述，为我们深化知识产权领域改革、推进知识产权强国建设提供了根本遵循。近年来，我国知识产权事业在各项改革的推动下取得历史性成就。

2023年，我国共授权发明专利92.1万件，同比增长15.4%；授权实用新型专利209万件、外观设计专利63.8万件；注册商标438.3万件，登记集成电路布图设计1.13万件，核准使用地理标志专用标志经营主体5842家。2023年，我国通过专利合作条约提交国际专利申请73812件，通过工业品外观设计国际注册海牙协定提交外观设计国际申请1166件（前11个月），提交马德里商标国际注册申请6196件，稳居世界前列。知识产权转化运用方面，2023年，全国专利商标质押融资额达8539.9亿元，同比增长75.4%，惠

及企业 3.7 万家；达成专利开放许可 1.7 万项；2023 年前 11 个月，我国知识产权使用费进出口总额达 3345 亿元。

通过一系列的改革举措，我国知识产权事业取得了长足进步。截至 2024 年 6 月底，我国发明专利拥有量达到 534.4 万件，有效注册商标量达到 4804.4 万件，累计批准地理标志产品 2512 个，核准地理标志作为集体商标、证明商标注册 7384 件，集成电路布图设计累计发证 7.8 万件，《专利合作条约》（PCT）国际专利、海牙体系工业品外观设计、马德里商标国际注册申请量稳居世界前列。2022 年，全国专利密集型产业增加值达到 15.3 万亿元，占国内生产总值的 12.71%，“十四五”以来年均增长 12.4%。在世界知识产权组织发布的《2023 年全球创新指数报告》中，我国位居第 12 位，党的十八大以来提升了 23 位，拥有的全球百强科技集群数量跃居世界第一。

目前，虽然我国知识专利发展已取得长足进步，但国外企业仍在有计划地运用“专利战略”控制我国有关技术及市场，其目的是形成一方面的垄断，迫使我国购买他们的产品或专利技术；由此引发的有关经济纠纷已屡见报端。由此可见，知识产权保护问题必须引起全社会的高度重视。对此，我们在保护自己的发明创造成果时应注意以下几个问题。

（1）对已完成的发明成果，只要符合专利申请要求的，应该首先想到申请专利，并付诸行动，争取使自己的发明成果尽快获取法律保护，以防止不法之徒仿制。

（2）对已完成的发明成果，要敢于申请专利。对已申请实用新型专利的可以考虑申请发明专利，符合国外专利申请条件的也应尽快地向更大范围申请国际专利，以免失去专利申请优先权。

（3）在发明成果申请专利时，要“吃透”专利法，即在申请专利之前，要对所申请国的专利法作深入研究。一方面，使自己所申请的专利符合专利法要求；另一方面，也要最大限度地保护自己的应有权利，切忌因“留一手”而吃大亏。

（4）在为主要发明成果申请专利保护的同时，也要注意与本成果有关的技术或配件的保护，尽可能地将其列入申请范围内，以免被别人趁机申请了专利而不利于主体成果的开发与推广。

6.1.2 知识产权及其保护现状

1. 知识产权的概念和内涵

知识产权（intellectual property）一词最早于 17 世纪中叶，由法国学者卡普佐夫提出，其原意为“知识、智慧或财产的所有权”，也称智力成果权。1967 年，在斯德哥尔摩缔结的《建立世界知识产权组织公约》中正式提出了“知识产权”的概念和定义，自此世界各地均以“知识产权”表述。知识产权通常是指各国法律所赋予智力劳动成果的创造人对其创造性智力劳动成果所享有的专有权。《中华人民共和国民法典》将知识产权定性为一种民事权利，包括作品，专利（发明、实用新型、外观设计），商标，地理标志，商业秘密，集成电路布图设计，植物新品种和法律规定的其他客体八个类别。

知识产权是指公民或法人等主体依据法律的规定，对其从事智力创作或创新活动所产生的知识产品所享有的专有权利，又称“智力成果权”“无形财产权”，主要包括工业产权和版权，前者由发明专利、商标及工业品外观设计等方面组成，后者由自然科学、社会科学、文学、音乐、戏剧、绘画、雕塑和摄影等方面的作品组成。

传统的知识产权是专利权、商标权和版权的总和，广义上的知识产权是跟脑力劳动创造的成果有关系的一个权利，如商业秘密、商业模式、商业标准等，或在长期经营中形成的一些特殊的标志所拥有的一个民事权利。

知识产权工作包括知识产权的创造、运用、管理和保护，而保护人类智力劳动成果所有权（知识产权）的法律制度就是知识产权制度，有时也称知识产权保护制度。

2. 知识产权的性质

知识产权具有无形性、专有性、地域性、期限性和可复制性等性质，可以被买卖和转让。知识产权同时还具备民事权利所具有的特点，但是它又有自己特殊的地方，它保护的对象是脑力劳动创造的成果，是产权所有人在长期经营当中形成的一些特殊的专有标志。知识产权所保护的对象可能是一个作品、一个设计，或者是一个设计诀窍，这样的东西是无形的。因此，知识产权是一种无形产权。知识产权具有期限性。不论是何种类型的知识产权，法律对它们的保护都是有期限的。但是期限性并非适用于所有的知识产权种类，这和保护的方法、手段和策略有关，如采用保密方法便不具有期限性，只要权利人能保守住秘密，其知识产权甚至可以世代相传。知识产权的保护具有地域性。无论是何种类的知识产权，都是依照各国本国法律进行保护的，在一国取得的知识产权，一般不会在另一国得到承认，除非依照当地法律另行申请。

3. 知识产权的保护范围

根据 1967 年 7 月 14 日在斯德哥尔摩签订的《建立世界知识产权组织公约》第二条规定，知识产权的保护范围包括下列内容。

（1）文学、艺术和科学作品。

（2）表演艺术家的演出、录音制品和广播节目。

（3）人类在各个领域的发明。

（4）科学发现。

（5）工业品外观设计。

（6）商标、服务标志和商号名称及标志。

（7）禁止不正当竞争，以及一切在工业、科学、文学或艺术领域由于智力活动而产生的其他权利。

4. 国际知识产权保护

（1）国际知识产权保护概况。

知识产权保护制度是一种高度国际化的制度。随着世界贸易组织的形成，以《与贸易有关的知识产权协定》（简称《TRIPS 协定》）为标志的高标准、高水平的国际知识产权保护新格局已经形成。目前，世界知识产权保护制度是一个多层次的复杂体系，以《TRIPS 协定》为基础，由多边协议、诸边和地区性协议及双边协议组成。

与知识产权有关的国际条约及保护制度包括：《保护工业产权巴黎公约》（简称《巴黎公约》，1883 年）、《保护文学和艺术作品伯尔尼公约》（简称《伯尔尼公约》，1886 年）、

《商标国际注册马德里协定》（简称《马德里协定》，1891 年）、《建立世界知识产权组织公约》（1967 年）、《关税及贸易总协定》（1947 年、1986 年）、《工业品外观设计国际注册海牙协定》（简称《海牙协定》，1925 年）、《TRIPS 协议与公共健康多哈宣言》（简称《多哈宣言》，2001 年）、《专利法条约》（2000 年）、《专利法条约实施细则》（2000 年）等共 30 多个。1974 年，世界知识产权组织成为联合国系统中的一个专门机构。1980 年，中国参加了世界知识产权组织。目前，除个别国家（如伊朗、朝鲜）外，绝大多数国家已经建立起了知识产权保护制度，并已加入世界知识产权组织。

（2）国际知识产权保护新形势。

由于各国科技、经济和文化发展存在差异，国际知识产权保护存在较严重的利益失衡现象，国际知识产权制度的制定也出现了被发达国家主导、更多地代表发达国家利益的趋势。美、日等发达国家和地区为维持其在高科技领域及文娱方面的优势，不断制定高标准严要求的知识产权保护条款来宣示主权；发展中国家则希望形成以发展为前提的知识产权规则，大力促成知识产权与公共利益的平衡。

[拓展图文]

5. 中国知识产权保护

（1）中国知识产权保护概况。

目前国际上知识产权保护政治化的趋势越来越明显，欧美在知识产权保护问题上向我国施压的重点已经从要求完善知识产权保护法律制度转向要求加大知识产权保护力度上，并屡次在中美、中欧的高层商贸会谈中向我国施压。发达国家的跨国公司也不断强化针对我国企业的知识产权战略部署，打压我国企业的市场竞争力和创新能力。无论是在高新技术产业领域，还是传统工业领域，发达国家均已经亮出针对我国企业的知识产权保护运动的战旗。

我国政府十分重视知识产权制度的建设和完善，党的十七大报告明确提出要实施知识产权战略，2008 年 6 月 5 日，国务院颁布《国家知识产权战略纲要》，实施国家知识产权战略。此后，先后出台了《深入实施国家知识产权战略行动计划（2014—2020 年）的通知》《“十三五”国家知识产权保护和运用规划》《中国知识产权司法保护纲要（2016—2020）》《关于加强知识产权审判领域改革创新若干问题的意见》《关于强化知识产权保护的意见》《专利转化运用专项行动方案（2023—2025 年）》等重要文件。随着一系列有关知识产权保护法律政策的实施，我国逐渐形成了鼓励发明创造、尊重知识、开展公平竞争的积极氛围。相关法律法规不断更新，知识产权机构也得到了加强，知识产权体制机制全面优化。我国已经是世界上专利增长率最高的国家，我国知识产权转化运用正加速推进，在全球创新指数排名中，我国从 2012 年的第 34 位上升到 2023 年的第 12 位。我国知识产权正有效赋能经济创新发展，持续推动新质生产力的发展。

[拓展图文]　[拓展图文]　[拓展图文]

(2) 中国知识产权保护面临的问题与挑战。

我国知识产权保护工作取得了较大的成绩，且已经形成了包括专利、著作权、商标、商业秘密、植物新品种、集成电路在内的完整的法律体系，但“大而不强，多而不优”的特征十分突出，知识产权保护工作的质量仍有较大提升空间。在实践中也存在许多问题。概括起来主要存在以下几个方面的问题。

① 知识产权保护意识薄弱。

目前，国内企业、高校及研究机构对知识产权的认识还不够，知识产权保护意识还有待加强，没有认识到知识产权是一种最重要的无形资产。由于知识产权体制及知识产权普法教育方面的不完善，国内的企业和研究机构普遍存在重有形资产轻无形资产，重科学研究成果轻知识产权保护的现象，导致每年有很多知识产权被“抢注”。直接导致国内企业或研究机构拥有知识产权量少，易发生侵权或被他人侵权的现象。增强知识产权保护意识已成为企业的共识，加强企业知识产权法律保护也成为企业发展的“原动力”和“分水岭”。

② 知识产权保护制度不够完善。

我国虽然已经颁布实施了《中华人民共和国专利法》《中华人民共和国商标法》《中华人民共和国著作权法》(以下简称《著作权法》)《计算机软件保护条例》《集成电路布图设计保护条例》《著作权集体管理条例》《音像制品管理条例》《中华人民共和国植物新品种保护条例》《中华人民共和国知识产权海关保护条例》《特殊标志管理条例》《奥林匹克标志保护条例》《互联网著作权行政保护办法》《关于办理侵犯知识产权刑事案件具体应用法律若干问题的解释》和《关于加强知识产权行政执法，开展专项执法行动的工作方案》等一系列以知识产权保护为主要内容的法律法规，可以对专利权、商标权、著作权，对计算机软件、集成电路布图设计、音像制品管理、植物新品种等知识产权进行依法保护。但是，这些法律法规制度不能覆盖高新技术的所有主题，在对高新技术成果的保护上具有滞后性；有些法律法规和《TRIPS 协定》中相关法律法规相比还有很多不同，甚至有许多缺位；法律法规比较分散，各个法律法规之间缺乏有机整合，甚至出现条例内容、责任限定、管理部门之间的相互冲突，部分法律法规在司法和行政保护的范围及力度上有所差异；执法效果不够理想，没有很好地协调保护知识产权与反垄断之间的矛盾，知识产权侵权行为未能得到有效遏止。此外，这些法律法规制度均未规定法定赔偿额，使其在执法时遇到较大困难。

企事业单位的知识产权保护和管理工作还不够重视，仍沿用以前的行政管理模式。有些单位虽然设立了知识产权办公室，但基本上是挂靠在其他管理部门下，没有专门的人员和健全的工作制度。

习近平总书记在 2016 年年底主持召开中央全面深化改革领导小组第三十次会议时强调，开展知识产权综合管理改革试点，要紧扣创新发展需求，发挥专利、商标、版权等知识产权的引领作用，打通知识产权创造、运用、保护、管理、服务全链条，建立高效的知识产权综合管理体制，构建便民利民的知识产权公共服务体系，探索支撑创新发展的知识产权运行机制，推动形成权界清晰、分工合理、责权一致、运转高效的体制机制。

③ 专利多而不强，专利资源分布不合理。

2019 年中国专利申请量居世界第 1 位，且连续 7 年居世界首位。但中国高新技术产业领域的技术研发水平及专利成果还有提升空间，专利多而不强，多而不优，且多数集中在应用技术领域，在高端技术领域缺乏核心技术及相关专利成果，绝大部分企业的自主创新能力不足。从专利资源分布情况来看，与发达国家大部分专利由企业掌握的情况不同的是，中国的专利资源主要集中在高校和科研机构。如在工业机器人领域，只有国家电网有限公司、沈阳新松机器人自动化股份有限公司、南京埃斯顿自动化股份有限公司和广东拓斯达科技股份有限公司4家企业挤进了中国专利申请量排行榜前20强。大部分企业仍未走出“重销售轻研发”的怪圈，研发能力相对较弱，专利成果水平较低，更缺乏战略布局。

④ 知识产权侵权行为屡禁不止。

因知识产权保护意识不强、损害专利所有人利益赔偿的数额过低等原因，部分企业和个人在利益驱动下从事侵权活动，拿别人的知识产权或技术来为自己谋取利益，或者将专利所有人的知识产权占为己有，通过非法手段提升自身价值，导致权利人的合法权益受损，公平竞争的市场秩序被打乱。知识产权的保护问题亟须得到国家和企事业单位的高度重视，并采取有效应对措施。

保护知识产权需要制定和完善知识产权政策、加强制度建设。从国家层面加强集中统一领导，完善金融、财税、国际贸易、人才、知识产权保护等制度环境，优化市场环境，更好地释放各类创造主体的创新活力；要培育公平的市场环境，强化知识产权保护，反对垄断和不正当竞争。

⑤ 重论文成果轻专利现象严重。

由于发明专利申请周期较长，申请及维护费用较高，且在与科技人员切身利益相关的职称评审、职位晋升、工资水平等环节中所占比重较轻，因此得不到科研人员的重视。从专利申请数量看，尽管每年专利申请数量在不断增加，但仍有相当大的进步空间。国家知识产权局《2019年中国专利调查报告》显示，高校与科研单位科技成果申请专利的比例较低，科技成果申请专利比例在10%以下的专利权人分别在高校和科研单位中占比56.6%和35.5%。2022年，中国高校发明专利产业化率为3.9%，发明专利转让率为3.1%，高校发明专利许可率为7.9%。同时在国外申请专利获授权率较低，使我国企业在向国外拓展时遇到了较大的问题。

⑥ 知识产权流失因素众多，流失和泄密现象严重。

一些成果在鉴定、论文发表、论著出版过程中忽视对成果的知识产权保护，加上科研人员流动较大，大量的技术资料、图纸、信息被带出单位，使关键技术资料或数据泄露，造成成果和技术因公开而丧失新颖性，导致科研成果资产和权利的严重流失。许多科研成果通过发表论文、成果鉴定、学术讨论和人员“跳槽”的形式白白地流失，使原单位和国家蒙受巨大损失。

⑦ 国际知识产权壁垒的严重制约。

知识产权日益成为国家发展的战略性资源和国际竞争力的核心要素，发达国家现在越来越多地通过设置知识产权壁垒等“合法壁垒”，对发展中国家出口产品实施限制。我国每年有70%左右的外贸出口企业遭到国外技术型贸易壁垒的限制，这些技术型贸易壁垒大多与知识产权有关。中国在国际贸易中面临两大困境：一是对外贸易发展受困于知识产权，要通过支付高额的知识产权许可费用，获得海外市场准入资格；二是对外贸易发展缺乏知识产权支撑，知识产权质量和专业化服务水平亟待提升，知识产权国际贸易逆差形势严峻。目前中国已成为世界最大货物贸易出口国，但产品缺乏自主知识产权的支持，缺少高附加值和竞争力而不享有国际竞争优势，知识产权将中国的成本优势的利益转移给了发达国家。实施知识产权壁垒的国家日益增多，除了美国的“337”条款，近几年来中国出口到欧盟的货物在欧盟控诉侵权产品中占比最高；日本、韩国也对中国实施知识产权壁垒，知识产权正日益成为中国企业发展的壁垒。

6. 国际知识产权壁垒及成因

(1) 知识产权壁垒的定义。

知识产权壁垒是指以保护知识产权的名义制定高标准市场准入规则，对含有知识产权的商品（如专利产品、贴有合法商标的商品，以及享有著作权的图书、唱片、计算机软件等）实行进口限制的行为；或者凭借拥有知识产权优势，超出知识产权法所授予的独占权或有限垄断权的范围，不公平或不合理地行使知识产权，实现与他国间的不公平贸易的行为。知识产权壁垒是一种不合理的国际贸易障碍，具有一定的时间性和地域性。国外跨国公司也越来越把知识产权作为直接投资的替代品，以获取具有垄断性的高额利润。

(2) 知识产权壁垒的类型。

知识产权正日益成为中国企业发展的壁垒。出口企业遭遇的知识产权壁垒种类越来越多，主要包括技术标准型知识产权壁垒、商标抢注型知识产权壁垒和不合理控诉型知识产权壁垒。

技术标准型知识产权壁垒主要由专利权、标准和标识性权利构成，以专利壁垒为主。其中专利壁垒主要包括专利圈地、专利内部化和专利标准化垄断三种类型。专利圈地是指通过大量申请专利实现技术控制和市场垄断，通过专利申请保护在他国建立起专利贸易壁垒。专利内部化是指跨国公司等企业不将具有战略意义的专利和高技术列入贸易范围，只允许内部使用，使包含这些专利或技术的商品流向其国外子公司以达到垄断的目的。专利标准化垄断是指通过专利与标准相结合，将带有专利技术的标准用于贸易，以形成贸易壁垒。

商标抢注型知识产权壁垒是指利用所拥有的知识产权，将与产品有关的产品统统注册成商标，扩大商标的范围，以限制其他国家企业注册商标的机会。同时通过把标志性商标注册成证明商标①，建立知识产权壁垒，即使在产品的专利过期之后也可以防止其他人进入该产品生产销售领域。此外，中国企业的商标在印度尼西亚、日本、澳大利亚等其他国家被大量抢注，从而构成了商标知识产权壁垒。

不合理控诉型知识产权壁垒的典型代表有美国的“337 条款”“232 条款”和“特殊 301 条款”，美国通过这些条款限制他国的贸易行为。且“337 调查”普遍排除令规定，一家败诉，连同该国其他生产该产品的企业同样也要退出美国市场，具备极大的杀伤力。美国的“特殊 301 条款”是对拒绝保护其知识产权的国家实施惩罚性的报复措施的政策（主要包括限额政策、取消最惠国优惠政策等）。中国企业已成为美国“337 调查”的最大受害国，占比超 40%；在已判决相关案件中，中国企业的败诉率高达 60%，远高于世界平

---

① 证明商标，又称保证商标，由对某种商品或服务具有监督能力的组织所控制，而由该组织以外的单位或者个人使用于该商品或服务，用以证明该商品或者服务的原产地、原料、制造方法、质量或者其他特定品质的标志，如“绿色食品”标志等。我国商标法已将集体商标、证明商标纳入了法律的保护范畴。

均水平，成为中国产品走出去的最大障碍。因此，当知识产权壁垒遭到过度不合理利用时，会对社会经济产生巨大的危害。

（3）知识产权壁垒的成因。

中国出口产品频繁遭遇知识产权壁垒，究其缘由既有外部原因，又有内部原因。其外部原因为发达国家需要构建新型贸易壁垒对传统贸易壁垒进行替代，使中国与发达国家的贸易摩擦加剧，发达国家企业拥有实施知识产权壁垒的基础，且新型知识产权壁垒比传统贸易壁垒更不易突破，具有“快、准、狠”的特点。内部原因主要是中国政府和企业自身在对知识产权壁垒的认识及对策方面还有待深入，中国企业在遭遇知识产权壁垒时应诉准备还有待加强，具体表现在以下几个方面。

① 核心研发团队建设仍需加强，科技创新能力还有待提升。中国企业，尤其是中小企业由于长期科技投入不足，缺乏核心研发团队，创新制度不完善等原因，科研开发能力较弱。大多数企业重技术引进、轻研发，核心技术和科技成果主要来自高校和科研院所的技术转移或成果转化，企业自身缺乏相应的研发平台和学术带头人，没有建立完整的技术创新体系。技术人员大多只掌握了通用技术和一般技术，没有掌握核心技术和关键技术，缺乏自主创新能力，导致很难自主开发出科技含量较高的原创性成果，甚至缺乏集成创新和二次创新的能力。

② 自主研发能力不足，缺少核心自主知识产权。虽然中国进出口贸易额增长较快，贸易额跃居世界第 1 位，但由于企业自主研发能力还有待提升，出口商品中真正拥有自主核心技术和自主知识产权的产品并不多。外商直接投资的产业增加了中国的高新技术产品出口，但中国企业在获得产品的核心技术方面还有待提升。实现“中国制造”向“中国创造”的转型需要自主知识产权和自主研发的核心技术支撑。

③ 缺乏自主国际品牌。自主品牌是指由企业自主开发，拥有自主知识产权的品牌。品牌不仅是质量的象征，更是信誉的凝结和竞争力的体现，商品的竞争已从产品本身的竞争转为知识和技术及商标品牌的竞争。企业如果缺乏核心技术，就难以形成自主品牌。目前中国作为全球最大的制造业国家，拥有完整的工业体系，中国企业数量不断增加，全球任何一种产品都可以在中国找到，但缺乏获得世界范围认可的企业和品牌，位列世界百强品牌的企业、品牌较少，中国需要更多类似华为、海尔这样的品牌。更多的中国企业需要在全球搭建品牌架构，以主打品牌作为引领战略指导，不断整合、互换全球优质资源，形成自主国际品牌。

④ 企业知识产权意识还有待加强。知识产权的重要性在中国未引起企业的高度重视。多数企业知识产权法律意识和相关知识还需完善，对知识产权在企业经营中的作用了解较少，在重视创造和保护自身的知识产权方面还有所欠缺，缺少建立知识产权战略的规划，对知识产权认识的不足导致企业常出现侵权、遭遇投诉及被迫撤柜事件。甚至出现企业自身独立研发成功的知识产权成果流失等现象，给企业造成巨大的损失。2023 年调查数据显示，我国企业设有专门管理知识产权事务的机构的比例有所增加，这进一步说明了企业在培养和储备知识管理人才方面的重视，但企业知识产权意识仍有待提升。

⑤ 知识产权人才匮乏。企业遭遇的知识产权国际纠纷越来越多，由于熟悉国际事务的知识产权应用型人才严重匮乏，且国内能够应对诉讼的知识产权高级人才凤毛麟角，有关知识产权问题应对方面常处于被动地位，知识产权人才匮乏已成为影响中国知识产权发

展的关键因素。2008 年 6 月，国务院发布《国家知识产权战略纲要》，将“加强知识产权人才队伍建设”作为九大战略措施之一，提出要大规模培养各级各类知识产权专业人才，重点培养企业急需的知识产权管理和中介服务人才。

市场需求的是高层次应用型、复合型知识产权人才，不仅要掌握法学、管理学、经济学、自然科学等多个学科的知识，还能将相关不同学科知识进行融合创新形成独创能力，以适应各类复杂的知识产权工作的需要，还需要具备国际视野、战略谋划、经营运作等方面的素养或能力。截至 2022 年，中国有 105 所高校获批设置知识产权本科专业，但都是作为法学类特色本科专业设置的，缺乏相应的专业背景；约有 138 所高校开展了相关的硕士、博士培养，但主要依托法学学科和管理学学科招收知识产权学术学位硕士、博士研究生，依托法律硕士、工商管理硕士和工程硕士招收知识产权方向专业学位研究生，其培养模式不能形成完整系统的知识产权知识体系，难以培养专业技能，无法满足社会对知识产权实务型人才的迫切需求。

⑥ 知识产权保护制度不完善，相关法律不健全。中国的知识产权保护制度是基于中国独特的发展道路和历史实践而不断建立和完善起来的。目前中国知识产权保护相关法律还不健全，知识产权保护体系尚未完全建立，特别是针对知识产权侵权问题缺乏明确规定，且在国际知识产权保护法规制定中存在某些方面的缺位而无法与《TRIPS 协定》保持同步，不利于应对国际知识产权壁垒。知识产权立法现状与国情不符，束缚了科学技术创新，增加了知识产权保护行政执法与司法成本，产生的负面作用仍在一定程度地延伸。目前我国知识产权保护实行行政管理和司法并存的“双轨制”，由于我国行政执法和司法水平还有待提升，还需要在“双轨制”中增加立法考量、扩容，形成更加完善的知识产权保护体系。

企业内部知识产权保护机制及措施也不健全，法律意识不强。大部分企业的知识产权管理机构由其他职能部门兼管，缺乏专职和专业管理人员，人才引进、培养及投入不足。多数企业在知识产权交易管理上还存在管理混乱问题，缺乏有效的合同管理手段，专业合同管理人员配备不足，合同管理制度缺失或不健全等问题突出。大多数企业只重视知识产权获得的成果，缺乏专利保护，企业知识产权体系还有待完善，知识产权壁垒的意识还有待提升。

2019 年，中共中央办公厅、国务院办公厅印发《关于强化知识产权保护的意见》，提出构建知识产权“大保护”工作格局，强调加大执法监督力度和建立健全社会共治模式在知识产权保护工作体系中的重要作用。

⑦ 行政执法和司法水平还有待提升。知识产权制度的有效执行是国外对中国知识产权法律制度实施效率最为关注的内容之一。近十年来中国分别修改了《专利法》《著作权法》《商标法》和《反不正当竞争法》等，进一步实质性地提高了我国知识产权保护水平，实现了知识产权保护全面与国际接轨。但中国知识产权保护制度因与国际标准尚存在一定差距，不能有效、充分地保护我国产品在国外的知识产权。

目前，中国知识产权保护实行行政管理和司法并存的“双轨制”，但知识产权保护行政管理机关的统筹协调能力还有待提升。尽管加大了对知识产权侵权行为的执法力度，但由于体系不完善，在实践中还存在一定的局限，导致知识产权保护力度依然不足，侵权行为时有发生，对企业进行自主研发核心技术的心态产生了消极影响。为此，2018 年的机构改革对知识产权执法体制做出调整，组建了国家市场监督管理总局，重组了国家知识产权局，统筹配置行政处罚职能和执法资源，完善了版权管理体制，不仅实现了商标、专利、原产地地理标志的集中统一管理，还实现了对商标、专利的综合执法，进一步提升了执法效能。2019 年 1 月 1 日起施行的《最高人民法院关于审查知识产权纠纷行为保全案件适用法律若干问题的规定》，进一步完善了知识产权保护的诉讼程序。

6.1.3 知识产权流失的主要环节和形式

知识产权的财产形态较抽象，管理也较复杂。由于知识产权具有无形性，其流失更加隐蔽，长期被人们忽视。一般认为，知识产权主要包括四个方面，即专利权、商标权、著作权和商业秘密。相应地，国有知识产权流失的环节和形式也分别从这四个方面来讨论。

1. 专利权的流失形式

专利权的流失形式主要有以下十种。

（1）因发表论文、成果鉴定、公开使用等方式公开了发明创造内容而丧失了取得专利保护的机会，或者根本就没想到申请专利保护。

（2）因专利权被侵犯而未采取必要的法律救济措施，造成损失。

（3）因国有专利权未充分有效地利用甚至闲置造成损失。

（4）因只申请本国专利而在外国得不到保护形成的流失。

（5）在获取专利权途中放弃。

（6）人员流动带走职务发明创造成果并申请了非职务专利。

（7）职务发明创造被发明人以其个人或其亲朋好友的名义申请了非职务专利，然后将此专利高价转让给本单位。

（8）合作或委托研究开发中关于专利权或专利申请权归属的不当约定或无约定而造成流失。

（9）因管理不善导致被视为撤回专利申请、被视为放弃取得专利权或被视为放弃专利权。

（10）在专利技术入股、转让、合资及许可使用中，未将专利技术作价或过低评估其价值造成损失；企业参加资产重组或在破产清算时遗漏了专利资产。

2. 商标权的流失形式

商标权的流失形式主要有以下九种。

（1）保护期满后未申请续展注册。

（2）商标闲置造成商标权流失。

（3）合资企业中，一方的商标权被另一方无偿使用或被压价收购或被打入“冷宫”。

（4）在企业股份制改造中，商标权未入账折股或低估价值入账折股。

（5）在企业兼并、破产中，商标权未与有形资产一并列入进行清算。

（6）在以商标权投资入股、企业改制、资产重组等企业产权变动过程中未依法办理商标权转让手续造成商标权的流失。

（7）长期使用并进行了大量广告宣传的商标被他人抢先注册，或因属于禁用标志被禁止使用造成损失。

（8）注册商标延伸使用不当造成商标价值贬损。

（9）在资产评估中漏评或低评商标权价值。

3. 著作权的流失形式

著作权流失对经济的影响不如专利权流失、商标权流失那样直接、明显，故专门提及著作权流失的研究成果较少。一般认为著作权流失形式有以下五种。

（1）企事业单位集体作品，其著作权被执笔者个人占有而导致单位著作权流失。

（2）职务作品被非职务化，或本是著作权属于单位的职务作品被转化为著作权归执笔个人的非职务作品，从而导致单位著作权的流失。

（3）委托或者合作创作中关于著作权归属的不当约定或无约定造成著作权的流失。

（4）著作权在企业兼并、破产中未被列入清算，从而造成企业著作权的流失。

（5）著作权在入股、许可使用、转让中未作价或价值被低估。

4. 商业秘密的流失形式

商业秘密的流失形式主要有以下五种。

（1）企业或研究机构在管理方面的疏忽或发生意外事故，造成其商业秘密在公众中公开。

（2）掌握商业秘密的人员擅自离职，本单位其他人员中又没有人掌握该商业秘密。

（3）离职、离岗人员将其所掌握的商业秘密擅自披露、使用或允许他人使用。

（4）单位的职工或与本单位有业务关系的单位和个人违反合同约定或违反单位有关保守商业秘密的要求，披露、使用或允许他人使用其掌握的单位商业秘密。

（5）单位的商业秘密被他人以盗窃、利诱、胁迫或其他不正当手段获取。

6.1.4 发明成果的保护途径

1. 保守秘密

保守秘密是对发明创造中的技术问题秘而不宣。这样，别人便无从获取机密，发明成果也不会被剽窃和仿制。例如，美国的可口可乐配方，采用保守秘密方式保护其发明成果而不去申请专利。

采用保守秘密方法保护发明成果有以下两个特点。

（1）简单易行，无须办理任何手续。

（2）没有时间限制，无须交纳专利费用。

但该方法的缺陷如下。

（1）保护对象有限，许多产品（如机械、工具、日用品等）无法用该方法保守秘密。

（2）缺乏充分的法律保护，泄密后将成为公有技术。

（3）核心技术被剖解后将受制于人。

（4）对社会发展不利，可能导致发明成果因保密而失传，更不利于大范围地推广和应用。

2. 申请专利

发明成果一旦获得一国或多国的专利权，就将受到一国或多国的专利法保护。如我国专利法规定：专利权在被授予后，任何单位或个人未经专利权人许可，都不得实施其专利，即不得以生产经营为目的制造、使用或销售其专利产品，也不能使用其专利方法。任何单位或个人实施他人专利的，都必须与专利权人签订实施许可合同，并向专利权人支付专利使用费等。

3. 申请其他知识产权

对符合其他知识产权申请条件的还可以申请注册商标、著作权和植物新品种等其他知识产权，进而对发明成果进行多层次、多途径保护。

在中国，可以通过注册商标取得商标专用权，同时需要向国家知识产权局商标局申请注册。取得商标专用权，就意味着注册商标所有人能够依法排斥他人在相同或相似商品（或服务）上以导致消费者混淆的方式使用相同或相似的商标。商标权的有效期为 10 年，到期时可以续展，续展没有次数限制。

著作权即版权，可用于保护文学、艺术、科学领域的原创作品，一般在中国版权保护中心或各省级版权行政部门申请。目前作者的署名权、修改权和保护作品完整权的保护期限不受限制，除此之外的著作权保护期限是作者终生，再加上作者死后 50 年。软件著作权，可向软件登记管理机构办理软件著作权，申请保护计算机软件的版权，获得软件登记管理机构发放的登记证明文件。

植物新品种权，可向农业农村部及国家林业和草原局申请。完成育种的单位或个人对其授权品种享有排他的独占权，任何单位或个人未经品种权所有人许可，不得以商业目的生产或销售该授权品种的繁殖材料，不得以商业目的将该授权品种的繁殖材料重复使用于生产另一品种的繁殖材料。

4. 通过其他非法律途径

非法律途径也就是不能得到法律保护的途径，但通过这些非法律途径也可以对发明成果实现一定的软保护。这些软保护方法主要有以下几种。

（1）申请鉴定。对已完成的发明成果，可以向国家有关部门申请鉴定，确定发明成果的质量和水平。如通过鉴定而获得政府部门和社会的认可，为市场认可创造了先决条件；同时，通过鉴定的方式公开发明成果也可以防止别人再次申请雷同专利。

（2）报请奖励。对完成的发明成果，还可以通过申请各种国家奖励，利用科技成果奖励制度对发明成果进行保护。除国家级奖励外，各省（区、市）也有相应的奖励。发明成果一旦获得奖励，事实上就得到了国家和社会的肯定，无形中也对该发明成果形成一定程度的保护。

（3）发表文章。为了获取社会对发明成果的认可，同时争取发明人对该项发明成果的“优先权”，发明人可以通过在国内外有关媒体，一般是学术刊物上公开发表有关文章来证明自己是最先完成者或发明人。同时，可以排除他人申请雷同专利的可能。

（4）占领市场。如果发明成果经开发实施后，能以绝对实力占有大量市场，使别人无力与之竞争，也可以达到对发明成果的保护目的。

6.2 专利申请

6.2.1 专利的基本概念

1. 专利的定义

专利是专利权的简称，指的是一项发明创造，向专利局提出专利申请，经审查合格后授予的一种专有权。专利权是一种独占权。

专利具有一定的地域性和时间性。地域性指仅在授予专利的国家或地区内有效；时间性是指专利都有期限规定。我国专利的期限是：发明专利 20 年，实用新型和外观设计专利 10 年；均自申请日起计算，超过期限，即视为失效，作为公用技术。要取得专利，必须公开发明创造内容。因此，专利技术是公开的技术，而非保密技术。有关专利的技术内容可以在相关网站和《专利公报》上查阅。

2. 申请专利的种类

我国专利法规定，可获得专利的发明创造有三种，即发明、实用新型和外观设计。它们是专利保护的对象，其定义如下。

(1) 发明。

我国专利法所指的发明是指“对产品、方法或者其改进所提出来的新技术方案”。发明必须是新技术方案，是利用自然规律做出的成果，且必须是可以实施的具体的技术方案。如果仅仅是一种构思或设想，则其还不足以构成发明，如关于发电机的技术方案就是一项发明，它是利用电磁感应这个自然规律研究的成果；而行政管理技术、演奏技术等与自然规律无关的技术方案都不是专利法所指的发明。

(2) 实用新型。

专利法所指的实用新型是指“对产品的形状、构造或者其结合所提出的适于实用的新的技术方案”。实用新型实际上也是一种发明，与发明一样也是一种新技术方案，只是对它的创造性要求较低，所以又称“小发明”。

申请实用新型专利，首先，必须是产品。方法发明不能申请实用新型专利，只能申请发明专利。其次，必须是有形状、构造的产品。这里的形状是指宏观结构、形状，不包括微观结构、形状。没有形状的产品（指气态、液态、膏态、浆态、粉末状、颗粒状的产品），以及不是以断面形状为技术特征的材料发明，则不能申请实用新型专利。

(3) 外观设计。

专利法所指外观设计是指“对产品的整体或局部的形状、图案或者其结合，以及色彩与形状、图案的结合所作出的富有美感并适于工业应用的新设计”。

外观设计也叫新式样，不同于发明和实用新型，它不是技术方案。外观设计必须是对产品的外表所做的设计，如果只是一幅画，没有表明该画用于什么产品上，则就不是外观设计。因此，产品或产品包装是外观设计的载体。外观设计还应当富有美感，但由于难以确定其客观标准，因此，知识产权局在审查时并不严格。只要涉及产品的外形、图案色彩的设计，多数可申请外观设计专利。此外，外观设计还应适合在工业上应用，能够大批量复制生产，包括通过手工业大量地复制生产。

需要说明的是，专利法专门列出了外观设计中不予保护的对象，详细内容参阅《中华人民共和国专利法》及《中华人民共和国专利法实施细则》。

3. 有关专利保护主体

（1）专利法中使用的“个人”指“自然人”，即有生命的个人。

（2）专利法中所指的“单位”是法律上的“法人”，即依法建立、拥有独立的财产，具有民事权利能力和民事行为能力，依法享有民事权利和承担民事义务的组织。

（3）发明人与设计人。专利法所称的“发明人与设计人”是指对发明创造的实质性特点作出创造性贡献的人。发明人是针对发明而言的。设计人是针对实用新型和外观设计而言的。但也有人将对实用新型的实质性特点作出创造性贡献的人称为发明人。但在实用新型专利申请文件中，均称为设计人。

（4）实质性特点是指要求取得专利保护的技术方案中同已有技术不同的技术特征；对外观设计而言，是指要求取得专利保护的具有独创性的特定产品的外部形状、图案、色彩（包括三者的结合）。

（5）非职务发明。不在任何单位工作的自由职业者完成的发明创造是非职务发明。另外专利法规定，单位的工作人员完成的发明创造，如不属于本职工作范围，或不是单位交付的任务，也不是主要利用单位的资金、设备、零部件、原材料或对外不公开的技术资料等物质条件完成的，或是退休、离休、离职一年后完成的均可认定为非职务发明。

（6）职务发明。专利法规定，“执行本单位的任务或者主要是利用本单位的物质技术条件完成的发明创造为职务发明创造”。职务发明创造申请专利的权利属于发明人或设计人所在单位。关于执行本单位的任务完成的发明创造包括以下三种情况。

① 在本职工作中做出的发明创造。

② 履行本单位交付的本职工作之外的任务所做出的发明创造。

③ 退休、离休或离职一年内做出的，与其在原单位承担的本职工作或与原单位分配的任务有关的发明创造。

4. 实用新型专利保护的客体及申请注意事项

（1）实用新型专利保护的客体。

实用新型专利只保护产品。所述产品应当是经过产业方法制造的，有确定形状、构造且占据一定空间的实体。一切方法及未经人工制造的自然存在的物品不属于实用新型专利保护的客体。实用新型专利保护的客体，需同时具备三方面要素：产品、形状或构造、技术方案。当一件实用新型专利申请的权利要求不符合上述任一方面要素的相关规定时，不属于实用新型专利保护的客体。

实用新型应当是针对产品的形状或构造提出的改进。产品的形状是指产品所具有的、可以从外部观察到的确定的空间形状，包含产品二维或三维的形态，如螺旋形刀具、横截面呈“W”形的型材。无确定形状的产品，其形状不能作为实用新型专利保护的形状特征。

产品的构造是指产品各个组成部分的安排、组织和相互关系，如机械构造、线路构造、复合层结构属于产品的构造。物质的分子结构、组分、金相结构等不属于实用新型专利保护的产品的构造，如仅改变防腐层组分的螺旋桨不属于实用新型专利保护的客体。

（2）实用新型专利申请注意事项。

① 实用新型专利名称不能包含方法。

若申请专利名称为一种方法，则不符合实用新型专利保护客体的要求，只能申请发明专利。比如权利要求主体名称为一种轴承外圈的制造方法、图像处理方法等。

② 方法本身的改进不能申请实用新型专利。

可以使用已知方法名称限定产品的形状及构造，但不得包含方法的步骤、工艺条件等。如采用已知的铆接方法限定各部件的连接关系等。对于方法本身的改进，如产品的加工步骤、工艺方法等的改进；或既包含对方法本身的改进，又包含对产品的形状、构造特征的改进，都不能申请实用新型专利。

③ 涉及计算机程序的申请。

凡是实质上属于计算机程序模块构架设计或程序改进的均不能申请实用新型专利。实用新型专利只保护产品，仅包含已知计算机程序名称的，可申请实用新型专利；对于形式上撰写为产品，但实质上属于计算机程序模块构架类的申请，如仅包含以计算机程序流程为依据的程序模块，不能申请实用新型专利；既包含硬件改进，又包含计算机程序的，如果对现有技术的改进在于硬件部分，且所涉及的计算机程序为已知的，可申请实用新型专利；如果权利要求中既包含对硬件部分的改进，又包含对计算机程序的改进，则不能申请实用新型专利，可申请软件著作权。

例如，申请一种人脸识别智能锁，采用了人脸匹配自动开锁技术，既包含门锁硬件结构的改进，也包含用于人脸识别的计算机程序。如果人脸识别程序为已知程序，不涉及对该程序的改进，则属于实用新型专利保护的客体。

④ 人为布局规划方面的申请。

人为布局规划通常是指根据人类生产、生活的需要，对建筑物场地空间等做出的、主要依靠人为规则及使用方式等改进实现的布局规划。这类申请不属于针对产品形状、构造提出改进技术方案的要求，不能申请实用新型专利。

例如，一种信号控制的交叉路口特殊车道或一种新型厂房，解决该问题需要对车道或厂房功能进行人为划分，这是对人为布局规划的改进，不能申请实用新型专利。

⑤ 有关材料特征及食品类的申请。

对于包含材料特征的申请，若仅包含已知材料名称的，可申请实用新型专利，若包含对材料本身改进的，则不能申请实用新型专利。食品类申请主要是明确其实质上是否包含了对材料本身的改进，若包含了对材料本身的改进，则不能申请实用新型专利。

⑥ 产品表面图案、色彩结合方案申请。

产品表面图案、色彩结合的新方案，用以表达个性美观，没有解决技术问题的，不能申请实用新型专利。

⑦ 以美感为目的方案申请。

仅以美感为目的对产品形状进行改进的，没有解决技术问题的方案，不能申请实用新型专利。例如，为了美观将垃圾桶的外形制成海豚造型的方案。如果对产品形状进行改进的方案，不仅以美感为目的，而且客观上利用了符合自然规律的技术手段，解决了技术问题，产生了技术效果，可以申请实用新型专利。例如，流线型车身，其形状改进不仅美观，而且可减少风阻，解决了技术问题，可以申请实用新型专利。

⑧ 关于产品形状特征的规定。

允许产品中包含无确定形状的物质，产品的形状也可以是在某种特定情况下具有的确定空间形状。但不能以生物的或者自然形成的形状及通过摆放、堆积等方法获得的非确定的形状作为产品的形状特征。例如，盆景中植物生长形成的假山形状等。

⑨ 关于层状结构、线路构造的规定

一般情况下，层状结构、线路构造属于产品的构造，复合层结构中层的厚薄、均匀程度不受影响，但产品的印刷层不属于其构造，即通过印刷或者绘制方式在产品表面形成的含有图案、文字、符号等内容的信息层不属于产品的构造，不能申请实用新型专利。

线路构造的对象通常包括电路、气路、液压线路、光路等，电路各个组成部分之间确定的连接关系包括有线连接和无线连接。

凡是涉及方法与材料的改进，应该首先考虑申请发明专利。

5. 发明专利保护的客体及申请注意事项

（1）发明专利保护的客体。

发明专利保护的客体是对产品、方法或者其改进所提出的新技术方案，首先是必须构成技术方案，其次是不属于智力活动的规则和方法。若所申请的方案没有采用技术手段或者没有利用自然规律，也未解决技术问题和产生技术效果，则不构成技术方案，故不能申请发明专利。发明专利所指的技术方案不仅要由技术手段、技术特征组成，还必须利用某种自然规律解决技术问题或达到发明目的，并可产生显著的技术效果。

（2）发明专利申请注意事项。

① 对违反法律、违反社会公德或者妨害公共利益的发明创造，不授予专利权。

对违反法律、违反行政法规的规定获取的，或者利用遗传资源，并依赖该遗传资源完成的发明创造，不授予专利权。

② 申请的发明必须具备实用性。

要满足“能够制造或者使用”条件，发明的技术方案具有在产业中被制造或者使用的可能性，不能违背自然规律并且应当具有再现性；申请发明专利的客体不得是由自然条件限定的独一无二的产品。无论是治疗目的，还是非治疗目的的外科手术方法，包括为辅助诊断而采用的外科手术方法都不能申请发明专利。测量人体或者动物体在极限情况下的生理参数的方法，因无法在产业上应用而不具备实用性；申请的技术方案应当能够产生预期的积极效果，明显无益、脱离社会需要的发明申请的技术方案不具备实用性。

③ 申请的发明必须具有突出的实质性特点。

突出的实质性特点，是指对所在技术领域的技术人员来说，发明相对于现有技术是显而易见的。如果发明是本领域的技术人员在现有技术的基础上，仅仅通过合乎逻辑的分析、推理或者有限的试验可得到的，则该发明是显而易见的，也不具备突出的实质性特点。提交申请前需要将拟申请的技术方案与最接近的现有技术进行对比分析，确定与现有技术的区别特征和本申请实际解决的技术问题。

④ 申请的发明必须具有显著的进步。

申请发明的技术方案应有显著的进步，主要是与现有技术相比应能够产生有益的技术效果。例如，发明克服了现有技术中存在的某些缺点和不足，或者为解决某一技术难题提供了一种不同构思的技术方案，或者该发明代表某种新的技术发展趋势。

除了开拓性发明，最好能具体说明本发明申请与现有技术相比，在改善质量、提高产量、节约能源、防治环境污染等方面的效果；如果属于技术构思不同的技术方案，其技术效果应能够达到现有技术的水平；如果本申请在某些方面存在负面效果，但在其他方面应具有明显积极的技术效果。

⑤ 组合式发明需要突出创造性。

在组合式发明中，组合后的各技术特征在功能上应能相互支持，不能是显而易见的组合，组合式发明的组合难度较大，现有技术中不存在组合的启示，且组合后具有很好的技术效果等。

⑥ 选择发明不能直接被推导出，且应具有意料不到的效果。

选择发明，是指从现有技术公开的宽范围中，有目的地选出现有技术中未提到的窄范围或个体的发明。如果发明仅是从一些已知的可能性中进行选择，那么所选择的技术方案并非从现有技术中直接推导出来的，且能带来预料不到的技术效果。

⑦ 转用发明需跨领域且有较好的技术效果。

转用发明，是指将某一技术领域的现有技术转用到其他技术领域中产生的发明。转用发明设计与申请时应满足：转用的技术领域不能相似或相近，不存在相应的技术启示，转用的难度大，需要克服技术上的困难，转用后可产生预料不到的技术效果五个方面。

⑧ 简化类发明申请需产生预料不到的技术效果。

简化类发明比较多，如将已知产品用于新目的的发明，只要新用途与现有用途技术领域相差较远、新用途能带来预料不到的技术效果即可；要素变更的发明，包括要素关系改变的发明、要素替代的发明和要素省略的发明，这一类发明需要明确要素关系的改变、要素替代和要素省略等是否存在技术启示，变更后能否产生预料不到的技术效果。

⑨ 发明专利的技术方案不属于现有技术。

无论是发明专利，还是实用新型专利都必须具有新颖性，不能属于现有技术；也没有被其他单位或者个人就同样的技术方案在申请日之前向专利局提出过申请，并被记载在申请日之后的专利申请文件或者公告中。处于保密状态的技术内容不属于现有技术，但涉密人员违反规定导致内容公开的技术方案属于现有技术。

6.2.2 授予专利权的实质条件

1. 授予发明和实用新型专利权的实质条件

授予专利权的发明和实用新型，应当具备新颖性、创造性和实用性。

（1）新颖性。

《专利法》第二十二条第二款规定："新颖性，是指该发明或者实用新型不属于现有技术；也没有任何单位或者个人就同样的发明或者实用新型在申请日以前向国务院专利行政部门提出过申请，并记载在申请日以后公布的专利申请文件或者公告的文件中。"

（2）创造性。

《专利法》第二十二条第三款规定："创造性，是指与现有技术相比，该发明具有突出的实质性特点和显著的进步，该实用新型具有实质性特点和进步”。在国外，创造性也叫发明高度、先进性、进步性、非显而易见性、创新性、独创性等，其含义大同小异。

发明与实用新型对“创造性”要求有点区别：对发明要求有“突出的实质性特点和显著的进步”；而对实用新型，没有“突出的”和“显著的”要求，即对创造性要求相对要低。

（3）实用性。

《专利法》第二十二条第四款规定：“实用性，是指该发明或者实用新型能够制造或者使用，并且能够产生积极效果。”

有些国家称实用性为“工业实用性”，指必须能在工业上制造或使用。实用性条件要求申请专利的发明或实用新型必须是已经完成的，同行普通技术人员按照说明书能够制造或使用。如果发明创造违背自然规律或仅提出任务和抽象的设想，而无具体的技术解决方案或违背现有科学原理而无实验证明的可认定为“不具备实用性”。

2. 授予外观设计专利权的实质条件

《专利法》第二十三条规定：“授予专利权的外观设计，应当不属于现有设计；也没有任何单位或者个人就同样的外观设计在申请日以前向国务院专利行政部门提出过申请，并记载在申请日以后公告的专利文件中。”

在外观设计的形态、图案、色彩三元素中，形态、图案是最主要的，色彩是次要的。如果两者形态或图案相同，只有色彩不同，则属近似；如形态或图案不同，而色彩相同，则为不近似。

6.2.3 非正常申请

1. 非正常申请专利行为的定义

所谓非正常申请专利行为是指任何单位或者个人，不以保护创新为目的，不以真实发明创造活动为基础，为牟取不正当利益或者虚构创新业绩、服务绩效，单独或者勾连提交各类专利申请、代理专利申请、转让专利申请权或者专利权等行为。

2. 非正常申请专利行为类型

非正常申请专利行为主要包括以下八种类型。

（1）所提出的多件专利申请的发明创造内容明显相同，或者所提出的多件专利申请实质上是由不同发明创造特征、要素简单组合形成的。

（2）所提出专利申请存在编造、伪造、变造发明创造内容、实验数据或者技术效果，或者抄袭、简单替换、拼凑现有技术或现有设计等类似情况的。

（3）所提出专利申请的发明创造内容主要为利用计算机技术等随机生成的。

（4）所提出专利申请的发明创造为明显不符合技术改进、设计常理，或者变劣、堆砌、非必要缩限保护范围的。

（5）无实际研发活动的申请人提交多件专利申请，且不能作出合理解释的。

（6）将与特定单位、个人或者地址关联的多件专利申请恶意分散、先后或者异地提出的。

（7）出于不正当目的转让、受让专利申请权，或者虚假变更发明人、设计人的。

（8）违反诚实信用原则、扰乱专利工作正常秩序的其他非正常申请专利行为。

3. 接到通报或审查业务专用函（非正常）后的处置

（1）撤回申请。

申请人或代理人接到通报后，可以在指定期限内向国家知识产权局提交“撤回专利申请声明”，主动撤回该申请。

（2）申诉或答复。

申请人或代理人对于非正常申请专利行为初步认定不服的，可在指定期限内提交意见陈述书（关于非正常申请），陈述意见并提交证明材料。

申请人或代理人提交撤回专利申请声明时，必须使用专用标准表格《撤回专利申请声明》。

6.2.4 专利申请文件

1. 专利申请文件的定义

专利申请文件是指申请专利时需要向知识产权局提交的书面文件。专利法及其实施细则对专利申请文件的撰写有详细的规定，如申请文件不符合规定要求，即使发明创造本身具有专利权，也不能取得专利权。

2. 专利申请文件的分类及其具体内容

专利申请文件分为两大类：必备文件和其他文件。

必备文件是每件专利申请都必须具备的文件。申请发明和实用新型专利的，应当提交请求书，说明书及其摘要，权利要求书；申请发明专利可以有附图，也可以没有附图，但当仅用文字不能将发明的技术方案表达清楚时，应当有附图；说明书有附图的，摘要也要有附图；申请外观设计专利应当提交请求书和该外观设计的图片或者照片等。

需要提交的其他文件，依据具体情况而定。如专利申请是委托代理人代办的，应当提交代理人委托书，写明委托权限；要求优先权的，应当提交要求优先权声明；请求减缓专利费用的，应当提交费用减缓请求书等。

6.2.5 专利申请文件撰写要求

申请发明或实用新型专利时，应当提交发明或实用新型专利请求书、权利要求书、说明书、说明书附图、说明书摘要、摘要附图。申请外观设计专利时，应当提交外观设计专利请求书、外观设计图片或照片，必要时应当同时提交外观设计简要说明。申请文件都是一式两份。标准表格的电子版可在国家知识产权局网站（www.cnipa.gov.cn）上下载。

1. 说明书摘要及其附图撰写要求

（1）申请发明专利或实用新型专利必须提交说明书摘要。

（2）说明书摘要文字部分应当打字或者印刷，字迹应当整齐清晰，呈黑色，符合制版要求，不得涂改，字高应当不低于3.5mm，行距在2.5mm至3.5mm之间。纸张应当纵向使用，只限使用正面，四周应当留有页边距：左侧和顶部各25mm，右侧和底部各15mm。

（3）说明书摘要文字部分应当写明发明专利或者实用新型专利的名称和所属的技术领域，清楚反映所要解决的技术问题，解决该问题的技术方案的要点及主要用途。说明书摘要文字部分不得加标题，文字部分（包括标点符号）不得超过300个字，对于进入国家阶段的国际申请，其说明书摘要译文不限于300个字。

（4）说明书摘要附图应当在请求书中指定，指定的摘要附图应当是一幅最能说明该发明专利或者实用新型专利特征的说明书附图。指定为摘要附图的说明书附图应是一幅单独绘制的图，且请求书中指定的图号应与说明书附图的图号完全一致。

（5）摘要附图最好使用绘图软件绘制，或者用黑色墨水手工绘制，线条应当均匀清晰。图中各部分应按比例绘制。摘要附图的大小及清晰度应当保证在该图缩小到40mm×60mm时，仍能清楚地分辨出图中的各个细节。

（6）摘要的附图需将绘制好的图复制到专利局统一制定的摘要附图表格中打印或者直接在该表格中绘制。

2. 权利要求书的撰写要求

（1）申请发明专利或实用新型专利应当提交权利要求书。

（2）权利要求书应当打字或者印刷，字迹应当整齐清晰，呈黑色，符合制版要求，不得涂改，字高应当不低于3.5mm，行距应当在2.5mm至3.5mm之间。说明书首页应按照上述要求制作，续页可使用同样大小和质量相当的白纸。纸张应当纵向使用，只限使用正面，四周应当留有页边距：左侧和顶部各25mm，右侧和底部各15mm。

（3）权利要求书应当说明发明或实用新型的技术特征，清楚、简要地表述请求保护的范围。权利要求书有几项权利要求时，应当用阿拉伯数字顺序编号，编号前不得冠以“权利要求”或者“权项”等词。

（4）权利要求书中使用的科技术语应当与说明书中使用的一致，可以有化学式或数学公式，必要时可以有表格，但不得有插图。不得使用“如说明书……部分所述”或“如图……所示”等用语。

（5）每一项权利要求仅允许在权利要求的结尾处使用句号。

（6）权利要求书应在每页下框线居中位置按顺序编写页码。

3. 说明书及其附图的撰写要求

（1）申请发明专利或实用新型专利必须提交说明书及附图（如果需要附图说明），一式一份。

（2）说明书应当打字或者印刷，字迹应当整齐清晰，呈黑色，符合制版要求，不得涂改，字高应当不低于3.5mm，行距在2.5mm至3.5mm之间。说明书首页按照上述要求制作，续页可使用同样大小和质量相当的白纸。纸张应当纵向使用，只限使用正面，四周应当留有页边距：左侧和顶部各25mm，右侧和底部各15mm。

（3）说明书第一页的第一行应当写明发明名称，该名称应当与请求书中的名称一致，并左右居中。发明名称与说明书正文之间应当空一行。说明书格式上应包括技术领域、背景技术、发明内容、附图说明和具体实施方式5个部分，并且在每一部分前面写明标题。如果说明书无附图，说明书文字部分则不包括附图说明及其相应的标题。说明书附图排版格式及续页要求和说明书相同。

（4）说明书文字部分可以有化学式、数学公式或者表格，但不得有插图，附图必须在说明书附图部分单独列出。

（5）发明专利申请包含一个或者多个核苷酸或者氨基酸序列的，说明书应当包括符合国务院专利行政部门规定的序列表。

（6）附图布局要求。①附图应当尽量竖向绘制在图纸上，彼此明显分开。当零件横向尺寸明显大于竖向尺寸，必须水平布置时，应当将附图的顶部置于图纸的左边，一页图纸上有两幅以上的附图，且有一幅已经水平布置时，该页上其他附图也应当水平布置。②一幅图无法绘在一张纸上时，可以绘在几张图纸上，但应当另外绘制一幅缩小比例的整图，并在此整图上标明各分图的位置。

（7）附图编号要求。附图总数在两幅以上的，应当使用阿拉伯数字顺序编号（此编号与图的编页无关），并在编号前冠以“图”字，例如图 1，图 2。该编号应当标注在相应附图的正下方。只有一幅图时不必编号。

（8）附图的绘制及文字要求。①应当使用包括计算机在内的制图工具绘制，线条应当均匀清晰，不得涂改，不得使用工程蓝图。附图一般使用黑色墨水绘制，必要时可以提交彩色附图，以便清楚描述专利申请的相关技术内容。②剖视图应当标明剖视的方向和被剖视的图的布置。③剖面线间的距离应当与剖视图的尺寸相适应，不得影响图面整洁（包括附图标记和标记引出线）。④图中各部分应当按比例绘制。⑤附图的大小及清晰度，应当保证在该图缩小到三分之二时仍能清晰地分辨出图中各个细节，以能够满足复印、扫描的要求为准。⑥图中文字，除一些必不可少的词语外，例如：“水”“蒸汽”“开”“关”“*A*—*A* 剖面”，图中不得有其他注释。

（9）附图标记应当使用阿拉伯数字编号，申请文件中表示同一组成部分的附图标记应当一致，但并不要求每一幅图中的附图标记连续，说明书文字部分未提及的附图标记不得在附图中出现。

（10）说明书及说明书附图应当在每页下框线居中位置按顺序编写页码。

（11）说明书附图其他注意事项。

① 实用新型专利申请的说明书附图中应当有表示要求保护的产品的形状、构造或者其结合的附图，不得仅有表示现有技术的附图，或者不得仅有表示产品效果、性能的附图。

② 说明书附图首页采用国家知识产权局提供的标准表格，续页可使用同样大小和质量相当的白纸。纸张只限使用正面，四周应当留有页边距：左侧和顶部各 25mm，右侧和底部各 15mm。

③ 说明书附图应当在每页下框线居中位置按顺序编写页码。

4. 外观设计专利名称的命名要求

申请外观设计专利的产品名称应当简短、准确地表明请求给予保护的产品，该名称以 1～7 个字为宜，不得超过 15 个字。其产品名称应符合下述要求。

（1）产品名称一般应当符合国际外观设计分类表中的名称。

（2）产品名称应当与设计的内容相符合。

（3）应当避免使用下述名称。

① 含有人名、地名、公司名称、商标、代号、型号或以历史时代命名的产品名称。

② 概括、抽象的名称，如“文具”“炊具”“健身器材”“生活用品”等。

③ 附有构造、功能或作用效果的名称，如“环保厕所”“人体增高鞋垫”等。

④ 附有产品规格、数量、单位的名称，如“19 寸液晶显示器”“一双袜子”等。

⑤ 以产品的造型或色彩命名的名称，如“紫色手机套”“金字塔形床”等。

⑥ 省略写法的名称，如“手机”不能写成“手”或“机”等。

⑦ 以外国文字命名的名称。

⑧ 附有外观设计内容的名称，如把“衬衫”写成“带有某某头像的衬衫”，或者写成某种动物或某种植物图案的名称。

5. 外观设计专利提供的图片和照片的要求

(1) 申请外观设计专利应当提交图片或者照片。图片或者照片应当清楚地显示要求专利保护的产品的外观设计。申请人请求保护色彩的外观设计专利申请，应当提交彩色图片或者照片。

(2) 图片或者照片的首页用国家知识产权局提供的标准表格，续页可使用同样大小和质量相当的白纸。纸张只限使用正面，四周应当留有页边距：左侧和顶部各 25mm，右侧和底部各 15mm。

(3) 在视图要求方面，对于立体产品的外观设计，产品设计要点涉及六个面的，应当提交六面正投影视图；产品设计要点仅涉及一个或几个面的，应当提交所涉及面的正投影视图，对于其他面既可提交正投影视图，也可提交立体图，使用时不容易看到或者看不到的面可省略视图，并应当在简要说明中写明省略视图的原因。对于平面产品的外观设计，产品设计要点涉及一个面的，可仅提交该面正投影视图；产品设计要点涉及两个面的，应当提交两个面的正投影视图。

必要时，申请人还应提交外观设计产品的展开图、剖视图、剖面图、放大图及变化状态图。申请人也可提交参考图，用于表明使用外观设计的产品的用途、使用方法或者使用场所等。

(4) 申请局部外观设计专利的视图区分要求。①应提交产品的整体视图，并用虚线与实线相结合或者其他方式表明所需要保护的内容。整体产品的视图应当清楚地显示要求专利保护的产品的局部外观设计及其在整体产品中的位置和比例关系。要求保护的局部包含立体形状的，提交的视图中应当包括能清楚显示该局部的立体图。②提交的视图应当能够明确区分要求保护的局部与其他部分。用虚线与实线相结合的方式表明所需要保护的内容时，实线表示需要保护的局部，虚线表示其他部分；还可采用其他方式表明所需要保护的内容，例如，用单一颜色的半透明层覆盖不需要保护的部分。要求保护的局部与其他部分之间没有明确分界线的，应当用点画线表示局部外观设计中要求保护的局部与其他部分之间的分界线。

(5) 涉及图形用户界面的产品外观设计要求。①可以以产品整体外观设计方式或局部外观设计方式提交申请。②以产品整体外观设计方式提交申请的，设计要点包含图形用户界面设计和其所应用产品设计的，视图应当满足一般申请的视图提交要求。设计要点仅在于图形用户界面设计的，至少应提交图形用户界面所涉及面的产品正投影视图，必要时还应提交图形用户界面的视图。③对于设计要点仅在于图形用户界面的产品外观设计，可以以局部外观设计方式提交申请。局部外观设计方式包括视图带有或不带有图形用户界面所应用产品两种方式。如需清楚地显示图形用户界面设计在最终产品中的位置和比例关系，可以以带有图形用户界面所应用产品的方式提交申请。应提交图形用户界面所涉及面的产品正投影视图，必要时还应当提交图形用户界面的视图。对于可应用于任何电子设备的图形用户界面，可以仅提交图形用户界面的视图。对于以图形用户界面中的局部申请外观设计专利的，视图应当满足局部外观设计的视图提交要求。④对于动态图形用户界面，应当提交图形用户界面起始状态所涉及面的视图作为主视图，其余状态可提交图形用户界面关键帧的视图作为变化状态图，所提交的视图应能唯一确定动态图形用户界面完整的变化过程。变化状态图的视图名称，应根据动态变化过程的先后顺序标注。

（6）图片和照片的色彩包括黑白灰系列和彩色系列。对于简要说明中声明请求保护色彩的外观设计专利申请，图片的颜色应当着色牢固、不易褪色。

（7）六面正投影视图的视图名称是主视图、后视图、左视图、右视图、俯视图和仰视图。各视图的视图名称应当标注在相应视图的正下方。其中主视图所对应的面应当是使用时通常朝向消费者的面或者最大程度反映产品的整体设计的面。例如，带杯把的杯子的主视图应是杯把在侧边的视图。正投影视图的投影关系应当对应，比例应当一致。

（8）成套、组类产品外观设计要求。①对于成套产品，应当在其中每件产品的视图名称前以阿拉伯数字顺序编号标注，并在编号前加“套件”字。例如，对于成套产品中的第 4 套件的主视图，其视图名称为：套件 4 主视图。②对于同一产品的相似外观设计，应当在每个设计的视图名称前以阿拉伯数字顺序编号标注，并在编号前加“设计”字。例如：设计 1 主视图。③由多个构件结合构成的组件产品，对于组装关系唯一的组件产品，应当提交组合状态的产品视图；对于组装关系不唯一或者无组装关系的组件产品，应当提交各构件的视图，并在每个构件的视图名称前以阿拉伯数字顺序编号标注，并在编号前加“组件”字。例如，对于组件产品中的第 3 组件的左视图，其视图名称为：组件 3 左视图。④对于有多种变化状态的产品的外观设计，应当在其显示变化状态的视图名称后，以阿拉伯数字顺序编号标注。

（9）图片绘制要求。①应当参照我国技术制图和机械制图国家标准中有关正投影关系、线条宽度及剖切标记的规定绘制图片，不得以阴影线、指示线、中心线、尺寸线、点画线等线条表达外观设计的形状。②可以用两条平行的双点划线或自然断裂线表示细长物品的省略部分。图面上可用指示线表示剖切位置和方向、放大部位、透明部位等，但不得有不必要的线条或标记。③不得使用铅笔、蜡笔、圆珠笔绘制图片，也不得用蓝图、草图、油印件。④用计算机绘制的外观设计图片，图片分辨率应当满足清晰的要求。

（10）照片的要求。①照片应当清晰，避免因对焦等原因导致无法清楚地显示产品的外观设计。②照片背景应当单一，避免出现该外观设计产品以外的其他内容。产品和背景应有适当的明度差，以清楚地显示产品的外观设计。③照片的拍摄通常应当遵循正投影规则，避免因透视产生变形影响产品的外观设计的表达。④照片应当避免因强光、反光、阴影、倒影等影响产品外观设计的表达。⑤照片中的产品通常应当避免包含内装物或者衬托物，但对于必须依靠内装物或者衬托物才能清楚地显示产品外观设计时，则允许保留内装物或者衬托物。

6. 外观设计专利中的简要说明撰写要求

简要说明是对外观设计产品的设计要点、省略视图及请求保护色彩等情况进行扼要的描述，但不得使用商业性宣传用语，也不能用来说明产品的性能和结构。只有以下情况需要附加简要说明。

（1）外观设计产品的前后、左右、上下相同或对称的情况，注明省略的视图。

（2）产品的状态是变化的情况，如折叠伞、活动玩具等。

（3）产品的透明部分。

（4）平面产品中的单元图案两方连续或四方连续等而无限定边界的情况，如花布、壁纸等。

（5）采用省略画法的细长物品的长度。

（6）用特殊材料制成的产品。

（7）请求保护的包含有色彩外观设计。

（8）新开发的产品的使用方法、用途或功能。

（9）设计要点。

7. 专利申请文件的其他要求

（1）申请发明专利应当提交《发明专利请求书》《说明书摘要》《权利要求书》《说明书》，必要时还应当提交《说明书附图》和《代理人委托书》。

（2）申请实用新型专利应当提交《实用新型专利请求书》《说明书摘要》《权利要求书》《说明书》《说明书附图》，必要时还应当提交《代理人委托书》。

（3）申请外观设计专利应当提交《外观设计专利请求书》《外观设计图片或照片》《外观设计简要说明》，必要时还应当提交《代理人委托书》。

（4）要求国内优先权的，申请人在请求书中写明了在先申请的申请日和申请号的，视为提交了在先申请文件副本。要求外国优先权的，申请人必要时需提交在先申请文件副本等材料。

（5）有摘要附图的，还应当在请求书中指定一幅最能说明该发明或者实用新型专利特征的附图作为摘要附图。

（6）专利申请文件有三种提交方式，即网上提交、当面提交和邮寄提交。

以电子形式办理时，可采用网上提交方式，专利申请人通过专利业务办理系统，提交电子申请文件。以纸质文件形式办理时，可采用当面提交或邮寄提交方式。专利申请人可通过国家知识产权局业务受理大厅的受理窗口、地方知识产权业务受理窗口（专利代办处）当面提交纸质申请文件，也可通过邮局邮寄的方式提交。

6.2.6 专利申请文件撰写示例

1. 发明专利撰写示例

专利名称：一类管外自动喷涂机器人。

说明书摘要

本发明涉及管道外壁喷涂机械，能满足各种直管道外壁防腐喷涂需要。其机械本体部分由往复摆动喷涂机构、直线行走机构和本体机架组成，其中往复摆动喷涂机构由不完全链传动系统构成，用来实现喷枪环绕管道外壁做往复摆动；直线行走机构采用轮式或履带式，实现机器人沿管道做连续或间歇式直线行走；本体机架由上下两部分组成，可以通过快速拆装手柄实现机器人的快速拆装。在本机器人通用机械接口上可以安装不同作业装置，完成管外除锈、清灰、检测、焊接等不同的管道维护任务。本发明结构简单，可靠性高，作业质量易于保证，该技术能够替代人工实现管道外防腐喷涂等管道维护作业方式的自动化。

摘要附图

摘要附图如图 6.1 所示。

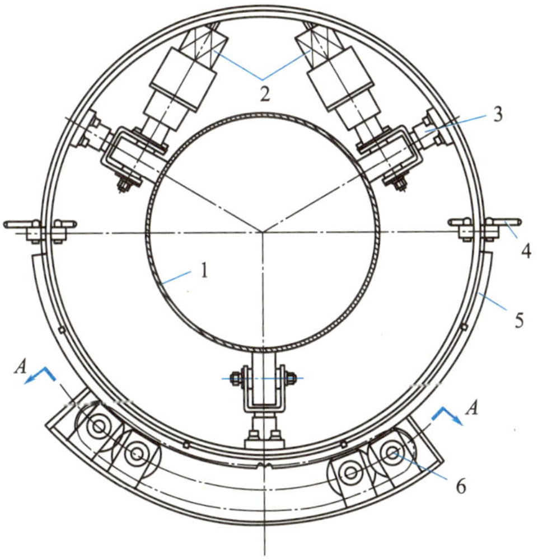

图 6.1

权利要求书

(1) 一类管外自动喷涂机器人，其特征在于主体部分由往复摆动喷涂机构、直线行走机构和机械本体机架组成，其中，往复摆动喷涂机构由 1～3 排不完全链传动系统构成，直线行走机构由两组行走轮子或者履带构成。

(2) 根据权利要求 (1) 所述的一类管外自动喷涂机器人，其特征在于所述机械本体机架由上、下两个半圆环组成，其中两个半圆环通过快速连接头固定和连接。

(3) 根据权利要求 (1) 所述的一类管外自动喷涂机器人，其特征在于所述不完全链传动系统由 1 号小链轮 (9)、2 号小链轮 (11)、4 号小链轮 (12)、一对单联小链轮，即 5 号小链轮 (15)、6 号小链轮 (16)、3 号大链轮 (5)、1 对外啮合的齿轮 (13、14) 和两根链条组成，其中 1 号小链轮 (9) 为主动链轮，输入动力，经不完全链条 (10) 与 2 号小链轮 (11) 相连，2 号小链轮 (11) 与 4 号小链轮 (12) 同轴通过滚珠接触，但 2 号小链轮 (11) 不与轴固连，4 号小链轮 (12) 与齿轮 (13) 同轴传动，齿轮 (14) 与 5 号小链轮 (15) 同轴传动；链条有两根，一根为单排链条，一根为不完全链条 (10)，该不完全链条由单排、双排和三排链条拼装而成，挂在 5 号小链轮 (15) 和 6 号小链轮 (16) 上的单排链条和不完全链条 (10) 的外侧工作排 (10a)，分别和 3 号大链轮 (5) 的两排链齿 (5a、5b) 啮合。

(4) 根据权利要求 (1) 所述的一类管外自动喷涂机器人，其特征在于四把喷枪 (8) 靠圆环固定架固定在 3 号大链轮 (5) 上。

(5) 根据权利要求 (1) 所述的一类管外自动喷涂机器人，其特征在于 3 号大链轮 (5) 靠压紧弹簧 (23) 和压紧轮 (22) 压在本体机架上，接触处有圆轨道，该圆轨道安装了 4 排滚动体 (20)，压紧弹簧调节螺栓 A (19) 与压紧弹簧调节螺栓 B (21) 分别紧压在 3 号大链轮 (5) 运行的圆轨道两侧。

(6) 根据权利要求 (1) 所述的一类管外自动喷涂机器人，其特征在于机器人通用机械接口 (7) 上安装了除锈器、清灰器、检查仪、焊枪这些相应的作业装置。

说明书

一类管外自动喷涂机器人

技术领域

本发明涉及一类管道外壁喷涂机械，特指用不完全链传动系统实现喷枪环绕管道外壁做往复摆动式喷涂作业，利用轮式或履带式行走机构驱动机器人沿管道行走。在本机器人通用机械接口上可以安装不同作业装置，完成不同的管道维护任务，如管道外的除锈、清灰、检测、焊接等。本机器人属于管道机器人和管道防腐设备领域的研究。

背景技术

管道机器人是机器人重点应用领域之一，属于特种机器人的研究范畴。它是一种可沿管道自动行走，拥有一种或多种传感器件和作业机构，在遥控或计算机控制下能在极其恶劣的环境中进行一系列管道施工、维修和检测等管道作业的机电一体化系统。其中施工与维修项目包括清灰、除锈、焊接和管道内外防腐喷涂等；检测作业项目包括防腐后状况，对接管道焊缝质量，管道内外腐蚀程度，管道壁厚，防腐层厚度，管壁缺陷等。实践证明随着管道机器人技术的发展，其应用将会越来越广泛。

野外运行的埋地油气管道运行了近 30 年，外防护层已经老化，为保证油气管道的安全运行，同时又保证石油、天然气的正常输送，需要在不停止输送油、气的情况下进行外防护层的大修。具体操作时，先把埋地油气管道四周的土壤挖开，各留出 0.5m 左右的空隙；然后对管道进行去防腐层，除锈、喷砂等处理；最后对处理完的管道进行喷涂。由于我国外防护层的大修工艺流程和国外不同，现有的进口喷涂设备不适合对我国石油管道进行自动化喷涂，只能人工喷涂，效率低下。目前国内外都没有合适的野外防腐施工用的自动喷涂设备，也没有关于管道外自动喷涂机器人方面的研究报道。因此，研究一种适合我国野外防腐施工的管外自动喷涂机器人，实现管外防腐喷涂自动化，提高生产效率，就显得更加迫切和重要，意义也更重大。

目前国内外对管道喷涂机器人的研究还非常少，能查询到的管道喷涂机器人仅局限于地下管道内壁防腐喷涂，不涉及管道外壁防腐喷涂。本发明解决了直管道外壁的自动防腐喷涂问题。

发明内容

本发明的目的是要提供一类可实现直管道外壁的自动防腐喷涂机器人，能适合野外管道防腐施工，满足石油、天然气等直管道外壁防腐的要求。

本发明采用的技术方案如下。

管道外自动喷涂机器人由往复摆动喷涂机构、直线行走机构和本体机架组成，其中往复摆动喷涂机构由不完全链传动系统构成，用来实现喷枪环绕管道外壁做往复摆动；直线行走机构采用轮式或履带式，实现机器人沿管道做连续或间歇式直线行走；机器人的行走驱动方式可以采用单驱动、双驱动或三驱动三种驱动方式中的任一种；本体机架由上下两部分组成，可以通过快速拆装手柄实现机器人的快速拆装。

另外，在本机器人通用机械接口上可以安装不同作业装置，完成管外除锈、清灰、检查、焊接等不同的管道维护任务。

本发明系统结构简单，可靠性高，作业质量易于保证，该技术能够替代人工方式实现管道外防腐喷涂等维护作业方式的自动化。

本发明的有益效果如下。

(1) 本发明能实现平直管道外壁防腐喷涂的机械化和自动化，尤其是解决了石油、天然气等野外埋地管道外壁的防腐喷涂难题。

(2) 机器人本体机架采用分体式结构，通过快速拆装手柄实现机器人的快速拆装，操作方便简单，节省时间，提高了工作效率；可在不停止输送油、气的情况下进行外防护层的大修。

(3) 在机器人通用机械接口上还可以安装不同作业装置，能完成管外除锈、清灰、检测、焊接等其他管道维护任务，实现了一机多能。

附图说明

图 6.2 所示为管外喷涂机器人喷涂结构主视图。

图 6.3 所示为管外喷涂机器人喷涂结构左视图。

图 6.4 所示为不完全链传动系统。

图 6.5 所示为 3 号大链轮的结构与安装图。

具体实施方式

图 6.2 和图 6.3 所示为本发明采用的一种管外自动喷涂机器人的结构原理图。该图所示的机器人行走部分采用轮式结构、双电动机驱动方式；图中的周向运动系统（6）就是由不完全链传动系统组成的往复摆动机构；四把喷枪（8）靠圆环固定架固定在 3 号大链轮（5）上并沿其圆周均匀布置；机器人本体采用分体式结构，上下两部分（分别称为管道机器人的上机体和下机体）通过快速操作手柄（4），实现机器人的快速安装和拆卸，快速操作手柄采用偏心夹紧机构实现快速夹紧。四把喷枪分别固定在两个半圆环的喷枪固定架上，每个半圆环固定架上安装两把喷枪。一个半圆环固定架和 3 号大链轮（5）上的机器人通用机械接口（7）连接，两个半圆环固定架通过快速连接头实现固定和连接。

本发明所述不完全链条是指在由多排链条构成的链传动中，链条的部分链段的排数小于总排数。不完全链的最小排数为 2，不完全链由工作排和支撑排组成，工作排的链节数总小于支撑排的链节数。工作排根据工作需要采用不同的链节数以实现不同的运动，支撑排起固定、连接和支撑工作排的作用，工作排也可以传递运动。如果不完全链组成环传递运动，则支撑排为完整的环，而工作排为不完整的环。如本发明中使用的不完全链（10）为 3 排不完全链，支撑排（10c）的排数为 1，工作排（10a、10b）排数为 2，有的链段链条排数为 1，有的链段链条排数为 2，还有的链段链条排数为 3，如图 6.4 所示。由不完全链条组成的传动系统称不完全链传动系统。

图 6.4 所示为不完全链传动系统的链轮布置图 [不含 3 号大链轮（5）]，该图为图 6.2 的 $A—A$ 向视图。该不完全链传动系统由 1 号小链轮（9）、2 号小链轮（11）、4 号小链轮（12）、1 对单联小链轮，即 5 号小链轮、6 号小链轮（15、16）、3 号大链轮（5）、一对外啮合的齿轮（13、14）和两根链条组成，其中 1 号小链轮（9）为主动链轮，输入动力，经不完全链条（10）与 2 号小链轮（11）相连，2 号小链轮（11）不与轴固连 [即 2 号小链轮（11）与 4 号小链轮（12）同轴，但 2 号小链轮在轴上空转而不传递扭矩，且 2 号小链轮与 4 号小链轮（12）在接触端面处通过滚珠接触，以减少摩擦]，4 号小链轮（12）与齿轮（13）同轴传动，齿轮（14）与 5 号小链轮（15）同轴传动。链条有两根，一根为单排链条，一根为不完全链条（10），该不完全链条由单排、双排和三排链条拼装而成。挂

在 5 号小链轮（15）和 6 号小链轮（16）上的单排链和不完全链条（10）的外侧工作排（10a）分别和 3 号大链轮（5）的两排链齿（5a、5b）啮合，传递运动。电动机（18）通过端面安装连接螺栓和补充悬臂架（17）的侧板固定，电动机（18）为周向运动系统提供动力，其始终按一个方向转动，通过不完全链传动系统后将单方向的运动输出转变为 3 号大链轮（5）的环绕管道轴线的周向往复运动，3 号大链轮（5）通过机器人通用机械接口（7）将运动传递到喷枪等执行器上，最终实现喷枪等执行器的周向往复运动。在本发明中周向运动系统即为一种将单向旋转运动转变为周向往复运动的传动系统。

图 6.5 所示为本发明采用的不完全链传动系统中 3 号大链轮（5）的结构与安装图。3 号大链轮（5）为不完整链圈，其角度接近 180°。3 号大链轮（5）靠压紧弹簧（23）和压紧轮（22）压在本体机架上，接触处有圆轨道，该圆轨道安装了 4 排滚动体（20），用来减少摩擦。压紧弹簧调节螺栓（19）与压紧弹簧调节螺栓（21）分别为 3 号大链轮（5）运行的圆轨道两侧对称布置的压紧零件，分两排，共六个。

本发明的实际工作过程如下。

如图 6.2 和图 6.3 所示，实际工作时，先将 3 号大链轮（5）调整到管道机器人的下机体位置，并连同下机体一起扣放在待施工的管道上，然后旋转至管道下方的坑基内，安放机器人的上机体，通过快速操作手柄（4），完成上下机体的连接和固定。设备安装调整完成后就可以进行试喷涂，检验涂层效果，调节喷枪（8）位置，如满足要求后即可正式喷涂。

在喷涂施工中必须确保管道机器人是倒退式行走，即喷枪在机器人的后边，以保护涂层。根据喷涂工艺需要机器人的行走方式可以采用直进式和间歇式两种。对 SPUA 等材料宜选择间歇式行走方式；对普通防腐材料，如采用多层喷涂，交错覆盖的工艺，可以选择直进式行走方式。

如果采用本机器人执行管外除锈等其他管道维护任务，机器人本体的安装方式与喷涂完全一样，只需要在机器人通用机械接口（7）上安装除锈器、清灰器、检查仪、焊枪等相应的作业装置，即可完成相应的管道维护任务，实现一机多能。

说明书附图

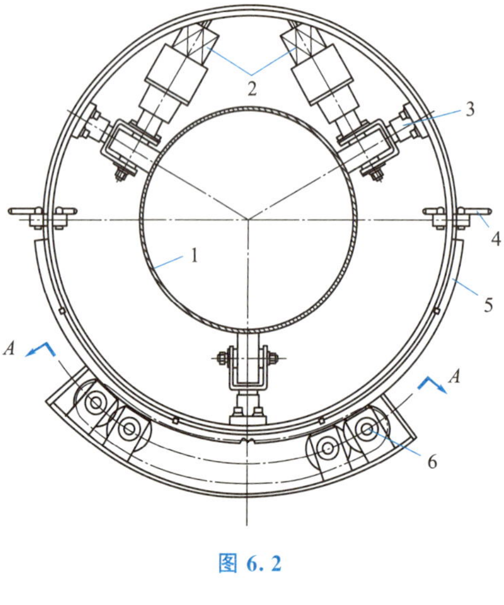

图 6.2

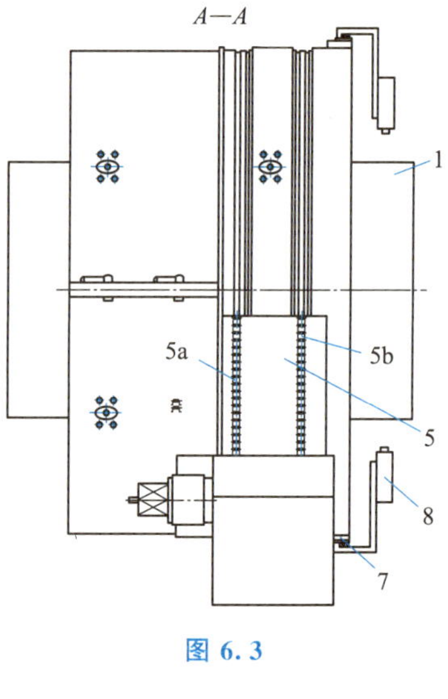

图 6.3

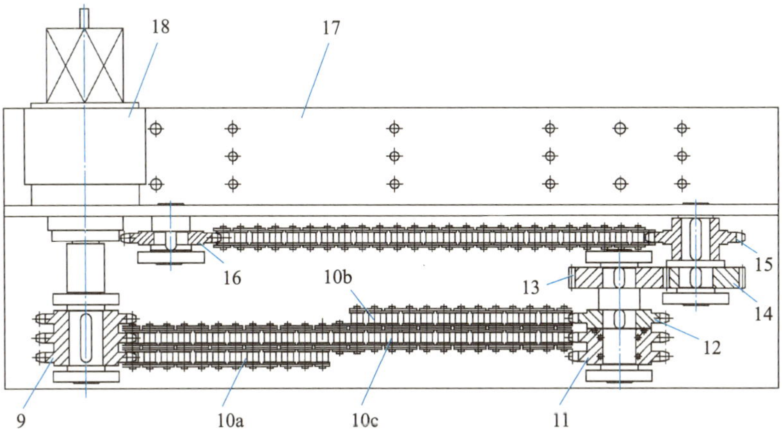

图 6.4

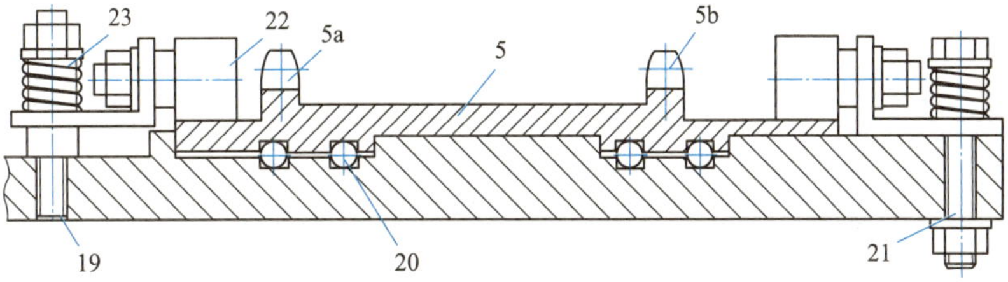

图 6.5

1—管道；2—驱动电动机；3—行走系统；4—快速操作手柄；5—3 号大链轮（双联）；6—周向运动系统；7—机器人通用机械接口；8—喷枪；9—1 号小链轮（三联）；10—不完全链条（10a、10b 工作排，10c 支撑排）；11—2 号小链轮（双联）；12—4 号小链轮（单联）；13、14—齿轮；15—5 号小链轮（单联）；16—6 号小链轮（单联）；17—补充悬臂架；18—电动机；19—压紧弹簧调节螺栓 A；20—滚动体；21—压紧弹簧调节螺栓 B；22—压紧轮；23—压紧弹簧。

2. 实用新型专利申请撰写示例

专利名称：小广告专用清理机。

说明书摘要

本实用新型专利涉及一种张贴类小广告清理机，它由电动机、传动齿轮机构、三个柔性刷头、蒸汽喷射装置、清理物收集盒和清理机本体组成。传动齿轮机构包括一个主动齿轮和三个从动齿轮，电动机和主动齿轮相连，并同步驱动三个从动齿轮，三个从动齿轮分别和三个柔性刷头相连接；柔性刷头由刷头、弹簧、导向柱、上连接盘和下连接盘组成，三个柔性刷头呈正三角形布置，每个刷头可独立弯曲，确保了在任意曲线部位依然能够完全贴合被清理表面；蒸汽喷射装置位于本体内部，由蒸汽发生器、喷嘴和控制按钮组成；清理物收集盒用于收集和储存清理物。本实用新型专利结构简单、成本低廉、实用性强，主要用于清理墙面、路灯杆、电线杆等处张贴类小广告。

［拓展图文］

摘要附图

摘要附图如图 6.6 所示。

特别说明：本书为了表述方便把所有附图按图 6.1～图 6.5 顺序排列，但在实际的专利申请文件中，摘要附图一般不用加图号，而在说明书附图中应该单独排序，并以图 1、图 2 等格式命名。

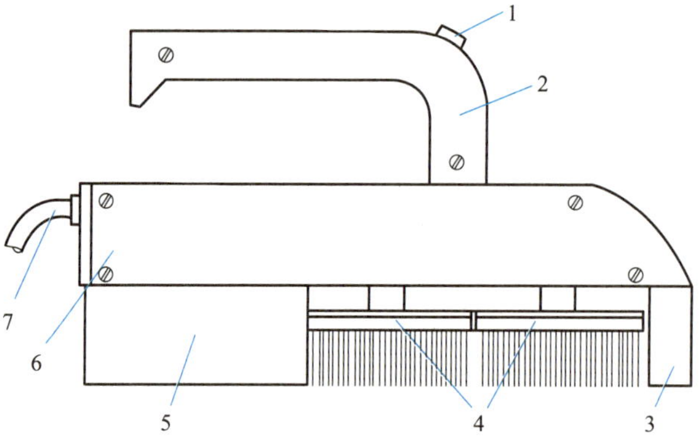

图 6.6

说明书

小广告专用清理机

技术领域

本实用新型专利涉及一种张贴类小广告清理机，主要用于清理墙面、路灯杆、电线杆等处张贴类小广告。

背景技术

城市乱贴乱涂的各类小广告一直被看作“城市牛皮癣”，是各个城市难以根治的顽症，不仅毁坏了城市市容市貌，更是滋生各种违法犯罪活动的“温床”。因其投入少、收益大、操作简单而日益成为违法商贩宣传和制发简易广告的首选。

目前小广告的清理主要有人工清理和机器清理两种方式。人工清理不仅工作量大、效率低，往往清理的效果还不是很好；机器清理主要存在机器价格昂贵、体积大、浪费资源等弊端，在清理后不能实现自动收集清理物的功能，而机器清理的贴合结构主要有卡盘式结构和单刷头结构。卡盘结构虽然方便，但构造较为复杂，成本较高；单刷头结构在贴合程度上就很欠缺，需要不停地变换方位才能完全贴合。

发明内容

为了克服现有的广告清理机不能完全贴合被清理表面、不能收集清理物和成本高昂的缺点，本实用新型专利提供了一种拥有三个刷头组成的柔性贴合机构和一个收集装置的小广告清理机。

本实用新型专利涉及一种张贴类小广告清理机，它由电动机、传动齿轮机构、三个柔性刷头、蒸汽喷射装置、清理物收集盒和清理机本体组成。传动齿轮机构包括一个主动齿轮和三个从动齿轮，电动机和主动齿轮相连，并同步驱动三个从动齿轮，三个从动齿轮分别和三个柔性刷头相连接；柔性刷头由刷头、弹簧、导向柱、上连接盘和下连接盘组成，三个柔性刷头呈正三角形布置，每个刷头可独立弯曲，以适应不同表面的清理需要，三个柔性刷头组成了一个立体式结构，这种独特的组合确保了清理机在任意曲线部位依然能够完全贴合被清理表面，轻松贴合凹坑、沟槽或柱面；蒸汽喷射装置由蒸汽发生器、喷嘴和控制按钮组成；清理物收集盒用于收集和存储清理物。

本实用新型专利的有益效果如下。

(1) 能够完全贴合表面，即使在高速旋转的情况下，依然能够达到理想的效果。

(2) 材料普通，成本低廉。

(3) 结构简单，制造方便。

(4) 在贴合时受力均匀，且进行高温蒸汽剥离，不会损坏被贴合面。

附图说明

图 6.7 所示是本实用新型专利总体结构示意图。

图 6.8 所示是柔性刷头的结构示意图。

图 6.9 所示是齿轮传动机构的结构简图。

图 6.10 所示是图 6.9 的 A 向视图。

具体实施方式

由图 6.7、图 6.8、图 6.9 可知，本小广告清理机由电动机（14）、传动齿轮机构（13、17、18 和 20）、三个柔性刷头、蒸汽喷射装置（3）、清理物收集盒（5）和清理机本体（6）组成。电动机（14）固定在清理机本体（6）上，电动机（14）和主动齿轮（20）相连，同步驱动三个从动齿轮（13、17 和 18），三个从动齿轮（13、17 和 18）分别与三个柔性刷头相连接，柔性刷头由刷头（12）、弹簧（10）、导向柱（9）、上连接盘（8）、下连接盘（11）组成，下连接盘（11）通过传动轴（15）与从动齿轮（13）相连接，导向柱（9）连接了上连接盘（8）和下连接盘（11），中间以弹簧（10）支撑，刷头（12）与上连接盘（8）连接固定，三个柔性刷头组成了一个立体式结构，蒸汽喷射装置（3）固定在清理机本体（6）内部，通过导管将产生的高温蒸汽喷射在刷头（12）四周，从而达到高温剥离的效果，清理物收集盒（5）位于清理机本体（6）的下方，用来收集因刷头旋转所剥离的清理物。

工作时，高温蒸汽通过导管喷向被清理表面，使胶水、浆糊等黏着物失去黏性，也使纸张潮湿，易于剥离。同时，电动机通过传动齿轮机构带动刷头高速旋转，使纸张被动脱离清理面，在不同的曲面作业时，由于每个刷头的内部有弹簧支撑，外部有位移限制，因此在弧面受力不均时，会自动地改变刷头方向，以达到正对贴合面的目的。而在离开贴合面时，由于不受力的作用，刷头又会恢复正常状态。由于每个刷头非常灵活和方便，因此即使在高速旋转的情况下，依然能够紧密贴合表面。被清理物由于受刷头的力作用，被剥离甩下，顺隔离罩方向落入清理物收集盒中，完成清理工作。清理物收集盒可以随时取下清空，方便长时间工作。

最后应说明的是，以上实施方式仅用于说明本实用新型专利的技术方案而非限制，本领域的技术人员应当理解，可以对本实用新型专利的方案进行修改、附件拆分、合并或等同替换，而不脱离本实用新型专利技术方案的精神和范围，其均应涵盖在本实用新型专利的权利要求范围内。

说明书附图

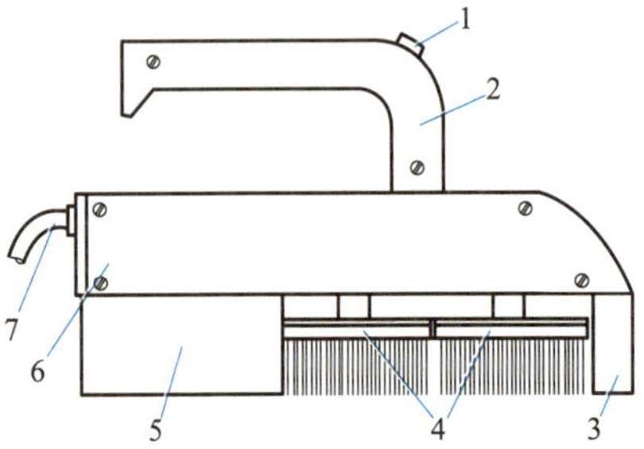

图 6.7

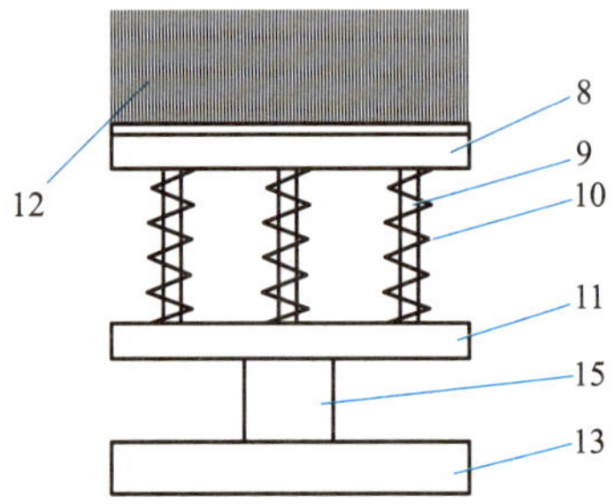

图 6.8

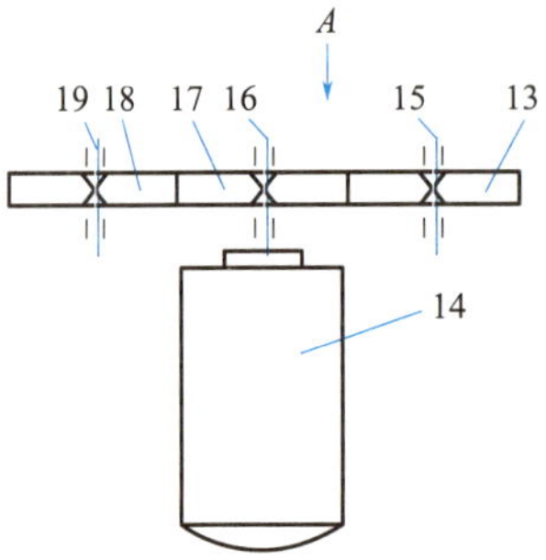

图 6.9

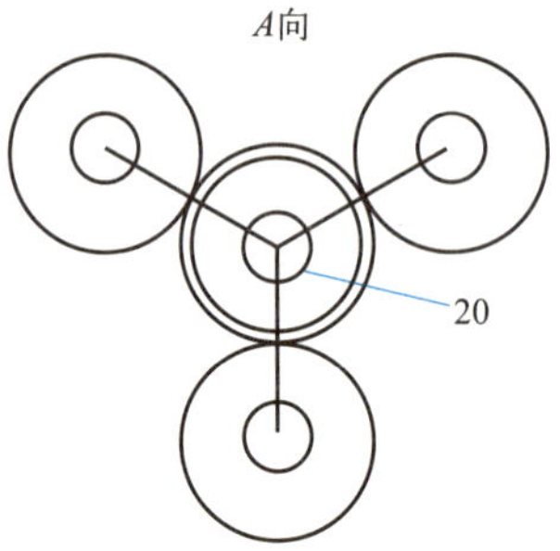

图 6.10

1—开关按钮；2—手柄；3—蒸汽喷射装置；4—柔性刷头；5—清理物收集盒；
6—清理机本体；7—电缆；8—上连接盘；9—导向柱；10—弹簧；11—下连接盘；
12—刷头；13、17、18—从动齿轮；14—电动机；15、16、19—传动轴；20—主动齿轮。

需要注意的是，在规范编写实用新型专利说明书时，附图序号应按实际顺序从“图 1”开始按顺序编写，附图排列一般不采用并列排列方式。

权利要求书

(1) 一种小广告专用清理机，其特征是它由电动机、传动齿轮机构、三个柔性刷头、蒸汽喷射装置、清理物收集盒和清理机本体组成。所述传动齿轮机构包括一个主动齿轮和三个从动齿轮，电动机和主动齿轮相连，并同步驱动三个从动齿轮，三个从动齿轮分别和三个柔性刷头相连接；所述三个柔性刷头呈正三角形分布，每个柔性刷头，都通过从动齿轮和主动齿轮相啮合。

(2) 根据权利要求 (1) 所述的小广告专用清理机，其特征是：所述柔性刷头由刷头、弹簧、导向柱、上连接盘和下连接盘组成，三个柔性刷头呈正三角形布置，每个刷头可独立弯曲，确保了清理机在任意曲线部位依然能够完全贴合被清理表面。

(3) 根据权利要求 (1) 所述的小广告专用清理机，其特征是：所述蒸汽喷射装置位于本体内部，由蒸汽发生器、喷嘴和控制按钮组成，蒸汽喷射装置产生的高温蒸汽通过导管喷向被清理表面，使胶水、浆糊等黏着物失去黏性，也使纸张潮湿，易于剥离和清理。

(4) 根据权利要求 (1) 所述的小广告专用清理机，其特征是被清理物在三个柔性刷头的清理作用下，被剥离甩下，沿着隔离罩方向落入清理物收集盒中；清理物收集盒可以随时取下清空，方便长时间使用。

需要注意的是，在规范编写发明专利说明书时，附图序号应按实际顺序从“图 1”开始按顺序编写；附图排列一般不采用并列排列方式；附图标记说明文字不能出现在说明书附图文件中，而应放在说明书文件中附图说明部分的最后。

3. 外观设计示例

外观设计示例 1：多维振动激振器（钢结构件用）。

申请号为 202230168942.6 多维振动激振器（钢结构件用）外观设计专利是安徽理工大学于 2022 年 3 月 29 日申请的外观设计。

外观设计简要说明

1. 本外观设计产品的名称：多维振动激振器（钢结构件用）。
2. 本外观设计产品的用途：本产品用于为汽车车身振动时效处理提供高频电磁激振。
3. 本外观设计产品的设计要点：形状。
4. 最能表明设计要点的图片或照片：立体图（图 6.11）。

外观设计图片

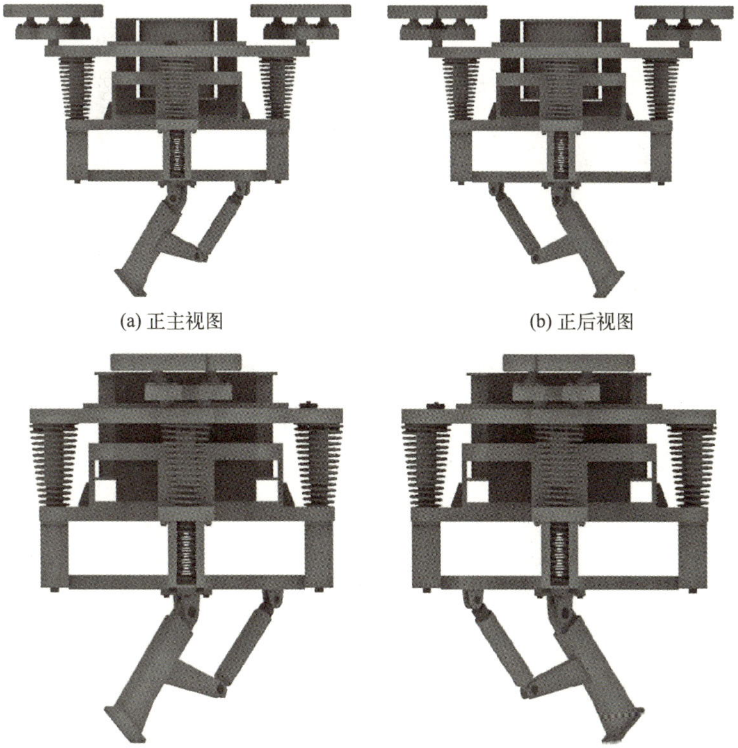

(a) 正主视图　(b) 正后视图

(c) 正左视图　(d) 正右视图

图 6.11　多维振动激振器（钢结构件用）外观设计

(e) 正俯视图

(f) 正仰视图

(g) 45° 立体图

图 6.11　多维振动激振器（钢结构件用）外观设计（续）

外观设计示例 2：农场用全地形独立悬架移动机器人。

申请号为 201930483403.X 的农场用全地形独立悬架移动机器人外观设计专利是安徽工程大学、芜湖安普机器人产业技术研究院有限公司于 2019 年 9 月 3 日申请的外观设计。

外观设计简要说明

1. 本外观设计产品的名称：农场用全地形独立悬架移动机器人。

2. 本外观设计产品的用途：本外观设计产品用于农场用移动机器人领域，具有自主导航行走、多机协同作业，农场搬运、监测等功能。

3. 本外观设计产品的设计要点：移动机器人的整体造型。

4. 最能表明本外观设计要点的图片：立体图（图 6.12）。

外观设计图片

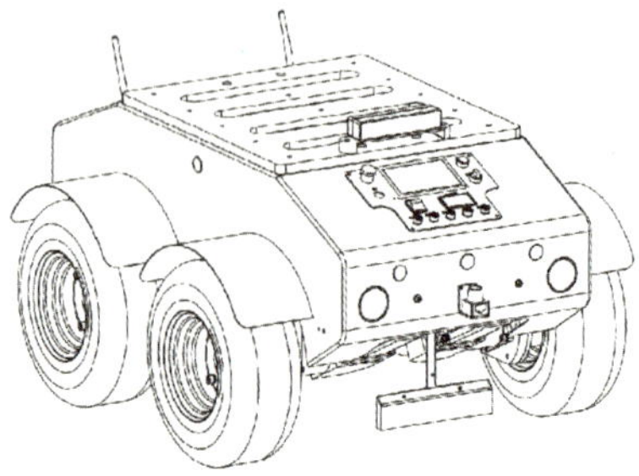

(a) 立体图

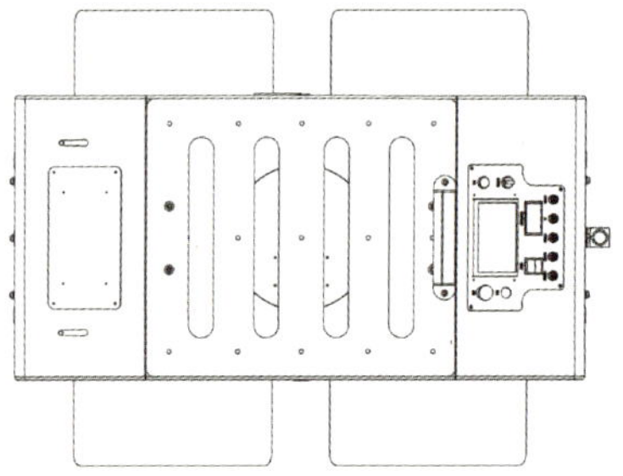

(b) 俯视图

图 6.12　农场用全地形独立悬架移动机器人外观设计

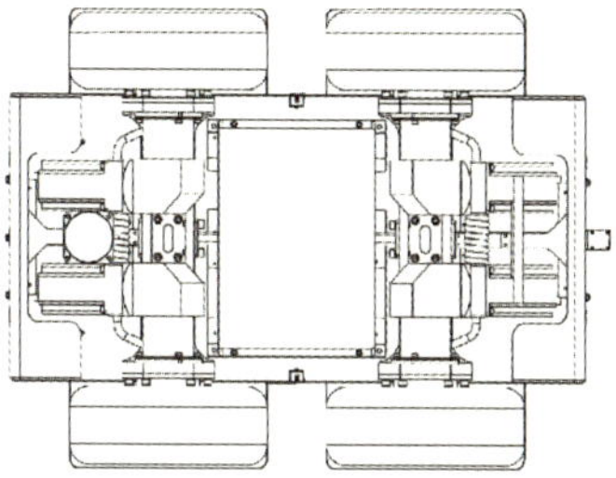

(c) 仰视图

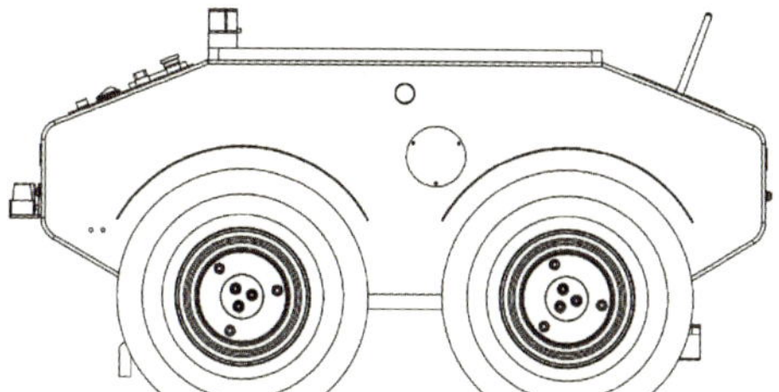

(d) 右视图

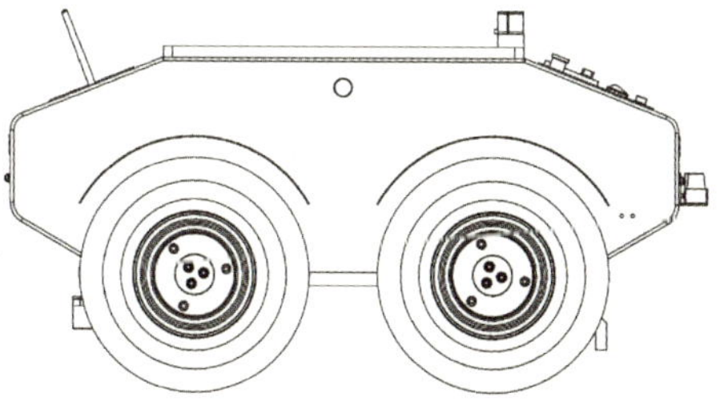

(e) 左视图

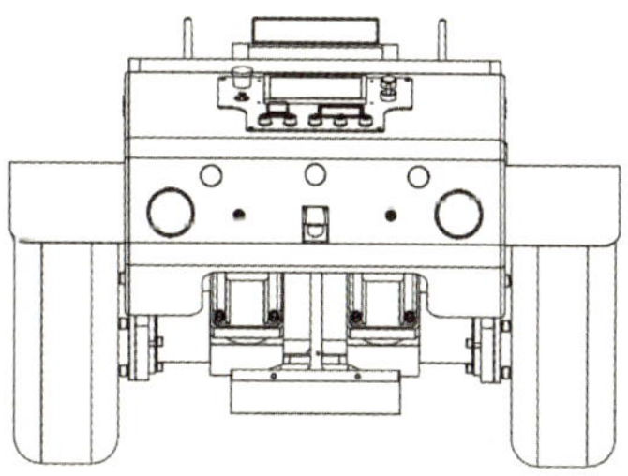

(f) 前视图

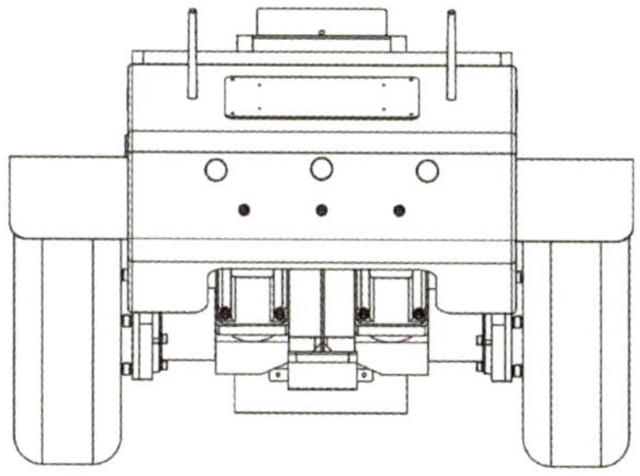

(g) 后视图

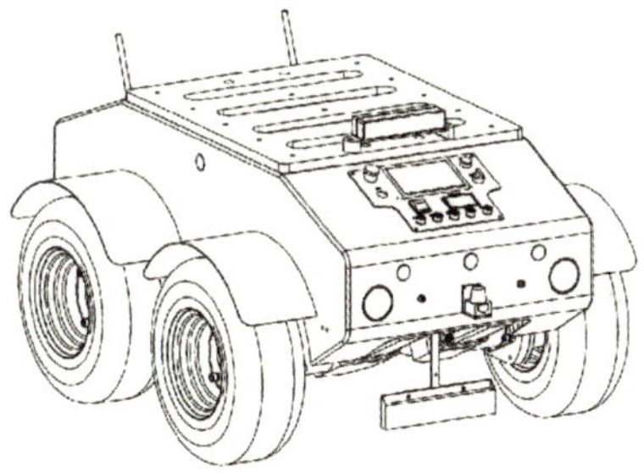

(h) 立体图

图 6.12　农场用全地形独立悬架移动机器人外观设计（续）

[拓展图文]

6.2.7　专利电子申请

1. 专利电子申请简介

专利电子申请是指以互联网为传输媒介将符合规定的专利申请文件以电子文件形式向国家知识产权局提出的专利申请。申请人可通过专利业务办理系统向国家知识产权局提交发明、实用新型和外观设计专利申请和中间文件，以及国家阶段的国际申请和中间文件。我国的专利电子申请是使用互联网进行传输的，区别于有些国家使用专线网络或电子邮件，电子文件形式应该符合规定，即使用国家知识产权局专利业务办理系统编辑和传输的、符合相应技术规范的电子文件形式。

使用专利电子申请，应首先注册成为电子申请用户。专利电子申请各种手续文件都应该以电子文件的形式进行提交，除规定的某些类型的文件外，其他的均不能以纸质文件形式提交。但保密专利申请或普通专利申请经审查后被认为需要保密的申请均不能采用电子申请形式。非保密的纸质专利申请在任何审查阶段都可以转为专利电子申请。直接向外国申请专利或向有关国外机构提交专利国际申请的，申请人向国家知识产权局提出的保密审查请求和技术方案应以纸质文件形式提出。总的来说，专利电子申请的应用范围不断扩大，将会成为专利申请方式的主流。

国家知识产权局于2010年8月26日公布的《关于专利电子申请的规定》的第57号局令，对专利电子申请的程序和要求进行了明确规定；《专利审查指南》（2023）第五部分第一章对以电子文件形式提出的专利申请做了具体规定。

2. 专利电子申请相关概念

（1）电子申请用户。

电子申请用户是指已经与国家知识产权局签订《国家知识产权局专利业务办理系统用户服务协议》，办理了有关注册手续后，获得用户代码和密码的申请人和专利代理机构。

（2）电子申请用户注册。

电子申请用户注册手续应当在专利业务办理系统网站注册账户。注册请求人通过专利业务办理系统网站自助注册成电子申请用户，办理注册用户注册手续并获得电子申请用户代码和密码的过程即电子申请用户注册。

注册时，个人作为请求人的，应使用身份证号注册；法人作为请求人的，应使用统一社会信用代码注册；代理机构作为请求人的，应使用代理机构注册号注册。注册成功后可直接登录用户名和密码，不再给纸质注册审批通知书。

（3）电子发文。

电子发文是指国家知识产权局通过专利业务办理系统将通知书或决定等文件，以电子文件的形式发送给电子申请用户的发文形式。

（4）电子签名。

电子签名是指通过专利局专利电子申请系统提交或发出的电子文件中所附的用于识别签名人身份，并表明签名人认可其中内容的一种认证方式。

3. 专利业务办理系统简介

目前使用的专利业务办理系统于2023年1月11日开通，整合优化专利电子申请、专利缴费信息网上补充及管理、专利事务服务、PCT国际专利申请、外观设计国际申请等多个业务系统。专利业务办理系统将支持网页版、移动端和客户端，通过统一身份认证平台完善了用户注册信息的注册用户登录后，可以提交发明专利申请、实用新型专利申请、外观设计专利申请、PCT国际专利申请、外观设计国际申请、PCT进入国家阶段申请，提交专利复审、无效宣告请求，电子接收专利局发出的各类通知书、决定和其他文件，缴纳专利费用，办理专利法律手续及专利事务服务等业务。

专利业务办理系统网页版 https：//cponline. cnipa. gov. cn。通过统一身份认证平台完善了用户注册信息的用户可以通过浏览器直接访问和使用专利业务办理系统，继续办理此前已经在中国专利电子申请网和 PCT 电子申请网提交的在线电子申请业务。专利业务办理系统的首页如图 6.13 所示。

图 6.13　专利业务办理系统的首页

专利业务办理系统移动端，可用于发布通知公告、完成注册登录和扫码认证等业务。专利业务办理系统移动端可在华为应用市场、小米应用商店、苹果 App Store 下载，也可通过网页地址扫码下载（https：//resources. cponline. cnipa. gov. cn/gapp/download/qrcode/index. html）。

专利业务办理系统客户端是安装在本地终端环境上的专利业务办理系统，通过统一身份认证平台完善了用户注册信息的用户可以继续办理此前已经在 CPC 离线电子申请客户端和 CEPCT 离线电子申请客户端提交的业务。专利业务办理系统客户端如图 6.14 所示。

4. 专利电子申请流程

中国专利电子申请流程包括以下步骤，中国专利电子申请使用流程如图 6.15 所示。

（1）办理电子申请用户注册手续。

电子申请用户通过访问专利业务办理系统网站，办理电子申请注册手续，注册请求人通过专利业务办理系统站自助注册成为电子申请用户，获得用户代码和密码。

图 6.14　专利业务办理系统客户端

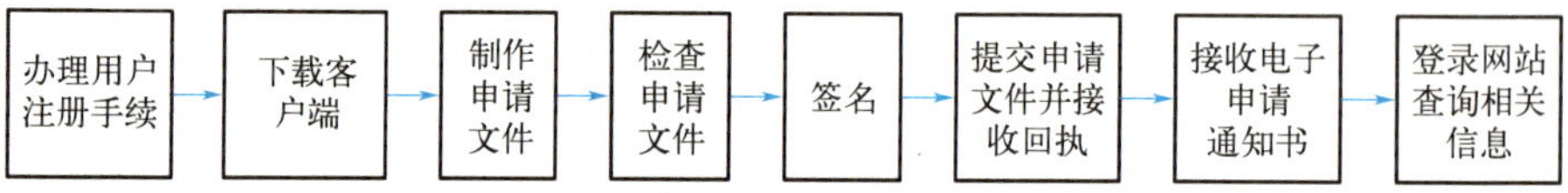

图 6.15　专利业务办理系统客户端申请使用流程

（2）下载专利业务办理系统客户端。

申请人在专利业务办理系统申请网【工具下载】栏下载、安装专利业务办理系统客户端，安装完成后，还需根据具体环境进行网络设置并升级。

（3）制作申请文件。

制作申请文件前，申请人应先了解并学会使用专利业务办理系统电子申请客户端的功能，即电子申请文件制作（客户端编辑器）、PCT 国际申请办理、通知书管理、复审无效业务办理、意见陈述或补正等功能；然后使用客户端编辑器，选择表格模板进行编辑。编辑步骤为先选择【申请类型】，再完成【填写或修改文件内容】，最后【保存】。对于普通的发明专利申请和实用新型专利申请，可以使用客户端编辑器导入部分 word、pdf 格式的文件。

（4）检查申请文件。

保存申请文件后，申请人可以使用客户草稿箱重新打开文件进行检查，以确保文件内容完整、准确，图片显示正常。

（5）签名。

申请人在专利业务办理系统客户端首页的【签名】项中，选择需要签名的专利业务文件并单击【签名】按钮，成功完成数字签名操作，文件进入待发送目录。

（6）提交申请文件并接收回执。

申请人在专利业务办理系统客户端的待提交目录下选择要提交的文件，在专利业务办理系统客户端首页选择【提交】，并单击【提交】按钮，则文件提交成功并进入已发送目录。文件提交成功后，申请人可以接收并查看回执，回执的内容主要包括接收案件编号、发明创造名称、提交人姓名或名称、国家知识产权局接收时间、国家知识产权局接收文件情况等。

（7）接收电子申请通知书。

申请人在专利业务办理系统客户端首页单击【通知书办理】按钮，选择需要查看的通知书，单击该通知书进行查看；通知书需要下载的，选择要下载的通知书，单击【批量导出】按钮，即可导出该通知书。此外，根据需要，申请人还要针对所提交的电子申请提交中间文件。

（8）登录网站查询相关信息。

申请人既可进行提交文件情况查询，包括基本信息、案件提交信息、通知书信息等。也可进行电子发文查询，包括申请号、发明创造名称、通知书名称等。

5. 中国专利电子申请受理流程

相对专利纸质申请，专利电子申请具有服务全天候、接收文件轻松、审查周期短、低碳环保、申请质量高、高效便捷和不受地理位置及气候等因素限制等优势，专利电子申请已成为各国知识产权界的共识。

中国专利电子申请的受理流程主要包括用户提交电子申请、自动/部分人工受理、发出受理和缴费通知书、图形文档数据入库、xml格式代码数据入库和进入后续审查程序六个步骤，如图6.16所示。

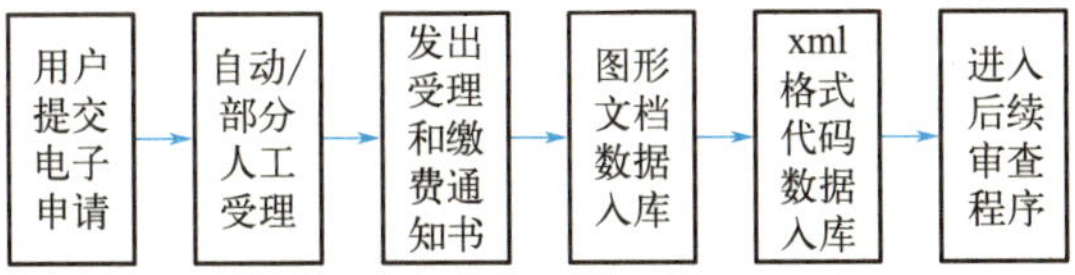

图 6.16 中国专利电子申请受理流程

[拓展视频]

6. 专利电子申请其他注意事项

使用专利电子申请方式申请中国专利时，还需要注意以下事项。

（1）申请人在提出专利电子申请时，请求减缴或缓缴专利法实施细则规定的各种费用需要提交有关证明文件的，应在提出专利申请前办理用户的费减备案，等费减备案合格后，在专利申请的请求书中勾选已完成费减备案的选项。

（2）采用电子申请方式向国务院专利行政部门提交的各种文件，以进入国务院专利行政部门指定的特定电子系统的日期为递交日。

（3）国务院专利行政部门以电子形式送达的各种文件，以进入当事人认可的电子系统的日期为送达日。

（4）专利电子申请文件格式的要求。专利业务办理系统支持xml、word、pdf三种文件格式的提交，提交文件的格式应符合《关于规范提交专利电子申请的指引（一）》《关于规范提交专利电子申请的指引（二）》的规范。

（5）专利电子申请文件的接收与拒收。对于成功提交的文件，电子申请用户会及时收到电子申请回执。对于国家知识产权局拒收的专利电子申请文件，专利业务办理系统客户端会给出拒收原因。

(6) 专利电子申请接收文件范围。专利业务办理系统接收发明、实用新型、外观设计专利申请，以及进入国家阶段的国际申请；专利业务办理系统还可以接收复审和无效请求；专利业务办理系统不接收保密专利申请文件。

6.3 发明成果的推广

6.3.1 发明成果的推广条件

发明成果的推广是指成果进入使用环节后，为扩大其使用范围，对社会发展发挥更大的效益，将发明成果转化为直接生产力的过程。

发明成果的推广应具备以下基本条件。

(1) 发明成果必须是成熟的、可靠的。

(2) 有较明显的经济效益或社会效益。

(3) 发明成果的适应性强、见效快。

(4) 必须有科研单位和生产单位两方面的积极支持。

6.3.2 发明成果的等级及评价

1. 发明成果的等级

发明成果的水平或价值是分等级的，根里奇·阿奇舒勒在TRIZ理论中将发明分为五个等级：最小型发明（约35%）、小型发明（约45%）、中型发明（约16%）、大型发明（约3%）和特大型发明（约1%）。

第一级：最小型发明。

在产品的单独组件中进行少量的变更，但这些变更不会影响产品系统的整体结构。不需要任何相关领域的专门技术或知识，特定专业领域的任何专家都能做出该类发明。例如，通过增加厚度或中空结构隔离减少热损失，通过加大卡车的装载量提高运输效率。

第二级：小型发明。

产品系统中某个组件发生部分变化，改变的参数有几十个，即以定性的方式改善产品。发明过程中利用本行业知识，通过与同类系统的类比可找到发明方案，如利用中空斧头柄的内部空间储存钉子。

第三级：中型发明。

产品系统中几个组件可能出现全面变化，改变的参数有上百个，需利用领域外知识，但不需要借鉴其他学科的知识，如登山自行车、计算机鼠标等的发明。

第四级：大型发明。

创造出新的事物，改变的参数有数千或数万个，需引用新的科学知识而非利用科技信息，需通过综合其他学科领域知识的启发找到解决方案，如内燃机、集成电路、便携式计算机等的发明。

第五级：特大型发明。

主要指那些科学发现，一般是先有新的发现，建立新的知识，然后才有广泛的运用，如蒸汽发动机、飞机等的发明。

2. 发明成果评价

发明成果在推广应用之前，应首先对其进行价值评价。发明成果的推广价值评价是发明成果评价的一项重要内容，它是在成果价值评价的基础上进行更细致的评价，更多侧重于成果转化的可行性、发明成果转化后的获利能力和产生的收益。

发明成果的评价分为定性评价和定量评价两种。定性评价主要是从技术性（或科学性）、经济性和社会性三个方面进行粗略的评价，给出高、较高、一般或低几个等级的判定。评价者可以是专家、同行、用户、成果开发者及商人，或是多方意见的综合。为避免受评价人的自身能力、对成果内容的熟悉程度及个人的偏好、学派之争、职业角色和其他一些非理性因素的影响，可采用多方综合评价。定量评价可以通过公式等量化的方式，详细计算出发明成果的价值。发明成果的评价指标和价值计算方法尚没有得到统一或权威认定，本书推荐一些实践中可用的评价指标和计算方法，供学习与研究参考。

（1）发明成果推广价值的影响因素及评价指标。

对发明成果的定量评价，可针对发明成果的评价指标分别测评，运用评价公式定量计算，最终根据计算结果判定发明成果的价值。

关于发明成果推广价值评价指标，中国航空综合技术研究所的张立坤将影响发明成果推广价值的因素归纳为技术因素、市场因素和推广因素，提出了影响发明成果推广价值的12项评价指标。

① 技术指标。技术指标是衡量发明成果的技术进步的优劣程度，主要指发明成果的主要技术参数所达到的水平。发明成果技术水平可分为国际领先、国际先进、国内领先和国内先进四个等级。

② 创新程度。创新程度是衡量发明成果的技术创新点的多少与高低的指标，可分为首创型、原创型、适应型（改良型）、改进型、模仿型、照搬型六个等级。

③ 技术难度。技术难度是指发明成果技术的复杂程度，按复杂等级可分为难度高而复杂型技术、难度较高较复杂型技术、难度低的一般技术和无难度的一般技术。

④ 成熟程度。成熟程度是指发明成果的技术在实际生产中实施和推广应用的成熟程度，可分为完全成熟（可量产）、基本成熟（小试成功）和不成熟（处于实验室原理性试验阶段）三个等级。

⑤ 技术文件。技术文件是衡量发明成果技术文件齐全、准确程度的指标，既是表达技术构思的工程语言，又是新技术发展和新产品研制的最终成果。技术文件可分为“齐全、准确、符合标准”“基本齐全、准确、符合标准”“基本齐全、准确、少量错误”“基本齐全、准确、错误较多”和“基本齐全、欠准确、错误很多”五个等级。

⑥ 知识产权状态。知识产权状态是指是否取得了知识产权，以及知识产权的持有状态。知识产权状态具体可分为已取得、已申请且有望取得、已申请和取得无望四个等级，持有状态可分为自主拥有且有效、购买拥有且有效、共同拥有且有效、无效四种

状态。

⑦ 需求程度。需求程度反映发明成果或采用其技术生产的产品市场需求量情况，可分为高、较高、一般、少、较少五个等级。

⑧ 市场寿命。市场寿命是指发明成果在市场上可持续生存时间的长短，其等级可分为长久、7 年以上、5～7 年、3～5 年和 1～3 年五个等级。

⑨ 配套条件。配套条件是指发明成果在推广过程中，与其相关的成果、技术、生产工艺、设备等存在配套的条件情况，可分为配套充分、配套好、配套较好、部分配套、配套差五个等级。

⑩ 环保条件。环保条件是指发明成果及其技术的采用可能对环境和生态保护造成的影响程度，可分为纯绿色、完全符合环保要求、轻度污染、中度污染、严重污染五个等级。

⑪ 投资条件。投资条件是指发明成果及其技术的采用所需资金投入的数量及产出的速度，可分为投资小、周期短，投资较小、周期较短，投资较大、周期较长，投资大、周期长和投资大、周期过长五个等级。本指标衡量起来很困难，仅用于相对比较。

⑫ 政策方向。政策方向是指发明成果及其技术推广应用是否符合国家、本地区或行业在相关领域的鼓励政策和产业导向要求，可分为超前引领、符合、基本符合和不符合四个等级。

运用管理决策领域用常用的决策方法——层次分析法（AHP）确定上述 12 个指标的权值，发明成果推广价值评价指标权值见表 6－1。

表 6－1　发明成果推广价值评价指标权值

类别	评价指标编号及对应权值											
指标名称	技术指标	创新程度	技术难度	成熟程度	技术文件	知识产权状态	需求程度	市场寿命	配套条件	环保条件	投资条件	政策方向
指标权值	13	10	4	17	5	2	13	5	12	5	10	4

（2）发明成果的价值评估方法。

发明成果（包括科技成果）的价值评估方法，常用的有成本法、收益法和市场法三种。

① 成本法。采用成本法评估发明成果的价值时，可按式（6－1）计算。

$$P=R\times(1-a) \tag{6-1}$$

式中，P 为发明成果的价值；R 为发明成果的重置成本；a 为发明成果的贬值率。要确定发明成果的价值，关键是确定发明成果的重置成本 R 和贬值率 a。发明成果属于无形资产，只有无形损耗，即只需要计算经济性贬值和功能性贬值。如果是评估刚刚研究得出的发明成果，技术上还处于先进水平，可忽略发明成果的贬值率。

发明成果的重置成本 R 是指在现行市场条件下重新取得一项全新发明成果所需耗费的全部货币总额。将发明成果研发过程中所有耗费加起来就是其重置成本，包括自行研制和外购所需成本，既包括直接成本（如材料费、设备费、协作费、资料费、知识产权费、差旅费、工资等），又包括间接成本（如管理费、设备折旧费等）。

发明成果的贬值率 a 的计算一般根据使用时间（以年为单位）来确定，计算公式为

$$a=\frac{t_0}{t} \tag{6-2}$$

$$t=t_0+t_1 \tag{6-3}$$

式中，t 为总使用时间；t_0 为已使用时间；t_1 为剩余使用时间。其中，剩余使用时间 t_1 指的是发明成果还能实际发挥效用的时间，并非剩余的法定有效时间。该指标的确定既要根据发明成果现在的情况，还要考虑科技进步等因素，它是人为估测出来的，这取决于评价人员的评估经验。

② 市场法。市场法是将待评价发明成果与近期技术市场中已交易的类似成果进行对照比较，以已知交易价格为基础进行推算的评价方式，可按式（6-4）计算。目前，也常采用以市场自主定价和首次交易价格为成果定价的方式。

$$P=\frac{X_1P_0}{X_0} \tag{6-4}$$

式中，P 为发明成果市场价值；X_1 为待评价发明成果的经济指标；P_0 为市场上可比较成果的市场价值；X_0 为市场上可比较成果的经济指标。

市场法通常适用于应用性强且市场上有相似商品的发明成果价值评价。

③ 收益法。收益法是在发明成果的经济寿命期内，将待评估的发明成果预期总收益折算为现值的评价方法。该评价方法反映了发明成果技术及其使用价值，决定了其价值的特性，考虑了资金时间价值，是最常用的评价方法。收益法可用式（6-5）计算。

$$P=\sum_{i=1}^{n}\frac{P_i}{(1+r)^i} \tag{6-5}$$

式中，P 为发明成果收益现值；P_i 为发明成果在未来第 i 年的新增收益；r 为折现率；n 为收益期限，即剩余使用时间。

如考虑到成果推广应用后，产品在改进前后的单位价格、成本、销售量的变化，以及产品开发过程中存在的风险因素和技术成熟程度，式（6-5）还可表示为

$$P=[(B_1-C_1)Q_1-(B_0-C_0)Q_0]\times n\times\delta\times\lambda \tag{6-6}$$

式中，B_0、B_1 分别为产品改进前后的单位价格；C_0、C_1 分别为产品改进前后的单位成本；Q_0、Q_1 分别为产品改进前后的年销售量；δ 为发明成果技术成熟系数（$\delta\leqslant1$）；λ 为风险修正系数（$\lambda\leqslant1$）。当发明成果技术非常成熟时取 $\delta=1$，风险较小时取 $\lambda=1$。

6.3.3 发明成果的推广途径

根据经验，发明成果推广的途径大致有以下几种。

（1）通过国家有关部门有计划地向生产部门推广、使用。

（2）开拓技术市场，走发明成果商品化的道路。

（3）通过“产、研”联合或“产、学、研”联合的方式进行推广。

6.3.4 发明成果的推广方式

（1）发明技术成果展销（览）会。

（2）新技术产品评比推广会。
（3）产品或技术创新大赛。
（4）技术协作、技术投资。
（5）通过新技术转化基地推广。
（6）通过政府、高校或企业设立的科技成果孵化器推广。
（7）吸引风险投资或以作价入股方式推广。
（8）通过科技成果中介服务机构推广。
（9）成果的分解推广。
（10）成果的综合推广。
（11）媒体宣传推广。
（12）技术培训推广成果。
（13）自主创业推广。
（14）政府或行业协会强制推广（主要针对环保、公共卫生等公益类文明）。

思考题

（1）为什么要为发明成果申请专利保护？发明成果保护还有哪些途径？
（2）何谓知识产权？主要包括哪些内容？
（3）与知识产权有关的国际条约有哪些？
（4）主要发达国家的知识产权保护制度的特点是什么？
（5）何谓知识产权壁垒？其成因是什么？
（6）《TRIPS 协定》有什么特点？
（7）美国“特殊 301 条款”“337 条款”与“232 条款”有何异同？
（8）何谓专利？授予专利的实质条件有哪些？
（9）哪些发明创造不能授予实用新型专利？
（10）申请专利要准备哪些文件，它们各有何作用？撰写专利文件应该注意哪些问题？
（11）申请局部外观设计专利时是否要提交整体产品的视图？在图片中如何区分需要保护的局部外观设计内容？
（12）什么是职务发明和非职务发明？退休或离职后设计的专利是否属于原单位的职务发明？
（13）如何判断发明或者实用新型的新颖性、实用性和创造性？
（14）实用新型专利和发明专利保护的客体分别是？两者有什么区别？
（15）申请实用新型专利应注意哪些问题？
（16）申请发明专利应注意哪些问题？
（17）什么是非正常申请专利行为？非正常申请专利行为有哪些类型？
（18）什么是非正常申请专利行为类型？
（19）申请发明、实用新型和外观设计三种类型专利时，提交的申请文件有什么区别？
（20）何谓专利电子申请？有什么优点？
（21）中国专利电子申请的流程包括哪些措施？包括哪些步骤？

（22）中国专利电子申请受理流程包括哪些步骤？
（23）专利电子申请应注意哪些事项？
（24）发明成果一般分为哪几个等级？
（25）发明成果的常用评价方法有哪些？
（26）发明成果推广价值的影响因素和评价指标有哪些？

第7章 TRIZ理论

7.1 TRIZ理论及应用

7.1.1 TRIZ理论概述

TRIZ是俄文的英文音译 Teoriya Resheniya Izobreatatelskikh Zadatch 的缩写，其英文全称是 Theory of Inventive Problem Solving（发明问题解决理论），在欧美国家缩写为TIPS，中文常译为“萃智”。国际著名的TRIZ专家萨夫兰斯基给TRIZ下过这样的定义：TRIZ是基于知识的、面向人的发明问题解决系统化方法学。TRIZ理论是由苏联发明家根里奇·阿奇舒勒在1946年创立的，该理论被誉为“超级发明术”“神奇点金术”“发明发明的方法”和“20世纪最伟大的发明”，而根里奇·阿奇舒勒也被尊称为“TRIZ之父”。

根里奇·阿奇舒勒早期在苏联海军的专利局工作，他在处理世界各国著名的发明专利过程中发现产品及其技术的发展总是遵循一定的客观规律，而且同一条规律往往在不同的产品技术领域被反复应用。即任何领域的产品改进、技术的变革过程和生物系统一样，都存在产生、生长、成熟、衰老、灭亡的过程，是有规律可循的。人们如果掌握了这些规律，就能能动地进行产品设计并能预测产品的未来发展趋势。1946年，根里奇·阿奇舒勒开始了TRIZ理论的研究工作。在他的领导下，苏联的数十家研究机构、大学和企业组成了TRIZ理论的研究团体，他们通过分析研究全世界近250万件高水平的发明专利，总结出各种技术发展进化遵循的规律模式（即著名的技术系统进化法则），以及解决技术矛盾和物理矛盾的创新原理和法则，从而创立了一个由解决技术问题和实现创新开发的各种方法、算法组成的综合理论体系，并综合了多学科领域的原理和法则，建立起了TRIZ理论体系。TRIZ理论对研发和解决问题的思路有明确的指导性，即可以在解决问题之初，确定“解”的方法和位置，有效避免了各种传统创新设计方法中反反复复进行探索的工作。

7.1.2 TRIZ 理论的主要内容

1. 技术系统进化法则

针对技术系统进化演变规律，在大量专利分析基础上，TRIZ 理论总结提炼出八个基本进化法则，利用这些进化法则人们可以知道技术是如何进化的，为技术创新指明了方向；分析确认当前产品的技术状态，并预测未来的发展趋势，开发富有竞争力的新产品。根里奇·阿奇舒勒提出的技术系统进化论可以与自然科学中的达尔文生物进化论和斯宾塞的社会达尔文主义齐肩，被称为“三大进化论”。

2. 矛盾解决原理

创新是通过消除矛盾来解决问题的，在产品创新过程中，矛盾是最难解决的一类问题。TRIZ 理论主要研究技术矛盾与物理矛盾两种矛盾的解决方法。技术矛盾是指系统一个方面得到改进时，另一个方面的期望被削弱。消除技术矛盾的过程不仅需要改善矛盾的一个方面，同时又能不降低另一个方面的期望。TRIZ 理论引导设计者挑选能解决特定矛盾的原理，其前提是要按标准参数确定矛盾，然后利用 39×39 标准矛盾矩阵和 40 条发明创造原理解决矛盾。物理矛盾是指一个物体有相反的需求。TRIZ 理论提供了时间分离、空间分离、整体与部分分离和条件分离四个分离原理解决物理矛盾。当一个问题被深入地分析之后，往往首先采用分离原理解决矛盾。

此外，为了解决物理矛盾，除了应用四大分离原理外，还可以应用 11 种分离方法：①矛盾特性的空间分离；②矛盾特性的时间分离；③将同类或异类系统与超系统结合；④将系统转换为反系统，或将系统与反系统相结合；⑤系统具有一种特性，其子系统具有相反的特性；⑥将系统转换到微观级系统；⑦系统中的状态交替变化；⑧系统由一种状态转换为另一种状态；⑨利用系统状态变化所伴随的现象；⑩以具有两种状态的物质代替具有一种状态的物质；⑪通过物理和化学的转换使物质状态转换。

3. 物质—场分析法

TRIZ 理论提供了科学的问题分析建模方法，即物质—场分析法，这是一种用符号表示技术系统变换的建模技术，它可以帮助快速确认核心问题，发现根本矛盾所在。其原理为所有的功能可分解为两种物质和一种场，即一种功能由两种物质和一种场组成。TRIZ 理论中的物质所表达的意思非常广泛，既包括简单的物体，又包括各种复杂的技术系统；而场则用于表示两个物体之间相互作用、控制所必需的能量，通常是一些能量形式，如机械场、热场、电磁场及化学场等。

4. 发明问题标准解法

在物质—场模型分析的应用过程中，由于所面临的问题复杂而广泛，存在诸多困难，因此 TRIZ 理论为物质—场模型提供了 70 多个标准解决方法，用来解决概念设计的开发问题。针对具体问题物质—场模型的不同特征，分别对应标准的模型处理方法，包括模型的修整、转换，物质与场的添加等。

5. 发明问题解决算法——ARIZ

ARIZ（Algorithm for Inventive Problem Solving）是发明问题解决过程中应遵循的理论方法和步骤，是针对非标准问题而提出的基于技术系统进化法则的一套完整的问题解决的程序和算法。ARIZ 主要针对问题情境复杂、矛盾及其相关部件不明确的技术系统，其实质是为了解决问题的矛盾对立，对初期问题进行一系列变形及再定义等非计算性的逻辑过程，现在这个复杂的过程已经实现了软件支持。ARIZ 往往需要先将非标准问题通过各种方法进行变换，转化为标准问题，然后应用标准解来获得解决方案。

7.1.3 TRIZ 理论的特点

清华大学的周杰韩等人认为 TRIZ 理论具有逆向搜索机制，具有具体性、整体性、规律性、知识规范性、协调性等特点。其中逆向搜索机制是指 TRIZ 理论采用的搜索模式，是相对于常规的“条件—结果”模式的相反模式，即“目标—方法”的逆向模式，这更符合技术人员解决问题的实际情况需求；而协调性是指 TRIZ 针对设计中的“技术矛盾”和“物理矛盾”，分别通过冲突矩阵和标准方法库来协调解决这两大类矛盾。

相对于试错法、头脑风暴法等传统的创造方法，TRIZ 理论具有鲜明而独特的特点和优势，它成功地揭示了创造发明的内在规律和原理，着力于澄清和强调系统中存在的矛盾，而非逃避矛盾；其最终目标是完全解决矛盾，获得最终的理想解决办法而非采取折中或妥协的方法；它基于技术的发展演化规律研究整个设计与开发过程，而不再是随机的行为。实践证明，运用 TRIZ 理论可激发创造性思维，大大加快人们创造发明的进程，而且能得到高质量的创新产品。它能够帮助人们系统地分析问题情境，快速发现问题本质或矛盾；它能够准确确定问题探索方向，不会错过任何可能；它能够帮助人们突破思维障碍，打破思维定式，以新的视觉分析问题，进行逻辑性和非逻辑性的系统思维；它能够根据技术进化规律预测未来发展趋势，帮助人们开发富有竞争力的新产品。

7.1.4 TRIZ 理论的应用

在 1946 年至 1980 年这个阶段，主要是根里奇·阿奇舒勒在进行研究，他建立了经典 TRIZ 理论，开发了经典 TRIZ 理论的基本工具。1980 年，彼得罗扎沃茨克在苏联召开了第一次 TRIZ 理论专家会议。此后，TRIZ 理论引起了苏联公众的注意，出现了很多爱好者和追随者，并出现了第一批专职和兼职的 TRIZ 理论研究人员。举行了大量研究会，创办了各种 TRIZ 学校，更多人学习和研究 TRIZ 理论，根里奇·阿奇舒勒能迅速测试各种想法和工具，提高 TRIZ 理论发展速度；经典 TRIZ 理论的迅猛发展使人们开始尝试将其应用到技术领域以外的其他领域；TRIZ 理论研究资料迅速积累，TRIZ 理论逐步成熟。20 世纪 90 年代，随着苏联的解体，一批科学家移居美国等西方国家，TRIZ 理论开始走向世界，经典理论逐步发展成为现代 TRIZ 理论。1999 年，根里奇·阿奇舒勒 TRIZ 研究院成立，2000 年，国际 TRIZ 协会成立。伴随着 TRIZ 理论在欧美和亚洲大规模研究和应用的兴起，TRIZ 理论的发展进入新的阶段，TRIZ 理论从专家级研究应用发展到大规模行业应用，并走向教育普及，在世界各地相继成立研发机构和研究咨询机构，广泛吸收产品研发与创新的最新成果，试图建立基于 TRIZ 理论的技术创新理论体系。TRIZ 理论方法已广泛应用于众多高科技工程领域，特别是军工领域。经过七十多年的应用和发展，TRIZ 理论已经成为国外特别是欧美各国质量工程领域的研究热点，全球已有数百万个专利利用了 TRIZ 理论的原则和规范，它们被广泛应用于创造和改进组织的产品、服务与系统。福特、摩托罗拉、3M、西门子、飞利浦、LG 等国际知名公司，都开始研究 TRIZ 理论并用其来解决产品技术创新问题。目前，TRIZ 理论已成为最有效的创新问题求解方法和计算机辅助创新技术的核心理论。

20 世纪 90 年代，TRIZ 理论传入我国，河北工业大学成立了 TRIZ 研究中心，以檀润华教授为代表的中国研究者开始对 TRIZ 理论开展研究。自 2001 年北京亿维讯同创科技有限公司将 TRIZ 理论培训引入了中国后，TRIZ 理论在中国逐渐推广。2003 年 1 月，河北工业大学所承担的科学技术研究发展指令性计划项目“基于 TRTZ 的产品创新软件——Invention Tool 开发”，通过了专家组的技术鉴定。同年，亿维讯在国内推出了 TRIZ 理论培训软件 CBT/NOVA 和成套的培训体系，同时推出了基于 TRIZ 理论、辅助企业技术创新的 Pro/Innovator 软件。2004 年，TRIZ 理论国际认证第一次被引入中国，中国开始了 TRIZ 理论教育与行业应用的探索。

2008 年 4 月，四部委（科学技术部、发展和改革委员会、教育部、中国科学技术协会）联合公布了《关于加强创新方法工作的若干意见》，科学技术部还相继批准黑龙江、四川、江苏为国家技术创新方法试点省。我国推进创新方法工作的重点是面向企业、科研机构、教育系统三个群体，推进 TRIZ 理论等国际先进技术创新方法与中国本土需求融合；推广 TRIZ 理论中技术成熟度、预测技术进化模式及路线、冲突解决原理、效应及标准解等成熟方法在企业的应用；加强技术创新方法知识库建设，研究开发出适应中国企业技术创新发展的理论体系、软件工具和平台。

笛卡儿曾经说过，人类历史上最有价值的知识是方法的知识。TRIZ 理论可以使每个善于思考的工程师无须逐次试验，即可直接获得创造发明。如今这种方法已在全世界广泛应用，创造出成千上万种重大发明。据统计，应用 TRIZ 理论与方法，专利数量可增加 80%～100%，并且质量能得到提高；可使新产品开发效率提高 60%～70%；产品上市时间可缩短 50%。本章通过介绍 TRIZ 基本理论，帮助读者认识、使用 TRIZ 理论解决发明创造过程中遇到的问题，以提高发明创造的效率，从而少走弯路，提高创新能力。

TRIZ 理论包含着许多系统、科学而又富有可操作性的创造性思维方法和发明问题的分析方法。经过半个多世纪的发展，TRIZ 理论已经成为一套解决新产品开发实际问题的成熟的九大经典理论体系。TRIZ 理论的体系结构主要包括技术系统八大进化法则、最终理想解（Ideal Final Result，IFR）、40 个发明原理、39 个工程参数及矛盾矩阵、物理矛盾及四大分离原理、物质—场模型分析、发明问题的标准解法、发明问题解决算法 ARIZ、科学效应和现象知识库。

7.2 TRIZ 理论的基本原理及方法

7.2.1 TRIZ 理论的基本概念

1. 技术系统

技术系统是若干个具有各自特性且相互关联的组成成分的集合，用于完成特定的功能。一般来说，技术系统是一个可以作为整体研究的对象。技术系统的级别是相对的，如汽车可以作为一个技术系统，汽车的发动机也可以作为一个技术系统，这需要根据具体研究的目的来确定技术系统的范围。

2. 超系统

超系统包含被分析的技术系统（即当前系统）和与它相关的其他系统。而当前系统仅仅是超系统的一个组件，组成超系统的组件称为超系统组件。技术系统与超系统的划分没有严格的界限，主要取决于项目研究与分析的需要。超系统组件可以包括当前系统（被分析的技术系统）之外的组件或超出项目研究范围之外的组件。

3. 子系统

若组成技术系统的要素本身也是一个技术系统，即这些要素是由更小的要素组成的，则这些组成当前系统的要素称为子系统。

技术系统具有层次性，任何技术系统都有一定的层次结构并可分解为一系列的子系统和要素。

系统层次关系如图 7.1 所示。

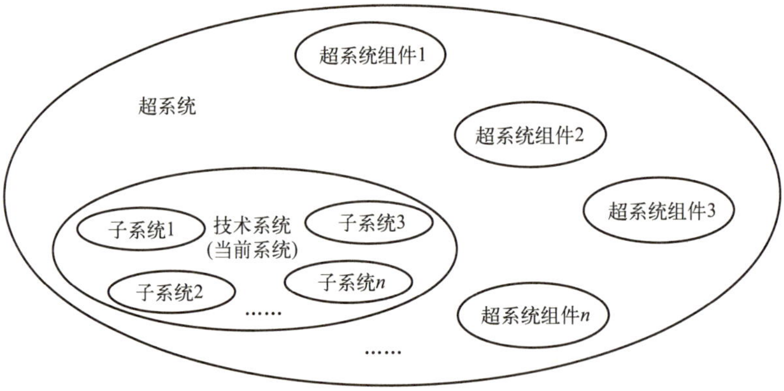

图 7.1　系统层次关系

4. 组件

组件是指组成系统或超系统的一部分要素（物体）。TRIZ 理论中的组件是指广义上的物体，包括物质、场或物质与场的组合。

5. 功能

功能是指一个组件改变或保持另一个组件的某个参数的行为或动作。在 TRIZ 理论中功能是产品或技术系统特定工作能力抽象化的描述，与常规意义上产品的用途、能力、性能等概念不尽相同。TRIZ 理论中功能一般用“动词＋名词”的形式来表达。例如，水笔的用途是写字，其功能是输送墨水；铅笔的用途也是写字，但其功能是摩擦铅芯。

（1）功能载体。

功能载体是指执行功能的组件。

（2）功能对象。

功能对象是指某个参数因功能的作用而得到保持或发生改变的组件，即接受功能的组件。

6. 参数

参数是指组件中可进行比较或测量的属性，如温度、位置、质量、长度、体积、速度等。

7. 矛盾

矛盾（又称冲突），是指事物之间相互作用、相互影响，具有一种特殊“对立”的关系，它不是事物，也不是实体，本质上它属于事物的属性，比喻相互抵触，互不相容的关系。例如，在汽车制造中，可增加车身结构件的厚度来提高车身的强度，但厚度的增加势必会造成质量的增加，而质量的增加是不想要的结果。

在TRIZ理论中，矛盾分为技术矛盾和物理矛盾。

（1）技术矛盾。

技术矛盾是指为了改善系统的某一个参数，导致另一个参数的恶化，它描述的两个参数存在直接的矛盾。例如，改善了汽车的速度，导致安全性降低，此矛盾涉及速度和安全性两个参数。

（2）物理矛盾。

物理矛盾是对技术系统的同一参数提出相互排斥的需求时的一种物理状态。它针对系统的某个参数，提出两种不同的要求。当对一个系统的某个参数具有相反的要求时就会出现物理矛盾。例如，一方面希望飞机的机翼面积尽量大，以便在起飞时获得足够大的升力；另一方面，又希望飞机的机翼的面积尽量小，以减小飞机在高速飞行时的阻力。

技术矛盾与物理矛盾是相互联系的，技术矛盾比较明显，而物理矛盾隐藏得比较深。

8. 理想度

系统的理想度与有用功能、有害功能，成本之和的关系见式（7-1）。

$$I=\frac{\sum U_{\mathrm{F}}}{\sum H_{\mathrm{F}}+\sum C} \tag{7-1}$$

式中，I 为理想度；$\sum U_{\mathrm{F}}$ 为有用功能之和；$\sum H_{\mathrm{F}}$ 为有害功能之和；$\sum C$ 为成本之和。

上式很好地反映了某种产品或技术系统的经济效益、社会效益及成本等综合因素的作用情况。技术系统的理想度与有用功能之和成正比，与有害功能之和成反比。理想度越高，产品的竞争能力越强。创新的过程就是提高系统理想度的过程，并把提高理想度作为设计的目标。根据公式，提高理想度努力的方向有三个，主要是增大分子或减小分母，即增大有用功能之和，减小有害功能之和、成本之和，最终努力的方向是让理想度 I 趋于无穷大。

7.2.2 TRIZ理论的基础理论

技术系统的进化法则是TRIZ理论的理论基础，根里奇·阿奇舒勒在专利研究中发现技术系统的进化和演变遵循一些重要规律，这些规律对于产品的开发创新具有重要的指导作用，他总结的技术系统进化和演变的八个重要模式如下。

（1）技术系统演变遵循产生、成长、成熟和衰退的生命周期，即呈S形曲线进化。

（2）技术系统演变的趋势是增加理想度。

（3）产生矛盾的原因是系统中各子系统的不均衡演变。

（4）技术向增加动态性和可控性方向发展。

（5）技术系统先向复杂化演变，然后通过集成向简单化发展。

（6）从宏观系统向微观系统演变，运用能量场实现更好的性能或控制。

（7）先是部件匹配，然后失配。

（8）向增加自动化、减少人工参与方向演变。

在这八个模式中，增加理想度是 TRIZ 理论中非常重要的概念，它为创造性问题的解决指明了努力的方向。理想度的定义如式(7－2) 所示。

$$I=\frac{\sum U_j}{\sum H_j} \tag{7－2}$$

式中，I 为理想度，即技术系统所有有益结果和有害结果的比值；$\sum U_j$ 为系统的有益结果之和，包括系统发挥作用的所有有价值的结果；$\sum H_j$ 为系统的有害结果之和，包括不希望的费用、成本、能量消耗、污染和危险等。

达到理想状态的系统称为理想解，解决创新问题很重要的一步就是分析系统的理想解是什么，虽然实际上完全理想化的技术系统不存在，但 TRIZ 理论要求任何改进必须致力于增加理想度，因此寻求理想解仍然是一种强有力工具，在创新过程中起着重要作用。TRIZ 理论提供了两种方法来接近理想解。

（1）充分利用系统内可用资源（包括未占用空间、空闲时间、保存的能量、信息甚至废料等）。

（2）应用物理、化学、地理等现象节省资源或简化系统。

上述的八个模式中还包括副模式，如“从单一到成双或复合系统”是模式（5）的副模式，在后来的研究中共产生了 250 多个模式和副模式。随着 TRIZ 理论的发展，八个进化模式发展形成了八大进化法则，即提高理想度法则、完备性法则、能量传递法则、协调性法则、子系统的不均衡进化法则、向超系统进化法则、向微观级进化法则、动态性和可控性进化法则。技术系统的进化模式或进化法则既可用于产生市场需求，定性技术预测，产生新技术，专利布局和选择企业战略制定的时机等，又可用于解决难题，预测技术系统，产生并强化创造性问题的解决工具。

7.2.3 TRIZ 理论流程

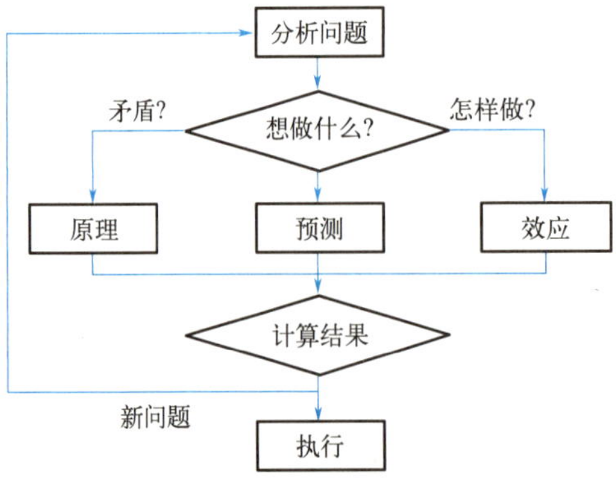

图 7.2 TRIZ 理论流程

TRIZ 理论流程（图 7.2）可用于 TRIZ 理论工具及方法的描述。该图不仅描述了各种工具之间的关系，也描述了产品创新中的问题。应用 TRIZ 理论的第一步是分析问题。第二步是想做什么，如果发现存在矛盾，则应用原理去解决；如果问题明确，但不知道怎样做，则应用效应去解决。第三步是预测。第四步是计算结果。第五步是执行。该过程可采用传统手工方法实现，也可采用计算机软件辅助实现。

7.2.4 TRIZ 理论的主要方法和工具

1. 矛盾矩阵和创新原理

为了消除技术矛盾，必须找到形成技术矛盾的工程参数。TRIZ 理论采用创造性的方法完全消除技术矛盾。在研究大量技术领域的专利的基础上，根里奇·阿奇舒勒发现，引起技术矛盾的参数是有限的，于是他总结出 39 个通用工程标准参数（表 7－1）来描述技术矛盾和 40 条创新原理来消除技术矛盾，从而创建了矛盾矩阵。

表 7－1　39 个通用工程标准参数

序号	标准参数名称	序号	标准参数名称	序号	标准参数名称
1	运动物体的质量	14	强度	27	可靠性
2	静止物体的质量	15	运动物体的持久性	28	测量的精度
3	运动物体的长度	16	静止物体的持久性	29	制造精度
4	静止物体的长度	17	温度	30	物体外部的有害因素
5	运动物体的面积	18	亮度(光照度)	31	物体内部的有害因素
6	静止物体的面积	19	运动物体所耗能量	32	可制造性
7	运动物体的体积	20	静止物体所耗能量	33	使用方便性(可操作性)
8	静止物体的体积	21	功率	34	可维修性
9	速度	22	能量损耗	35	适应性或多用性
10	力量	23	物质损耗	36	装置复杂性
11	应力或压力	24	信息丢失	37	控制复杂性
12	形状	25	时间消耗	38	自动化水平
13	结构的稳定性	26	物质或事物的数量	39	生产率

矛盾矩阵为 39×39 矩阵，见表 7－2，表格中行是需要改进的技术参数，列是引起恶化（不希望获得）的相应技术参数。在矛盾矩阵中，除了主对角线外，行与列的交叉点构成一对技术矛盾，并列有解决技术矛盾所推荐的创新原理序列号。40 条创新原理可解决技术矛盾矩阵中的 1288 个矛盾，另外 194 个矛盾还没有得到解决，因为当时还没有出现解决这些矛盾的专利。当针对具体问题确认了一个技术矛盾后，根据对矛盾的描述选择通用工程参数，由工程参数在矛盾矩阵中的位置选择可用创新原理来消除矛盾。

表 7－2　矛盾矩阵简表

	1	2	3	4	…	39
1			15,8,29,34			35,3,24,37
2				10,1,29,36		1,28,15,35
3	8,15,29,34					14,4,28,29
4		35,28,40,29				30,14,7,26
…						
39	35,26,24,37	28,27,15,3	18,4,28,38	30,7,14,26		

2000 年，Creax 公司和 Ideation International 公司的科学家共同合作，对古典 TRIZ 理论的矛盾矩阵进行了改进，并推出了面向工程领域的 2003 版矛盾矩阵，新矛盾矩阵在形式和内容上都得到了更新，通用工程标准参数增加到 48 个，补充了 37 条创新原理，应用更加方便，与特定问题的联系也更紧密。另外，面向软件领域和商业领域的矩阵也在发展之中。

2. 物质—场分析模型和 76 个标准解

物质—场分析是 TRIZ 理论体系的组成之一，它是一种用符号语言表示技术系统变换的建模技术。产品和技术都是功能的一种实现，TRIZ 理论认为所有的功能都可以拆分为三个基本元件，即两个物质 S_1、S_2 和一个场 F。场 F 是 S_1 和 S_2 之间相互作用需要的能量，在场 F 的帮助下，物质 S_2 作用于物质 S_1，形成一个功能。一个功能必须同时具有三个基本元件才能存在，三个基本元件的组合构成一个功能。这就是根里奇·阿奇舒勒发现的功能的三元件原理。

物质—场分析模型如图 7.3 所示。在图 7.3(a) 所示的模型中，物质 S_2 通过场 F 作用于物质 S_1。根据物质—场模型可以对系统功能进行详细分析，如功能三元件是否完备，是否存在有害功能，等等。图 7.3(b) 中，物质 S_2 对 S_1 产生有益功能的同时，对物质 S_1 产生有害功能，因而功能需要改善。

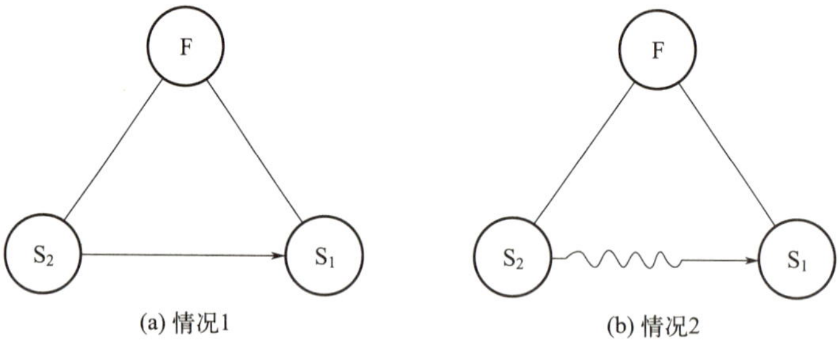

图 7.3　物质—场分析模型

根据物质—场分析模型所得出的问题解决方案称为标准解，将标准解变为特定的解，即产生了新概念。根里奇·阿奇舒勒等提出了 76 个标准解，用来解决技术系统的功能缺陷问题，如功能元件缺失、有害功能、过度功能和不充分功能等情况。某类问题的物质—场分析模型对应某类标准解的物质—场分析模型。在分析一个问题时得到该问题的物质—场分析模型，从而可以很快找到相应的标准解。标准解分为如下五类，见表 7-3。

表 7-3　标准解的分类

序号	标准解的类别	标准解种类
1	没有或很小地改变系统	13
2	通过改变系统来改进系统	23
3	系统转换	6
4	探测法和测量法	17
5	简化和改进的策略	17

3. 科学和技术效果数据库

科学和技术效果数据库可能是TRIZ理论中最容易应用的工具，也是TRIZ理论知识库的主要组成部分。在传统的专利库中，成果都是按题目或发明者名字进行组织的，那些需要发明成果实现特定功能的发明者在寻求解决方法时，由于对其他领域一无所知，往往导致搜索十分困难。1965—1970年，根里奇·阿奇舒勒与其同事开始以“从技术目标到实现方法”方式组织效果库，该库集中了包括物理、化学、地理和几何学等方面的专利和技术成果，研究人员如果需要发明成果实现某个特定功能，该知识库可以提供多个可供选择的方法。这样，发明者可以首先根据物质—场分析模型决定发明成果需要实现的基本功能（技术目标），然后能够很容易地选择所需要的实现方法。

4. 发明问题解决算法——ARIZ

对于某些复杂问题，由于没有明显的矛盾，不能直接依靠矛盾矩阵或物质—场分析的方法解决，必须对其分步分析并构建矛盾。ARIZ是为复杂问题提供简单化解决方法的逻辑结构化过程，是TRIZ理论的核心分析工具。它主要有1977、1985和1991等版本，使用最广泛的是ARIZ-85C版本即1985版本，各个版本之间的差异在于设计步骤数目不同。无论是1985版本还是1991版本，应用ARIZ都包括以下步骤。

步骤1：识别并对问题公式化，使用的方法是创新环境调查法。

步骤2：构造存在问题部分的物质—场分析模型。

步骤3：定义理想状态和IFR。

步骤4：列出技术系统的可用资源。

步骤5：向效果数据库寻求类似的解决方法。

步骤6：根据创新原则或分割原则解决技术矛盾或物质矛盾。

步骤7：从物质—场分析模型出发，应用知识数据库（76个标准解和效果库）工具产生多个解决方法。

步骤8：选择只采用系统可用资源的方法。

步骤9：对修正完毕的系统进行分析，防止出现新的缺陷。

5. TRIZ理论专家系统及计算机辅助创新设计（CAI）软件

代表性的TRIZ理论专家系统系列软件有Improver、Ideator、Eliminator、Innovation Workbench、TechOptimizer和Goldfire Innovator。TRIZ理论专家系统为TRIZ理论的应用提供了强大的支持和学习功能。

将TRIZ理论与计算机软件技术相融合，形成了“计算机辅助创新设计（CAI）”模式。一方面，CAI模式利用软件技术生成规范、标准的辅助创新流程，使企业创新过程科学化；另一方面，该模式将系统的TRIZ理论知识融入了培训模块，为普通工程师提供了TRIZ理论自学平台，帮助他们快速、系统地掌握TRIZ理论，实现企业的快速创新。

InventionTool是河北工业大学创新设计研究所檀润华研究团队开发的计算机辅助产品创新软件，也是国内首次开发的具有自主知识产权的计算机辅助概念设计创新软件。该软件将TRIZ理论中的搜索引擎与知识相结合，提出了发明问题解决过程模型，基于该模型提出了CAI软件的三个组成模块：技术进化模块、效应（果）模块、矛盾解决原理模块，这三个模块分别与TRIZ理论中技术进化、效应（果）、矛盾解决原理相对应。它是基于知识和实例的创新工具，能帮助不同工程领域的设计人员提出创新设计的原始构思及解决设计中深层次的矛盾，将设计人员提出的创新设计引向正确方向。此外，重庆音翠寺亭科技有限公司开发了微信版TRIZ超级助手，北京亿维讯同创科技有限公司开发了亿维讯同创TRIZ助手小程序，王晶基于Excel文档功能整理开发了TRIZ工具集，这些小程序或工具集在电脑端或手机端上使用均比较便捷，提高了TRIZ理论及工具的运用效率。

7.2.5 TRIZ理论解决问题的方法和步骤

1. TRIZ理论解决问题的基本方法

为创造性地解决问题，TRIZ理论为人们提供了辩证的思考方法。这种思考方法超越了各种专业方法、启发式和回避问题的各种做法，这种方法的主要特点是能够预测技术系统进化的未来状态。

（1）把问题看成体系。

把问题看成是一个技术系统，把问题本身也看成分层次的问题体系，最大限度地利用可以利用的空间和时间资源去解决矛盾，多角度多层次地看待面临的问题和可行的解决方案。

（2）设定理想的解决方案。

这是以“技术体系的发展逐步趋于理想化”的观点为基础的，在了解技术系统发展方向后，就要设定理想的解决方案，然后寻找实现的方法。

（3）解决矛盾。

TRIZ理论已成功地找到具体的指导原则，特别是39×39矩阵表和40条创新原理，物质—场分析模型和76个标准解，发明问题解决算法等，如果分析出矛盾，TRIZ理论就可以有效而迅速地得出突破性的解决方案。

2. 运用TRIZ理论解决发明创造问题的一般步骤

步骤1：识别要解决的实际问题。

运用TRIZ理论解决发明创造过程中的问题时，首先必须确定好要解决的实际问题。根里奇·阿奇舒勒的学生开发出一种用来鉴别工程系统的研究状况的“创新状况问卷”，可分析系统的运行环境、必备的资源条件、基本功能、负面影响和理想结果。

步骤2：将问题公式化。

在物理相克（即发生矛盾）的条件下对问题进行重审。识别可能发生的其他问题，如在为解决一个问题或改进一项技术特性时，是否会导致其他技术特性变得更糟糕，从而产生二级问题；或者是否存在被迫折中的技术矛盾等。

步骤3：搜寻需要事先解决好的问题。

按照TRIZ理论提供的分析方法，将需要解决的实际问题转化为TRIZ理论中类似的标准问题，即把实际的矛盾转化为TRIZ理论中的标准工程参数，从而将实际问题转换成了TRIZ标准问题；找出相互矛盾的工程原理，先找出需要调整的工程原理，再找出可能产生二级问题的工程原理；陈述这些技术标准矛盾。

步骤 4：寻找相似解决方案并加以改进。

TRIZ 理论提供了 40 条创新原理和矛盾矩阵，这些原理和矩阵有利于专利发明者找到易获得专利的问题解决方案。在本步骤中需要利用 TRIZ 理论提供的解决问题工具，找出针对类似的标准问题在 TRIZ 理论中已总结、归纳出的标准解，从而找到解决方案模型。

步骤 5：把 TRIZ 理论的方案模型转化为实际问题的解决方案，从而实现产品的改进或创新。

3. TRIZ 理论解决问题的三个阶段及工具

TRIZ 理论作为发明问题解决理论，经典 TRIZ 理论通过不断发展完善，并经过商业化应用阶段后形成了现代 TRIZ 理论，成为一个实用的创新理论平台。TRIZ 理论通常有四种常规用途：①用于解决技术问题，产生创新的解决方案；②用以规避或增强专利，进行专利布局；③用于新产品的规划布局，提高产品竞争力；④进行环保设计并解决产品生产与回收之间的矛盾问题。

运用 TRIZ 理论解决问题具有三个典型阶段：第一阶段，问题识别与分析；第二阶段，问题解决；第三阶段，概念验证。TRIZ 理论解决问题的步骤及相应工具如图 7.4 所示。

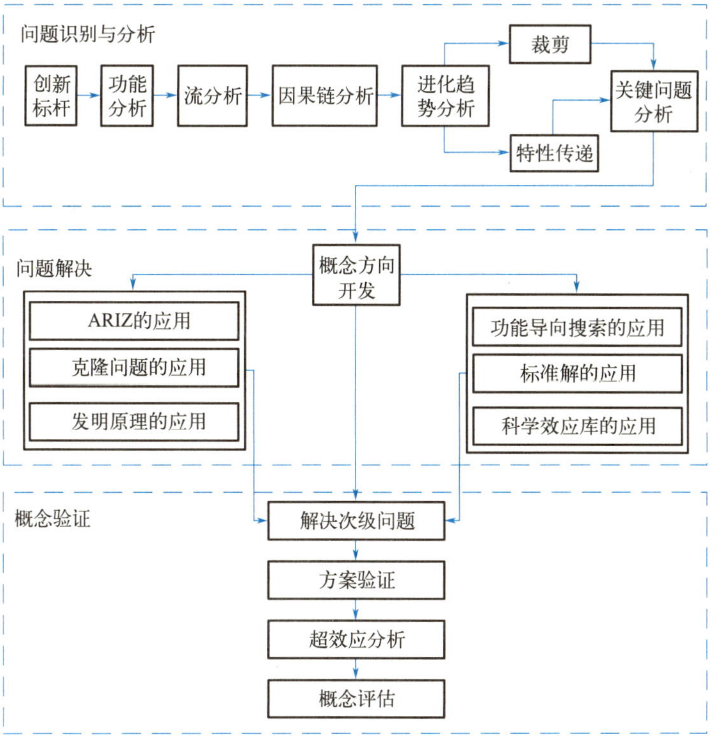

图 7.4　TRIZ 解决问题的步骤及相应工具

(1) 问题识别与分析。

解决技术问题的前提就是要对技术系统进行全面分析并识别正确的问题，为后续问题求解提供依据。需要区分初始问题、深层次问题和潜在问题，通过分析找出所有关键问题。在本阶段可运用的工具包括创新标杆、功能分析、流分析、因果链分析、进化趋势分析、裁剪、特性传递、关键问题分析等。

（2）问题解决。

将问题识别与分析阶段确定的关键问题转化为TRIZ理论中的问题模型，运用相应的TRIZ工具找到相应的解决方案模型，最后形成具体的解决方案（各种创意），所有的解决方案必须能够实现主要价值。问题解决阶段所采用的工具包括ARIZ、克隆问题、发明原理、功能导向搜索、标准解、科学效应库等的应用。

（3）概念验证。

在概念验证阶段可以在上一步中获得的解决方案的基础上产生更多的解决方案，但更主要的是针对项目技术和业务需求，对所获取的各种解决方案进行可行性评估。评估标准包括技术实施的难易程度、制造成本限制、上市时间需求、投资限制、成本限制等。可根据评估标准对各方案进行打分，选择得分最高的方案进行进一步评估或推荐开发，最终筛选出最佳解决方案。概念验证阶段的主要工具包括超效应分析和概念评估等。

7.3 TRIZ理论常用创新思维方法

TRIZ理论中应用创新思维方法解决发明问题的流程中常采用的创新思维方法包括九屏幕法、STC算子法、小人法、金鱼法、最终理想解法、资源分析法和因果分析法等，本章只介绍前六种方法，如图7.5所示。

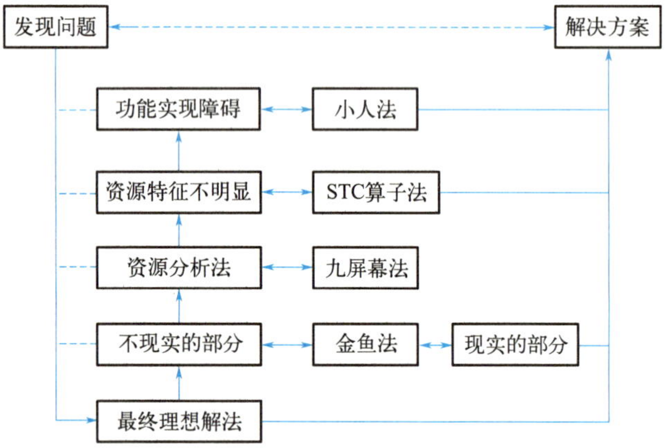

图7.5　TRIZ理论常用创新思维方法

7.3.1　九屏幕法及其应用

1. 九屏幕法的概念

九屏幕法是一种从系统的角度综合考虑问题的方法，同时从横向的时间和纵向的空间两个维度去分析技术系统的状态，共同构成至少九个屏幕的图解模型，如图7.6所示。

当前系统是指正在发生当前问题的系统，或是当前普遍应用的系统；子系统是构成当

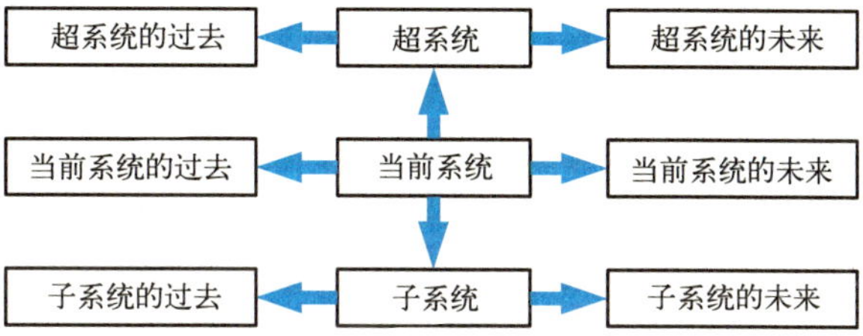

图 7.6 九屏幕法图解模型

前系统的低层次系统；超系统是指包含当前系统的更高层次系统。

2. 九屏幕法的操作步骤

九屏幕法操作步骤如下。

第一步：画出三横三纵的表格，将要研究的系统（当前系统）填入空格 1。

第二步：考虑系统（当前系统）的子系统和超系统，分别填入空格 2 和空格 3。

第三步：考虑系统（当前系统）的过去和未来，分别填入空格 4 和空格 5。

第四步：考虑超系统和子系统的过去和未来，分别填入剩下的空格中。

第五步：针对每个格子，考虑可以用的各种类型的资源。

第六步：利用资源规律，解决技术问题。

3. 九屏幕法的应用示例

案例 7-1 应用九屏幕法分析汽车变速器

以汽车系统为例，分析汽车技术系统的资源，从横向的时间和纵向的空间两个维度掌握该产品隐含的并没有被注意到的资源，如图 7.7 所示。

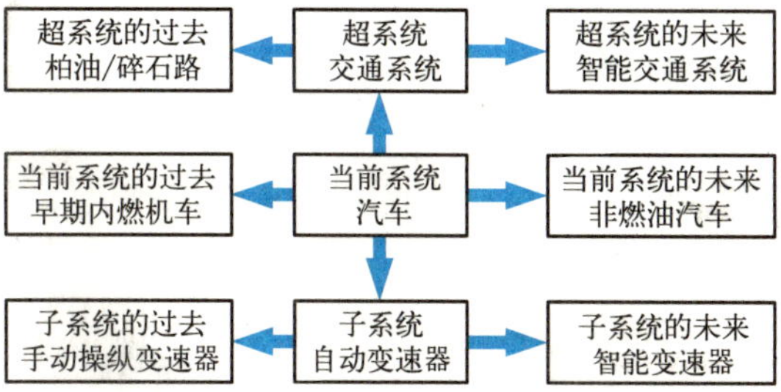

图 7.7 汽车系统的九屏幕法图解模型

根据图 7.7 所示的图解模型，可以研制智能变速器、新型的非燃油汽车和满足智能交通系统需要的汽车；既可以针对新型非燃油汽车开发相应的智能变速器，又可以针对智能交通系统提出更具体的设计思路。

4. 九屏幕法的扩展应用

运用九屏幕法对技术系统进行分析，对技术系统理解的角度不再局限在某一“点”

上，而是在时间、空间九个维度上去分析该技术系统，查找问题出现的原因，有利于发现更多的隐性资源，改进系统功能，提高其价值的“着眼点”。此外，还可以对九屏幕法进行扩展应用，在现有九屏幕基础上同时考虑当前反系统及其过去和未来、超反系统及其过去和未来、子反系统及其过去和未来，通过两个平行的九屏幕进行系统和反系统分析，有助于创新者发现更加有效的问题解决方案，同时为后续产品创新提供更多的思路。

［拓展图文］

7.3.2 STC 算子法及其应用

1. STC 算子法的概念

STC 算子法，又称尺寸—时间—成本（size - time - cost）法，从尺寸、时间和成本三个维度对现有系统进行逐步递增或递减思考与分析的方法。这是一种极限思维方法，在极端条件下，可能促使产生更多新的创新思路。

2. STC 算子法的操作步骤

STC 算子法的操作步骤如下。

第一步：明确现有系统。

第二步：明确现有系统在尺寸、时间和成本方面的特性。

第三步：设想逐渐增大目标系统的尺寸直至无穷大（$S\to\infty$）时，系统会发生什么样的变化？

第四步：设想逐渐减小目标系统的尺寸直至无穷小（$S\to0$）时，系统会发生什么样的变化？

第五步：设想逐渐延长目标系统的作用时间直至无穷大（$T\to\infty$）时，系统会发生什么样的变化？

第六步：设想逐渐缩短目标系统的作用时间直至无穷小（$T\to0$）时，系统会发生什么样的变化？

第七步：设想逐渐增加目标系统的成本直至无穷大（$C\to\infty$）时，系统会发生什么样的变化？

第八步：设想逐渐降低目标系统的成本直至无穷小（$C\to0$）时，系统会发生什么样的变化？

第九步：修正现有系统，得出解决方案，如不满足目标要求，则重复上述步骤的第二至八步，最终得出满意的解决方案。

3. STC 算子法的应用示例

案例 7-2 梨树授粉

现在梨树授粉以人工授粉为主，但这种方法劳动量大、工作强度大、效率低。如何让梨树授粉变得更加方便、快捷和省力？

运用 STC 算子法改进梨树授粉问题的方案见表 7-4。

表 7-4 运用 STC 算子法改进梨树授粉问题的方案

序号	步骤
第一步	明确现有系统——待授粉的梨树
第二步	明确梨树的高度、授粉花费时间及授粉成本
第三步	设想梨树的高度趋于无穷高； 将梨树整形，形成梯子形状树冠，用梨树本身代替梯子
第四步	设想梨树的高度趋于零； 这种情况下不需要梯子，其中一种解决方案就是种植低矮的梨树或者将梨树修剪成普通人身高可及的高度
第五步	设想梨树授粉花费时间不受限制； 这种情况下没必要人工授粉，依靠蜜蜂等昆虫授粉或风自然授粉即可。无风时可以人为制造风
第六步	设想梨树授粉花费时间趋于零； 这种情况下要求同一时间瞬间完成所有梨花授粉，可以借助轻微爆破或压缩空气喷射在树冠范围内实现授粉全覆盖，缺点是浪费花粉
第七步	设想授粉的成本费用不受限制； 可以采用昂贵的设备，研制一套梨树授粉机器人或授粉无人机，实现智能化授粉
第八步	设想授粉的成本费用要求很低； 依赖蜜蜂等昆虫授粉或自然风授粉
第九步	修正现有系统，得出解决方案，如不满足目标要求，则重复上述步骤的第二至第八步，最终得出满意的解决方案

7.3.3 小人法及其应用

1. 小人法的概念

小人法又称小矮人模型，当系统内部的部分组件或物质不能实现必要的预设功能和任务时，可用多个小人分别形象地代表这些组件或物质，用以执行不同的功能，或通过这些能动的小人组合来消除系统矛盾，达到系统预设功能的方法。“小人”是一个理想的结构或系统，它能实现设计者想要保留的好的功能，而且不会产生不好的影响。

2. 小人法的操作步骤

小人法的操作步骤如下。

第一步：把分析对象中各个部分想象成不同群体中的小人（当前怎样?）。

第二步：把小人分成按问题条件而行动的不同小组（分组）。

第三步：研究得到问题模型（有小人图）并对其进行改造，以便实现解决矛盾（应该怎样？即打乱后重组）。

第四步：过渡到技术解决方案（实际应该怎样?）。

运用小人法能够生动地描述技术系统中出现的问题，通过小人表示系统，打破对原有技术系统的思维定式，更容易解决问题，进而获得理想的解决方案。

3. 小人法的应用示例

案例 7-3　基于小人法的 MCM 散热设计

航空机载相控阵雷达作为一种典型高密度 MCM（电子元器件集成系统）对高温环境较为敏感，散热设计问题已成为制约其发展的主要问题。成都飞机工业（集团）有限责任公司的徐晓婷等在对航空机载相控阵雷达系统多芯片组件热源结构分析的基础上，采用小人法对问题进行创新分析并获得了相应的创新设计方法，如图 7.8 所示。

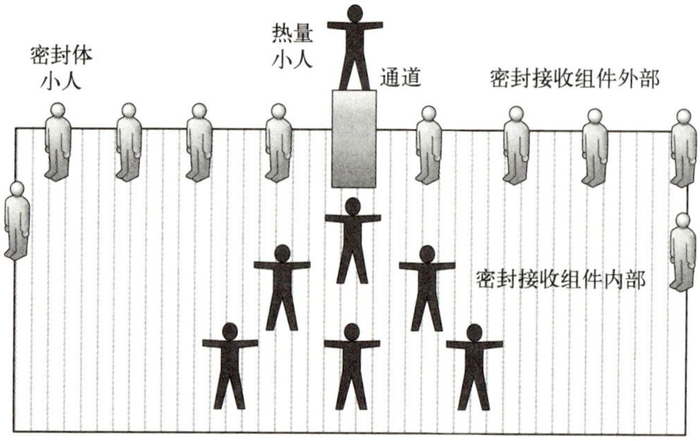

[拓展图文]

图 7.8　基于小人法的 MCM 散热设计

系统组成部分：密封接收组件、热空气、密封接收组件封闭体等。

现状：密封接收组件内部空间的热空气无法及时导出，无法保证有效散热。

解题思路：用多个小人表示执行不同功能的组件，然后重新组合这些小人，使小人发挥作用；反过来再将小人固化成具有某种功能的组件，解决实际问题。

第一步：将问题模型中两类矛盾设想成密封接收组件内部空间中需要及时导出的热量小人和密封接收组件密封体小人。密封体小人要阻止里面的热量小人快速从内部移动到外部，这是问题中的根本矛盾和原因。

第二步：将问题系统中的热量小人用黑色表示，密封体小人用灰色表示。

第三步：在建立的小人问题模型（图 7.8）中，灰色密封体小人阻挡黑色热量小人从密封接收组件内部移动到密封接收组件外部，也是当前出现问题时或发生矛盾时的模型。将这两组小人想象成无所不能的小人，其理想状态即：灰色密封体小人可为黑色热量小人搭建一个移动通道，帮助黑色热量小人快速移动，促使密封接收组件内部的黑色热量小人向这个通道聚集。

第四步：从理想解决方案模型过渡到实际方案模型。找到比密封体热传导率更高的银质合金材料作为热传导通道，将其设计成一系列导热柱，导热柱贯穿密封体（图 7.9），更利于密封接收组件内部的热空气向高传导率的导热柱聚集，快速通过导热柱将热量传递到密封接收组件外部，即将热量传导至冷板表面。

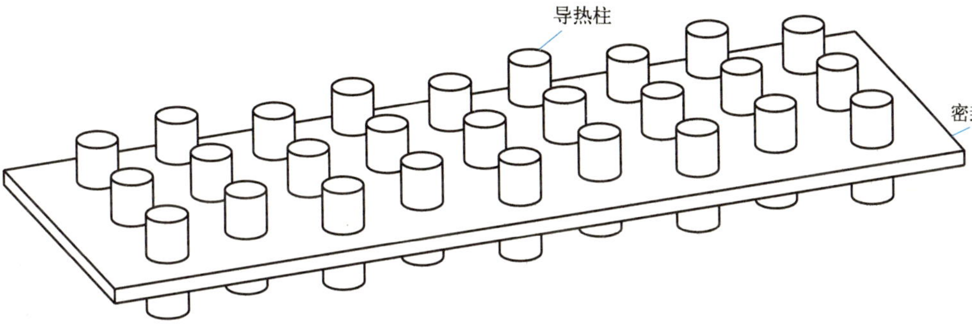

图 7.9 基于小人法的 MCM 密封体设计方案

7.3.4 金鱼法及其应用

1. 金鱼法的概念

金鱼法是一种克服思维惯性的方法，它从幻想式解决方案中分出现实和非现实两个部分，再从非现实的部分继续分出现实和非现实两个部分，反复迭代，直到问题的解决方案能够实现时为止。

金鱼法的核心是大胆假设、科学求证。它利用层次递进式分析问题的方式，逐步深入以寻找解决问题所需要的知识，直至找到问题的解决方案，体现了从分析问题出发寻找恰当知识以解决问题的过程。

2. 金鱼法的操作步骤

金鱼法的操作步骤如下。

第一步：将解决方案分解为现实和非现实两个部分。

第二步：非现实部分为何不现实？

第三步：在什么情况下，非现实部分可变为现实？

第四步：确定超系统、当前系统和子系统的可用资源。

第五步：利用已有的资源，基于之前的构思（第三步）考虑可能的解决方案。

如果经过上述五个分析步骤得到的解决方案中仍然存在非现实部分，则需要回到第一步，重复上述操作步骤。

3. 金鱼法的应用示例

案例 7-4 如何利用空气赚钱

运用金鱼法的分析步骤如下。

第一步：首先将问题分解为现实和非现实两个部分。

现实部分：空气、钱、赚钱的想法。

非现实部分：买卖空气。

第二步：非现实部分为何不现实？

因为思维定式的影响，地球上的空气到处都是，取之不尽，用之不竭，无须花钱购买。

第三步：在什么情况下，非现实部分可变为现实？

只有在所处环境中空气不够，或空气中有益成分稀缺时才可能需要购买满足需要的空气。

第四步：确定超系统、当前系统和子系统的可用资源。

超系统：地球表面、太空、地球磁场和太阳辐射等。

当前系统：空气体积。

子系统：空气中的各种成分和杂质。

第五步：利用已有的资源，基于之前的构思（第三步）考虑可能的方案。

在空气稀少的场所出售空气，如水下、地下矿井、太空、高海拔地区及其他特别缺氧的环境中。

从空气中收集或分离氧气，用于出售；或从富氧环境中收集空气销售到需要空气的地方。

研制、出售空气净化装置。

[拓展视频]

7.3.5 最终理想解法及其应用

1. 最终理想解法的概念

最终理想解法即在解决问题之初，首先抛开各种客观限制条件，通过理想化来定义问题的最终理想解，以明确理想解所在方向和位置，保证在问题解决过程中沿此方向进行并获得最终理想解或接近理想解的一种创新方法。最终理想解法可避免传统创新方法中缺乏目标的弊端，提高了创新设计效率。

2. 最终理想解法的操作步骤

最终理想解法的操作步骤如下。

第一步：设计的最终目的是什么？

第二步：最终理想解是什么？

第三步：实现最终理想解的障碍是什么？

第四步：出现这种障碍的结果是什么？

第五步：不出现这种障碍的条件是什么？

第六步：创造这些条件存在的可用资源都有哪些？

3. 最终理想解法的应用示例

案例 7-5　荔枝保鲜包装设计

热带水果荔枝由于其特殊的结构和生理特性，采摘后果皮容易发生褐变最终导致荔枝腐烂。冷藏保鲜适用于长时间远距离的运输保鲜方式，保鲜效果较好，但是成本及能耗较高。气调保鲜效果也会好，但是成本更高。泡沫箱加冰的保鲜方式是目前短、中途运输普遍采用的一种方法，其成本低，操作简单，但效果仍不理想。

运用最终理想解法的分析步骤如下。

第一步：设计的最终目的是什么？

改善泡沫箱加冰保鲜方式，延长荔枝保鲜期，降低包装成本。

第二步：最终理想解是什么？

在常温条件下荔枝自身可达到平衡状态，荔枝自身可达到预期的保鲜效果且保持其原有的品质。

第三步：实现最终理想解的障碍是什么？

因荔枝特殊的结构和生理特性，泡沫箱加冰保鲜方式保鲜时间短。

第四步：出现这种障碍的结果是什么？

荔枝果皮短时间内发生褐变，最终导致荔枝腐败变质。

第五步：不出现这种障碍的条件是什么？

改善泡沫箱加冰保鲜方式，对荔枝果实进行一定的处理，延长荔枝果实的保鲜期。

第六步：创造这些条件存在的可用资源都有哪些？

荔枝、泡沫箱、冰块、荔枝包装材料。

解决方案。

(1) 对荔枝果皮进行杀菌处理，以消灭附着于果实表皮上的细菌，防止由于细菌引起荔枝的腐败变质。

(2) 对荔枝进行预冷处理，通过降低荔枝的温度，达到抑制呼吸的作用，减少营养成分的损耗，减缓其成熟衰老的速度，达到延长荔枝保鲜期的目的。

(3) 对泡沫箱底部进行架空设计，使其底部留有足够的空间让融化后的水不会浸泡荔枝，并根据运输所需时间配置适宜的冰量。

(4) 选择双向拉伸聚丙烯（BOPP）等活性包装材料对荔枝进行预包装处理，使得荔枝和水分离，形成一个自发的气调环境，缓解荔枝果皮褐变的速度。同时因在薄膜表面不易形成水珠，还能够有效地减少荔枝腐烂。

7.3.6 资源分析法及其应用

1. 资源分析法的概念

资源分析法是指通过对理想资源的分析利用，系统地考虑可用的资源，直接触发解决问题的创新灵感，进而形成解决方案的创新方法。利用某些资源，可能取得附加的、未曾料想到的效果。同时，设计过程中可能需要用到的资源不一定很明显，需要认真挖掘才能成为有用资源。TRIZ理论认为，对技术系统中可用资源的创造性应用能够增加技术系统的理想度，这是解决发明问题的基石。

资源分析就是从系统的高度研究、分析资源，挖掘系统的隐性资源，关注系统资源间的有机联系，合理地组合、配置、优化资源结构，提升系统资源的应用价值或理想度。

通常，现实问题情境中存在各种资源，但是不易被发现，这些资源称为潜在资源或隐性资源。资源分析的目的是挖掘系统中未被发现的隐性资源，实现系统中隐性资源系统化，强调资源的联系与配置，提高系统资源的理想度或应用价值。

系统资源利用的一般原则如下。

（1）由实到虚：即由实物资源到虚物资源（微观资源、场）。

（2）由内到外：即由内部资源到外部资源。

使用资源的顺序依次为：①执行机构的资源；②执行系统的资源；③超系统的资源；④环境的资源；⑤系统作用对象的资源。

只有当系统内部的所有资源都不能解决问题时，才考虑从外部引入新的资源。

2. 资源的分类

系统资源包括内部资源和外部资源。从资源的存在形态角度，可将资源分为宏观资源和微观资源；从资源使用的角度，可将资源分为直接资源和派生资源；从资源显示的角度，可将资源分为显性资源和隐性资源，显性资源是指已经被认知和开发的资源，而隐性资源是指尚未被认知或虽已被认知却因技术等条件不具备还不能被开发利用的资源；从资源与 TRIZ 理论中其他概念结合的角度，可将资源分为发明资源、进化资源和效应资源。还可从物质、能量、信息、时间、空间、功能、派生等角度对资源进行分类。

（1）物质资源。

物质资源是指用于实现有用功能的一切物质。系统或环境中任何种类的材料或物质都可看作是有用物质资源，如废弃物、原材料、产品、系统组件、功能单元、廉价物质等。建议多应用系统中已有的物质资源解决系统中的问题。

（2）能量资源。

能量资源是指系统中存在或能产生的场或能量。能量来源主要可分为三类：一是来自太阳的能量，除辐射能外，并经其转化为很多形式的能源；二是来自地球本身的能量，如热能和原子能；三是来自地球与其他天体相互作用所引起的能量，如潮汐能。能源还可分为一次能源和二次能源，一次能源是指自然界中存在的能源，如煤、石油、水能等，二次能源是指由一次能源加工转换而成的能源，如电能、煤气、汽油等。建议在设计中多考虑使用过渡性能量，系统中或系统周围可用于其他用途的任何可用能量，都可看成一种资源，如机械资源（旋转、压缩、气压、水压等）、热力资源（蒸汽能、加热、冷却等）、化学资源（化学反应）、电力资源、磁力资源、电磁资源。在使用过程中要尽量减少能量损失，变害为利，如可利用汽车的废气来升高温度，汽车发动机既驱动后轮或前轮，又驱动液压泵，促使液压系统工作。

（3）信息资源。

信息资源是指系统中存在或能产生的以信息为核心的各类信息活动要素（信息技术、设备、设施、信息生产者等）的集合，包括数据资源。信息作为反映客观世界各种事物的特征和变化，已成为一种重要的资源，信息流将成为决定生产发展规模、速度和方向的重要力量。在信息理论、信息处理、信息传递、信息存储、信息检索、信息整理、信息管理等许多领域将建立起新的信息科学，如各种网络等。在设计中要尽量提高个体感知信息的能力，如根据汽车尾气中的某些物质含量判断发动机的性能。

（4）时间资源。

时间资源是指系统启动之前、工作中及工作之后的可利用时间。设计中一是要尽量利用空闲时间或时间周期，即部分或全部未使用的各种停顿、空闲和运行之前、之中或之后的时间；二是要利用好作用之间的停顿时间，停顿时间的用途如下：清洁、改造、测量；三是要利用同时作用，找机会同时进行不同的动作；四是要利用预先作用，事先采取行动可以轻易地解决很多问题；五是要利用作用之后的时间。很多事是可以在“事后”做的，如移除媒介载体，去除耗尽功用物质，进行产品精加工、产品制造、损坏后自修及产品压强测量等。

（5）空间资源。

空间资源是指系统本身及超系统的可利用空间。设计中可考虑利用未用空间。为节省空间或当空间有限时，任何系统中或周围的空闲空间都可用于放置额外的作用对象。

（6）功能资源。

功能资源是指利用系统的已有组件，挖掘系统的隐藏功能。使用时可挖掘系统组件的多用性，如飞机门也可以用作舷梯。

（7）派生资源。

相对于系统资源而言，有很多容易被我们忽视或者没有意识到的资源，这些资源通常都是由系统资源派生而来的。充分挖掘出所有的资源，是解决问题的最好保证。

对于现有资源进行巧妙而创造性地改造或结合都能产生新的派生资源。按照与系统资源类似的划分方法，派生资源一般可分为派生物质、派生能量、派生空间、派生时间、派生结构。

3. 资源分析法的操作步骤

资源分析的操作步骤如下。

第一步：发现及寻找资源。

第二步：挖掘及探究资源。

第三步：整理及组合资源。

第四步：评价及配置资源。

对解决方案的评价，既可以根据理想度的指数进行评价，也可以根据资源评估表和资源可用度表进行评价。

4. 资源分析法的应用示例

案例7-6 如何使遮阳伞产生风

在夏天，很多人使用遮阳伞遮挡阳光。但同时，使用者还希望遮阳伞除了具备遮阳的功能外，还可以产生风。如何解决这一问题？

运用资源分析法的分析步骤如下。

第一步：发现及寻找资源。

遮阳伞上可用资源：伞面、伞骨、伞柄等；环境资源：阳光、阳光照射产生的温度场等。

第二步：挖掘及探究资源。

利用太阳能发电；利用温度场产生空气对流；在伞柄内设置可充电电池；利用持伞者的肢体动作发电或直接产生风；利用持伞者步行过程中肢体运动发电。

第三步：整理及组合资源，形成技术解决方案。

①在伞面上设置太阳能电池板，既可为伞柄内的充电电池充电，又可直接为小电动机提供电源，进而驱动小风扇供风；②利用温度场产生空气对流；③在伞柄上设置手动按压式发电机，驱动小电动机带动小风扇供风，或持伞者手动按压增速传动装置直接驱动小风

扇供风；④利用持伞者步行时鞋底踩踏发电或肢体弯曲发电，驱动小电动机带动小风扇供风。

第四步：评价及配置资源。

方案①和③均可实施；方案②和④因温度场资源利用率和理想度指标不高，不可行。

［拓展图文］

7.4 系统的功能分析

分析问题比直接寻找问题的解决方案更加重要，本节主要介绍现代 TRIZ 理论中非常重要的分析问题工具——功能分析。

7.4.1 功能分析

1. 功能分析的概念

功能分析是一种基于系统功能的分析工具，用于识别系统和超系统组件的功能、特点和成本。

2. 功能分析的三个阶段

功能分析分为组件分析、相互作用分析和功能建模三个阶段。其中，组件分析用于识别技术系统及超系统组件；相互作用分析主要用于识别组件之间的相互作用；功能建模用于识别和评估组件执行的功能，进而形成功能模型图，这三个阶段是依次顺序进行的关系。

7.4.2 组件分析

1. 组件分析的概念

组件分析是指将系统和超系统的组件加以区分，并分类罗列出来，将系统组件和超系统组件分类放置，组件分析是问题识别与分析阶段的一个重要步骤。

2. 组件分析层级选择

组件分析时，需要根据项目的目标和需要选择合适的层级，找出系统中存在的问题。若选择层级过高，则容易遗漏一些细节，找不到问题的根源；相反，若选择层级过低，又会出现很多组件，则会导致系统变得更加复杂，增加分析难度。

3. 组件分析的注意事项

在对组件进行分析时，应注意以下问题。

（1）必须在同一个层级上选择组件，不能混杂选择。

（2）系统中相同或相似的组件应作为一个组件分析。如果功能确实不同，再加以区分。

（3）如果某些组件需要做更详细的分析，应该在更低的层次上再次进行组件分析。

（4）超系统组件不是当前技术系统的一部分，但与当前技术系统相互影响。

(5) 层级选择应适中，组件数量尽量不超过 10 个；若超过 20 个，则需要对部分组件进行单独的功能分析。

7.4.3 相互作用分析

两个组件之间相互接触，就会产生相互作用，其中一个组件会对另一个组件产生某种功能。利用相互作用矩阵（表 7-5）分析组件间的相互作用，具体步骤如下。

第一步：将分析出的组件填写到矩阵表中的第一行和第一列，注意顺序必须保持一致。

第二步：两两分析组件，如两者有接触或相互作用，标记“+”，反之，则标记“—”。

第三步：重复第二步操作，将除了左上至右下对角线上单元格之外的所有空格填满。

第四步：若某组件与其他任何组件之间均无相互作用，需要重新检查。如确认结果无误，则说明该组件在组件的相互作用分析中未产生任何功能，需要从矩阵表中删除。

表中标记“+”的表示两个组件之间存在某种相互作用，后续分析中需要确认具体产生了什么功能，而标记“—”的后续无须考虑。

表 7-5 相互作用矩阵

组件	组件 1	组件 2	组件 3	……
组件 1				
组件 2				
组件 3				
……				

在进行相互作用分析时，需要注意的是，在分析时容易忽略一些靠场作用相互接触的组件。比如一对靠磁力啮合的齿轮，两者并没有实际接触，但通过磁场产生啮合作用；还有通过声场产生接触的组件也容易被忽略。此外，在相互作用分析时，不要只分析一半，要把另一半也分析了，这起到复查的作用。

7.4.4 功能建模

1. 功能描述

组件的功能描述模型如图 7.10 所示。例如，生活中采用电磁炉加热食物，电磁炉是功能载体，食物是功能对象，电磁炉的功能描述模型如图 7.11 所示。

图 7.10 组件的功能描述模型

图 7.11 电磁炉的功能描述模型

功能描述时多采用动词，常用的动词有吸收、吸附、挡住、加热、控制、分解、冷却、移动、去除、支撑、蒸发、汽化、折射、保持、生成、切割、粉碎、驱动、存储等。也有一些动词是不适合用于功能描述的，如扫、允许、保护、连接、提供等。此外，否定词也不能用于功能描述。功能（作用）符号如图 7.12 所示。

图 7.12　功能（作用）符号

有时为了更细化地区分不足功能的强弱，用不同疏密程度的虚线表示不足的程定，虚线越密表示功能越不足。

2. 主要功能

一个技术系统可以执行的功能往往不止一个。比如茶杯既可以盛放茶水，还可以充当笔筒，危险时还可以作为防身武器。但其主要功能是盛放茶水，它是被设计用于盛放茶水的，客户愿意购买茶杯的原因也就是茶杯有盛放茶水这个主要功能。当然，一个技术系统的主要功能可能不止一个，比如空调的主要功能是既可以制冷，又可以制热，还可以调节湿度。

主要功能不仅是客户关注的主要特性，而且是设计者向客户提供解决方案时主要关注的内容。

3. 目标

目标是指主要功能的作用对象。目标并不是技术系统的组件，属于超系统的组件。一般来说，在主要功能发生作用时，目标的参数是发生变化的。

4. 功能分类

按照组件在系统中起的作用好坏，将功能分为有用功能和有害功能（有害作用）。其中有用功能根据其性能水平又可以分为正常功能（标准作用）、不足功能（不足作用）、过度功能（过度作用）。作用通过将功能元件连接起来形成功能。根据功能的作用对象不同还可以分为基本功能、辅助功能和附加功能。

正常功能（标准作用）、不足功能（不足作用）、过度功能（过度作用）和有害功能（有害作用）分别用不同的符号表示，如图 7.12 所示。

5. 功能—成本分析

在功能分析时，为了评价和研究的方便，引入价值的概念，用式（7－3）表示。

$$V=\frac{F}{C} \tag{7-3}$$

式中，V 为价值；F 为功能；C 为成本。

通过对功能打分，可以统计出某一组件的功能得分，得分越高，则说明该组件的功能性越强。同时，还可以对组件的制造成本、人工成本等成本总和进行统计，得到组件的成本值。将不同组件的成本与功能分别按横坐标、纵坐标绘制成散点图，即可获得技术系统各组件的功能—成本图，如图 7.13 所示。图中每个组件对应的斜率就是其价值，还可以在图中画一条对角线，使图中所列组件分布于对角线的两边，得到成本功能斜线分布图。组件设计的位置距离斜线越近越合理。

功能—成本图还可用于针对不同组件拟定相应的改进措施，其目的是提高组件的价值。将功能—成本图分成四个的区域，如图 7.14 所示。区域 1 内的组件功能性高、成本低，组件价值高，属于理想区域；区域2内的组件功能性较好，成本也较高，需要采取措施降低成本；区域3内的组件功能性较低，成本也不高，需要提高功能性，使该区域内的组件具有更多有用功能；区域4内的组件功能性不高，且成本高，价值低，需要对该区域内组件进行裁剪，将其所执行的功能转移给其他组件。总的思路是尽量将区域2、区域3内组件转移至区域1内。

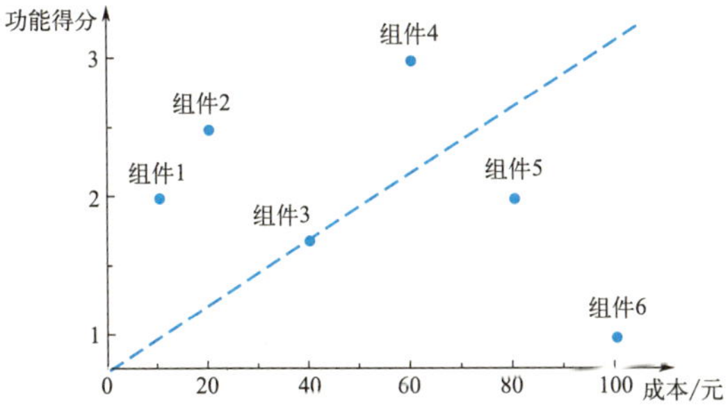

图 7.13 各组件的功能—成本图

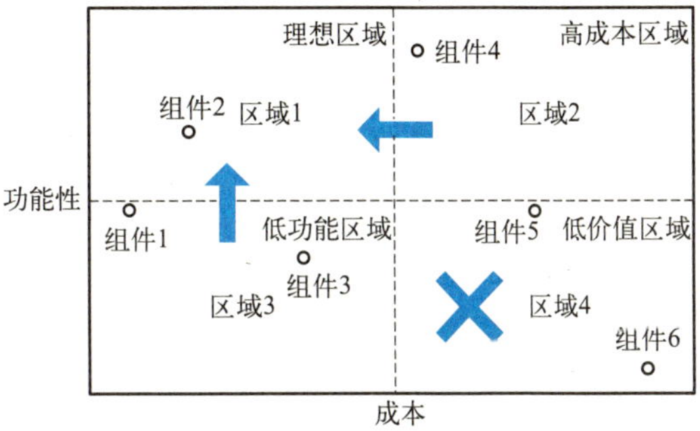

图 7.14 功能—成本图分区

6. 功能建模步骤

功能模型的构建是基于功能分析、组件作用分析和相互作用分析的结果，功能模型就是功能分析部分的输出。功能建模的主要步骤如下。

第一步：对技术系统进行组件分析，识别出技术系统组件和超系统组件。

第二步：建立相互作用矩阵，以确定各组件之间的相互作用。

第三步：选取某一组件，利用相互作用矩阵，判断该组件与其他组件之间的相互作用，标注“+”或“-”。

第四步：对标注“+”的关联组件进行分析。判断是否存在功能，并确定功能载体与功能对象，进一步明确具体功能及数量，标注主要功能。

第五步：对第四步分析出的每一个功能进行判断，区分有用功能和有害功能，对有用功能再细化分析，确定功能的类别、等级和性能水平，同时对其进行评分。

第六步：依次选取其他组件，重复第三步至第五步。

上述6个步骤完成后，将分析结果填入表7-6所示的技术系统功能模型列表中，对表7-6中功能列所示内容，要按“动词/对象”格式输入具体的功能，对表7-6中功能排名列所示内容，要按实际情况输入功能排名。

表 7-6 技术系统功能模型列表

功能	功能排名	性能水平	得分	备注
		功能载体 1		
动词/对象 A	基本，附加，辅助或有害	不足，过度或正常		
动词/对象 B	基本，附加，辅助或有害	不足，过度或正常		
		功能载体 2		
动词/对象 A	基本，附加，辅助或有害	不足，过度或正常		
动词/对象 B	基本，附加，辅助或有害	不足，过度或正常		

7. 绘制功能模型图

为了更直观地反映技术系统的功能分析，常采用图 7.15 所示的形式展示表 7 - 6 的内容，用不同形状的框图表示组件分析中所列出的组件，并用相应的符号表示组件间的功能（作用），绘制出技术系统的功能模型。在绘制技术系统的功能模型时，要特别注意根据技术系统和超系统各组件相互作用分析的结果，逐一检查各组件之间的相互作用是否遗漏，很多时候各组件之间的相互作用往往不是单向作用，而是双向作用。当某一组件对另一组件的作用不止一个时，应选取最重要的作用或与当前功能分析关联度最密切的作用。

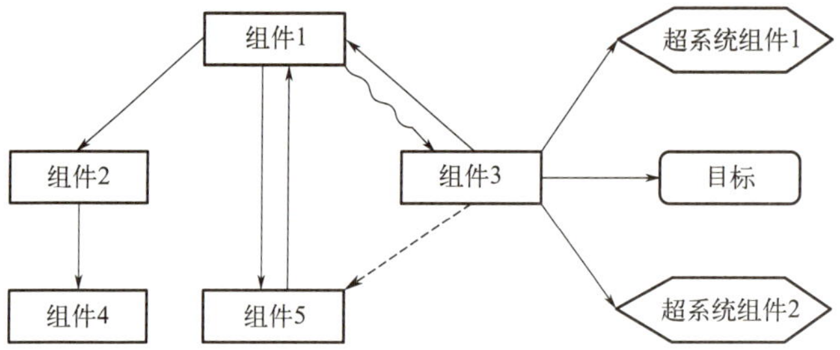

图 7.15　技术系统的功能模型

案例 7 - 7　汽车安全气囊功能模型

汽车的正面碰撞是造成交通事故伤亡的主要原因。统计发现安全气囊保护每 20 人中有 1 人因不能受其保护而死亡，且死亡的人中一般身形较矮，如妇女、儿童等。

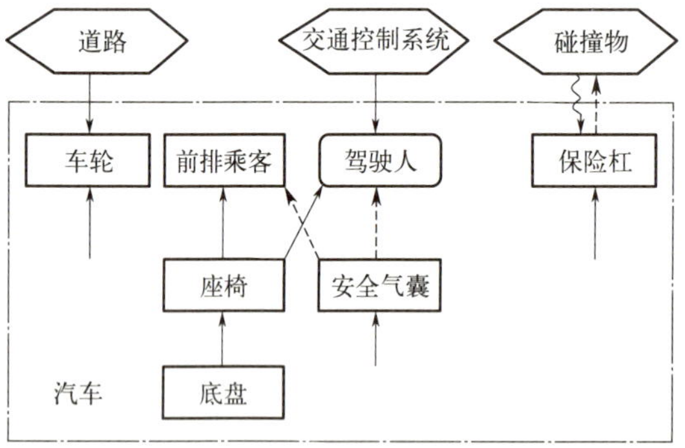

图 7.16　汽车安全气囊功能模型

如把汽车看成一个技术系统，道路、交通控制系统、碰撞物（其他车辆、行人、房屋、树木等）都是汽车的超系统。汽车可分解为车轮、前排乘客、驾驶人、保险杠、座椅、安全气囊、底盘等功能组件。图 7.16 所示为汽车安全气囊功能模型。由于本例主要研究汽车碰撞问题，因此汽车模型可以不包括汽车的全部组件，只需包括必要的组件，点画线表示技术系统（汽车）的边界。

7.5　因果链分析

因果链分析（也称因果轴分析）是 TRIZ 理论中另一重要的分析工具，可以帮助设计者进行更加深入的分析，充分挖掘技术系统中潜在的深层次原因，分析初始缺陷与底层缺陷之间的逻辑关系，找到解决问题的突破口。

7.5.1 因果链的概念

为了解决某个实际已经发生的问题，或者为了防止某种不太严重的问题升级到无法接受的程度，我们需要不断寻找产生问题的原因，并发掘整个原因链，分析原因之间的关系，找到根本原因或容易解决的原因，直接或间接地提出解决方案。在进行技术系统分析时，将导致技术系统的组件或超系统组件的原因连接起来，形成因果链条，即为因果链。通过因果链分析，可以发现已经找到的原因背后是否还有其他因素在起作用，可以比较全面地揭示技术系统中各种不同层次的缺陷和原因。找到的缺陷有的容易解决，有的不容易解决；对于不容易解决的，则需要转换问题，运用分析工具找到隐藏在该缺陷背后的问题（原因）再加以解决。

7.5.2 因果链分析的结束条件

在发掘整个因果链时，要注意因果链分析的结束条件，防止过度发掘导致成本升高及效率降低。一般在以下三种情况时，因果链分析即可终止。

（1）当不能继续找到下一层原因时。

（2）当达到自然现象时。

（3）当达到制度、法规、权利或成本等的极限时。

7.5.3 因果链分析的基本模型

1. 因果链分析中原因作用分类

对技术系统进行因果链分析时，可以发现问题产生的根本原因，并发现问题产生与发展链中的“薄弱点”，为解决问题寻找入手点。对于原因和结果的描述应该与功能描述对应起来，需要对应到参数。而功能主要是通过相互作用来体现的。为了对原因和结果类型进行规范化描述，一般我们定义以下四种原因作用。

（1）缺乏。应该有的作用，但是没有。

（2）存在。在提供有用作用的同时，伴随产生了有害作用。

（3）有害。应该完全没有的作用，却出现了。

（4）有用。应该有作用，但是效果不令人满意。这里又可按照故障现象细分为过度、不足、不可控和不稳定。

在上述所有类型中，有用作用（功能）都是需要参数的，其他的不需要参数。

2. 因果链基本模型的图形化表示

可用图7.17(a)所示的图形表示对技术系统的因果链进行分析，将每个原因、结果采用对象、参数和描述三个元素进行结构化表达。图7.17(b)所示为电线燃烧问题的因果链模型。

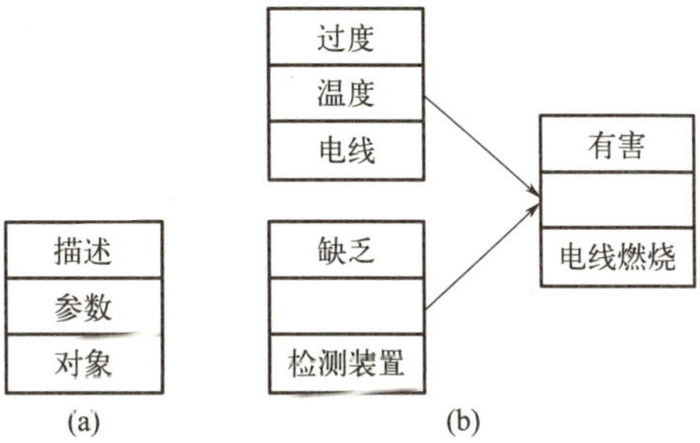

图7.17 因果链分析的基本模型

7.5.4 因果链分析示例

采茧是桑蚕茧产业中重要的环节，由于方格蔟养蚕能够有效提高蚕茧质量且成本低，因此在我国普遍应用。方格蔟采茧劳动强度大，且人工采茧效率低、时间长、蚕茧质量差。现有采茧机采茧姿态固定，无法适应多种位姿方格蔟；顶杆设计不合理，易导致蚕茧变形；采茧作业时方格蔟易变形，采茧时破损率高，也无法剔除“下茧”，迫切需要一种高效采茧机设备。

案例 7-8 采茧机工作效率低因果链分析

通过因果链分析，现有采茧机效率低下的主要原因包括顶杆数量不足及维修效率不高、采茧机适应性差、存在下茧和采茧自由度不足四个方面，如图 7.18 所示。

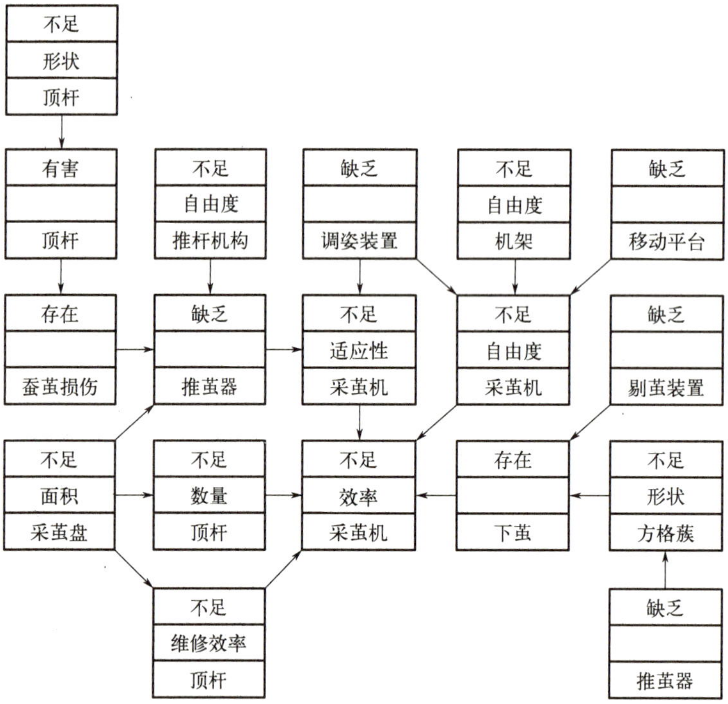

图 7.18 采茧机工作效率低的因果链

7.6 系统裁剪

在对技术系统进行功能分析和因果链分析时，可能会发现需要去掉一些成本高但有用功能不太高的组件；或者针对有缺陷的组件，除了要解决缺陷所引起的问题外，还需要尝试去掉这些组件。在去掉部分组件时，还需要保留其具有的功能，将该功能转而赋予其他组件。去掉部分组件的操作就涉及本节介绍的系统裁剪。系统裁剪是一条重要的进化路线，且当系统的复杂性达到最大时，运用裁剪工具的可能性最大。

7.6.1 技术系统裁剪的原理与过程

1. 技术系统裁剪的原理

技术系统裁剪的原理就是通过删除系统中存在问题的组件，来实现对系统的改进和优化。根据功能分析和因果链分析的结果，删除存在问题或缺陷（不容易克服或克服的价值不高）的组件，进而改善整个技术系统。问题组件被裁剪后，该组件所需要提供的功能可根据需要选择下列处理方式。

（1）由系统中其他组件或超系统实现。

（2）由被作用组件自身实现。

（3）删除问题组件实现的功能。

（4）删除问题组件实现功能的作用物。

2. 技术系统裁剪的过程

从进化的角度分析，技术系统裁剪一般发生在由原技术系统功能模型导出的最终理想解模型不能转化为实际技术系统时。在进行技术系统裁剪时，可以将裁剪的问题与技术系统的进化定律对应起来，裁剪的过程见表7-7。

表7-7 裁剪的过程

技术系统的进化定律	对应裁剪问题
技术系统进化的四个阶段	在不同的阶段是否有部分的功能可以删除？
增加理想化水平	是否有操作组件可以由已经存在的资源（免费、更好、现有）替换？
能量传递顺畅发展	是否存在组件接收不到能量、阻碍能量传递、延长能量传递路径或增加能量损失？
组件的不均衡发展	操作组件是否可由其他组件（更高级、更好）替换？
增加动态性及可控性	技术系统是否可以取代功能本身？
通过集成以增加系统功能	是否存在一些组件（或部分要素）或其功能可以被替代？
交变运动和谐发展	是否存在不需要的功能被其他功能所排除？
由宏观系统向微观系统进化	是否存在操作组件可由更低层次的组件替换？
增加自动化程度，减少人的介入	是否存在某些功能可由其他功能（自动化、智能控制的）所排除？
增加物质，实现场的完整性	是否存在某些组件在增加新要素后，可替代其他部分组件？
由当前系统向超系统进化	是否存在部分组件及其功能可以从当前技术系统脱离，转移到超系统，作为超系统组件，实现当前系统的简化？

将裁减的问题与技术系统的进化定律对应起来，有助于定义系统的理想化程度，运用裁减和预测技术寻找中间方案或更优的解决方案，会起到意想不到的效果。

裁剪的目的是优化当前技术系统，最大程度地降低技术系统的成本或复杂程度。在进行技术系统裁剪时还应注意以下几点。

（1）应先考虑裁剪那些与有害作用、过度作用或不足作用关联的组件。

（2）同等情况下，在产生有害作用、过度作用或不足作用的组件中优先裁剪功能对象。

（3）考虑组件功能的价值，优先裁剪成本最高的组件。

（4）优先裁剪功能结构层次较高的组件。

（5）技术系统裁剪后，仍需保证技术系统的完整性，实现不同功能要求的独立性和最小复杂性。

7.6.2 技术系统裁剪示例

尽管在很多方面传统牙刷的设计经过了改进和优化，但仍然没有解决牙刷固有的缺陷：传统牙刷清洁口腔是低效的，牙刷只能清洁40%～80%的口腔。无论是用手动牙刷还是电动牙刷都存在这个缺点。大多数人不使用牙医推荐的刷牙方式，若牙刷太软、太硬或不够长，会导致牙齿被龋齿斑块覆盖或导致严重的牙龈损伤。可以尝试运用系统裁剪方法对牙刷进行改进设计。

案例 7-9 牙刷的改进设计

传统牙刷的功能模型如图7.19所示。

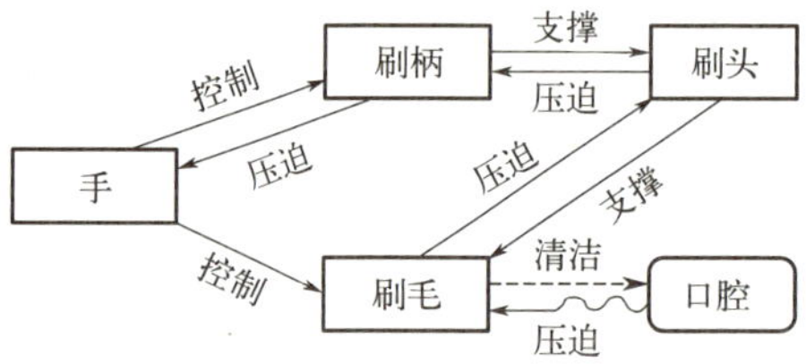

图 7.19 传统牙刷的功能模型

改进方案一：裁剪掉牙刷的组件——刷柄。

对图7.19所示的传统牙刷的功能模型进行裁剪，选择刷柄组件进行裁剪，将刷柄裁剪后得到如图7.20(a) 所示的牙刷的功能模型。改进刷头，在刷头上增加一个指套，原来刷柄的功能由技术系统中的其他组件——手来实现，简化了系统。

改进方案二：裁剪掉牙刷的组件——刷头。

对图7.19所示的传统牙刷的功能模型进行裁剪，选择刷头组件进行裁剪，将刷头裁剪后得到如图7.20(b) 所示的牙刷的功能模型。改进刷毛，将刷毛换成一种特制的医用海绵，原来刷头和刷毛的功能由技术系统中的改进组件——刷毛（医用海绵）来实现，简化了系统，提高了清洁效果。

改进方案三：裁剪掉牙刷的组件——刷毛。

对图7.19所示的传统牙刷的功能模型进行裁剪，选择刷毛组件进行裁剪，将刷毛裁剪后得到如图7.20(c) 所示的牙刷的功能模型。改进刷头，在刷头上增加一个喷射射流的功能，原来刷毛的功能由技术系统中的改进组件——刷头（射流）来实现，简化了系统，提高了清洁效果。

2016年，英国戴森公司开发了一款不需要刷毛的“超级牙刷”，这款牙刷能够喷射出强劲的水流，冲洗口腔和牙齿上的斑块和食物残渣，其刷头的转速可以达到每分钟6000次，有助于清理平时难以触及的口腔部分。专利显示，牙刷包含一个可以调节水流速度的喷嘴，一个用来储存水和牙膏的储库器，能够支持三次长时间冲刷或数次短时间冲刷。还配备了光传感器或摄像头，使其具备自动喷水功能。同时，它内置了一个力传感器，避免刷牙用力过大可能导致牙齿和牙龈损坏。

2018年12月20日，一款名为UNOBRUSH的电动牙刷在Kickstarter平台上开启众

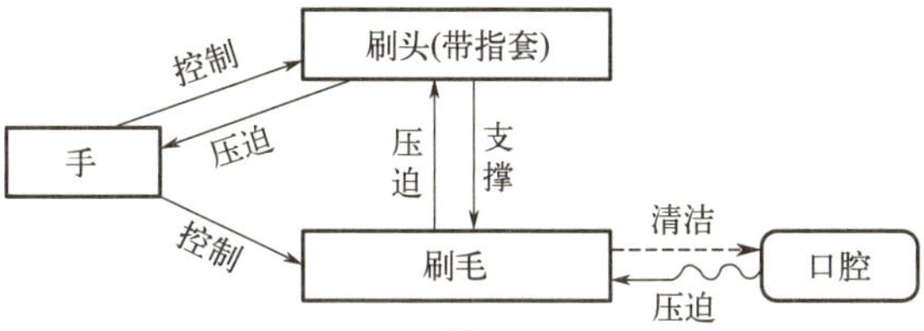

(a)

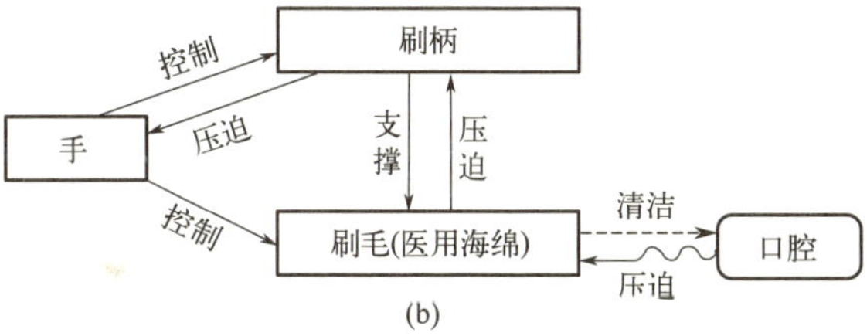

(b)

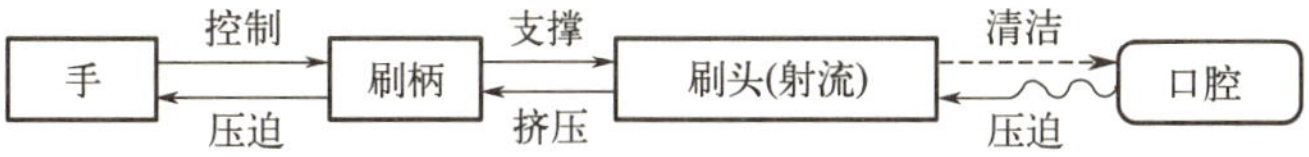

(c)

图 7.20 裁剪后牙刷的功能模型

等。与常规电动牙刷不同，它没有刷头，也看不到刷毛，主要由一个可释放声波振动的基础手柄、一个连接器及一个被称为 UNOfoam 的医用级海绵材料组成。替代刷头和刷毛的是符合人体工程学的医用级海绵状吸嘴，并通过振动声波脉冲同时清洁口腔与牙齿。

7.7 TRIZ 理论的技术矛盾解决原理

7.7.1 技术矛盾解决原理概述

TRIZ 理论的研究人员在研究中得出如下重要发现：①在以往不同领域的发明中所用到的规则（原理）并不多，不同时代的发明、不同领域的发明应用的规则（原理）被反复利用；②每条发明规则（原理）并不限定应用于某一特殊领域，而是融合了物理的、化学的和各工程领域的原理，这些原理适用于不同领域的发明创造和创新；③类似的矛盾和问题的解决原理在不同的行业及科学领域不断重复，交替出现；④技术系统进化的模式（规律）在不同的工程及科学领域不断重复，交替出现；⑤创新设计用到了其他领域开发出来的科学成果或原理。而且在应用 TRIZ 理论时，上述发现都被用于生产和改进产品、服务和系统，后来他们便把这些规则总结成技术矛盾解决原理。

“矛盾”普遍存在于各种产品的设计之中。技术矛盾是指一个作用同时导致有用及有害两种结果，也可指有用作用（效应）的引入或有害效应的消除导致一个或几个子系统甚至整个系统变坏。技术矛盾常表现为一个系统中两个子系统之间的矛盾。TRIZ 理论提出用 39 个通用工程参数描述矛盾，在实际应用中，首先要把组成矛盾的双方内部性能用两个工程参数来表示，然后在矛盾矩阵中找出解决矛盾的“发明原理”。TRIZ 理论中的技术矛盾解决原理，也称发明原理，这些原理是根里奇·阿奇舒勒在全球范围的专利中，归纳出的40条创新原理，见表7-8。这些原理，有利于专利发明者找到易获得专利的问题解决方案，也是TRIZ理论中关于问题的解决原理。

表7-8 TRIZ理论中的40条创新原理

序号	名称	序号	名称	序号	名称	序号	名称
1	分割	11	预先补偿或防范	21	紧急行动	31	使用多孔材料
2	抽取/分离	12	等势性	22	变害为利(益)	32	变换颜色
3	局部质量	13	反向(逆向作用)	23	反馈	33	同质性
4	不对称	14	曲面化(球形原理)	24	中介物	34	抛弃与修复
5	合并/组合	15	动态法	25	自助(自服务)	35	改变物体的理化状态
6	多功能	16	局部作用或过量作用	26	复制	36	状态变化
7	套装/嵌套	17	维数改变	27	低成本、不耐用的物体代替昂贵、耐用的物体	37	热膨胀
8	重量补偿	18	机械振动	28	机械系统的替代	38	加速强氧化
9	预加反作用	19	周期性作用	29	气压或液压结构	39	惰性环境
10	预先操作	20	有效作用的连续性	30	柔性壳体或薄膜(柔软化原理)	40	复合材料

图7.21所示为应用技术矛盾解决问题的流程，实践证明这些原理对于指导不同领域的设计人员的发明创造都具有重要的参考价值。

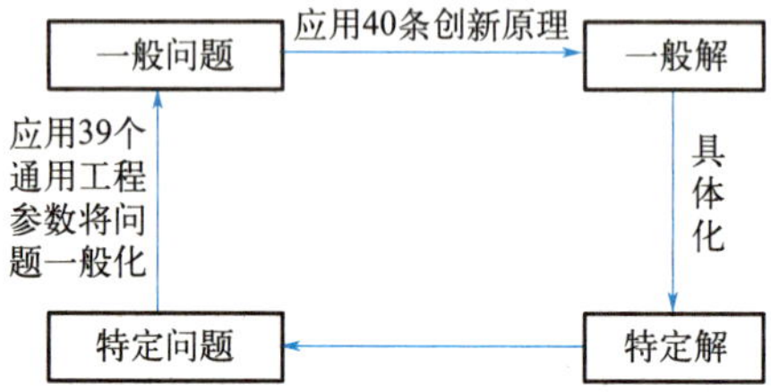

图7.21 应用技术矛盾解决问题的流程

7.7.2 40条创新原理详细说明及案例

1. 分割

（1）将物体分割成几个独立的部分。

（2）使物体可以组合。

（3）提高物体的分割程度。

案例7-10

标准组件组装的计算机；可折叠的木制尺子；可根据需要连接成任何长度的浇花用软

管，标准夹具；用百叶窗代替整体窗帘。

2. 抽取/分离

（1）从一个物体抽出（移开或分离）“麻烦的”部分或特性。

（2）仅抽取出必要的部分或特性。

案例 7-11

为了将鸟从机场赶跑，用录音机反复播放已知的能刺激鸟逃跑的声音，使得鸟和机场分离；将容易产生噪声的设备置放于室外等。

3. 局部质量

（1）物体结构，或外部环境（影响）从均匀过渡为不均匀。如用变化中的压力、温度或密度代替定常的压力、温度或密度。

（2）用组成物体的不同部分支撑不同的功能。

（3）为了运行良好，将组成物体的每一部分置于最有利的条件下或发挥最大的作用。

案例 7-12

在采煤过程中为减少粉尘，将圆锥状的精细水雾喷洒在采煤和运煤的机械上，水的雾滴越细，控制粉尘的作用越强，但是，精细水雾妨碍工作，解决方案是在圆锥体的精细水雾的外表喷一层粗水雾；午餐盒被分成放热食、冷食及液体的空间，每个空间功能不同；铅笔加橡皮擦；带有起钉器的铁锤；瑞士军刀。

4. 不对称

（1）用不对称的形式替代对称的形式。

（2）如果某物体已经是不对称的了，则加强其不对称程度。

案例 7-13

轮胎不对称的纹路，使轮胎一面的强度增大，以承受马路沿的冲击；用对称漏斗卸载湿砂子时，湿砂子在漏斗口形成一圈拱门，阻碍湿砂下流，设计一种不对称漏斗就可解决这种现象；不对称的炉子；不对称的蜂鸣器；等等。

5. 合并/组合

（1）在空间上将相同或相似的物体连接在一起。

（2）在时间上把相同或相似的操作组合在一起。

案例 7-14

合并计算机中的多个微处理器；安装在电路板两面的集成电路；一部旋转式开凿机

的工作元件设计有特殊蒸汽喷嘴，用于解冻和软化冻结地面；由一个人操作，另一个人观察和记录，同时分析多个血液参数的医疗诊断仪；具有保护根部功能的草坪割草机。

6. 多功能

一个物体执行多种不同功能，故不需要其他物体，或者减少完成某功能的物体（部件）数量，或将某功能改作其他功能。

案例 7－15

具有清洗功能的马桶；沙发改为床；非开挖钻机的驾驶室外墙可以变换成折叠床和餐桌。

7. 套装/嵌套

（1）将第一个物体嵌入第二个物体内，再将第二个物体嵌入第三个物体内，并根据需要确定依次嵌入的次数。

（2）一个物体通过孔洞穿过另一个物体。

案例 7－16

俄罗斯套娃，子母储物箱，子母搜救机器人，收音机天线，可伸缩钓鱼竿，警戒隔离带卷收器，活动铅笔里存放笔芯。

8. 重量补偿

（1）将物体连接或固定在另一个物体上，以补偿其重量。

（2）利用空气动力、液体动力或其他介质动力的作用，以补偿某物体的重量。

案例 7－17

用石块等固定广告或宣传用气球；安装在跑车上，用于增加跑车对地面的压力的后翼。

9. 预加反作用

（1）预加一个反作用。

（2）如果一物体已受到或将受到压力、拉力，预先提供一个抗压力、拉力的措施。

案例 7－18

加强混凝土支柱或地面，用缓冲器吸收能量来减少对支柱或地面的冲击；用事先弯曲到一定角度的几根小管加强轴的力量，浇混凝土之前的预压缩钢筋。

10. 预先操作

（1）预先对所采取的行动做出部分或全部的计划。

（2）预先做好安排，以便能及时和从最有利的角度采取行动。

案例 7－19

预先涂上胶的壁纸；在手术前为所有器械杀菌；事先将美工刀的刀片划成数段，以便在某段刀片用钝时将其折断；在瓶子里抹橡皮泥既难抹均匀又不美观，可事先将橡皮泥抹在胶带上，然后贴在瓶壁上；利用推拔状橡皮瓶塞取代圆柱状的橡皮瓶塞。

11. 预先补偿或防范

采用预先准备好的应急措施补偿物体相对较差的可靠性。

案例 7－20

飞机上的降落伞；飞行员的弹射座椅；将商品磁化以防商品被偷窃；在重要场合安装防盗和监控系统。

12. 等势性

在一个等势场中，限制位置的改变。改变工作条件，使物体不需要在重力场中升高或者降低。

案例 7－21

工人在坑道内更换汽车机油，以避免配备价格昂贵的举升设备。

13. 反向（逆向作用）

（1）避免按解决问题的专业指导说明规定采取行动，反其道而行之。
（2）不去改变事物可改变的部分或外在环境，反而去改变事物不可改变的部分或外在环境。
（3）把物体倒置。

案例 7－22

改研磨清洁零部件为振动清洁零部件；拆卸处于紧配合的两个零部件，使物体中运动部分静止，静止部分运动。

14. 曲面化（球形原理）

（1）将直线改为曲线，将平表面改为曲表面，将立方体改为类似球体。
（2）使用滚筒或球体。
（3）改直线运动为旋转运动或离心运动。

案例 7－23

为了增加建筑结构的强度，采用弧形或拱形；计算机鼠标利用球体结构将两轴直线运动改为向心运动；离心铸造法中利用离心运动获得外壁质量较高的筒形铸件。

15. 动态法

（1）使一个物体或环境在其运行过程中始终自动调节为最佳状态。

（2）将一个物体分成几部分，使各部分之间的位置可以相互变化。

（3）如果一个物体是固定的，将它改变成可动的或可以改变的。

案例 7-24

温度自动调节器，可调节座椅温度；用软线将闪光灯和机体连接起来；计算机蝶形键盘；折叠自行车；用柔性光学内孔检测仪检测发动机；可以灵活转动灯头的手电筒。

16. 局部作用或过量作用

如果难以获得百分之百的效果，降低一些指标，即允许稍微未达到或稍微超过预期的目标，此时可以大大简化问题。

案例 7-25

用浸泡法去除圆筒表面的油漆，但附着在圆筒表面的油漆太多，快速旋转圆筒以甩掉圆筒表面过多的油漆；为使金属粉末从一个容器中均匀流出，在送料斗上设计一个特殊的漏斗并始终使其处于满溢状态，以提供接近均衡的压力。

17. 维数改变

（1）将一维空间中运动或静止的物体变成在二维空间中运动或静止的物体，在二维空间中运动或静止的物体变成在三维空间中运动或静止的物体。

（2）改单层结构为多层结构。

（3）将物体倾斜或改变其方向。

（4）使用物体给定表面的反面。

案例 7-26

多维振动装置；多轴联动控制的数控机床；多层立体车库；自卸车；将原木竖立存放；在温室的北面安放凹面镜，反射阳光以改善那部分温室的光照条件。

18. 机械振动

（1）使物体振动。

（2）如果存在振动，增加振动频率，甚至增加到超声速状态。

（3）使用共振的频率。

（4）用电振动或其他振动代替机械振动。

（5）与电磁场相连，使用超声波。

案例 7－27

铸造金属时，通过振动来改善金属流动性与力学性能；去除固定敷料时，用振动刀替代传统使用的手锯；通过振动分选粉末；利用超声共振消除胆结石或肾结石；用石英晶体振动驱动高精度的表；在高频炉中混合合金。

19. 周期性作用

（1）用周期性作用（如脉动等）替代连续作用。

（2）如果已经是周期性作用，则改变其运动频率。

（3）在两次推动力之间使用脉冲，提供额外作用力。

案例 7－28

用扳钳拧松螺母时，采用间歇用力代替连续用力；闪烁的警示灯比一直亮着的灯更能引起人们的注意；医用呼吸器系统中，每压迫胸部 5 次，呼吸 1 次。

20. 有效作用的连续性

（1）连续（不终止）作用，物体的所有零部件满负荷地工作。

（2）除去空转和过度运动。

案例 7－29

带切边的钻孔机，允许向前或向后切边；针式打印机的双向打印；用旋转运动代替往复运动。

21. 紧急行动

以最快的速度完成有害的操作。

案例 7－30

为防止管壁过薄的塑料管变形，用刀具切割时，速度要快（在管子还来不及变形时就完成了切割）；生产胶合板时，用烘烤法加工木材，其特征是为保持木材的本性；在生产胶合板的过程中，直接用 300～600℃的燃气火焰短时作用于烘烤木材；修理牙齿时，使用高速旋转的钻头，以防止牙组织升温。

22. 变害为利（益）

（1）利用有害的因素或环境影响获得积极的效果。

（2）用一个不利因素消除另一个不利因素，“以毒攻毒”。

（3）加大一种有害因素的程度，使其不再有害。

案例 7－31

利用余热或瓦斯发电；在寒冷的季节运输砂子或沙砾；过度冷冻（使用液氮）使冰变碎以便于倾倒；用碱性污水来处理热电站排放出的酸性气体；当使用高频电流加热金属时，只有金属外层变热，人们利用该原理进行表面热处理。

---

23. 反馈

（1）引入反馈。

（2）如果反馈已经存在，则改变反馈控制信号的大小或灵敏度。

案例 7－32

将开环控制改为闭环控制；飞机接近机场时，改变自动驾驶系统的灵敏度。

---

24. 中介物

（1）使用中介物传递某一物体或完成某一项运动。

（2）临时地将一件物体结合到另一物体上以便移动，或将某一容易移动的物体与另一物体暂时结合。

案例 7－33

机械传动中的惰轮；当电流作用于金属液体时，为降低电能损失，人们使用冷电极和熔点较低的中介金属液体；用机械手抓取重物并移动该重物到另一处。

---

25. 自助（自服务）

（1）使一个物体通过附加功能产生自己服务自己的功能。

（2）变废为宝，废弃物的再利用。

案例 7－34

为避免传送研磨材料的送料器磨损，用研磨材料制成送料器的表层；在电动焊接枪上，焊条是由特殊装置往前推进的，为简化系统，用被焊接电流控制的螺线管来推进焊条；利用钢铁厂余热进行发电或供暖；利用热电厂的煤灰制造建筑材料。

---

26. 复制

（1）用简单的、低廉的复制品来代替复杂的、昂贵的、易碎的或不易操作的物体。

（2）用光学复制或图像代替物体本身，可以放大或缩小图像。

（3）如果使用可视复制，可用红外或紫外复制替代。

案例 7－35

利用测量物体影像以测量高大物体的实际高度；采用缩小模型或虚拟样机替代实际样

机进行实验；网络课程教学；利用红外成像技术探测热源。

27. 低成本、不耐用的物体代替昂贵、耐用的物体

用一些低成本物体代替昂贵物体，用一些不耐用的物体代替耐用物体，对有关特性作折中处理。

案例 7-36

一次性纸杯，一次性尿布。

28. 机械系统的替代

(1) 用光（视觉）、声（听觉）或气味（嗅觉）系统替代机械系统。

(2) 用电、磁或电磁场与物体发生交感作用。

(3) 替换场所：①改运动性场所为固定性场所，或将固定场所变为运动场所；②改动态场所为静态场所，或将静态场所变为动态场所；③改有选择场所或确定场所为随机场所，或将随机场所变为可选择场所或确定场所。

(4) 运用带铁磁粒子的场所。

案例 7-37

在天然气或煤气中混入难闻的气体代替机械或电传感器来发出警报；为增强金属覆盖料与热塑性塑料的黏结强度，将加工过程设计在电磁场里，加强对金属的作用力；运用磁铁固定仪器、工件去除某些零部件或杂物。

29. 气压或液压结构

物体的固体零部件可用气压或液压零部件代替，将气体或液体用于膨胀或减振。常利用空气或水做衬垫，如使用气泡封套或泡沫状材料来搬运易碎物品等。

案例 7-38

为增加工业烟囱的通风，安装了一种带喷嘴的螺旋管，当气流通过喷嘴时，形成一种空气墙，可降低阻力；在装运易碎物品时，常使用气袋或泡沫填充。

30. 柔性壳体或薄膜（柔软化原理）

(1) 用柔性壳体或薄膜代替传统的结构。

(2) 使用柔性壳体或薄膜将物体与外界环境分离。

案例 7-39

如用薄膜制造的充气结构作为网球场的冬季覆盖物；在植物叶面上喷洒聚乙烯，在叶表面形成一层膜，防止水分蒸发，使植物的生长得到改善。

31. 使用多孔材料

（1）使用多孔材料或通过插入、涂层等增加多孔元素。

（2）如果物体本身已具备多孔渗水特性，事先用物体塞住这些小孔，或者利用这些孔引入有用的物质或功能等。

案例 7-40

在一物体上钻孔，以减小其质量；利用多孔材料过滤水或其他液体；为避免将冷冻剂抽入机器里，在机器的相应部位填充一些在冷冻液里浸泡过的多孔材料，当机器运转时，冷冻液蒸发，可在短时间内提供独特的冷却功能。

32. 变换颜色

（1）改变物体的颜色或改变物体周边环境的颜色。

（2）在观察不到时，改变一个物体的透明度，或改变某一过程的可视性。

（3）在观察不到时，使用着色添加剂观察物体或过程。

（4）如果已使用了颜色添加剂，则再使用能发冷光的示踪剂。

案例 7-41

使用透明的绷带，就可直接观察伤口；使用水帘可保护钢铁工人免受热力和紫外线的伤害，但对钢水带来的光损伤起不到保护作用；在水中添加颜色可以在保持水的透明性的同时达到过滤的效果；在广告牌材料里添加荧光粉或其他发光材料。

33. 同质性

采用相同或功能相似的物质制造与某物体相互作用的物体。

案例 7-42

为了避免化学反应，盛放某物体的容器应与该物体用相同的材料制造；用钻石刀具切割钻石；用同一材料制造粮食加工机械的喂料口的表面和研磨粮食的零部件。

34. 抛弃与修复

（1）当一个物体完成了其功能或变得无用时，抛弃或修改该物体中的一个零部件。

（2）当发现某物体本身或其部件耗尽时，立即修复或更新。

案例 7-43

开枪后子弹壳立即被弹出；火箭助推器在完成使命后立即分离；用可溶解的胶囊作为药物的包装；可降解餐具或日化用品；各种自刃磨或自锐刀具。

35. 改变物体的理化状态

改变物体的集合状态、密度分布、弹性和温度等，或改变其某一理化参数。

（1）改变物体的集合状态，即让物体在气态、液态、固态之间变化。
（2）改变物体的浓度或黏度。
（3）改变物体的弹性。
（4）改变物体的温度。

案例 7-44

如使气体处于液态，便于运输；将浓缩的洗涤剂稀释后使用，不仅节省用量，还不伤害皮肤；用三级可调减振器代替轿车中的不可调减振器；将金属的温度升高到居里点以上，金属由铁磁体变为顺磁体。

---

36. 状态变化

在物质状态变化过程中实现某种效应，或在物质状态转变过程中施加某种影响，如在量的变化过程中，施加热的释放或吸收。

案例 7-45

热泵利用吸热散热原理；冰箱利用电能做功，借助氟利昂的状态变化，把箱内蒸发器周围的热量转变到箱后冷凝器里放出去，如此周而复始不断地循环，以达到制冷的目的；为控制棱纹管的膨胀，将棱纹管灌满水并冷却到冰点。

---

37. 热膨胀

（1）使用具有热胀冷缩特性的材料。
（2）使用热膨胀系数不同的材料。

案例 7-46

为控制温室棚顶窗的开启和关闭，将双金属的金属板与顶窗相连，温度的变化导致金属板的弯曲，从而控制顶窗开和关；双金属片传感器。

---

38. 加速强氧化

使氧化从一个级别转变到另一个级别；从普通空气到富氧空气，从富氧空气到纯氧气，从纯氧气到离子态氧，如下面的例子。
（1）用富氧空气替代普通空气。
（2）用纯氧气替代富氧空气。
（3）在普通空气或在纯氧气中用电离辐射处理物体。
（4）使用离子态氧。

案例 7-47

为使火炬获得更多热量，给火炬输送空气改为输送氧气，利用氧气取代空气送入喷火器内，以获取更多热量。

39. 惰性环境

（1）用惰性环境代替普通环境。

（2）在真空中加工。

案例 7－48

为防止白炽灯丝失效，将其置于氩气中；把惰性气体引入棉花仓库以防止棉花着火，棉花在运输中用惰性气体进行处理；让一个加工过程在真空中进行。

40. 复合材料

用复合材料或合成材料替代材质单一的材料。

案例 7－49

为了满足强度高和质量轻的要求，使用合成塑料和碳纤维材料制造军用飞机的机翼；用锌基合金材料替代铜制造涡轮。

7.7.3 求解技术矛盾与物理矛盾示例

案例 7－50 采茧机的改进设计

针对案例 7－8 中采茧机工作效率低下等问题，分析求解其技术矛盾和物理矛盾。

1. 技术矛盾表达

由系统功能分析和因果轴分析可知，传统的采茧机由于顶杆对蚕茧造成损伤，以及推杆机构自由度不足，因此可分析出采茧机缺乏推茧器及调姿装置，进而导致采茧机适应性不足。同时，因传统采茧机缺乏剔茧装置及方格蔟易变形，导致无法剔除下茧，在采茧过程中存在下茧问题。根据上述分析结果，可定义两个技术矛盾。

（1）技术矛盾。

针对采茧机适应性不足的问题，可提炼出采茧机的适应性与复杂性两个参数之间的技术矛盾，改善参数为 35 适应性或多用性或 38 自动化水平，恶化的参数为 36 装置复杂性或 37 控制复杂性，利用恶化的参数和改善的参数查找 TRIZ 矛盾矩阵并得到发明原理如表 7－9 所示。

表 7－9 矛盾矩阵 1

改善的参数	36 装置复杂性	37 控制复杂性
35 适应性或多用性	15 动态法原理 28 机械系统的替代原理 29 气压和液压结构原理 37 热膨胀原理	1 分割原理

续表

改善的参数	36 装置复杂性	37 控制复杂性
38 自动化水平	15 动态法原理	25 自助(自服务)原理
	10 预先操作原理	27 廉价品替代原理
	24 中介物原理	34 抛弃与修复原理

针对存在下茧的问题，可提炼出采茧机的自动化水平与复杂性两个参数之间的技术矛盾，改善参数 38 自动化水平，恶化的参数为 36 装置复杂性或 37 控制复杂性，利用恶化的参数和改善的参数查找 TRIZ 矛盾矩阵并得到发明原理如表 7－10 所示。

表 7－10　矛盾矩阵 2

改善的参数	36 装置复杂性	37 控制复杂性
38 自动化水平	15 动态法原理	34 抛弃与修复原理
	24 中介物原理	27 廉价品替代原理
	10 预先操作原理	25 自助(自服务)原理

(2) 技术矛盾解决原理。

对以上发明原理进行分析并综合考虑，针对第一个技术矛盾，采用 1 分割原理、15 动态法原理和 25 自助（自服务）原理。具体技术措施是将采茧盘分割为四个相互独立的小采茧盘，增加姿态转换器，如图 7.22 所示，实现采茧执行器的姿态转换；增加视觉系统，使顶杆能自捕捉蚕茧，提高智能化程度。

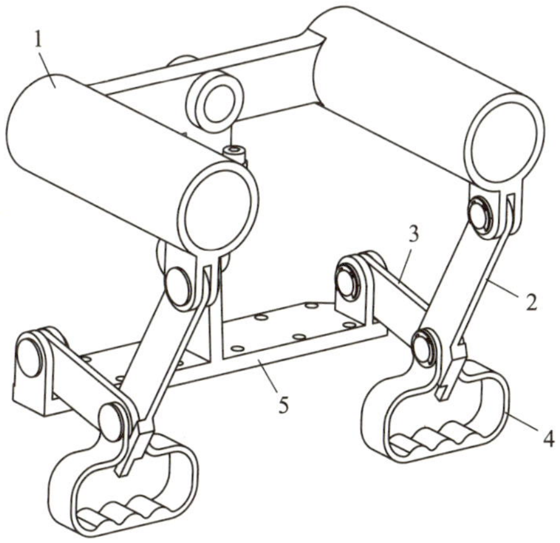

1—导向套；2—上连杆；3—下连杆；4—拉手；5—T 形座。

图 7.22　姿态转换器

针对第二个技术矛盾，采用 24 中介物原理和 25 自助（自服务）原理。具体技术措施是增加剔茧装置，运用剔茧装置去除下茧；增加方格蔟张紧装置，防止方格蔟变形。所设计的剔茧装置包括真空泵、下茧箱、负压管和剔茧管，负压管在真空泵作用下，在下茧箱内形成负压，通过剔茧管将下茧吸入下茧箱中。

2. 物理矛盾表达

（1）物理矛盾表达。

由系统功能分析可知，如果采茧盘与顶杆设计为整体，顶杆磨损后，采茧盘依旧可以使用，那么采茧盘是否应该更换，若更换则增加成本。因此存在一对关于采茧盘是否更换的物理矛盾。若解决上述问题，可以采用整体与局部分离原理解决问题。

（2）物理矛盾解决原理。

运用整体与局部分离原理解决采茧盘是否更换问题。利用杠杆原理，独立设置顶杆，通过在采茧盘上安装螺钉，形成部分与整体可分离。当顶杆磨损要报废时，拆卸掉磨损的顶杆，更换上一个新的顶杆，便不需要连带着更换采茧盘，如图 7.23 所示。

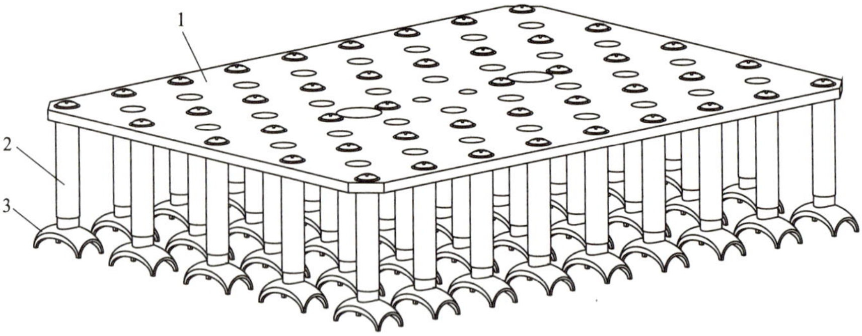

［拓展图文］

1—采茧盘；2—顶杆 3—仿形压头。

图 7.23　采茧执行器

思考题

（1）TRIZ 理论为何被誉为“超级发明术”？

（2）TRIZ 理论的主要内容有哪些？

（3）TRIZ 理论提出的分离方法有哪些？

（4）TRIZ 理论可应用于哪些场合？

（5）根里奇·阿奇舒勒提出的 TRIZ 理论的八个重要模式主要包括哪些内容？

（6）什么是理想度？什么是理想解？

（7）运用 TRIZ 理论的流程图是什么？

（8）什么是矛盾矩阵？矛盾矩阵包括哪些通用工程标准参数？

（9）什么是功能三元件原理？

（10）现有的 TRIZ 理论专家系统软件和 TRIZ 理论计算机辅助创新设计软件分别有哪些？

（11）TRIZ 理论解决问题的基本方法有哪些？

（12）运用 TRIZ 理论解决发明创造问题的一般步骤主要包括哪些？

（13）什么是技术矛盾解决原理？

(14) TRIZ 理论的 40 条创新原理的内容是什么?

(15) 运用技术矛盾解决问题的基本流程是什么?

(16) 请分析系统、子系统与超系统之间的关系。

(17) 技术矛盾与物理矛盾有何区别?

(18) TRIZ 理论解题的三个阶段及工具是什么?

(19) 请分别运用 TRIZ 理论中的几个常规创新思维方法对共享单车进行分析。

(20) 以电脑椅为例，建立其功能模型，优先考虑其最低功能价值的组件，确定电脑椅的裁剪组件。

(21) 运用因果链分析法对“自行车掉链条”问题进行分析，并找出解决问题的方案。

附录　矛盾解决问题矩阵

改善的参数 / 恶化的参数（第1–20列）

序号	技术特征参数	1	2	3	4	5	6	7	8	9	10	11	12	13	14	15	16	17	18	19	20
1	运动物体的质量		—	15,8 29,34	—	29,17 38,34	—	29,2 40,28	—	2,8 15,38	8,10 18,37	10,36 37,40	10,14 35,40	1,35 19,39	28,27 18,40	5,34 31,35	—	6,29 4,38	19,1 32	35,12 34,31	—
2	静止物体的质量	—		—	10,1 29,35	—	35,30 13,2	—	5,35 14,2	—	8,10 19,35	13,29 10,18	13,10 29,14	26,39 1,40	28,2 10,27	—	2,27 19,6	28,19 32,22	19,32 35	—	18,19 28,1
3	运动物体的长度	8,15 29,34	—		—	15,17 4	—	17,7 4,35	—	13,4 8	17,10 4	1,8 35	1,8 10,29	1,8 15,34	8,35 29,34	19	—	10,15 19	32	8,35 24	—
4	静止物体的长度	—	35,28 40,29	—		—	17,7 10,40	—	35,8 2,14	—	28,10	1,14 35	13,14 15,7	39,37 35	15,14 28,26	—	1,40 35	3,35 38,18	3,25	—	—
5	运动物体的面积	2,17 29,4	—	14,15 18,4	—		—	7,14 17,4	—	29,30 4,34	19,30 35,2	10,15 36,28	5,34 29,4	11,2 13,39	3,15 40,14	6,3	—	2,15 16	15,32 19,13	19,32	—
6	静止物体的面积	—	30,2 14,18	—	26,7 9,39	—		—	—	—	1,18 35,36	10,15 36,37	—	2,38	40	—	2,10 19,30	35,39 38	—	—	—
7	运动物体的体积	2,26 29,40	—	1,7 4,35	—	1,7 4,17	—		—	29,4 38,34	15,35 36,37	6,35 36,37	1,15 29,4	28,10 1,39	9,14 15,7	6,35 4	—	34,39 10,18	2,13 10	35	—
8	静止物体的体积	—	35,10 19,14	19,14	35,8 2,14	—	—	—		—	2,18 37	24,35	7,2 35	34,28 35,40	9,14 17,15	—	35,34 38	35,6 4	—	—	—
9	速度	2,28 13,38	—	13,14 8	—	29,30 34	—	7,29 34	—		13,28 15,19	6,18 38,40	35,15 18,34	28,33 1,18	8,3 26,14	3,19 35,5	—	28,30 36,2	10,13 19	8,15 35,38	—
10	力量	8,1 37,18	18,13 1,28	17,19 9,36	28,10	19,10 15	1,18 36,37	15,9 12,37	2,36 18,37	13,28 15,12		18,21 11	10,35 40,34	35,10 21	35,10 14,27	19,2	—	35,10 21	—	19,17 10	1,16 36,37
11	应力或压力	10,36 37,40	13,29 10,18	35,10 36	35,1 14,16	10,15 36,28	10,15 36,37	6,35 10	35,24	6,35 36	36,35 21		35,4 15,10	35,33 2,40	9,18 3,40	19,3 27	—	35,39 19,2	—	14,24 10,37	—
12	形状	8,10 29,40	15,10 26,3	29,34 5,4	13,14 10,7	5,34 4,10	—	14,4 15,22	7,2 35	35,15 34,18	35,10 37,40	34,15 10,14		33,1 18,4	30,14 10,40	14,26 9,25	—	22,14 19,32	13,15 32	2,6 34,14	—
13	结构的稳定性	21,35 2,39	26,39 1,40	13,15 1,28	37	2,11 13	39	28,10 19,39	34,28 35,40	33,15 28,18	10,35 21,16	2,35 40	22,1 18,4		17,9 15	13,27 10,35	39,3 35,23	35,1 32	32,3 27,15	13,19	27,4 29,18

改善的参数 / 恶化的参数（第21–39列）

序号	技术特征参数	21	22	23	24	25	26	27	28	29	30	31	32	33	34	35	36	37	38	39	序号
1	运动物体的质量	12,36 18,31	6,2 34,19	5,35 3,31	10,24 35	10,35 20,28	3,26 18,31	3,11 1,27	28,27 35,26	28,35 26,18	22,21 18,27	22,35 31,39	27,28 1,36	35,3 2,24	2,27 28,11	29,5 15,8	26,30 36,34	28,29 26,32	26,35 18,19	35,3 24,37	1
2	静止物体的质量	15,19 18,22	18,19 28,15	5,8 13,30	10,15 35	10,20 35,26	19,6 18,26	10,28 8,3	18,26 28	10,1 35,17	2,19 22,37	35,22 1,39	28,1 9	6,13 1,32	2,27 28,11	19,15 29	1,10 26,39	25,28 17,15	2,26 35	1,28 15,35	2
3	运动物体的长度	1,35	7,2 35,39	4,29 23,10	1,24	15,2 29	29,35	10,14 29,40	28,32 4	10,28 29,37	1,15 17,24	17,15	1,29 17	15,29 35,4	1,28 10	14,15 1,16	1,19 26,24	35,1 26,24	17,24 26,16	14,4 28,29	3
4	静止物体的长度	12,8	6,28	10,28 24,35	24,26	30,29 14	—	15,29 28	32,28 3	2,32 10	1,18	—	15,17 27	2,25	3	1,35	1,26	26	—	30,14 7,26	4
5	运动物体的面积	19,10 32,18	15,17 30,26	10,35 2,39	30,26	26,4	29,30 6,13	29,9	26,28 32,3	2,32	22,33 28,1	17,2 18,39	13,1 26,24	15,17 13,16	15,13 10,1	15,30	14,1 13	2,36 26,18	14,30 28,23	10,26 34,2	5
6	静止物体的面积	17,32	17,7 30	10,14 18,39	30,16	10,35 4,18	2,18 40,4	32,35 40,4	26,28 32,3	2,29 18,36	27,2 39,35	22,1 40	40,16	16,4	16	15,16	1,18 36	2,35 30,18	23	10,15 17,7	6
7	运动物体的体积	35,6 13,18	7,15 13,16	36,39 34,10	2,22	2,6 34,10	29,30 7	14,1 40,11	26,28	25,28 2,16	22,21 27,35	17,2 40,1	29,1 40	15,13 30,12	10	15,29	26,1	29,26 4	35,34 16,24	10,6 2,34	7
8	静止物体的体积	30,6	—	10,39 35,34	—	35,16 32,18	35,3	2,35 16	—	35,10 25	34,39 19,27	30,18 35,4	35	—	1	—	1,31	2,17 26	—	35,37 10,2	8
9	速度	19,35 38,2	14,20 19,35	10,13 28,38	13,26	—	10,19 29,38	11,35 27,28	28,32 1,24	10,28 32,25	1,28 35,23	2,24 35,21	35,13 8,1	32,28 13,12	34. 2 28,27	15,10 26	10,28 4,34	3,34 27,16	10,18	—	9
10	力量	19,35 18,37	14,15	8,35 40,5	—	10,37 36	14,29 18,36	3,35 13,21	35,10 23,24	28,29 37,36	1,35 40,18	13,3 36,24	15,37 18,1	1,28 3,25	15,1 11	15,17 18,20	26,35 10,18	36,37 10,19	2,35	3,28 35,37	10
11	应力或压力	10,35 14	2,36 25	10,36 3,37	—	37,36 4	10,14 36	10,13 19,35	6,28 25	3,35	22,2 37	2,33 27,18	1,35 16	11	2	35	19,1 35	2,36 37	35,24	10,14 35,37	11
12	形状	4,6 2	14	35,29 3,5	—	14,10 34,17	36,22	10,40 16	28,32 1	32,30 40	22,1 2,35	35,1	1,32 17,28	32,15 26	2,13 1	1,15 29	16,29 1,28	15,13 39	15,1 32	17,26 34,10	12
13	结构的稳定性	32,35 27,31	14,2 39	2,14 30,40	—	35,27	15,32 35	—	13	18	35,24 30,18	35,40 27,39	35,19	32,35 30	2,35 10,16	35,20 34,2	2,35 22,26	35,22 39,23	1,8 35	23,35 40,3	13

续表

改善的参数	技术特征参数	恶化的参数 1	2	3	4	5	6	7	8	9	10	11	12	13	14	15	16	17	18	19	20
14	强度	1,8 40,15	40,26 27,1	1,15 8,35	15,14 28,26	3,34 40,29	9,40 28	10,15 14,7	9,14 17,15	8,13 26,14	10,18 3,14	10,3 18,40	10,30 35,40	13,17 35		27,3 26	—	30,10 40	35,19	19,35 10	35
15	运动物体的持久性	19,5 34,31	—	2,19 9	—	3,17 19	—	10,2 19,30	—	3,35 5	19,2 16	19,3 27	14,26 28,25	13,3 35	27,3 10		—	19,35 39	2,19 4,35	28,6 35,18	—
16	静止物体的持久性	—	6,27 19,16	—	1,40 35	—	—	—	35,34 38	—	—	—	—	39,3 35,23	—	—		19,18 36,40	—	—	—
17	温度	36,22 6,38	22,35 32	15,19 9	15,19 9	3,35 39,18	35,38	34,39 40,18	35,6 4	2,28 36,30	35,10 3,21	35,39 19,2	14,22 19,32	1,35 32	10,30 22,40	19,13 39	19,18 36,40		32,30 21,16	19,15 3,17	—
18	亮度（光照度）	19,1 32	2,35 32	19,32 16	—	19,32 26	—	2,13 10	—	10,13 19	26,19 6	—	32,30	32,3 27	35,19	2,19 6	—	32,35 19		32,1 19	32,35 1,15
19	运动物体所耗能量	12,18 28,31	—	12,28	—	15,19 25	—	35,13 18	—	8,35	16,26 21,2	23,14 25	12,2 29	19,13 17,24	5,19 9,35	28,35 6,18	—	19,24 3,14	2,15 19		—
20	静止物体所耗能量	—	19,9 6,27	—	—	—	—	—	—	—	36,37	—	—	27,4 29,18	35	—	—	—	19,2 35,32	—	
21	功率	8,36 38,31	19,26 17,27	1,10 35,37	—	19,38	17,32 13,38	35,6 38	30,6 25	15,35 2	26,2 36,35	22,10 35	29,14 2,40	35,32 15,31	26,10 28	19,35 10,38	16	2,14 17,25	16,6 19	16,6 19,37	—
22	能量损耗	15,6 19,28	19,6 18,9	7,2 6,13	6,38 7	15,26 17,30	17,7 30,18	7,18 23	7	16,35 38	36,38	—	—	14,2 39,6	26	—	—	19,38 7	1,13 32,15	—	—
23	物质损耗	35,6 23,40	35,6 22,32	14,29 10,39	10,28 24	35,2 10,31	10,18 39,31	1,29 30,36	3,39 18,31	10,13 28,38	14,15 18,40	3,36 37,10	29,35 3,5	2,14 30,40	35,28 31,40	28,27 3,18	27,16 18,38	21,36 39,31	1,6 13	35,18 24,5	28,27 12,31
24	信息丢失	10,24 35	10,35 5	1,26	26	30,26	30,16	—	2,22	26,32	—	—	—	—	—	10	10	—	19	—	—
25	时间消耗	10,20 37,35	10,20 26,5	15,2 29	30,24 14,5	26,4 5,16	10,35 17,4	2,5 34,10	35,16 32,18	—	10,37 36,5	37,36 4	4,10 34,17	35,3 22,5	29,3 29,18	20,10 28,18	28,20 10,16	35,29 21,18	1,19 26,17	35,38 19,18	1
26	物质或事物的数量	35,6 18,31	27,26 18,35	29,14 35,18	—	15,14 29	2,18 40,4	15,20 29	—	35,29 34,28	35,14 3	10,36 14,3	35,14	15,2 17,40	14,35 34,10	3,35 10,40	3,35 31	3,17 39	—	34,29 16,18	3,35 31
27	可靠性	3,8 10,40	3,10 8,28	15,9 14,4	15,29 28,11	17,10 14,16	32,35 40,4	3,10 14,24	2,35 24	21,35 11,28	8,28 10,3	10,24 35,19	35,1 16,11	—	11,28	2,35 3,25	34,27 6,40	3,35 10	11,32 13	21,11 27,19	36,23
28	测量的精度	32,35 26,28	28,35 25,26	28,26 5,16	32,28 3,16	26,28 32,3	26,28 32,3	32,13 6	—	28,13 32,24	32,2	6,28 32	6,28 32	32,35 13	28,6 32	28,6 32	10,26 24	6,19 28,24	6,1 32	3,6 32	—
29	制造精度	28,32 13,18	28,35 27,9	10,28 29,37	2,32 10	28,33 29,32	2,29 18,36	32,28 2	25,10 35	10,28 32	28,19 34,36	3,35	32,30 40	30,18	3,27	3,27 40	—	19,26	3,32	32,2	—

改善的参数	技术特征参数	恶化的参数 21	22	23	24	25	26	27	28	29	30	31	32	33	34	35	36	37	38	39	改善的参数
14	强度	10,26 35,28	35	35,28 31,40	—	29,3 28,10	29,10 27	11,3	3,27 16	3,27	18,35 37,1	15,35 22,2	11,3 10,32	32,40 28,2	27,11 3	15,3 32	2,13 28	27,3 15,40	15	29,35 10,14	14
15	运动物体的持久性	19,10 35,38	—	28,27 3,18	10	20,10 28,18	3,35 10,40	11,2 13	3	3,27 16,40	22,15 33,28	21,39 16,22	27,1 4	12,27	29,10 27	1,35 13	10,4 29,15	19,29 39,35	6,10	35,17 14,19	15
16	静止物体的持久性	16	—	27,16 18,38	10	28,20 10,16	3,35 31	34,27 6,40	10,26 24	—	17,1 40,33	22	35,10	1	1	2		25,34 6,35	1	20,10 16,38	16
17	温度	2,14 17,25	21,17 35,38	21,36 29,31	—	35,28 21,18	3,17 30,39	19,35 3,10	32,19 24	24	22,33 35,2	22,35 2,24	26,27	26,27	4,10 16	2,18 27	2,17 16	3,27 35,31	26,2 19,16	15,28 35	17
18	亮度（光照度）	32	13,16 1,6	13,1	1,6	19,1 26,17	1,19	—	11,15 32	3,32	15,19	35,19 32,39	19,35 28,26	28,26 19	15,17 13,16	15,1 19	6,32 13	32,15	2,26 10	2,25 16	18
19	运动物体所耗能量	6,19 37,18	12,22 15,24	35,24 18,5	—	35,38 19,18	34,23 16,18	19,21 11,27	3,1 32	—	1,35 6,27	2,35 6	28,26 30	19,35	1,15 17,28	15,17 13,16	2,29 27,28	35,38	32,2	12,28 35	19
20	静止物体所耗能量	—	—	28,27 18,31	—	—	3,35 31	10,36 23	—	—	10,2 22,37	19,22 18	1,4	—	—	—	—	19,35 16,25	—	1,6	20
21	功率		10,35 38	28,27 18,38	10,19	35,20 10,6	4,34 19	19,24 26,31	32,15 2	32,2	19,22 31,2	2,35 18	26,10 34	26,35 10	35,2 10,34	19,17 34	20,19 30,34	19,35 16	28,2 17	28,35 34	21
22	能量损耗	3,38		35,27 2,37	19,10	10,18 32,7	7,18 25	11,10,35	32	—	21,22 35,2	21,35 2,22	—	35,32 1	2,19	—	7,23	35,3 15,23	2	28,10 29,35	22
23	物质损耗	28,27 18,38	35,27 2,31		—	15,18 35,10	6,3 10,24	10,29 39,35	16.34 31,28	35,10 24,31	33,22 30,40	10,1 34,29	15,34 33	32,28 2,24	2,35 34,27	15,10 2	35,10 28,24	35,18 10,13	35,10 18	28,35 10,23	23
24	信息丢失	10,19	19,10	—		24,26 28,32	24,28 35	10,28 23	—	—	22,10 1	10,21 22	32	27,22	—	—	—	35,33	35	13,23 15	24
25	时间消耗	35,20 10,6	10,5 18,32	35,18 10,39	24,26 28,32		35,38 18,16	10,30 4	24,34 28,32	24,26 28,18	35,18 34	35,22 18,39	35,28 34,4	4,28 10,34	32,1 10	35,28	6,29	18,28 32,10	24,28 35,30	—	25
26	物质或事物的数量	35	7,18 25	6,3 10,24	24,28 35	35,38 18,16		18,3 28,40	3,2 28	33,30	35,33 29,31	3,35 40,39	29,1 35,27	35,29 25,10	2,32 10,25	15,3 29	3,13 27,10	3,27 29,18	8,35	13,29 3,27	26
27	可靠性	21,11 26,31	10,11 35	10,35 29,39	10,28	10,30 4	21,28 40,3		32,3 11,23	11,32 1	27,35 2,40	35,2 40,26	—	27,17 40	1,11	13,35 8,24	13,35 1	27,40 28	11,13 27	1,35 29,32	27
28	测量的精度	3,6 32	26,32 27	10,16 31,28	—	24,34 28,32	2,6 32	5,11 1,23		—	28,24 22,26	3,33 39,10	6,35 25,18	1,13 17,34	1,32 13,11	13,35 2	27,35 10,34	26,24 32,28	28,2 10,34	10,34 28,38	28
29	制造精度	32,2	13,32 2	35,31 10,24	—	32,26 28,18	32,30	11,32 1	—		26,28 10,36	4,17 34,26	—	1,32 35,23	25,10	—	26,2 18	—	26,28 18,23	10,18 32,39	29

续表

		技术特征参数	恶化的参数																			
			1	2	3	4	5	6	7	8	9	10	11	12	13	14	15	16	17	18	19	20
	30	物体外部的有害因素	22,21 27,39	2,22 13,24	17,1 39,4	1,18	22,1 33,28	27,2 39,35	22,23 37,35	34,39 19,27	21,22 35,28	13,35 39,18	22,2 37	22,1 3,35	35,24 30,18	18,35 37,1	22,15 33,28	17,1 40,33	22,33 35,2	1,19 32,13	1,24 6,27	10,2 22,37
	31	物体内部的有害因素	19,22 15,39	35,22 1,39	17,15 16,22	—	17,2 18,39	22,1 40	17,2 40	30,18 35,4	35,28 3,23	35,28 1,40	2,33 27,18	35,1	35,40 27,39	15,35 22,2	15,22 33,31	21,39 16,22	22,35 2,24	19,24 39,32	2,35 6	19,22 18
	32	可制造性	28,29 15,16	1,27 36,13	1,29 13,17	15,17 27	13,1 26,12	16,40	13,29 1,40	35	35,13 8,1	35,12	35,19 1,37	1,28 13,27	11,13 1	1,3 10,32	27,1 4	35,16	27,26 18	28,24 27,1	28,26 27,1	1,4
	33	使用方便性（可操作性）	25,2 13,15	6,13 1,25	1,17 13,12	—	1,17 13,16	18,16 15,39	1,16 35,15	4,18 39,31	18,13 34	28,13 35	2,32 12	15,34 29,28	32,35 30	32,40 3,28	29,3 8,25	1,16 25	26,27 13	13,17 1,24	1,13 24	—
改善的参数	34	可维修性	2,27 35,11	2,27 35,11	1,28 10,25	3,18 31	15,13 32	16,25	25,2 35,11	1	34,9	1,11 10	13	1,13 2,4	2,35	11,1 2,9	11,29 28,27	1	4,10	15,1 13	15,1 28,16	—
	35	适应性或多用性	1,6 15,8	19,15 29,16	35,1 29,2	1,35 16	35,30 29,7	15,16	15,35 29	—	35,10 14	15,17 20	35,16	15,37 1,8	35,30 14	35,2 32,6	13,1 35	2,16	27,2 3,35	6,22 26,1	19,35 29,13	—
	36	装置复杂性	26,30 34,36	2,26 35,39	1,19 26,24	26	14,1 13,16	6,36	34,26 6	1,16	34,10 28	26,16	19,1 35	29,13 28,15	2,22 17,19	2,13 28	10,4 28,15	—	2,17 13	24,17 13	27,2 29,28	—
	37	控制复杂性	27,26 28,13	6,13 28,1	16,17 26,24	26	2,13 18,17	2,39 30,16	29,1 4,16	2,18 26,31	3,4 16,35	36,28 40,19	35,36 37,32	27,13 1,39	11,22 39,30	27,3 15,28	19,29 39,25	25,34 6,35	3,27 35,16	2,24 26	35,38	19,35 16
	38	自动化水平	28,26 18,35	28,26 35,10	14,13 17,28	23	17,14 13	—	35,13 16	—	28,10	2,35	13,35	15,32 1,13	18,1	25,13	6,9	—	26,2 19	8,32 19	2,32 13	—
	39	生产率	35,26 24,37	28,27 15,3	18,4 28,38	30,7 14,26	10,26 34,31	10,35 17,7	2,6 34,10	35,37 10,2	—	28,15 10,36	10,37 14	14,10 34,40	35,3 22,39	29,28 10,18	35,10 2,18	20,10 16,38	35,21 28,10	26,17 19,1	35,10 38,19	1

技术特征参数	21	22	23	24	25	26	27	28	29	30	31	32	33	34	35	36	37	38	39	
30 物体外部的有害因素	19,22 31,2	21,22 35,2	33,22 19,40	22,10 2	35,18 34	35,33 29,31	27,24 2,40	28,33 23,26	26,28 10,18		—	24,35 2	2,25 28,39	35,10 2	35,11 22,31	22,19 29,40	22,19 29,40	33. 3 34	22,35 13,24	30
31 物体内部的有害因素	2,35 18	21,35 2,22	10,1 34	10,21 29	1,22	3,24 39,1	24,2 40,39	3,33 26	4,17 34,26	—		—	—	—	—	19,1 31	2,21 27,1	2	22,35 18,39	31
32 可制造性	27,1 12,24	19,35	15,34 33	32,24 18,16	35,28 34,4	35,23 1,24	—	1,35 12,18	—	24,2	—		2,5 13,16	35,1 11,9	2,13 15	27,26 1	6,28 11,1	8,28 1	35,1 10,28	32
33 使用方便性（可操作性）	35,34 2,10	2,19 13	28,32 2,24	4,10 27,22	4,28 10,34	12,35	17,27 8,40	25,13 2,34	1,32 35,23	2,25 28,39	—	2,5 12		12,26 1,32	15,34 1,16	32,26 12,17	—	1,34 12,3	15,1 28	33
34 可维修性	15,10 32,2	15,1 32,19	2,35 34,27	—	32,1 10,25	2,28 10,25	11,10 1,16	10,2 13	25,10	35,10 2,16	—	1,35 11,10	1,12 26,15		7,1 4,16	35,1 13,11	—	34,35 7,13	1,32 10	34
35 适应性或多用性	19,1 29	18,151	15,10 2,13	—	35,28	3,35 15	35,13 8,24	35,5 1,10	—	35,11 32,31	—	1,13 31	15,34 1,16	1,16 7,4		15,29 37,28	1	27,34 35	35,28 6,37	35
36 装置复杂性	20,19 30,34	10,35 13,2	35,10 28,29	—	6,29	13,3 27,10	13,35 1	2,26 10,34	26,24 32	22,19 29,40	19,1	27,26 1,13	27,9 26,24	1,13	29,15 28,37		15,10 37,28	15,1 24	12,17 28	36
37 控制复杂性	19,1 16,10	35,3 15,19	1,18 10,24	35,33 27,22	18,28 32,9	3,27 29,18	27,40 28,8	26,24 32,28	—	22,19 29,28	2,21	5,28 11,29	2,5	12,26	1,15	15,10 37,28		34,21	35,18	37
38 自动化水平	28,2 27	23,28	35,10 18,5	35,33	24,28 35,30	35,13	11,27 32	28,26 10,34	28,26 18,23	2,33	2	1,26 13	1,12 34,3	1,35 13	27,4 1,35	15,24 10	34,27 25		5,12 35,26	38
39 生产率	35,20 10	28,10 29,35	28,10 35,23	13,15 23	—	35,38	1,35 10,38	1,10 34,28	18,10 32,1	22,35 13,24	35,22 18,39	35,28 2,24	1,28 7,19	1,32 10,25	1,35 28,37	12,17 28,24	35,18 27,2	5,12 35,26		39

参考文献

布利斯，2002. 超级创造力训练［M］. 王笑东，译. 北京：民主与建设出版社.

创新方法研究会，中国21世纪议程管理中心，2012. 创新方法教程：初级［M］. 北京：高等教育出版社.

冯晓青，2019. 国际知识产权制度变革与发展策略研究［J］. 人民论坛（23）：110－113.

龚镇雄，宋丹，2000. 发明启示录［M］. 上海：上海辞书出版社.

黄建通，2004. “结构移植”教学案例［J］. 中国科技教育（01）：31－33.

教育部人事司，1998. 高等教育学［M］. 北京：高等教育出版社.

金璐，2007. 中国知识产权保护现状、问题及对策［J］. 黑龙江对外经贸（10）：44－45，51.

孔奕雯，2008. 浅析我国知识产权保护的现状及对策［J］. 法制与社会（14）：41.

刘欣宜，2017. 企业价值评估中市场法的参数选择研究［J］. 现代商业（05）：98－99.

刘媛，2017. 创新视角下跨国制药公司的群体创造模式研究［J］. 山东社会科学（12）：146－152.

马文甲，高良谋，2014. 基于不同动机的开放式创新模式研究：以沈阳机床为例［J］. 管理学报，11（02）：163－170.

秦玉红，郭宗亮，2007. 大学生创造心理的培养［J］. 山东行政学院山东省经济管理干部学院学报（02）：113－115.

曲立，顾晶晶，王迪，等，2019. 国内外知识产权保护现状及我国知识产权发展对策研究［J］. 中国市场监管研究（08）：75－78.

三浦宏文，2007. 机电一体化实用手册［M］. 杨晓辉，译. 2版. 北京：科学出版社.

沈世德，薛卫平，2002. 创新与创造力开发［M］. 南京：东南大学出版社.

石光明，2002. 实用创造学［M］. 长沙：中南大学出版社.

斯塔科，2003. 创造能力教与学［M］. 刘晓陵，曾守锤，译. 2版. 上海：华东师范大学出版社.

孙永伟，谢尔盖·伊克万科，2015. TRIZ：打开创新之门的金钥匙Ⅰ［M］. 北京：科学出版社.

檀润华，2004. 发明问题解决理论［M］. 北京：科学出版社.

陶学忠，2002. 创造创新能力训练［M］. 北京：中国时代经济出版社.

王成军，2005. 创造学［M］. 北京：人民军医出版社.

王续琨，2004. 创造学的学科结构和科学定位［J］. 河南师范大学学报：哲学社会科学版（06）：16－20.

肖云龙，李清之，杨艳萍，等，2001. 点击灵感：大学生发明创造指南［M］. 长沙：中南大学出版社.

徐艳，张杨，2004. 脑科学研究新进展对创造性思维培养的启示［J］. 教育探索（08）：11－12.

许伟，2009. 我国知识产权保护的现状与对策［J］. 重庆工学院学报：社会科学版，23（02）：55－57，68.

杨雁斌，2002. 创新思维法［M］. 2版. 上海：华东理工大学出版社.

姚威，韩旭，储昭卫，2023. 工程创造力论纲：理论研究与开发实践［M］. 杭州：浙江大学出版社.

张旺，2001. 谨防走入培养创造性人才的误区：对开发右脑的反思［J］. 南都学坛，21（01）：113－115.

张兴，吕强，2008. 神奇的创新理论：TRIZ［J］. 工业设计（04）：60.